日経NETWORK

初心者でもしっかりわかる 図解 ネットワー[illegible]

網野 衛二

日経BP

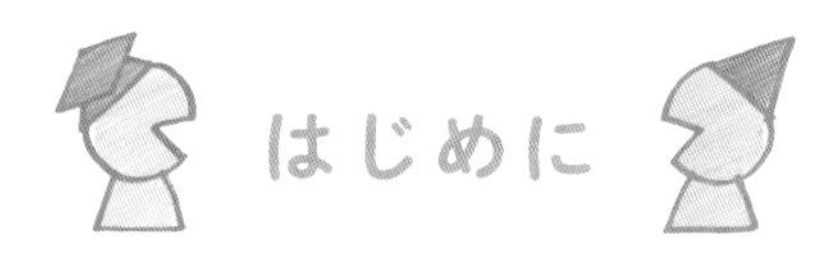

はじめに

本書は2017年4月から日経NETWORK誌で連載している「インター博士とネット君のスッキリわかる！ネットワーク技術解説」から、まとめたものです。

この連載の登場人物である「インター博士とネット君」は筆者のホームページのコーナーである「3分間ネットワーキング」でネットワークの技術解説をしているキャラクターで、ご縁がありましてこの連載にも登場しております。

インターネットが普及し、モバイルの発展やIoTなどもあり、どこでもネットワークにつながり、ネットワークあってこその世界になりつつあります。ネットワークの「活用」は大きく発展し、すべての人の手にわたりつつありますが、そのネットワークを動かす「技術」または「知識」というものは、昔に比べてもそれほど広がってはいないように思えます。

実際、IT分野のエンジニアなどでも「ネットワークが苦手」だったり「ネットワークは難しい」と感じていたりする人はかなり多いようです。

「インター博士とネット君のスッキリわかる！ネットワーク技術解説」で目指したものは、苦手・難しいというイメージからの脱却であり、活用だけでなく技術と知識を手に入れもっとネットワークを身近に感じてほしい、という願いであります。かといって易しいだけではなく、しっかり知識が身に付くよう多くの図解で説明しています。

本書をきっかけにしてネットワークを学んでいきたい、またはより学びたいという思いを持つ人が増えたら作者として本望です。

網野衛二

目次

序章

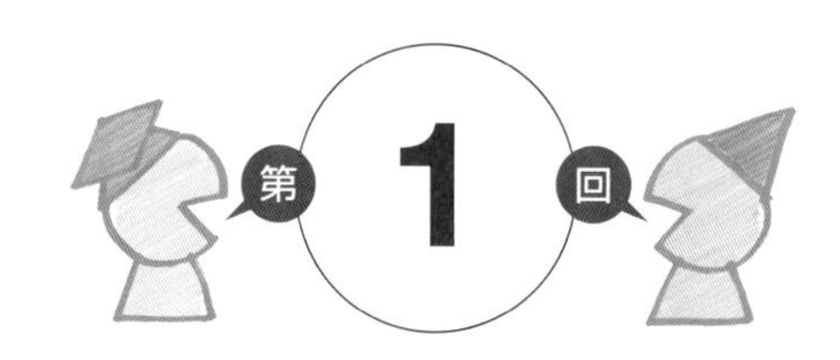

ネットワークモデルって何だろう？

ネットワークの勉強って何から始めたらいいんでしょうね。

まずは「ネットワークモデル」から始めるのがいいだろうな。

バームクーヘンみたいに層になっているやつですね。どうもよく理解できていないんですよ。

ネットワークを学ぶと、必ずと言ってよいほど最初に登場するのが、ネットワークモデルである。OSI参照モデルの7階層を暗記させられた人もいると思う。

ネットワークモデルは、コンピューターが持つべき通信機能を、階層構造に分割したモデルのこと。ネットワークモデルと言えば、OSI参照モデルとTCP/IPモデルのどちらか、あるいは両方を指すことがほとんどである。

ネットワークモデルは、異なるベンダーの機器の相互接続性を確保するために作られ、使われ続けている。

役割や手段を階層化

ネットワークモデルを理解するうえで重要なのは、「役割が階層化されている」と明確に認識することだ。

例えば、「大阪城を見に行きたい」と思った場合、考えるべきことはたくさんある。ただ、多くの人は、それらをまとめては考えない。「どの交通機関を使うのか」「切符はどこで手配するのか」「現地での移動や観光は何を参照するのか」など、必要な役割や手段を階層化して考えるだろう（**図1**）。

例えば交通機関については、電車やバス、自家用車などの選択肢

図1 目的達成のために役割を階層化

ネットワークモデルの基本的な考え方である階層化の例。大阪城を見に行きたいと考えた場合、「何を使って現地まで行くのか」「現地までの切符はどのように手配するのか」「現地では何を参考にするのか」など役割を階層化し、それぞれで何を選ぶか考える。

考えるべきことがいろいろあるなあ…

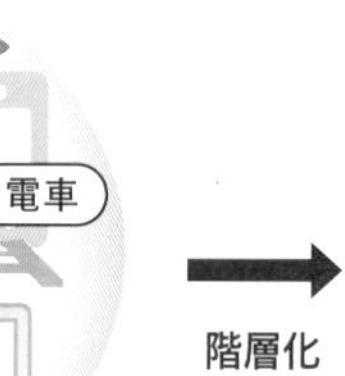

観光用アプリ

階層化

観光の案内
ガイドブック
観光用アプリ
…

切符の手配
旅行会社
駅
…

交通機関
電車
バス
…

観光したいと思ったら、いろいろ考えなきゃだめだよね。とはいえ、全部を一度に考えようとしたら大変だ

普通は、一気にまとめて考えず、役割や手段で分けて考える

▼OSI参照モデル
OSIはOpen Systems Interconnectionの略。

▼TCP/IPモデル
TCP/IPのTCPはTransmission Control Protocol、IPはInternet Protocolの略。

▼レイヤー
英語で「層」を意味する。つづりはlayer。

▼MACアドレス
MACはMedia Access Controlの略。ハードウエアごとに一意に割り当てられる48ビットの番号。

▼IPアドレス
TCP/IPを使うネットワーク上で、送信元や宛先を特定するための番号。

が考えられる。切符の手配については、「旅行会社に行って相談する」「インターネットで予約する」「駅で直接購入する」などがあるだろう。

また、観光案内には、ガイドブックや観光用アプリなどが候補になる。現地に知人がいれば、「知人に案内してもらう」という選択肢もあり得る。

以上のように、ある目的を達成するには、役割や手段を階層化し、それぞれでどれを利用するのかを考えて組み合わせるのが一般的だ。

ネットワークにおける通信も全く同じだ。役割や手段を階層化して考える。階層化されたそれぞれはレイヤーと呼ばれる。

そうそう、レイヤー。口にするだけでネットワークエンジニアになった気になれる謎の言葉。

謎でもなんでもないんだがな。

「階層化」がキーワード

ネットワークモデルを学ぶうえで最も重要なキーワードが「階層化」である。これを理解すると、「MAC(マック)アドレスとIPアドレス」という2つのアドレスがあるのはなぜか」や「プロトコルが複数あるのはなぜか」といった、初心者の疑問を解消できる。

さて、一口に「ネットワークの通信」といっても、様々な内容が含まれる。

例えば、「有線なのか無線なのか」「どのような方法でデータを信号に変えるのか」「宛先はどのように指定するのか」「送ったデータはどのように処理するのか」「送ったデータが途中で損失していないかどうやって調べるのか」など、枚挙にいとまがない。

これらすべてを網羅したルールを作成するのは現実的ではない。まず第一に項目が多過ぎる。内容

図2 OSI参照モデルとTCP/IPモデル

代表的なネットワークモデルであるOSI参照モデルとTCP/IPモデルの階層構造。OSI参照モデルなら7つ、TCP/IPモデルは4つのレイヤーで構成される。

OSI参照モデル		TCP/IPモデル	
第7層	アプリケーション層	第4層	アプリケーション層
第6層	プレゼンテーション層		
第5層	セッション層		
第4層	トランスポート層	第3層	トランスポート層
第3層	ネットワーク層	第2層	インターネット層
第2層	データリンク層	第1層	ネットワーク インターフェース層
第1層	物理層		

ご存じOSI参照モデルとTCP/IPモデル。OSIは7層、TCP/IPは4層。役割ごとにレイヤー(層)を分けているんだね

OSI参照モデルの第5～7層をまとめたものがTCP/IPモデルの第4層というわけではないことに注意。役割が大体同じだから並べているだけだ

図3 ネットワークモデルの処理を3つに大別

OSI参照モデルとTCP/IPモデルのいずれについても、全レイヤーの処理は(1)電気的・機械的な信号伝達、(2)信号を宛先へ伝えるための制御、(3)送受信するデータの取り扱いの3つに大きく分類できる。

この記事では分かりやすさを重視して、レイヤーを大ざっぱに分けて考えます。OSI参照モデルとの対応関係は以下の通りです

OSI参照モデル	本記事でのレイヤー分け
(7) アプリケーション層	(3) 送受信するデータの取り扱い
(6) プレゼンテーション層	
(5) セッション層	
(4) トランスポート層	
(3) ネットワーク層	(2) 信号を宛先へ伝えるための制御
(2) データリンク層	
(1) 物理層	(1) 電気的・機械的な信号伝達

も、技術の進歩に応じて頻繁に変更されることが予想される。

そこで、それぞれの項目をレイヤーにして、それらを積み上げたものを通信のルールにする。これが、ネットワークモデルである。

具体的には、OSI参照モデルなら7つ、TCP/IPモデルは4つのレイヤーで構成される（前ページの**図2**）。

ここで1点、注意しておくべきことがある。OSI参照モデルとTCP/IPモデルは、図2のように、OSI参照モデルの第5層から第7層までと、TCP/IPモデルの第4層が対応するように書かれることが多い。

だが、OSI参照モデルの第5層から第7層までをまとめたものが、TCP/IPモデルの第4層というわけではない。

それぞれ別の思想から作られたモデルであり、レイヤーの内容はそれぞれ異なる。あくまでも、OSI参照モデル第5～7層の役割と、TCP/IPモデルの第4層の役割が大体同じであることを示しているだけである。

図4 **送信側は上位、受信側は下位から処理**

送信側は上位のレイヤーから、受信側は下位のレイヤーから処理する。ルーターなどの中継機器は信号の受信と送信を担当する。

アプリケーションが通信をする場合、まず通信データをどのように取り扱うのかを決め、次に、信号をどうやって宛先に届けるかを決める。具体的には、宛先アドレスを決定したり、信号の衝突が起きないように制御したりする

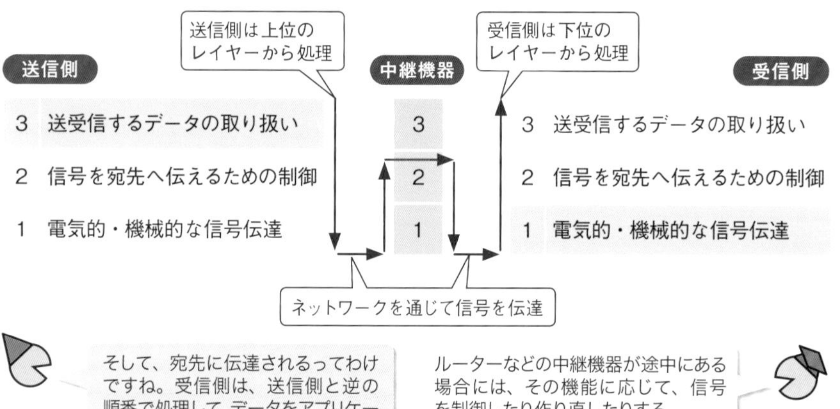

送信側は上位の
レイヤーから処理
受信側は下位の
レイヤーから処理
送信側
中継機器
受信側
3 送受信するデータの取り扱い
2 信号を宛先へ伝えるための制御
1 電気的・機械的な信号伝達
3
2
1
3 送受信するデータの取り扱い
2 信号を宛先へ伝えるための制御
1 電気的・機械的な信号伝達
ネットワークを通じて信号を伝達

そして、宛先に伝達されるってわけですね。受信側は、送信側と逆の順番で処理して、データをアプリケーションに渡す、と

ルーターなどの中継機器が途中にある場合には、その機能に応じて、信号を制御したり作り直したりする

図5 **信号を伝えるためのルールや規格を定める**

最も下位の「電気的·機械的な信号伝達」のレイヤーでは、データの実体である信号を伝えるためのルールや規格を定めている。

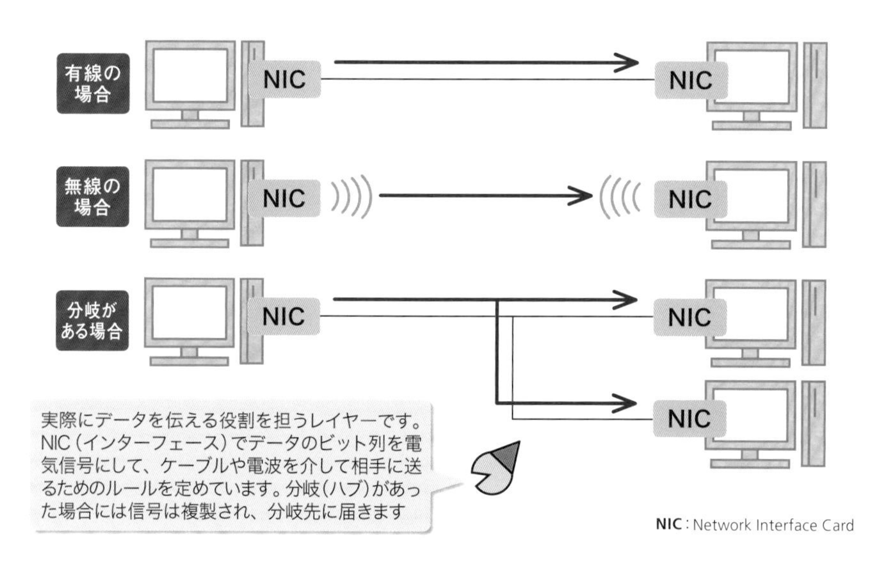

有線の
場合
無線の
場合
分岐が
ある場合
NIC
実際にデータを伝える役割を担うレイヤーです。NIC（インターフェース）でデータのビット列を電気信号にして、ケーブルや電波を介して相手に送るためのルールを定めています。分岐（ハブ）があった場合には信号は複製され、分岐先に届きます

NIC：Network Interface Card

3つのレイヤーに分類

OSI参照モデルとTCP/IPモデルは、それぞれ7層および4層だが、いずれについても（1）電気的・機械的な信号伝達、（2）信号を宛先へ伝えるための制御、（3）送受信するデータの取り扱い――の3つに大きく分類できる（前ページの**図3**）。理解を助けるため、この記事では、この3つのレイヤーで説明していこう。

送信側は、上位のレイヤー（送受信するデータの取り扱い）から順番に処理してデータを送信。受

▼**NIC**
Network Interface Cardの略。
▼**CSMA/CD**
Carrier Sense Multiple Access with Collision Detectionの略。初期のイーサネットである、10BASE5などの同軸ケーブルを使用したバス型のLANで用いられたアクセス制御の仕組み。

信側は、下位のレイヤー(電気的・機械的な信号伝達)から順に処理する(**図4**)。

役割をレイヤーにグルーピングして、使う順番に並べたのがネットワークモデル?

まぁ、思想や理念とかはいろいろあるが、表面的にはその通りだな。

次に、3つに分けたレイヤーをもう少し詳しく説明しよう。

まず「電気的・機械的な信号伝達」は、最も下位に位置するレイヤー。データの実体である信号を伝えるためのルールや規格が定められている。このレイヤーは、機器から機器へ信号を正確に伝える役割を担っている。

機器に取り付けられているNIC(ニック)は、アプリケーションが扱うデータのビット列を電気信号にして、ケーブルや無線電波を介して相手に送る(**図5**)。このときに、このレイヤーで定められているルールや規格を適用する。

その上位のレイヤーとなる「信号を宛先へ伝えるための制御」は、信号が宛先に正しく届くよう制御する役割を担う。

このレイヤーに該当する技術をいくつか挙げよう。例えば初期のイーサネットでは、CSMA/CDという仕組みで信号を送信するタイミングを制御して、信号の衝突を防ぐ(**図6**)。無線LANは

図6 宛先に正しく届くように信号を制御

「信号を宛先へ伝えるための制御」は、信号が宛先に正しく届くよう制御する役割を担う。

信号が衝突しないように制御

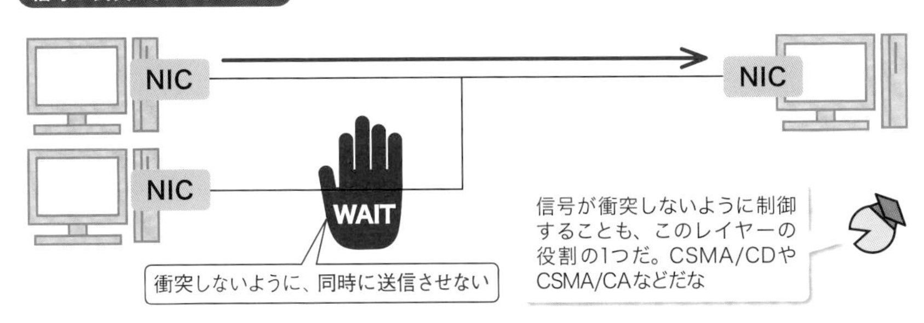

宛先までの経路を制御

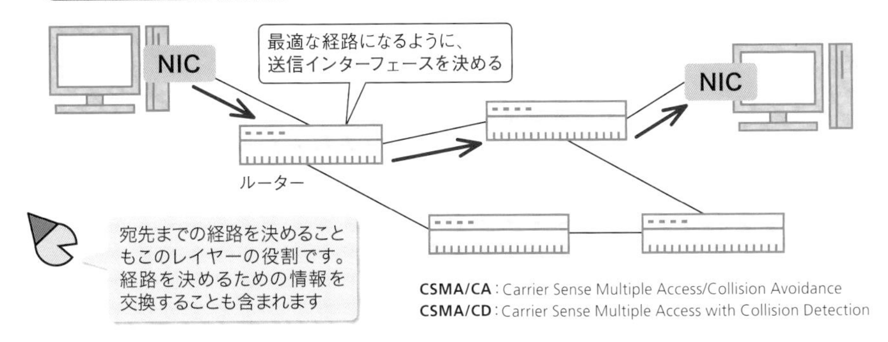

CSMA/CA: Carrier Sense Multiple Access/Collision Avoidance
CSMA/CD: Carrier Sense Multiple Access with Collision Detection

図7 データの取り扱いを送信側と受信側で合わせる

最上位のレイヤーである「送受信するデータの取り扱い」は、送受信するデータをどのように取り扱うのかを決める。確認応答などもこのレイヤーに含まれる。

データフォーマットの例

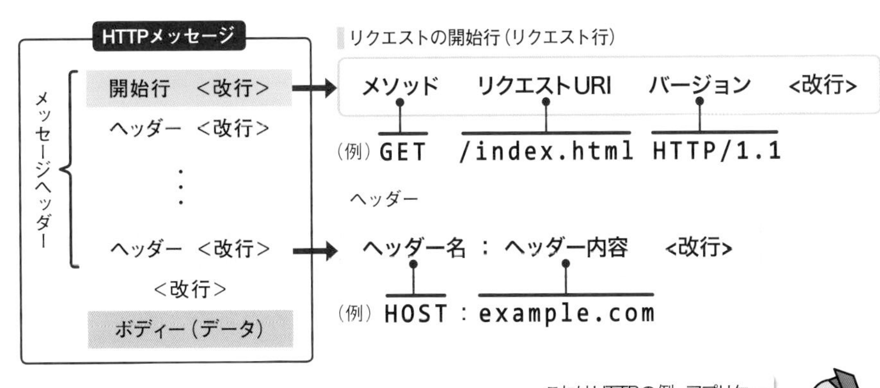

確認応答の例

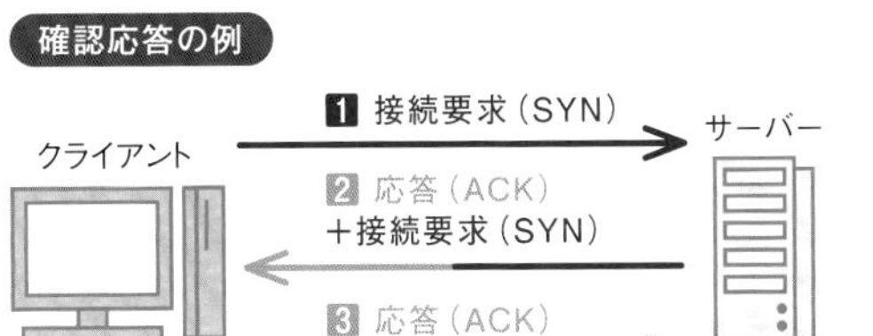

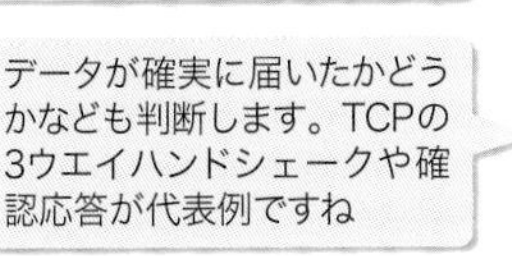

ACK: ACKnowledge **HTTP**: HyperText Transfer Protocol **SYN**: SYNchronize

▼CSMA/CA
Carrier Sense Multiple Access/Collision Avoidanceの略。無線LANにおいて、端末が送信するフレームが衝突しないように回避するための仕組み。

▼HTTP
HyperText Transfer Protocolの略。

▼SYN
SYNchronizeの略。

▼ACK
ACKnowledgeの略。

CSMA/CAという仕組みで衝突を回避する。

ルーティング（経路制御）も、このレイヤーの技術だ。ルーターはルーティングによって、信号が宛先に届くための経路（インターフェース）を決める。経路を決めるために必要な情報を交換することも、このレイヤーに含まれる。

そして、最も上位のレイヤーが「送受信するデータの取り扱い」である。

データの取り扱いが最上位

このレイヤーでは、送受信するデータをどのように取り扱うのかをアプリケーションごとに決める。

具体的には、データのフォーマットや順番、意味などを規定している。例えば、Webの通信のプロトコルであるHTTPでは、HTTPメッセージは「開始行」「ヘッダー」「ボディー（データ本体）」で構成されると決めている（前ページの**図7**）。開始行やヘッダーのフォーマットも細かく定めている。

データが届いたかどうかを確認するのも、このレイヤーの役割だ。例としては、TCPの3ウエイハンドシェークや確認応答が挙げられる。TCPでコネクションを確立したい場合には、クライアントは接続要求（SYN）を送信。接続を許可する場合、サーバーはクライアントへの応答と接続要求（ACK＋SYN）を送信。クライアントがそれに対して応答を返すと、コネクションが確立されて、双方向でのデータのやりとりが可能になる。

以上、3つのレイヤーが順番に役割をこなすことで、異なる機器同士がデータを送受信できるようになる。

冒頭で紹介した「大阪城の観光」で考えると、最も下位のレイヤーが、大阪城までの移動を担う「交通機関」になる（**図8**）。その上位が、交通機関の利用を可能にする「切符の手配」に当たる。そして最上位が「観光の案内」になる。これらが全部そろって、目的である「大阪城の観光」が可能になる。

各レイヤーの関係は、上位のレイヤーは下位のレイヤーに役割を委任、下位のレイヤーはそれに応える形で上位レイヤーにサービス

図8 「大阪城の観光」の階層構造
「大阪城の観光」を実現するための役割を3つのレイヤーで表した。

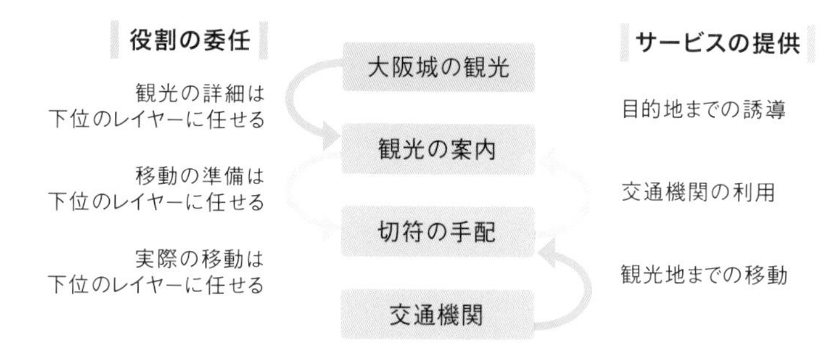

上位のレイヤーは下位のレイヤーに役割を委任して、下位は上位にサービスを提供しているよね。これらのレイヤーすべてがまとまって、1つの「観光サービス」を提供していると言えるね

図9 「特定のアプリケーションによる通信」の階層構造
特定のアプリケーションによる通信を実現するための役割を3つのレイヤーで表した。

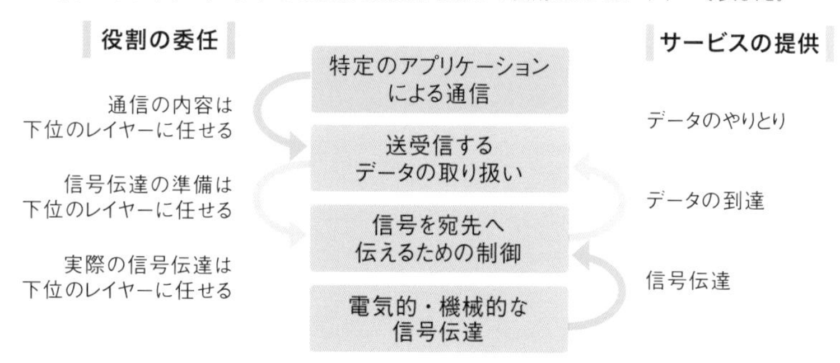

通信アプリケーションも大阪城の観光と変わらないということだな

を提供する。

次に、「特定のアプリケーションによる通信」を目的とした場合の階層構造を示す（**図9**）。大阪城の観光と同様に、上位のレイヤーが下位のレイヤーに役割を委任し、下位が上位にサービスを提供する。

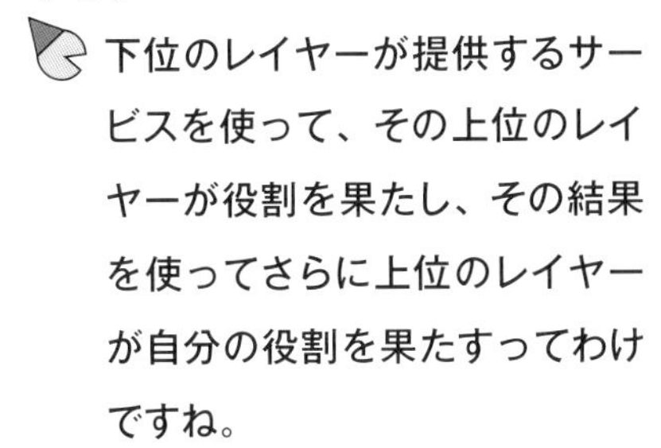

下位のレイヤーが提供するサービスを使って、その上位のレイヤーが役割を果たし、その結果を使ってさらに上位のレイヤーが自分の役割を果たすってわけですね。

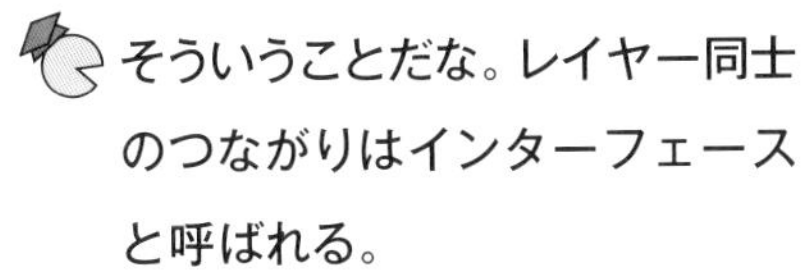

そういうことだな。レイヤー同士のつながりはインターフェースと呼ばれる。

レイヤーの独立

ネットワークモデルでは、それぞれのレイヤーが独立している。これにより、2つの大きな特徴がある。1つは、特定のレイヤーに変更が加えられても、他のレイヤーには影響を及ぼさないということだ。

例えば、利用している無線LANの規格を、IEEE（アイトリプルイー） 802.11aからIEEE 802.11acに変更した場合でも、該当するレイヤー以外は手を入れる必要がない。

上位のレイヤーについても同様だ。アプリケーションのプロトコルをHTTP/1.1からHTTP/2にバージョンアップした場合でも、

図10 ネットワークモデルではレイヤーが独立している

ネットワークモデルでは、それぞれのレイヤーが独立している。このため通常は、特定のレイヤーを変更しても、他のレイヤーに影響しない。該当のレイヤーを担当するソフトウエアやハードウエアを変更するだけでよい。

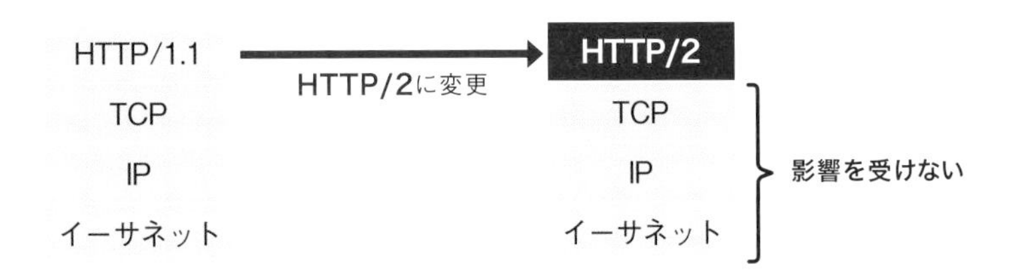

これは、そのレイヤーの役割を担っているソフトウエアやハードウエアにも言えるね。WebブラウザーやWebサーバーソフトはHTTP/2に対応させる必要があるけど、OSやNIC、ネットワーク機器は変更する必要はないってことだよ

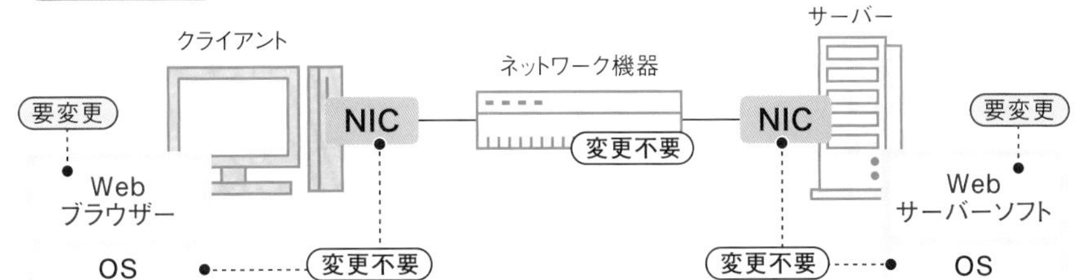

インターフェースに変更がなければ、下位のレイヤーはそのままで問題ない（**図10**）。

つまり、HTTP/1.1からHTTP/2に移行したい場合、WebブラウザーとWebサーバーソフトはHTTP/2対応に変更する必要があるが、それ以外のレイヤーを担うソフトウエアやハードウエアは変える必要がない。

具体的には、クライアントやサーバーのOSおよびNIC、スイッチやルーターといったネットワーク機器は変更する必要がない。

もう1つの特徴は、特定のレイヤーで使われている機能や仕組みは、該当するレイヤーで閉じているということだ。

例えば図7に示したように、TCPには3ウエイハンドシェークという仕組みがある。この仕組みはこのレイヤーで閉じているので、下位のレイヤーであるIPやイーサネットの知識がなくても理解できる。

以上のようにネットワークモデルは、「役割が階層化されている」および「レイヤーは独立している」という2点を念頭に置くと、理解しやすいだろう。

1章

データはどうやって送られる？

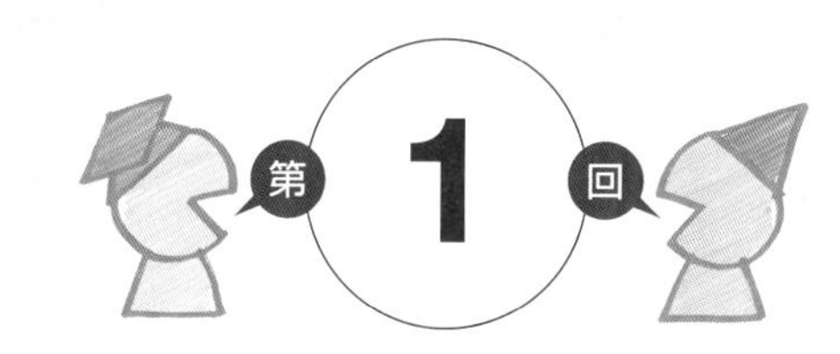
第
1
回

インターネットって何だろう？

博士、インターネットって何なんでしょうね？

何を今さら。何か哲学的な命題かね？

あ、いや、文字通りの疑問です。何となくイメージはできるんですが、ネットワークやサーバーなんかが実際にどんなふうにつながっているのかわからないというか…。

ふむ。

インターネットが構築される前から、ネットワーク用語として「インターネット」(internet)という言葉は使われていた。これは、「インターネットワーク」(internetwork)の省略形である。

インターネットワークは、「ネットワーク」という言葉に、接頭語の「inter-」(～間、相互の意味)を付けたもの。レイヤー3のプロトコルでネットワークをつなげることを意味する。「ネットワーク間相互接続」などと訳される。

現在、一般的に使われている「インターネット」という言葉はこれとは異なる。TCP/IPプロトコル群を使用して世界中をつなげているネットワークのことである。固有名詞であり、英語では「Internet」や「The Net」などと書くとインターネットを指す。

インターネットという言葉の由来は前述のインターネットワークである。「世界中の企業や組織が持つネットワークを相互接続した巨大なネットワーク」と考えるとわかりやすいだろう(図1)。

そこです、そこ。「ネットワークを相互接続した巨大なネットワーク」というところです。

おかしいかね？

おかしくはありませんが、言われてもピンときません。インターネットって、一つの大きなネットワークがあると思ってました。

ふむふむ。

インターネットが「ネットワー

図1 ネットワークを相互接続した巨大なネットワーク

インターネットは、世界中のネットワークを相互接続した巨大なネットワークといえる。ネットワークを相互接続するインターネットワーク(internetwork)が語源。

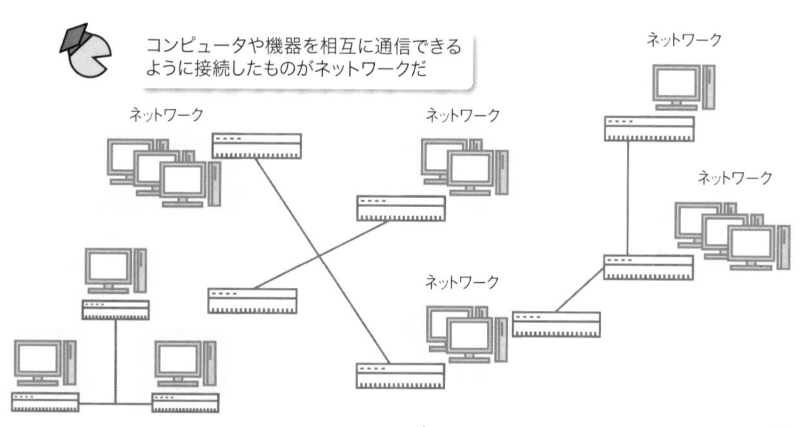
コンピュータや機器を相互に通信できるように接続したものがネットワークだ
ネットワーク
ネットワーク
ネットワーク
ネットワーク
ネットワーク
複数のネットワークを含むネットワークもあるんですね

世界中のネットワークをつなげて、より大きなネットワークとして運用しているのが「インターネット」だな

▼レイヤー3
OSI参照モデルでのネットワーク層。プロトコルとしては、インターネットではIPを使う。
▼TCP/IP
Transmission Control Protocol/Internet Protocolの略。

クを相互接続した巨大なネットワーク」だとすると、例えば研究室のパソコンは、その巨大なネットワークとやらにどのようにつながっているんでしょうか。

なるほど。君が言いたいことはわかった。

前述のように、インターネットは、世界中のネットワークがつながり合って形成されている。インターネットという特定のネットワークが存在するわけではない(図2)。多数のネットワークがつながっている集合体が、インターネットと呼ばれているのだ。

インターネットの一部になる

ネットワークの集合体であるインターネットに接続するには、コンピュータは、いずれかのネットワークに属している必要がある。例えば、インター博士の研究室のコンピュータは大学のネットワークに属しているので、インターネット上の別のコンピュータとやり取りできる。

研究室のコンピュータで、あるWebサイトを閲覧しようとする場合、企業や組織が管理するネットワークを経由して、そのWebサイトのサーバーにアクセスすることになる。

研究室のコンピュータについてはわかります。

うむ。

図2 インターネットというネットワークは存在しない

インターネットという単一のネットワークが存在するわけではない。あるWebサイトを閲覧する場合、企業や組織が管理するネットワークを複数経由して、そのWebサイトのサーバーにアクセスすることになる。

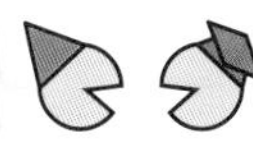

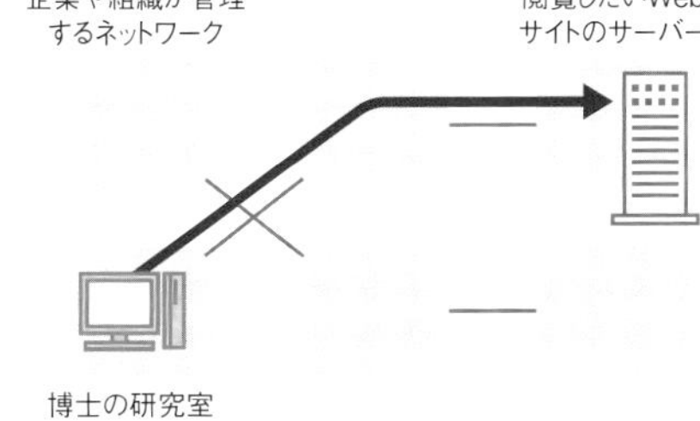

図3 インターネットを構成するネットワークの一部になる

コンピュータがインターネットに接続したい場合は、インターネットを構成しているネットワークの一部になる必要がある。個人宅の場合、ISPが提供するインターネット接続サービスを利用すると、宅内のコンピュータがISPのネットワークの一部になる。

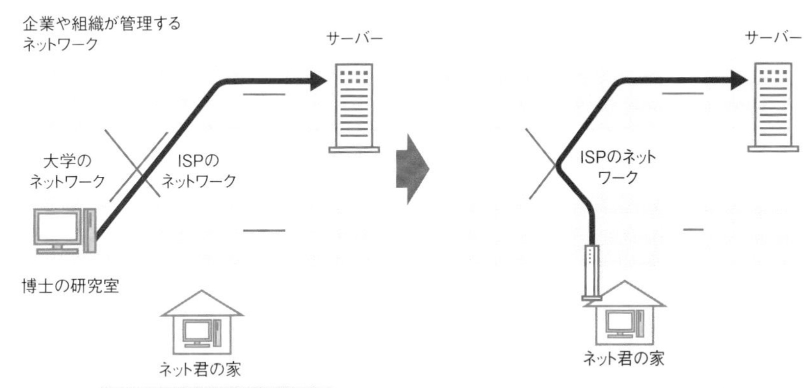

ISP：Internet Service Provider

でも、僕の家みたいに、インターネットを構成するネットワークに属していない場合はどうなんでしょうか。家にはパソコン1台しかなくて、ネットワークなんてたいそうなものはありませんが、インターネットに接続できますよ。

君が知らないだけで、君の家もネットワークの一部になっているのだぞ。

えっ、そうなんですか？

一般家庭などのコンピュータがインターネットに接続する場合には、インターネットを構成する

▼ISP
Internet Service Providerの略。インターネットサービス事業者。

▼パケット
ネットワーク上でデータをやり取りする際の「データの一区切りの固まり」のこと。ここではIPパケットを指す。IPのようなレイヤー3の通信ではパケットと呼ぶが、イーサネットのようなレイヤー2の通信では「フレーム」と呼ぶ。

▼その方向へ送り出す
宛先方向の回線につながっているインタフェースから送信する。

ネットワークの一部になる必要がある（前ページの図3）。一般家庭の場合は、ISPのネットワークの一部になることがほとんどだ。ISPのインターネット接続サービスを契約し、ブロードバンドルーターなどでISPのネットワークに接続する。そうすれば、ISPのネットワークの一部になり、別のネットワークのコンピュータとデータをやり取りできるようになる。

ルーターはデータの中継機

いろんなネットワークをつなぎ合わせたものがインターネットなのはわかりましたよ。

うむ。

でも、違う組織が管理するネットワーク同士をつないで、データをきちんとやり取りできるものなんでしょうか？

そこをうまくやってくれるのが「ルーター」だよ。

ネットワークがやり取りするデータを橋渡しするのが、「ルーター」と呼ばれるネットワーク機器だ。ルーターの役割は、受け取ったパケット（IPデータグラム）の宛先IPアドレスをチェックし、その方向へ送り出す中継機である。

基本的な動作は単純だ（図4）。ルーターには複数のインタフェースがあり、複数のネットワークとつながっている。あるインタフェースにパケットが到着すると、その宛先IPアドレスをチェック。宛先方向の回線につながっているインタフェースからパケットを送り出す。

ルーターのおかげで、異なるネットワーク間でのデータのやり取りが可能になる。ルーターこそが、インターネットワーク（ネットワーク間相互接続）を実現するための機器であり、インターネットの要となる機器なのだ。

「ホップバイホップ」で中継

宛先のIPアドレスが、パケットを受信したルーターに直接つながるネットワークにあれば、そのルーターから直接パケットを送信できる。

しかしたいていの場合、いくつものネットワークをまたいだ先に宛先がある。その場合には、ルーターが中継して別のルーターへ送り、そのルーターが宛先のIPアドレスに近いルーターへ中継。これを繰り返してバケツリレーで宛先にパケットを届ける。

パケットを受け取ったルーターが、次にどのルーターへパケットを送るかは事前には決まっていない。それぞれのルーターが、宛先に近いと思われる次のルーターを自分で判断して中継する。このよ

図4 ルーターの基本動作

ネットワーク同士をつなぐ機器がルーターだ。ルーターは、ネットワーク同士のデータのやり取りを実現する。インターネットの要となる機器だが、基本的な動作は単純。受け取ったパケット（IPデータグラム）の宛先IPアドレスをチェックして、その方向に送り出す。

ルーターの基本的な動作はこれだけだ

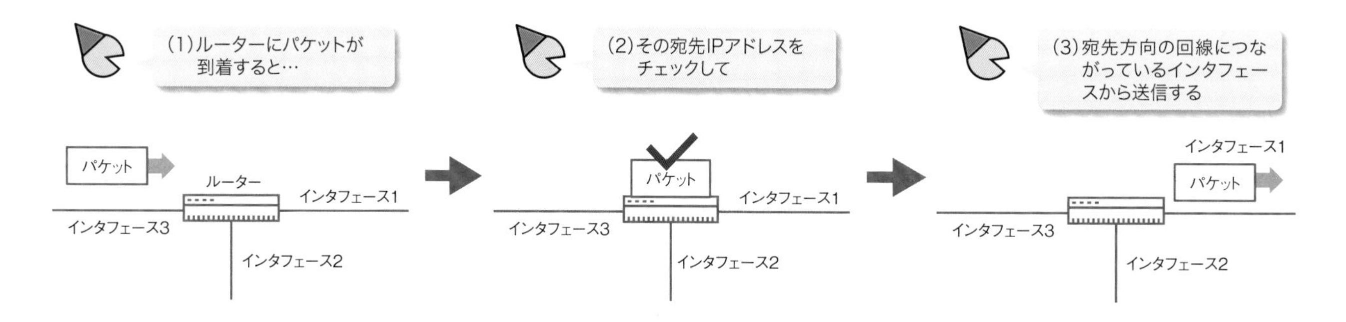

▼ルーティング
ネットワークにおいて、情報を伝達する経路を見つける仕組みや処理のこと。経路制御とも呼ばれる。
▼ルーティングテーブル
ルーティングするためにルーターが内蔵している表。ある宛先にパケットを送りたい場合、次にどのルーターに転送すればいいかを設定する。経路表や経路制御表ともいう。

うな中継方法は「ホップバイホップ」と呼ばれる（図5）。

例えば、ユーザーのコンピュータからのパケットをルーターAが最初に受け取ったとする。このとき、ルーターAが決めるのは、次にパケットを送るルーターだけ（図5ではルーターB）。その後の道筋を決めるわけではない。

ルーターA以降のルーターも同様だ。宛先IPアドレスを見て、その宛先に近いと思われるルーターにパケットを渡していく。そして、宛先のネットワークにあるルーター（図5ではルーターC）までパケットが届いたら、宛先のコンピュータに直接送信する。

ルーティングテーブルは地図

ルーターが次のルーターを決める処理は「ルーティング」と呼ばれる。そして、「隣接するルーターのうち、どれが宛先に近いルーターなのか」を判断するために必要な情報が、「ルーティングテーブル」である。

ルーティングテーブルは、簡単に言えば「ネットワークの地図」。これを見れば、宛先IPアドレスのネットワークがどこにあるのかわかる。

実際は、宛先IPアドレス（ネットワーク）と、そのアドレスに到

図5 それぞれのルーターが判断してパケツリレー

複数のルーターを経由してパケットを送信する場合、それぞれのルーターが独自に判断して、次のルーターにパケットを送り出す。これを「ホップバイホップ」という。

最初のルーターが、宛先IPアドレスまでの道筋を決めるかと思ってました

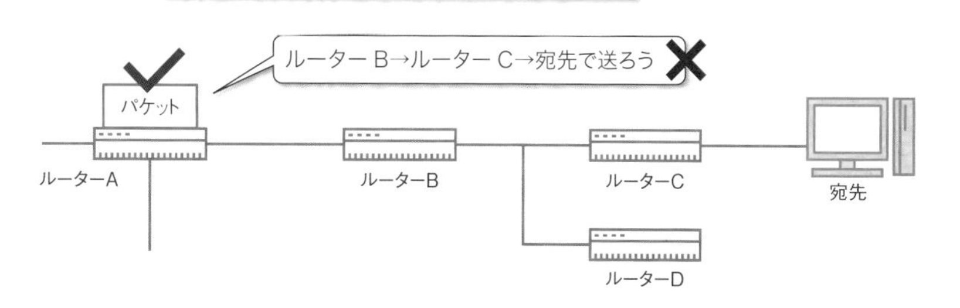

そうではない。次のルーターを決めるだけだ。これをホップバイホップと呼ぶ

（1）ルーターAにパケット到着

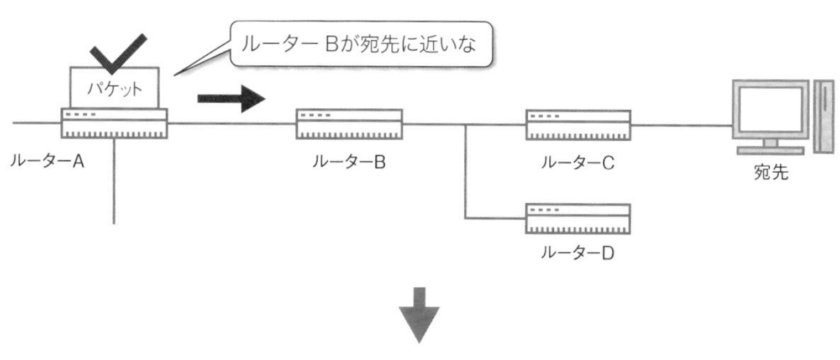

（2）ルーターBにパケット到着

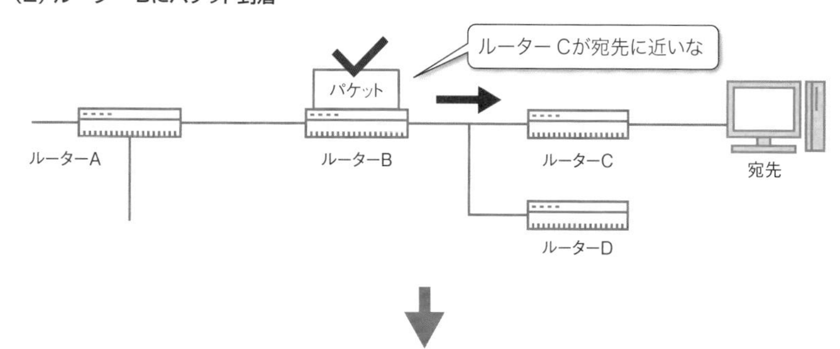

（3）ルーターCから宛先へ

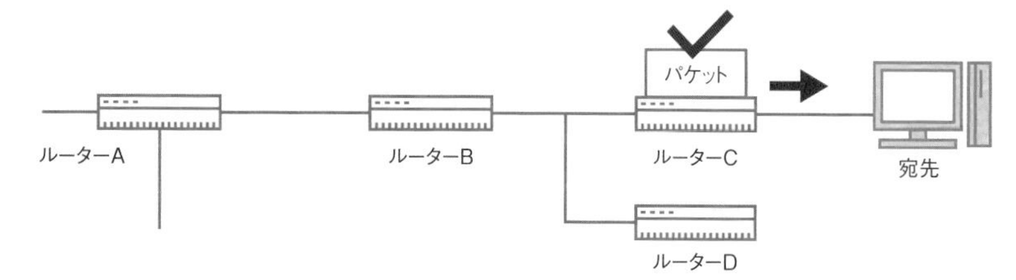

達するためにホップバイホップで次に向かうルーター、そこに行くためのインタフェースの対応表である(図6)。

このほかルーティングテーブルには、「メトリック」と呼ばれる値も記載されている。これは、経路(道筋)の評価値である。経路の候補が複数ある場合には、メトリックが小さい経路が優先される。

ルーターはルーティングテーブルという地図を持っていて、それで次の宛先を決めているんですね。

それをルーティングという。

決まったら中継するんですね。

そう。次の宛先に対応するインタフェースからパケットを送信する。これをフォワーディングという。

ルーティングとフォワーディングですね。

ルーティングテーブルは正しい情報に基づいて作成し、絶えず最新の状態に更新する必要がある。ルーティングテーブルに誤った情報があると、宛先にパケットが届かないからだ。

例えば、経路上に誤った情報を参照するルーターがあると、正しい宛先にパケットが届かないばかりか、ループが発生する場合もある(図7上)。

情報を絶えず更新することも重要だ。さもないと、新しく追加さ

図6 ルーティングテーブルで送信インタフェースを決める

ルーターは、ルーティングテーブルと呼ばれる情報を使って、パケットを送信するルーターを決定する。「メトリック」とは、道筋の評価値で、値が小さいほうが優先される。

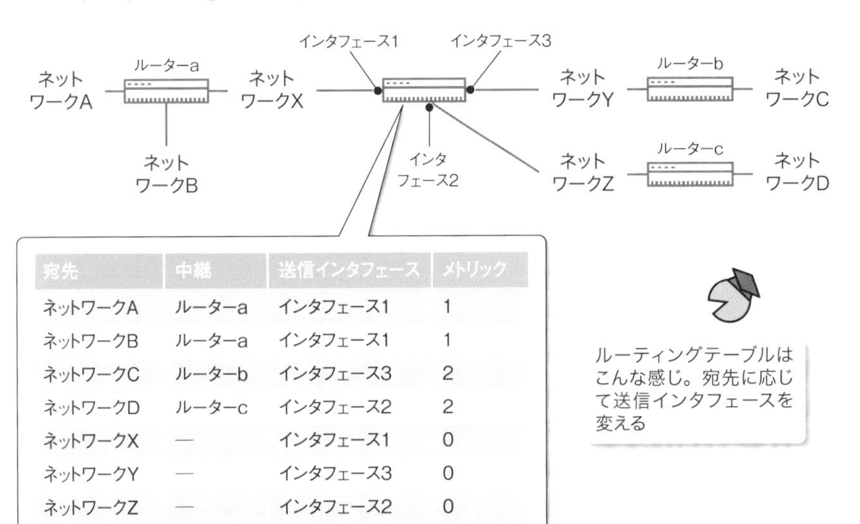

宛先	中継	送信インタフェース	メトリック
ネットワークA	ルーターa	インタフェース1	1
ネットワークB	ルーターa	インタフェース1	1
ネットワークC	ルーターb	インタフェース3	2
ネットワークD	ルーターc	インタフェース2	2
ネットワークX	—	インタフェース1	0
ネットワークY	—	インタフェース3	0
ネットワークZ	—	インタフェース2	0

ルーティングテーブル

図7 ルーティングテーブルが誤っているとパケットが届かない

ルーティングテーブルには正しい情報が設定され、随時更新される必要がある。さもないと、宛先にパケットが届かないなどのトラブルが発生する。

(1) 情報が誤っている場合

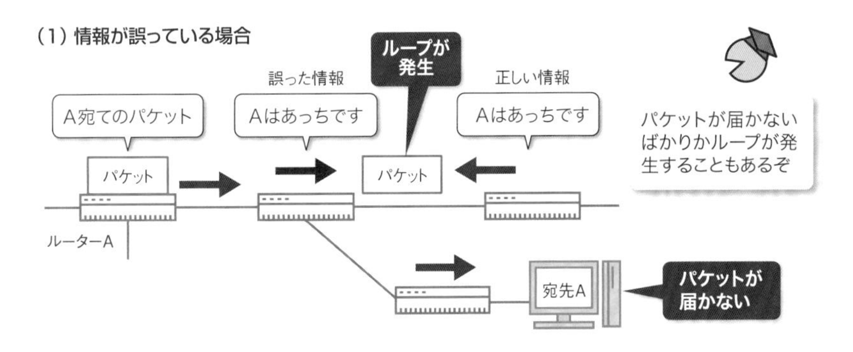

(2) 情報が更新されない場合

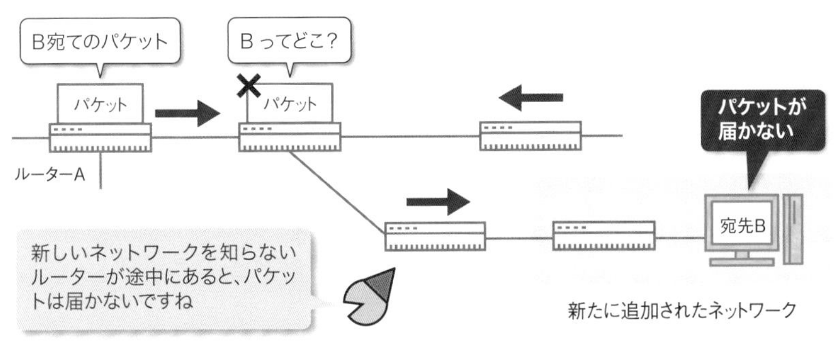

▼**複数ある**
ルーティングプロトコルの詳細については、別の回で解説する。

▼**OSPF**
Open Shortest Path Firstの略。

▼**RIP**
Routing Information Protocolの略。

▼**EIGRP**
Enhanced Interior Gateway Routing Protocolの略。

▼**BGP4**
Border Gatewaty Protocol version 4の略。

れたネットワークにはパケットが届かない(同下)。

自動的に情報を交換

ルーティングテーブルの作成および更新の方法は2種類ある。一つは、ネットワーク管理者が手動で情報を入力する「スタティックルーティング」。もう一つは、ルーター同士が自動的に情報を交換し、ルーティングテーブルの作成・更新する「ダイナミックルーティング」である。

スタティックルーティングでは、ネットワークの変更にリアルタイムに対応できない。また、ネットワーク数が多くなると作業負荷や設定ミスの可能性が高まる。このため、通常はダイナミックルーティングが使われる。

ダイナミックルーティングでは、それぞれのルーターが、自分がつながっているネットワークの情報をほかのルーターと交換し、ルーティングテーブルを更新する(図8)。

情報を交換する前は、それぞれのルーターは自分がつながっているネットワークの情報しかわからない。図8(1)で説明すると、ルーターaはネットワークXとネットワークYの情報しかわからない。

そこで、自分が持っている情報を対向のルーターに送信して、情報を交換する(図8(2))。これにより、対向のルーターの"先"にあるネットワークの情報を入手して、ルーティングテーブルを更新する(同(3))。

図8 ルーター同士が情報を交換してルーティングテーブルを作成・更新

ダイナミックルーティングでは、ルーター同士がルーティングプロトコルに従って自動的に情報を交換し、ルーティングテーブルを作成したり更新したりする。

(1)情報を交換する前は、どちらのルーターも自分が接しているネットワークの情報しか持ってません

ネットワークX ― ルーターa ― ネットワークY ― ルーターb ― ネットワークZ
(ルーターa：インタフェース1／インタフェース2、ルーターb：インタフェース1／インタフェース2)

宛先	中継	送信インタフェース
ネットワークX	―	インタフェース1
ネットワークY	―	インタフェース2

宛先	中継	送信インタフェース
ネットワークY	―	インタフェース1
ネットワークZ	―	インタフェース2

(2)それぞれのルーターは、自分が持っているネットワークの情報を対向のルーターに送ります

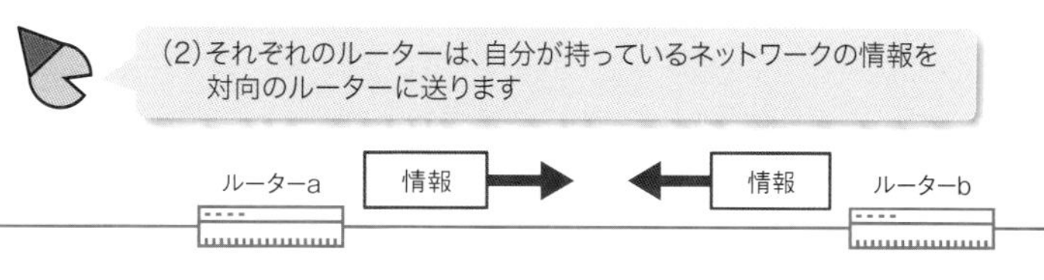

(3)それにより、ルーティングテーブルの情報が更新されるわけだ

ネットワークX ― ルーターa ― ネットワークY ― ルーターb ― ネットワークZ
(ルーターa：インタフェース1／インタフェース2、ルーターb：インタフェース1／インタフェース2)

宛先	中継	送信インタフェース
ネットワークX	―	インタフェース1
ネットワークY	―	インタフェース2
ネットワークZ	ルーターb	インタフェース2

宛先	中継	送信インタフェース
ネットワークY	―	インタフェース1
ネットワークZ	―	インタフェース2
ネットワークX	ルーターa	インタフェース1

ルーター同士が自動で情報を交換するなんて賢いですね。

そうだな。さて、ネット君。情報を交換するのに必要なものは？

必要なもの？何でしょう？

情報をやり取りするためのルールが必要じゃないのか？

ルール……。あっ、プロトコル！

ダイナミックルーティングに使用するプロトコルは、「ルーティングプロトコル」と呼ばれる。

ルーティングプロトコルには、やり取りする情報の内容やそのタイミングなどが決められている。

ルーティングプロトコルは複数ある。企業や組織の内部のネットワークでは、OSPFやRIP(リップ)、EIGRPなどのルーティングプロトコルが使われる。

企業・組織のネットワーク同士は、BGP4と呼ばれるルーティングプロトコルで情報を交換する。これにより図1に示したような相互接続を実現して、巨大なインターネットの世界を構成しているのだ。

ルーターって何してるの？

前回、インターネットで大事なものは何かっていう話がありましたよね？

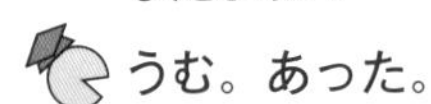

うむ。あった。

そこで出てきたルーティング✎とかルーター✎とか？もちっと詳しく説明してほしいかなーとか？

変な口癖を身に付けたようだな。

前回解説したように、インターネットは、ネットワークを相互接続した巨大なネットワークである。ルーティングは、ネットワーク同士をレイヤー3で接続するために必要な技術である。

ネットワークを接続するには、それぞれのネットワークの境界上に、橋渡しをする機器が必要だ。それがルーターである。ルーターは二つ以上のインタフェースを持ち、それぞれが別のネットワークにつながる。つまり、ルーターがネットワークの境界になっている。ルーターの内部に境界があるともいえる（図1）。

図1 ルーターの内部にネットワークの境界が存在する

ネットワーク同士をつなぐルーターは二つ以上のインタフェースを持ち、それぞれが別のネットワークにつながっている。つまり、ルーターがネットワークの境界になっている。言い換えると、ルーターの中にネットワークの境界が存在することになる。

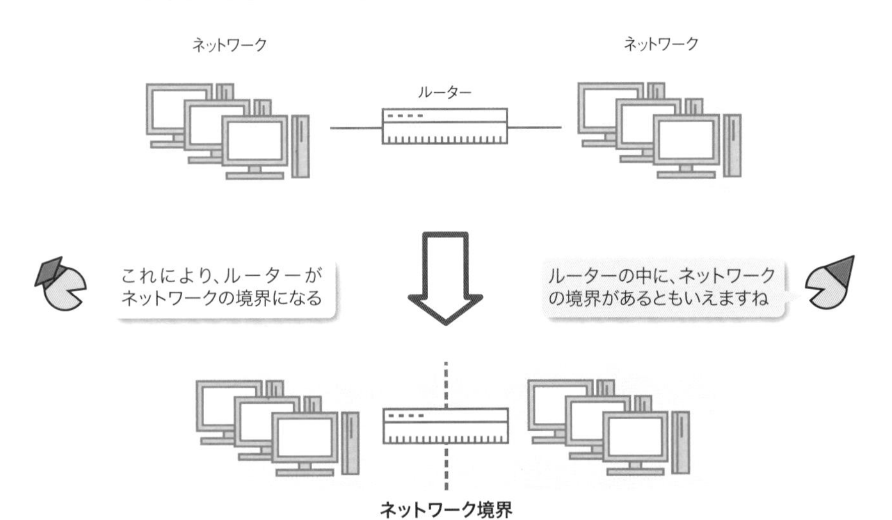

ルーターは中継 スイッチはフィルター

奇天烈な顔してどうしたかね。

キテレツて。ん～、パケットを中継するのがルーターですよね？スイッチ✎（スイッチングハブ）もデータ（フレーム✎）を中継しますけど、どう違うんです？

端的に言えば「レイヤーが違う」だが、もうちょっと詳しく説明しよう。

一見、スイッチもルーターと同じようにフレームを「中継」しているように思えるが、実際は異なる。スイッチの基本的な機能の考え方

▼ルーティング
ネットワークにおいて、情報を伝達する経路を見つける仕組みや処理のこと。経路制御とも呼ばれる。
▼ルーター
IPネットワークの中継装置。宛先IPアドレスを見て適切なネットワークに転送する。

▼スイッチ
スイッチングハブやイーサネットスイッチ、LANスイッチなどとも呼ばれる。複数の接続ポート間の通信を「切り替える」機能を提供することから「スイッチ」と呼ばれる。イーサネットのフレームを受け取り、宛先MACアドレスなどの情報から適切な接続ポートに送り出す。
▼フレーム
イーサネットのようなレイヤー2の通信における、ネットワーク上でデータをやり取りする際の「データの一区切りの固まり」のこと。IPのようなレイヤー3の通信ではパケットと呼ぶ。

は中継ではなく、「フィルタリング」だからだ。

スイッチは、宛先のアドレス(MAC〔マック〕アドレス)を見て、「宛先につながっていないインタフェースには流さない」というフィルタリングを実施する。

例えば**図2**のように、スイッチを経由してパソコンAからパソコンDにデータを送る場合、表面上はスイッチがデータを中継しているように見える(図2上)。

だが実際には、スイッチは、宛先となるパソコンD以外にはデータを送らないようにフィルタリングをしている(同下)。

一方ルーターは、宛先のアドレス(IPアドレス)を見て、宛先につながっているインタフェースにデータを送信する。

両者の違いは、宛先がわからないときに顕著になる。スイッチは、宛先がわからないときはどのインタフェースもブロックしない。つまり、すべてのインタフェースからフレームを送信する。これは、フラッディングと呼ばれる。

ルーターは、宛先がわからないときには、どのインタフェースから送ればよいのかわからないので、パケットを中継しない。

フレームやパケットの取り扱いにも違いがある(**図3**)。スイッチは、フレームを流すか流さないかを決めるだけなので、フレームに

図2 スイッチはデータを「中継」しない

スイッチ(スイッチングハブ)は、ルーターとは異なりデータ(フレーム)を「中継」しない。表面上は宛先にデータを中継しているように見えるが、実際は、宛先以外にはデータを送らないというフィルタリングを実施している。

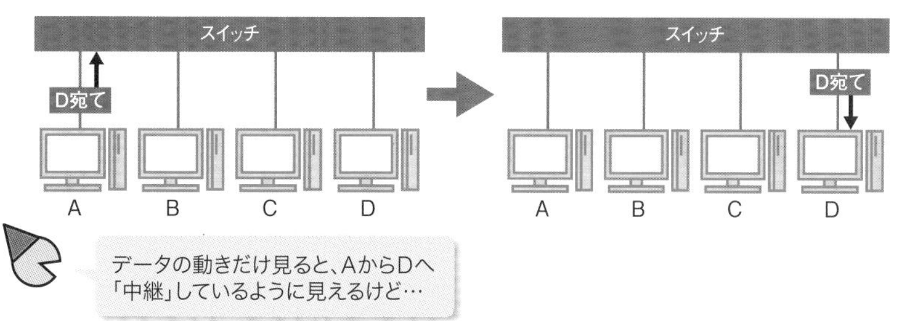

「中継」ではなく「宛先以外には送らない」というフィルタリングを実施している

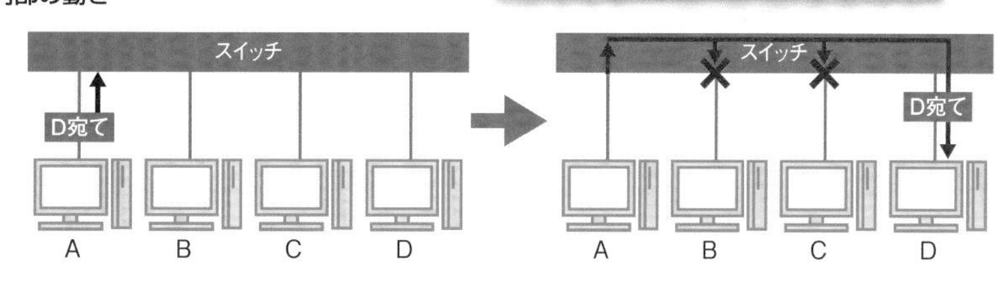

図3 スイッチとルーターの違い

スイッチとルーターは動作が異なるため、データ(フレームやパケット)の取り扱いも異なる。スイッチは、フレームを流すか流さないかを決めるだけなので、フレームには手を加えない。一方、ルーターはパケットを中継する(言い換えると、パケットを送り直す)ので、パケットの一部を変更する。

スイッチングはフレームを流すか流さないかを決めるだけなので、フレームの内容は変更しない

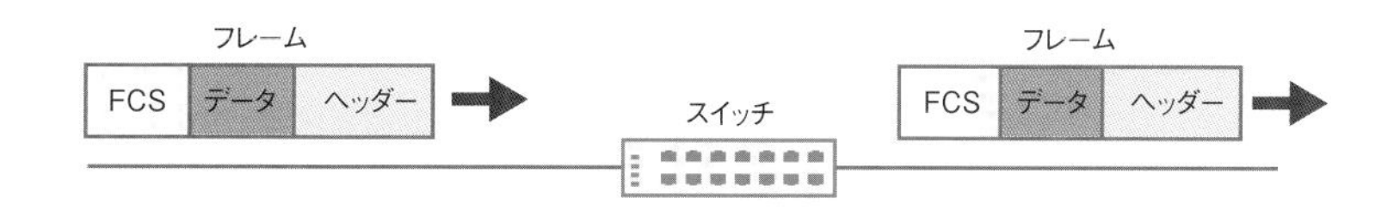

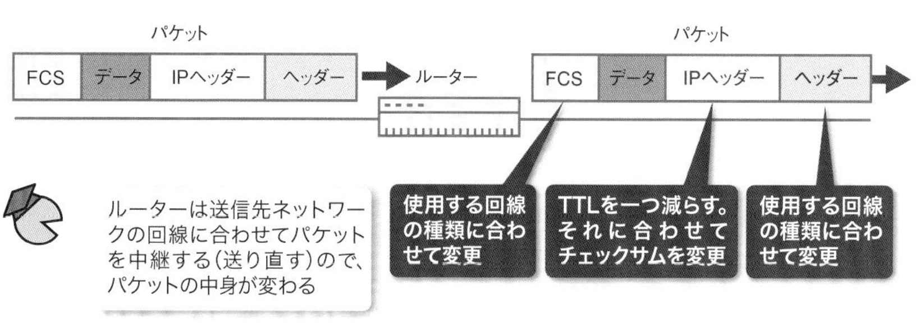

FCS：Frame Check Sequence　**TTL**：Time To Live

▼TTL
Time To Liveの略。IPヘッダーに含まれる1バイトのフィールド。ルーターを越えるごとに1ずつこの値が減る。

▼チェックサム
データの整合性をチェックするためのデータ。

▼変更する
例えば、フッターに含まれるFCS（Frame Check Sequence）を変更する。FCSには、MACヘッダーやデータ部分に誤りがないかを検査するための値が含まれる。

▼ホップバイホップ
それぞれのルーターが、宛先に近いと思われる次のルーターを判断して中継する方法。

▼ルーティングテーブル
ルーティングするためにルーターが内蔵している表。ある宛先にパケットを送りたい場合、次にどのルーターに転送すればいいかを設定する。経路表や経路制御表ともいう。

▼RIP
Routing Information Protocolの略。

▼OSPF
Open Shortest Path Firstの略。

は手を加えない。

一方、ルーターはパケットの一部を変更して送り直す。例えば、経由したルーターの数を示すTTLを一つ減らし、それに合わせてチェックサムも変更する。送り先の回線に合わせて、フレームのヘッダーやフッターも変更する。

ルーターとスイッチの違いはわかりました。で、そのルーターが行うルーティングですけど、前回いろいろ聞きましたよね。ホップステップジャンプとか。

ホップバイホップな。

あと、ルーティングテーブルが大事！

うむ、そっちは覚えてくれてうれしいよ。

前回説明したように、ルーターはルーティングテーブルを持ち、これに従ってパケットをルーティングする。

パケットを正しく中継するには、ルーティングテーブルを正しく作成し、更新する必要がある。そのためには、それぞれのルーターが正しいルーティング情報を随時交換しなければならない。

あー、そんな話ありましたね。

で、情報を交換してルーティングテーブルを作ったり、更新したりするのがルーティングプロトコルでしょ？

そうだ。

で、なんか種類がいっぱいありましたよね？なんであんなにあるんですかね。一つあればよさそうなもんですけど？

ルーティングプロトコルは、ルーター同士がネットワークの情報（ルーティング情報）を交換し、ルーティングテーブルを作成・更新するためのプロトコルである。

ルーティングプロトコルは複数存在し、ルーティング情報の交換方法やルーティングテーブルの更新方法に違いがある。そのため、使用するネットワークの環境に合ったプロトコルを選択する。また、異なるルーティングプロトコルを使用しているルーター同士では、ルーティング情報を交換できない。

例えば**図4**の上では、いずれのルーターもルーティングプロトコルにRIP（リップ）を使っているので、ルーティング情報を交換できる。このためルーターCは、ルーターAとBの先にネットワークXが存在することがわかる。

一方図4の下では、ルーターCが異なるルーティングプロトコル（OSPF）を使っているので、ルーターAやルーターBとルーティン

図4 プロトコルが異なるとルーティング情報を交換できない

ルーターは、ルーティングプロトコルに従ってルーティング情報などを交換する。同じルーティングプロトコルを使用しているルーター同士でないと、ルーティング情報を交換できない。RIPとOSPFは、いずれも企業・組織内のネットワークで使われるルーティングプロトコル。

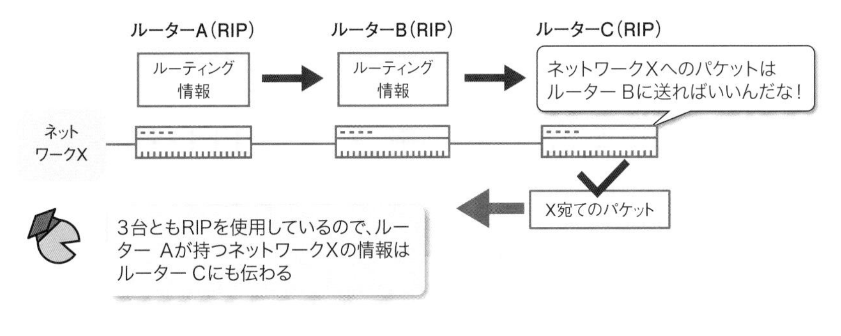
ルーターA（RIP）
ルーターB（RIP）
ルーターC（RIP）
ルーティング情報
ルーティング情報
ネットワークXへのパケットはルーター Bに送ればいいんだな！
ネットワークX
X宛てのパケット
3台ともRIPを使用しているので、ルーター Aが持つネットワークXの情報はルーター Cにも伝わる

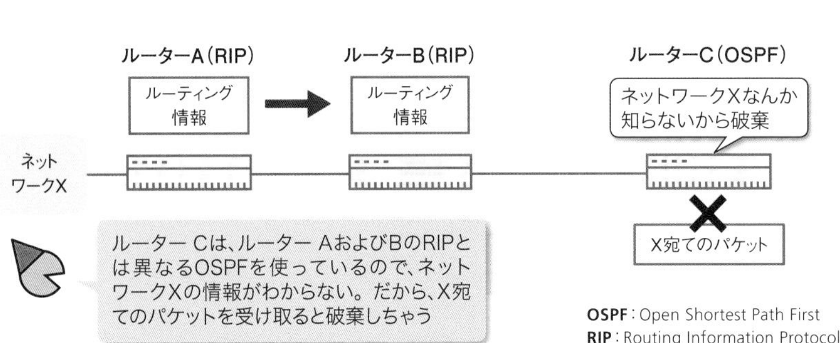
ルーターA（RIP）
ルーターB（RIP）
ルーターC（OSPF）
ルーティング情報
ルーティング情報
ネットワークXなんか知らないから破棄
ネットワークX
X宛てのパケット
ルーター Cは、ルーター AおよびBのRIPとは異なるOSPFを使っているので、ネットワークXの情報がわからない。だから、X宛てのパケットを受け取ると破棄しちゃう

OSPF：Open Shortest Path First
RIP：Routing Information Protocol

▼破棄してしまう
後述するデフォルトルートが設定されていれば、デフォルトルートへ送信する。
▼EGP
Exterior Gateway Protocolの略。
▼IGP
Interior Gateway Protocolの略。
▼EIGRP
Enhanced Interior Gateway Routing Protocolの略。
▼AS
Autonomous Systemの略。自律システムと訳される。
▼BGP4
Border Gatewaty Protocol version 4の略。

グ情報を交換できない。このため、ルーターAにつながっているネットワークX宛てのパケットを中継できず、破棄してしまう✐。

EGPとIGPの2種類がある

ルーティングプロトコルは、EGP✐とIGP✐の2種類に大別できる。EGPは、異なる企業・組織のネットワークをつなぐネットワーク、すなわちインターネットで使われるルーティングプロトコル。IGPは、企業や組織のネットワーク内で使われるルーティングプロトコルで、RIPやOSPF、EIGRP✐などが該当する。(図5)。

図5 インターネットと社内ネットワークでは使うルーティングプロトコルが異なる

企業や組織のネットワーク内で使われるルーティングプロトコルはIGP、異なる企業・組織のネットワークをつなぐネットワーク(すなわちインターネット)で使われるルーティングプロトコルはEGPと呼ばれる。また、企業・組織が運用するネットワーク群は「AS」あるいは「自律システム」と呼ばれる。

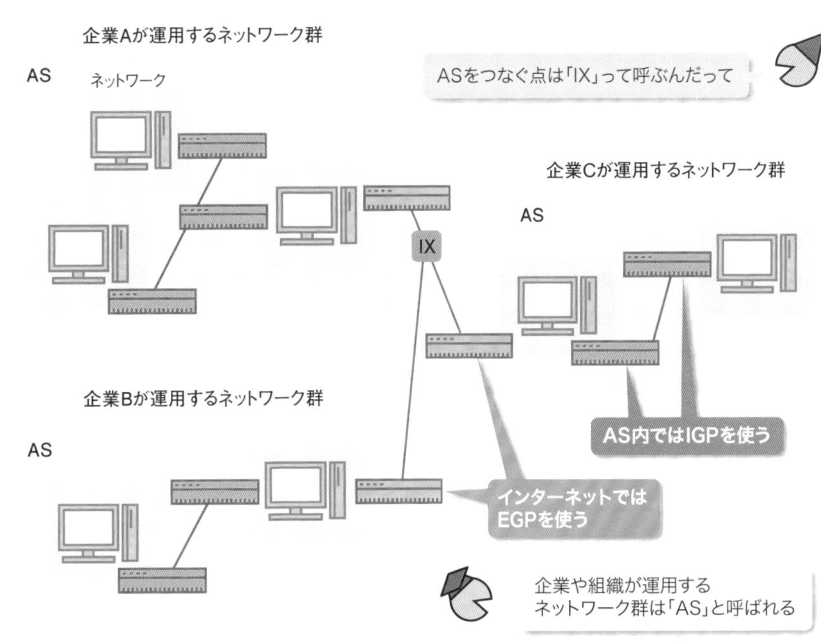

AS : Autonomous System　EGP : Exterior Gateway Protocol
IGP : Interior Gateway Protocol　IX : Internet eXchange

インターネットはBGP4で情報交換

企業・組織が運用するネットワーク群は「AS✐」あるいは「自律システム」と呼ばれる。前回の記事では、インターネットは「ネットワークのネットワーク」と表現したが、「インターネットはASをつないだネットワーク」ともいえるだろう。

現在、EGPとしては、BGP4✐が標準になっている(図6)。インターネットに接続するASのルーターは、ルーティングプロトコルとしてBGP4を必ず使用する。

BGP4では、インターネットを構成するすべてのネットワークへ

図6 インターネットではBGP4が使われる

AS間で使われるEGPには、BGP4と呼ばれるルーティングプロトコルが使われる。それぞれの企業・組織が管理するAS内で使われるIGPとしては、環境に応じてOSPFやRIPなどが使われる。

ASのルーター間ではBGP4が使われているそうですよ

EGP

名前	方式	
BGP4	パスベクター型	AS間のデファクトスタンダードのルーティングプロトコル。大規模情報をやり取りできる

こっちはASの内部で使用するIGPだ。ASの環境などによって使い分けされている

IGP

名前	方式	
RIP/RIP2	ディスタンスベクター型	最初に開発されたルーティングプロトコル。以前は広く使われていた。RIP2ではクラスレスアドレスに対応した
OSPF v2/v3	リンクステート型	RIPに代わって広く使われるになったルーティングプロトコル。バージョン3(v3)はIPv6に対応した
EIGRP	ハイブリッド型	米シスコシステムズ独自のルーティングプロトコル。ディスタンスベクター型とリンクステート型の長所を組み合わせた

BGP4 : Border Gateway Protocol version 4　EIGRP : Enhanced Interior Gateway Routing Protocol

▼ディスタンスベクター型
「distance（距離）」と「vector（方向）」から最適な経路を決めるルーティングプロトコル。「距離」はメトリック、「方向」はインタフェースと考えればよい。これらの情報を含むルーティングテーブルを、一定時間ごとに相互に交換することで最適経路を決める。

▼リンクステート型
ルーターのインタフェースの状態を基に最適経路を決める。ルーター同士でリンクの状態をデータベース化し、経路を計算する。ネットワークに変化があったときのみ、経路情報をやり取りする。

▼パスベクター型
「どのような順番でASを通るか」を表す「AS-Path属性」と呼ばれる情報を使って最適経路を決める。

▼ISP
Internet Service Providerの略。インターネット接続事業者。

の経路情報を交換する。この情報は「インターネットフルルート」あるいは「フルルート」と呼ばれる。フルルートは百数十万のネットワーク情報から成るといわれる。このため、BGP4で情報を交換するルーターには高い性能が求められる。

AS内部では様々なプロトコル

EGPにはBGP4だけが使われているが、AS内部で使われるIGPには、複数のプロトコルが使われている。ASの管理者がそのASの環境に適したものを選んで使用する。

プロトコルによって、特徴や方式が異なる。例えばRIPはディスタンスベクター型と呼ばれる方式を採用。OSPFはリンクステート型だ。EIGRPは、これらの長所を組み合わせたハイブリット型である。ちなみに、BGP4はパスベクター型だ。

AS内部のネットワークのルーティング情報は、AS内部のルーターがRIPやOSPFなどのIGPを使って交換し集約する。そしてその情報は、EGPすなわちBGP4によってAS間で交換される（図7）。

逆に、BGP4によって入手したAS外部のネットワーク情報は、IGPによってAS内部のルーターにも伝わる。その結果、それぞれのASの内部ネットワークから、異なるASまでの経路ができる。

デフォルトルートがインターネット出入り口

ふうん。そういえば前回の記事では、ISPと契約すれば、そのISPのネットワークの一部になって、インターネットに接続できるって話でしたよね。

そうだ。

図7 IGPとEGPの役割の違い
AS内部のネットワークのルーティング情報は、OSPFなどのIGPによってまとめられる。その情報をAS間で交換するためにEGP（BGP4）を使う。逆に、EGPによって入手したAS外部のネットワークのルーティング情報は、IGPによってAS内部のルーターに伝えられる。

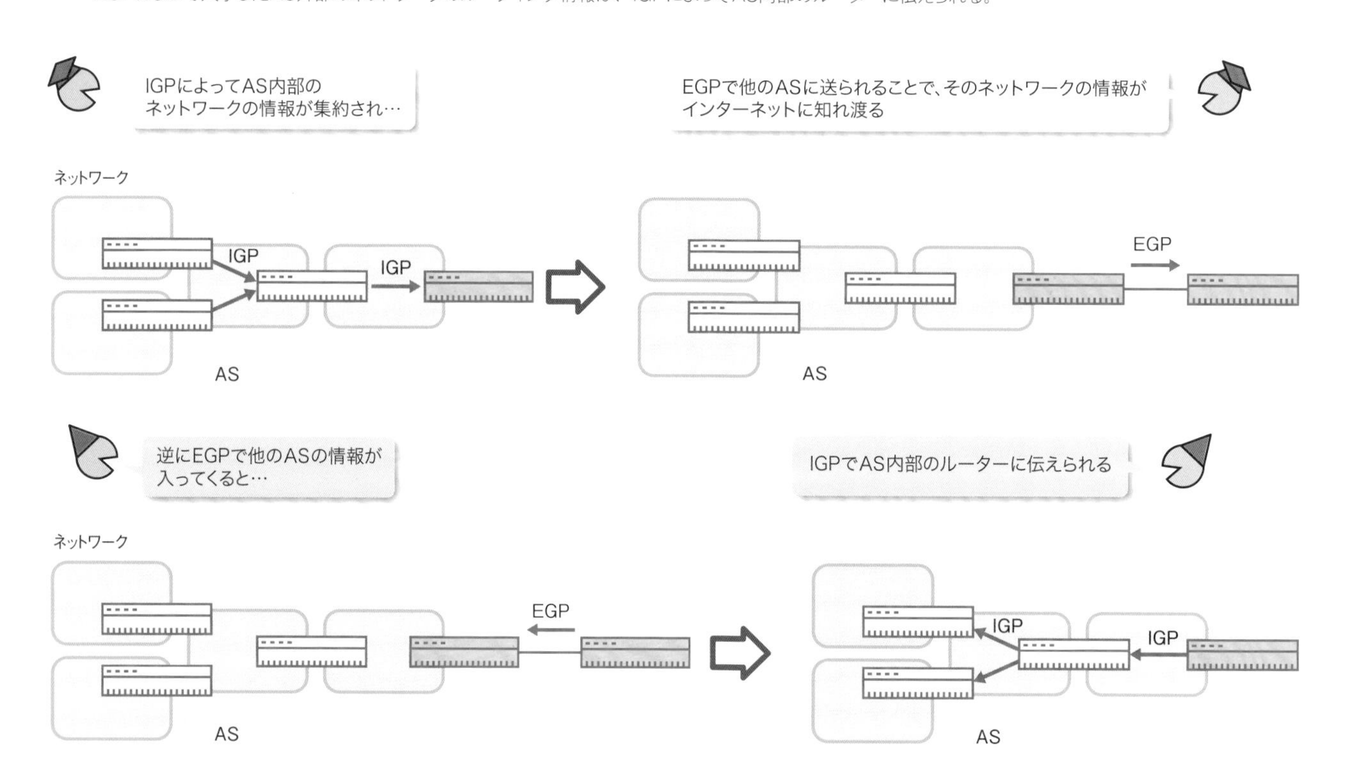

ってことは、ウチの家もISPのASの一部なんですから、ウチのブロードバンドルーターも、インターネット上の他のネットワークへの経路をすべて知ってるってことですか？

まぁ、その考えは間違ってないが、実際は異なる。

すべてのネットワークのルーティング情報であるフルルートは膨大な情報量になる。このため、他のASとつながるルーター、つまりBGP4を“話す”ルーターには、十分な処理能力が要求される。

ただ、AS内部のネットワークでは、フルルートを知る必要はない。インターネット（他のAS）の出入り口になるルーターは一つしかない場合が多いので、そこへの経路さえ知っていればよい。

例えば、ISPのASの一部となっているネット君ちのブロードバンドルーターは、ISPのルーターへの経路さえ知っていれば、インターネットに接続できる（**図8**）。

インターネットの出入り口となるルーターへの経路は、デフォルトルートと呼ぶ。同じネットワークにない宛先への経路は、デフォルトルートにまとめることで、ルーターが保有し処理するルーティング情報を大幅に減らすことができる。ルーティングテーブルでは、デフォルトルートを「0.0.0.0/0」と表記する（**図9**）。

図8 インターネットの出入り口になるルーターは一つ

AS内部のネットワークでは、インターネットのすべてのルーティング情報（フルルート）を知る必要はない。インターネット（他のAS）の出入り口になるルーターは一つしかない場合が多いので、そこへの経路さえ知っていればよい。

僕の家からなら、インターネットのどこに送るにしても、ISPのルーターに送らなきゃいけない

このASのルーターにとっては赤矢印のルーターが、赤矢印のルーターにとっては青矢印のルーターが、インターネットの出入り口になる

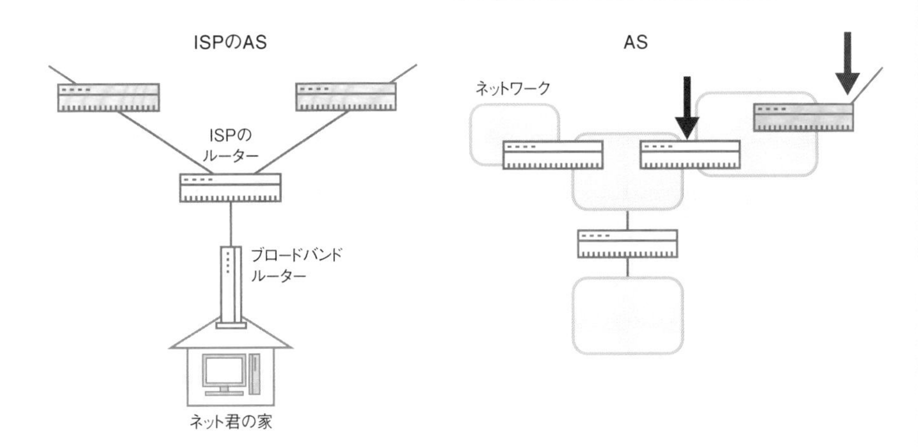

図9 ルーティングテーブルに宛先がないパケットはデフォルトルートへ

デフォルトルートは、ルーティングテーブルにない宛先用の特殊な経路のこと。インターネットの出入り口となるルーターへの経路になる。ルーティングテーブルでは、デフォルトルートを「0.0.0.0/0」と表記する。

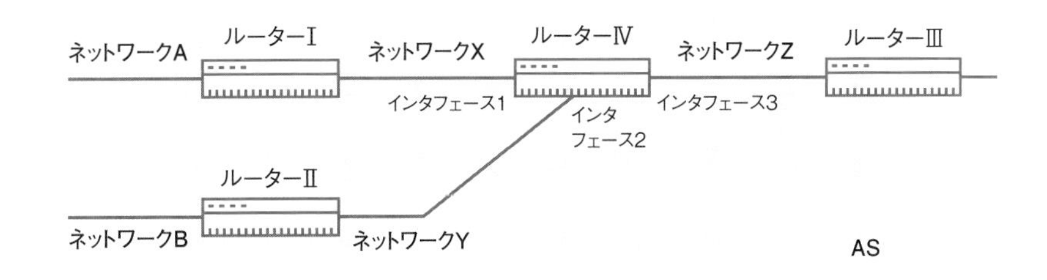

ルーターIVのルーティングテーブル

宛先	中継	送信インタフェース	メトリック
ネットワークA	ルーターI	インタフェース1	1
ネットワークB	ルーターII	インタフェース2	1
ネットワークX	—	インタフェース1	0
ネットワークY	—	インタフェース2	0
ネットワークZ	—	インタフェース3	0
0.0.0.0/0	ルーターIII	インタフェース3	—

この0.0.0.0/0が示す経路がデフォルトルート。宛先がネットワークA、B、X、Y、Z以外のパケットは、すべてこの経路を使用する

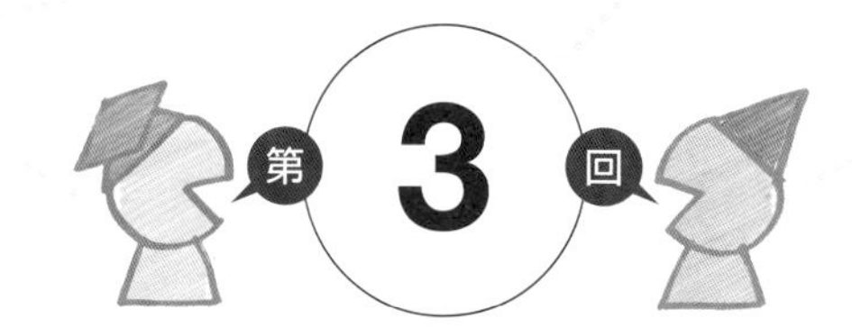

最適な経路はどう決める？

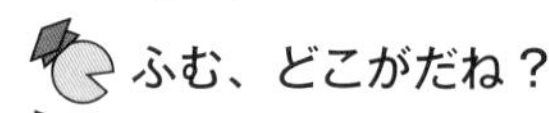

ルーティング✒って不思議ですよね。

ふむ、どこがだね？

パケットの通る道が自動的に決まるんですよね。なんか不思議です。

TCP/IP✒ネットワークでは、ネットワーク同士がルーターによって網のようにつながっている。

あるコンピューターから別のネットワークのコンピューターにデータを送る場合、通常はいくつものネットワークを越える必要がある。その際に必要なのがルーティングである。

ルーティングでは、ルーターがパケット✒のIPヘッダー✒に収められた宛先IPアドレスを見て、そのパケットを次に送るべきルーターを決定する✒（図1）。

つまり、ルーターはパケットが進むべき方向を示す「方向指示器」みたいなものですか？

そう考えてよいだろうな。方向を決めることがルーティングで、その方向にパケットを送り出すことはフォワーディング✒と呼ぶ。

バケツリレーでパケットを転送

ルーターは送信元から宛先までの最適な経路を知っているわけではない。「最適な経路で宛先に行くための次の行き先」だけを知っている（図2）。パケットを受け取ったルーターは次の行き先へ転送。そのルーターはまた次の宛先に転送する。これを繰り返すことで宛先にパケットを送り届ける✒。そしてパケットを送るべきルー

図1 ルーターがバケツリレーでパケットを運ぶ

TCP/IPネットワークでは、パケットのIPヘッダーに収められた宛先IPアドレスをルーターが見て、そのパケットを次に送るべきルーターを決定する。これを繰り返すことで宛先までパケットが送られる。

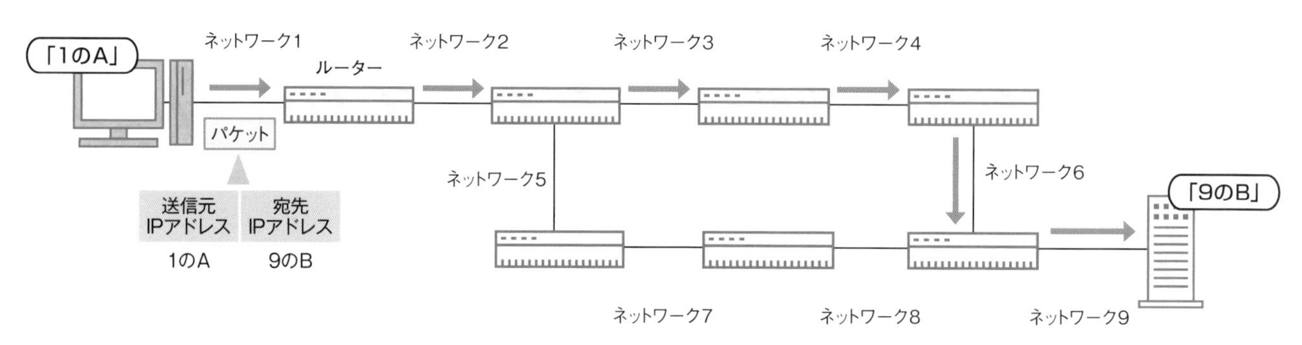

TCP/IPネットワークは、ルーターによってつながった多数のネットワークで構成されています。コンピューターの「住所」は、ネットワークの番号と機器の番号であるIPアドレスで指定します

パケットのヘッダーにある宛先IPアドレスを見て、ルーターは次に送るルーターを決定（ルーティング）し、そのルーターにつながるインターフェースから送信（フォワーディング）する

▼ルーティング
ネットワークにおいて、データ（パケット）を伝達する経路を見つける仕組みや処理のこと。経路制御とも呼ばれる。

▼TCP/IP
TCPはTransmission Control Protocol、IPはInternet Protocolの略。

▼パケット
ネットワーク上でデータをやりとりする際の「データの1区切りの固まり」のこと。ここではIPパケットを指す。IPのようなレイヤー 3の通信ではパケットと呼ぶが、イーサネットのようなレイヤー 2の通信では「フレーム」と呼ぶ。

▼IPヘッダー
IPパケットを送受信するために必要な情報を格納する部分。

▼次に送るべきルーターを決定する
図1で言うと、ネットワーク3とネットワーク5につながったルーターは、「9のB」宛てのパケットを受け取るとネットワーク3を通る経路が最適と判断し、ネットワーク3とネットワーク4につながったルーターにパケットを送信する。

▼フォワーディング
他のコンピューターや機器から受け取ったパケットを別の経路に向けて転送すること。

図2 ルーターは「次に送るべきルーター」だけを知っている

ルーターは「最適な経路で宛先に送るための次の行き先」だけを知っている。行き先は「ルーティングテーブル」と呼ばれる情報を使って決定する。

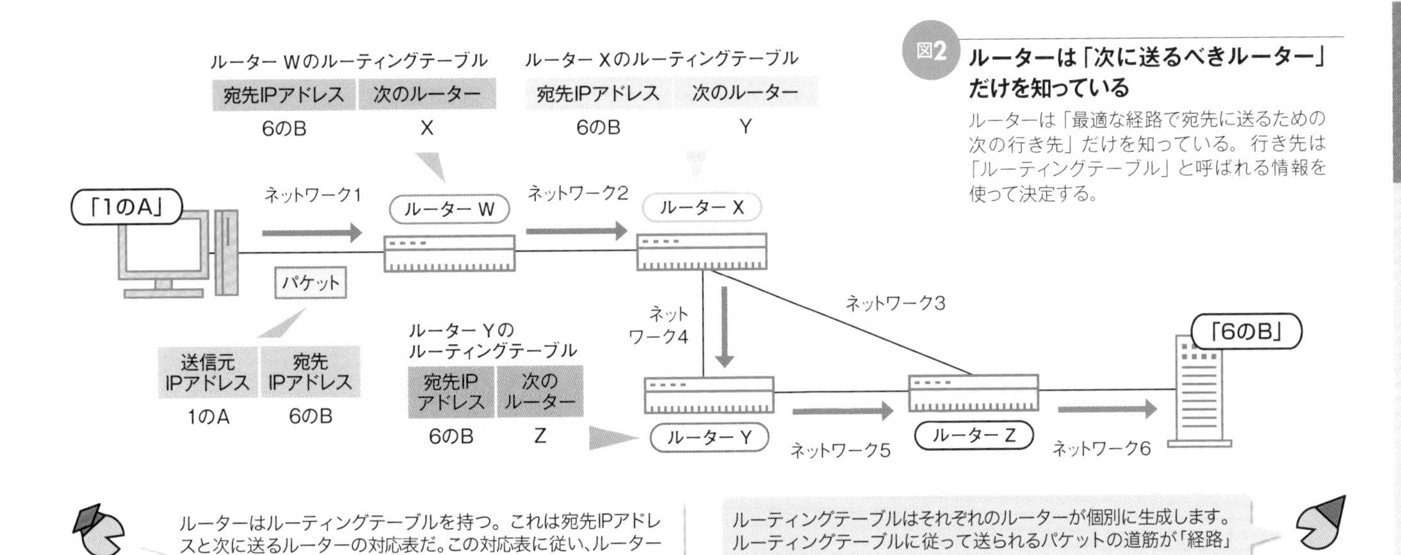

ルーターはルーティングテーブルを持つ。これは宛先IPアドレスと次に送るルーターの対応表だ。この対応表に従い、ルーターはパケットを転送する

ルーティングテーブルはそれぞれのルーターが個別に生成します。ルーティングテーブルに従って送られるパケットの道筋が「経路」になります

ターを決めるのに使う情報が「ルーティングテーブル」だ。

図2では簡略化したが、実際のルーティングテーブルには「宛先IPアドレス」「情報の入手ソース」「パケットを送るべき次のルーター」「送信インターフェース」「メトリック」といった情報が書かれている（**図3**）。

例えば図3では、ネットワーク1およびネットワーク2にあるIPアドレス宛てのパケットを受け取ったルーターYは、ルーティングテーブルに従って「172.16.1.5」のインターフェースを持つルーターにパケットを転送する。同様に、ネットワーク3およびネットワーク6宛てのパケットは「172.16.1.2」に転送する。

情報の入手ソースには、情報を手動で入力する「静的」と自動的に決定する「動的」がある。静的の場合には管理者がネットワーク構成などを定期的にチェックして、変更があればルーティングテーブルを書き換える必要がある。

一方動的の場合、ルーター同士が情報を交換し、ルーティングテーブルを自動的に書き換える。管理者の負荷が低くて済み、ほぼリアルタイムで変更されるので、一般的には動的を採用する。

図3 必要な情報はルーティングテーブルに書かれている

ルーターはそれぞれルーティングテーブルを持ち、その情報に従ってパケットを転送する。

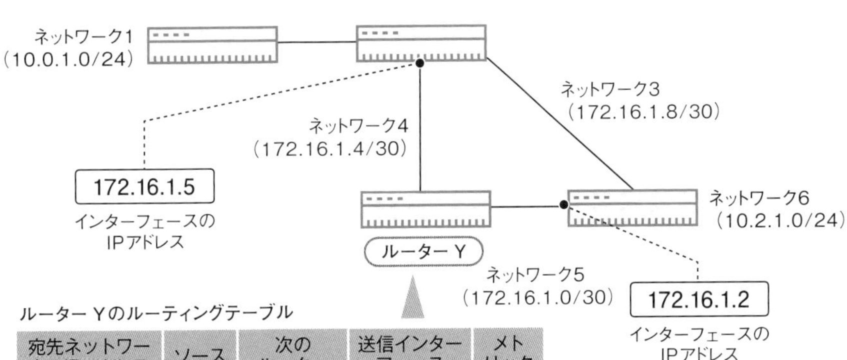

ルーター Yのルーティングテーブル

宛先ネットワークのIPアドレス	ソース	次のルーター	送信インターフェース	メトリック
10.0.1.0/24	動的	172.16.1.5	Fa0/1	2
10.1.1.0/24	動的	172.16.1.5	Fa0/1	1
10.2.1.0/24	動的	172.16.1.2	Fa0/2	1
172.16.1.0/30	接続	―	Fa0/2	―
172.16.1.4/30	接続	―	Fa0/1	―
172.16.1.8/30	動的	172.16.1.2	Fa0/2	1

ルーターのOSによって表記が異なるが、「宛先IPアドレス」「情報の入手ソース」「次に送るルーター」「送信インターフェース」「メトリック」は必ず書かれている

▼**パケットを送り届ける**
このパケツリレーは「ホップバイホップ」と呼ばれる。
▼**ルーティングテーブル**
ルーティングのためにルーターが保持している表。ある宛先にパケットを送りたい場合、次にどのルーターに転送すればいいのかが記載されている。経路表や経路制御表ともいう。
▼**宛先IPアドレス**
正確には宛先IPアドレスが存在するネットワークのアドレス。
▼**メトリック**
経路の評価値。ルーティングプロトコルが独自の方法で算出する。
▼**情報が書かれている**
情報の書式はルーターのOS（ファームウエア）によって異なる。
▼**情報の入手ソース**
ルーターに直接つながっているネットワークに宛先IPアドレスがある場合のソースは「接続」となる。この場合、そのルーターが宛先IPアドレスにパケットを直接送れるので、次のルーターを指定する必要はない。
▼**ルーティングプロトコル**
経路情報を交換するプロトコル。ルーティングプロトコルは複数あり、同一のプロトコルをサポートしていないルーター間では情報交換できない。

ルーター同士が情報交換

ルーター同士が情報を交換するための手順は「ルーティングプロトコル✒」と呼ばれる。最適な経路を決めるのもルーティングプロトコルの役割だ。

送信元から宛先までに複数の経路が存在する場合、それぞれの経路の評価値を独自の方法で算出。評価値が最も小さい経路を最適だと判断する。この評価値はメトリックと呼ばれ、前述のようにルーティングテーブルに記載する。

メトリックはルーティングプロトコルによって異なる（**図4**）。例えば、代表的なルーティングのプロトコルの1つであるRIP（リップ）✒のメトリックは、送信元のネットワークから宛先のネットワークに行くまでに経由するルーターの数✒だ。

OSPF✒というルーティングプロトコルでは、ネットワークの帯域幅を基に計算した「コスト」という値を使う。帯域幅が広いほど小

図4 RIPとOSPFにおけるメトリックの算出方法
経路の評価値であるメトリックの算出方法はルーティングプロトコルによって異なる。以下の例では、ネットワーク1からネットワーク8までのメトリックを算出している。

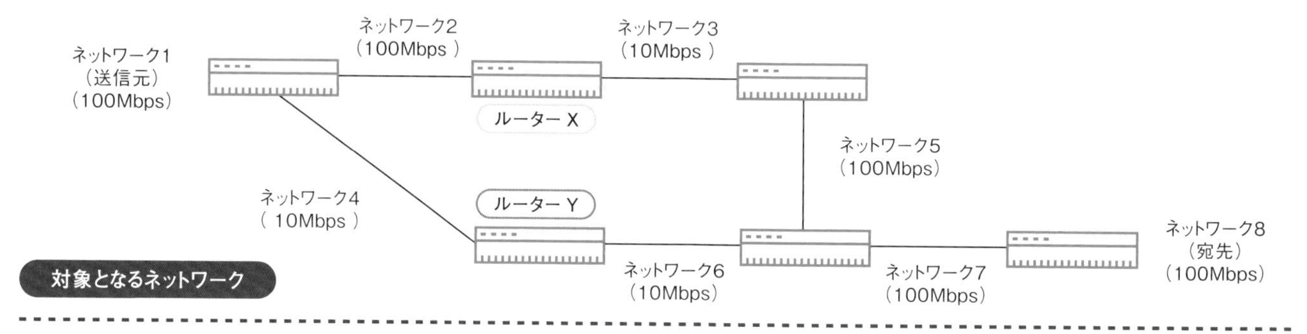

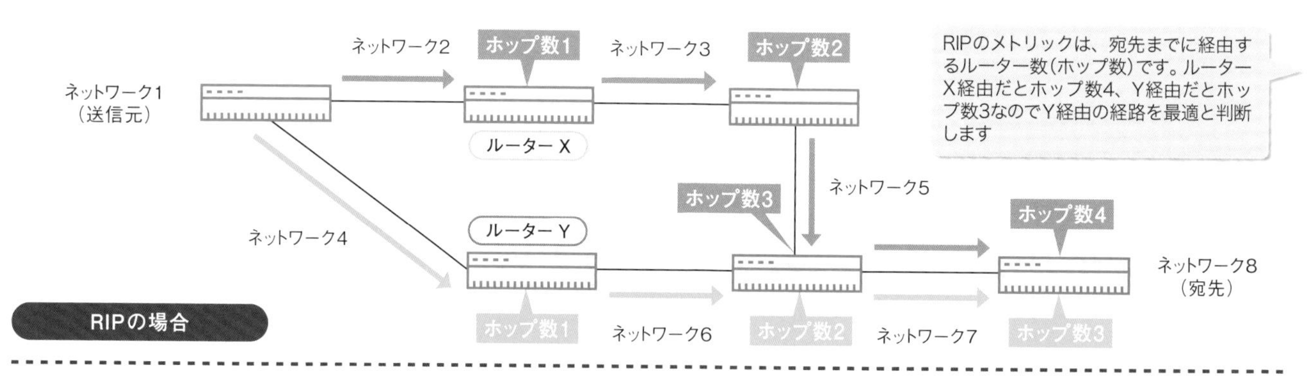

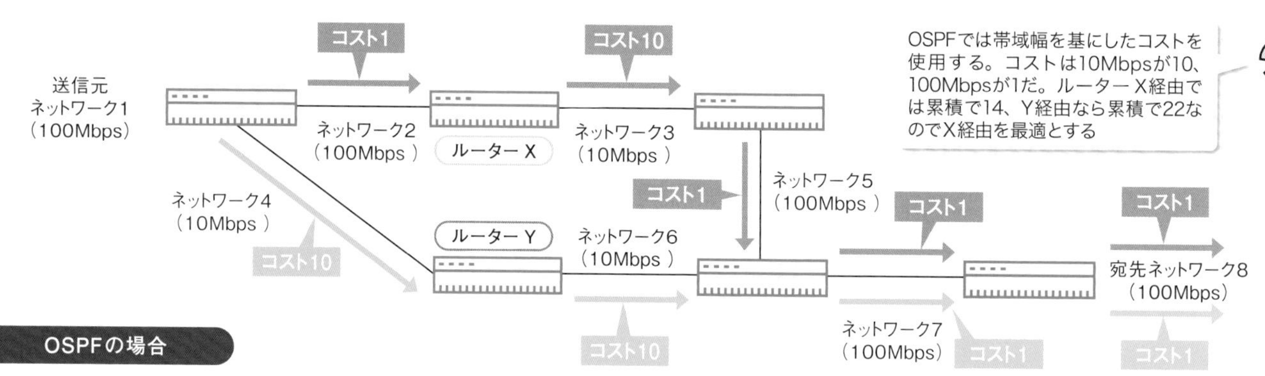

bps：ビット／秒　**OSPF**：Open Shortest Path First　**RIP**：Routing Information Protocol

▼RIP
Routing Information Protocolの略。
▼経由するルーターの数
このルーターの数はホップ数と呼ばれる。
▼OSPF
Open Shortest Path Firstの略。

▼「1」になる
OSPFのコストは管理者が任意に設定できる。また最近の高速なルーターやレイヤー3スイッチでは、初期設定のコストとしてより大きな値が設定されている。

さく、例えば10Mビット/秒のネットワークは「10」、100Mビット/秒のネットワークは「1」になる。経由するネットワークのコストの総和がメトリックになる。

メトリックの算出方法が異なるため、ルーティングプロトコルによって最適な経路が異なる場合がある。例えば図4では、RIPはルーターYを経由する経路を最適とするが、OSPFはルーターX経由を最適な経路と判断する。

「最適」ってなんか判断に困る言葉ですね。最短距離でも最短時間でもないという。

そうだ。経路が最適かどうかは、距離や時間だけで判断するのは難しいからな。

RIPはベルマンフォードを採用

RIPは「ベルマンフォード」というアルゴリズムを使って最適経路を決定する。ベルマンフォードでは、ルーターは自身が既に知っている最適経路を隣接ルーターに通知する（**図5（1）**）。この通知はアップデートと呼ばれ、ネットワークの名称とそのメトリックなどが含まれる。

アップデートを受信したルーターは、メトリックに1を加えてルーティングテーブルに記載する（同（2））。このとき、パケットを送るべき次のルーターには、そのアップデートを送信してきたルーターを指定する。

ただし、受け取ったアップデートのメトリックが、ルーティングテーブルに記載されているメトリックより大きい場合には無視する（同（3））。逆に、ルーティングテーブルに既に記載されている経

図5 RIPは隣接ルーターからのアップデートを使う

RIPが採用している「ベルマンフォード」アルゴリズムでは、ルーターは自身が知っている最適経路を隣接ルーターに通知。受け取ったルーターは現在のルーティングテーブルと照らし合わせて、その情報を追加あるいは無視する。

RIPが採用しているアルゴリズムは、「未知あるいはより良い経路を聞いたら追加、悪いなら無視」と至ってシンプルだ。ルーティングの基本とも言えるな

(1) 隣接するルーターにアップデートを送信

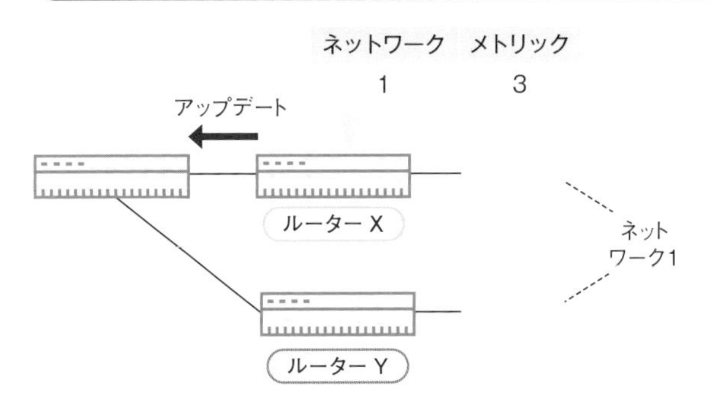

(3) 現在のメトリックより大きいメトリックのアップデートは無視

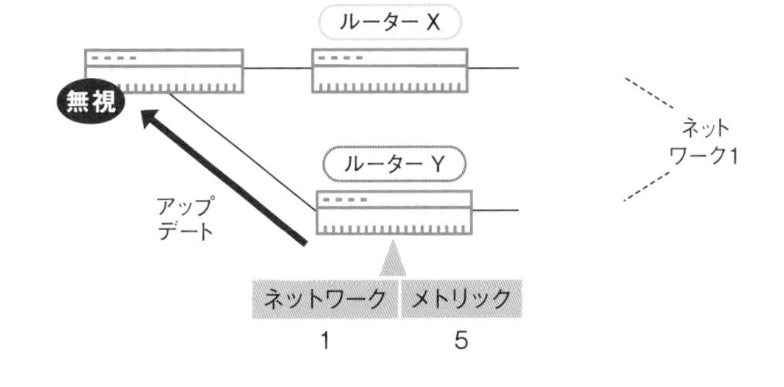

(2) メトリックに1を加えてルーティングテーブルに追加

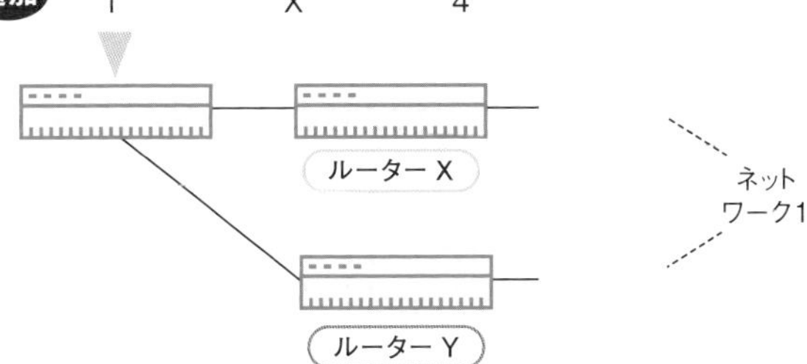

(4) 次のルーターのメトリックが変わったらルーティングテーブルも変更

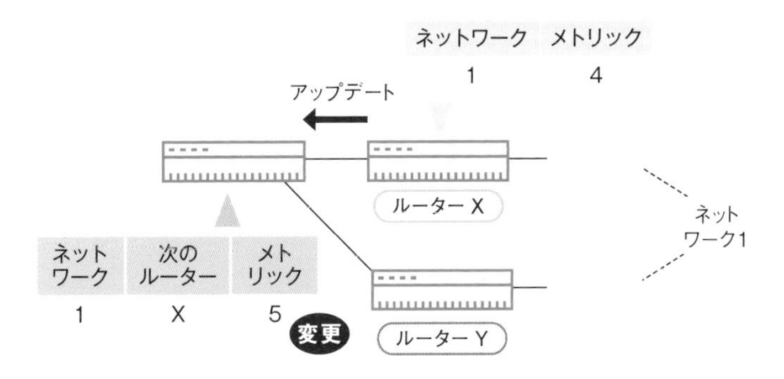

路でも、メトリックが小さいアップデートを受信したら、その内容に書き換える。

また、ネットワークの変更や障害などによって次のルーターのメトリックが変わった場合には、ルーティングテーブルのメトリックも変更する（同（4））。

OSPFはダイクストラ法を使う

OSPFでは、それぞれのルーターがネットワークに関する情報を交換して経路のツリーを作成し、「ダイクストラ法」と呼ばれるアルゴリズムで最短経路を導き出す。

まず、それぞれのルーターは自分が接するネットワークの情報を保持する。この情報はリンクス

図6 OSPFはリンクステート情報から経路のツリーを作る

OSPFではルーターがネットワークの情報（リンクステート情報）を交換し、その情報から経路のツリーを作成。そのツリーの情報からダイクストラ法と呼ばれるアルゴリズムを使って最適経路のツリー（SPFツリー）を求める。図ではルーターWに着目している。

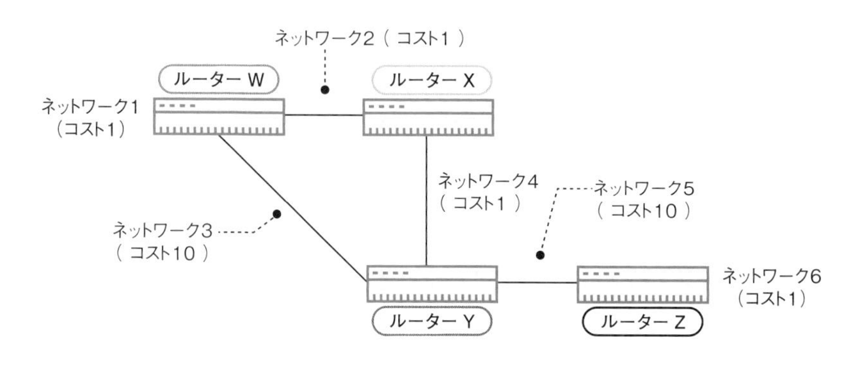

（1）自分が接するネットワークのリンクステート情報を保持する

ルーターW		
ネットワーク1	ネットワーク2	ネットワーク3
コスト1	コスト1	コスト10

（2）ほかのルーターとリンクステート情報を交換して共有する

ルーターW		
ネットワーク1	ネットワーク2	ネットワーク3
コスト1	コスト1	コスト10

ルーターX	
ネットワーク2	ネットワーク4
コスト1	コスト1

ルーターY		
ネットワーク3	ネットワーク4	ネットワーク5
コスト10	コスト1	コスト10

ルーターZ	
ネットワーク5	ネットワーク6
コスト10	コスト1

（3）リンクステート情報から自分を根とした経路のツリーを作る

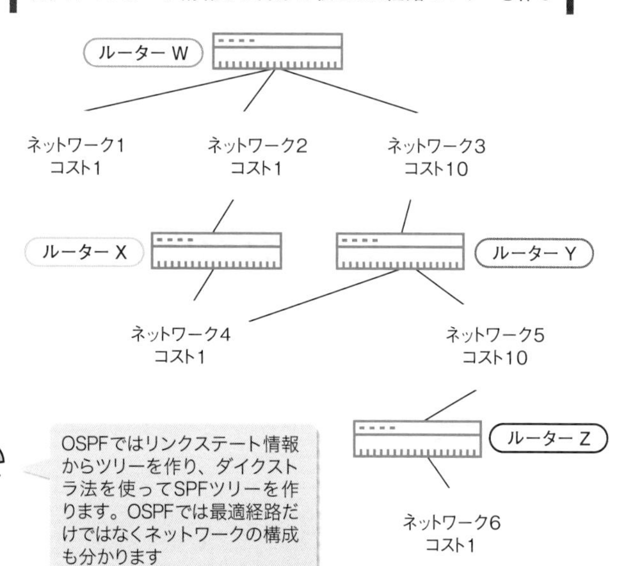

（4）ダイクストラ法でコストの和が最小になる最適経路（SPFツリー）を決定する

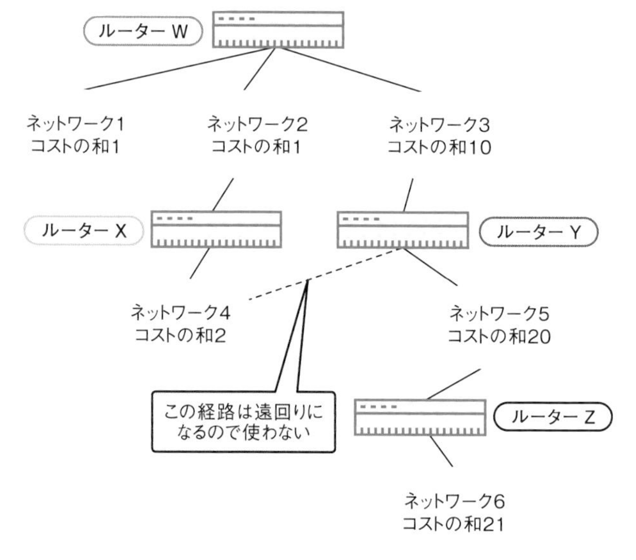

SPF：Shortest Path First

▼SPFツリー
SPFはShortest Path Firstの略。OSPFではSPFツリーの情報をルーティングテーブルに記載する。
▼ロンゲストマッチ
最長一致などとも呼ぶ。

テート情報と呼ばれ、トポロジカルデータベースというデータベースで保持する。

リンクステート情報はネットワークの名称（IPアドレス）と、帯域幅に基づくコストなどで構成される（図6（1））。ルーターはそれぞれ隣接しているルーターとリンクステート情報を交換する（同（2））。次にその情報を使って、自分を根（ルート）とした経路のツールを作成する（同（3））。

そしてダイクストラ法を使って、目的のネットワークまでのコストの和が最小になる最適経路を算出する（同（4））。最適経路を示すツリーはSPFツリーと呼ばれる。SPFツリーからそれぞれのネットワーク宛ての最適経路を導き、ルーティングテーブルに書き込む。

候補が複数あったらどうする？

ルーターはパケットの宛先IPアドレスと、ルーティングテーブルに記載された宛先ネットワークのIPアドレスを照合して次のルーターを決定する。このとき、宛先IPアドレスに対応する宛先ネットワークのIPアドレスが複数含まれるケースがある。

例えば、あるルーターのルーティングテーブルに「10.0.0.0/8」「10.1.0.0/16」「10.1.2.0/24」宛ての情報が記載されているとする（図7）。10.1.2.45宛てのパケットを受け取った場合、このIPアドレスはいずれのネットワークにも含まれているため、ルーティングテーブルの情報だけでは次に送るべきルーターを決められない。

このような場合に用いられるのが「ロンゲストマッチ」と呼ばれるルールだ。ルーティングテーブルに記載されたネットワークアドレスが、宛先IPアドレスと一致する部分が長いほうを転送先に選ぶというルールである。

具体的には、それぞれのアドレスを2進数表記にして先頭ビットから順番に比較していく。図7では、10.1.2.0/24は10.1.2.45と24ビット目まで一致していて最も長いので、次のルーターにはルーターZを選ぶ。

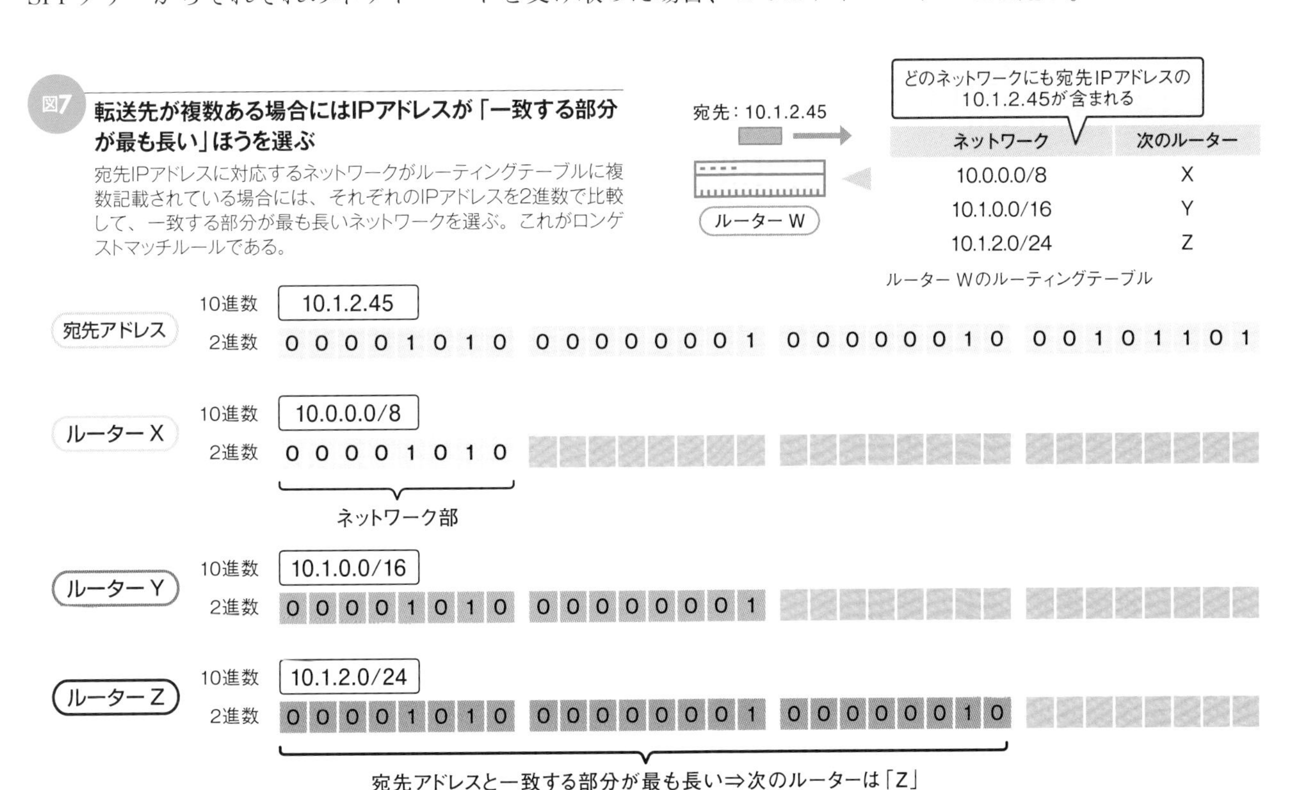

図7 転送先が複数ある場合にはIPアドレスが「一致する部分が最も長い」ほうを選ぶ
宛先IPアドレスに対応するネットワークがルーティングテーブルに複数記載されている場合には、それぞれのIPアドレスを2進数で比較して、一致する部分が最も長いネットワークを選ぶ。これがロンゲストマッチルールである。

TCPって何がすごいの？

インターネットで使われているプロトコルはTCP/IPですよね。でも、よく出てくるのはIPだけですよね。

IPアドレスと、あとIPパケットとかだな。

そう、それです。でもTCPってあんまり聞かないなー、と。

そうだなぁ、TCPが表立って出てくることは少ないな。

インターネットで使用されるプロトコル群は、インターネットプロトコルスイートやTCP/IPプロトコルスイートなどと呼ばれる。

TCP/IPプロトコルスイートという名前からも、TCPとIPという二つのプロトコルが中核であることは間違いない。だが、IPについては事細かに解説されることが多いのに比べ、TCPは「信頼性を高めるのに使われる」といった説明で終わってしまうことが多い。そこで今回は、TCPについて詳しく解説しよう。

通信前は何も知らない

TCPの役割を理解するには、通信前の機器は「ほとんど何も知らない」状態であることを理解する必要がある（**図1**）。ほとんど何も知らない機器が、信頼性の高い通信をできるようにするのがTCPのすごいところなのだ。

通信前の機器が知っているのは、自分自身の設定情報（IPアドレスやDNSサーバー、デフォルトゲートウエイ）やインタフェース（ケーブル）の接続状況、MAC（マック）アドレス、接続先のIPアドレス（ドメイン名）程度である。

「接続先までの経路が存在するのか」「どの程度のデータ量を流せるのか」「接続先は通信を許可するのか」「そもそも接続先は存在するのか」などがわからない状態で通信を開始することになる。

図1 機器は「何も知らない状態」から通信を始める

通信を開始する前、端末やネットワーク機器などは、自分自身の設定情報（IPアドレスやデフォルトゲートウエイなど）や、ユーザーが入力した宛先のIPアドレス（ドメイン名）以外はほとんど何も知らない状態である。そのような状態から通信できるようにするプロトコルがTCPだ。

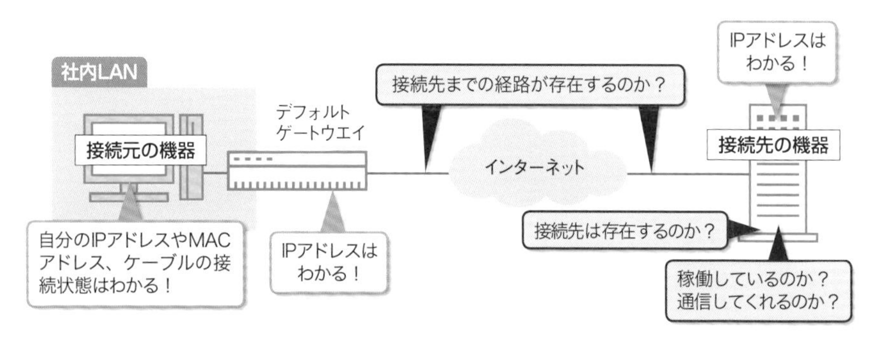

接続元は、自分のIPアドレスやケーブルの状態、デフォルトゲートウエイやDNSサーバー、接続先のサーバーのIPアドレスは知ってるけど…

接続元から先がどのようにつながっているのか、接続先まで経路があるのか、そもそも接続先が存在するのかなど、ネットワークに関する情報は何も知らない状態にあると言っていいだろう

▼TCP/IP
TCPはTransport Control Protocol、IPはInternet Protocolの略。

▼DNS
Domain Name Systemの略。

▼MAC
Media Access Controlの略。

▼OSI参照モデル
OSIはOpen Systems Interconnectionの略。ISOが制定したネットワークアーキテクチャの標準モデル。通信プロトコルやその役割を層状のモデルで説明している。

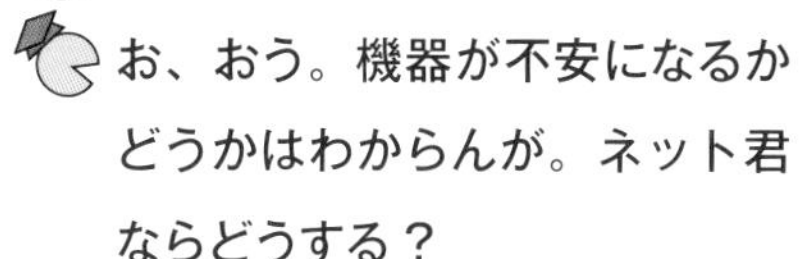

それは不安ですね。

お、おう。機器が不安になるかどうかはわからんが。ネット君ならどうする？

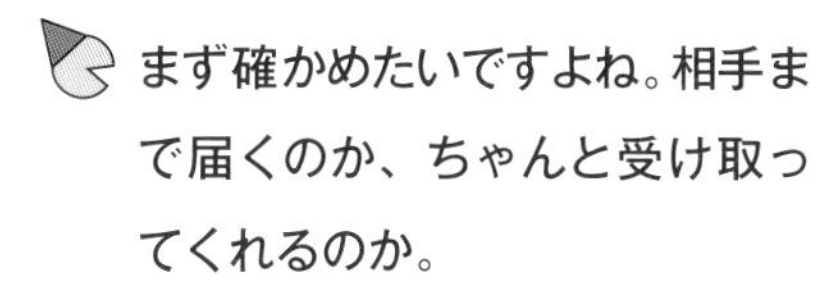

まず確かめたいですよね。相手まで届くのか、ちゃんと受け取ってくれるのか。

相手につながるか確かめる

接続元の機器がほとんど何も知らない状況の中、通信を実現するためにTCPは、大きく3種類の役割を果たす。(1) 相手を確認して通信路を確立する、(2) 確実かつ効率的にデータを送信する、(3) 回線速度によらず信頼性の高い通信を提供する——である。順に解説していこう。

TCPはコネクション型プロトコルと呼ばれ、接続先とコネクションを確立する。TCPのコネクションとは、接続先との「仮想的な通信路」と説明される。ケーブルやイーサネット、IPルーティングなどによって構成される物理的な通信路とは異なるためだ（図2）。

上位層（OSI参照モデル✎でのレイヤー4）のTCPにとっては、下位層がどのようにつながっているかは問題ではない。言い方を変えると、TCPは相手との通信路を確立し、「相手と通信できる道がある」とみなす。この通信路がコネクションと呼ばれ、その実体につ

図2 「仮想的な通信路」を確立する

TCPの役割の一つが、コネクション（仮想的な通信路）の確立。コネクションは、実際の物理的な通信路とは異なる。下位層のIPやイーサネット、ケーブルなどがどのようにつながっているかはTCPが知る必要はない。

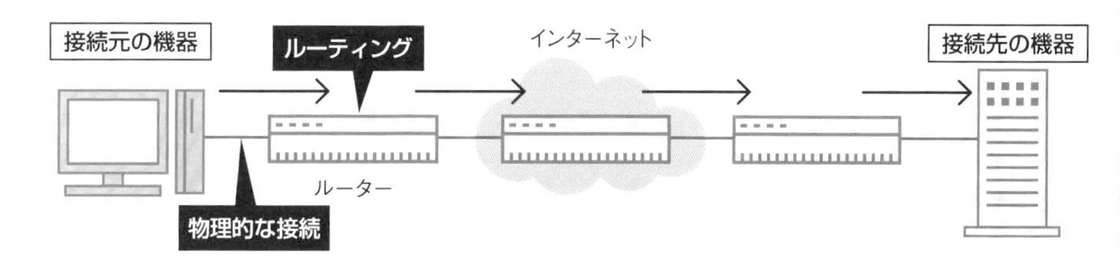

現実の通信路は物理的に接続していて、レイヤー1からレイヤー3の規格やプロトコルによってデータが運ばれるんだけど…

レイヤー4のTCPにとっては、下位のレイヤーがどのようにつながっているかは関係ない。その上に、接続先と通信できる通信路があると考える。それがコネクションだ

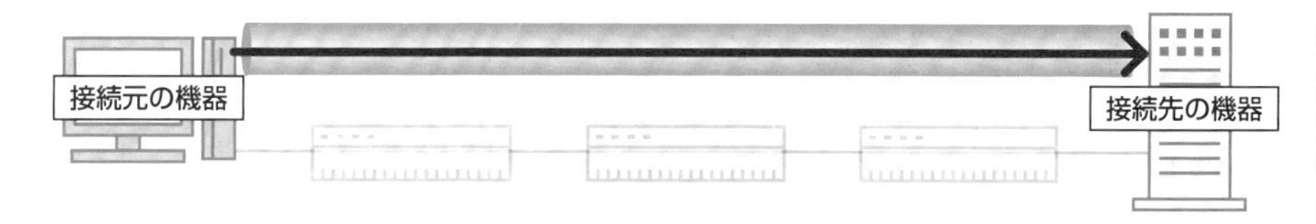

図3 コネクションの確立には3方向の握手が必要

クライアントから接続要求をして、サーバーから応答（許可）を受け取れば、クライアントからサーバーにデータを送れるようになる。ただしこれだけでは不十分。データをやり取りするコネクションを確立するには、サーバーからクライアントへの接続要求も必要になる。

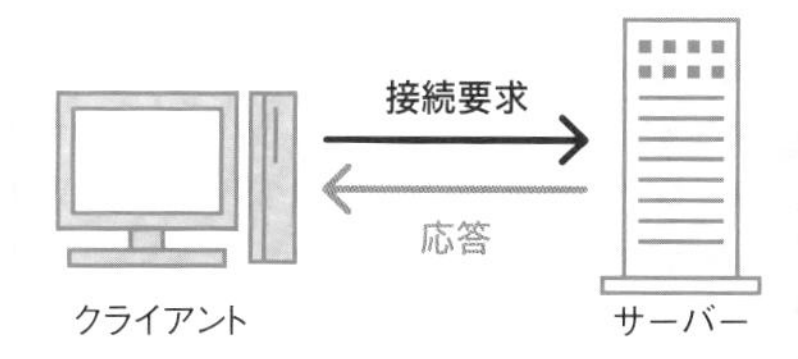

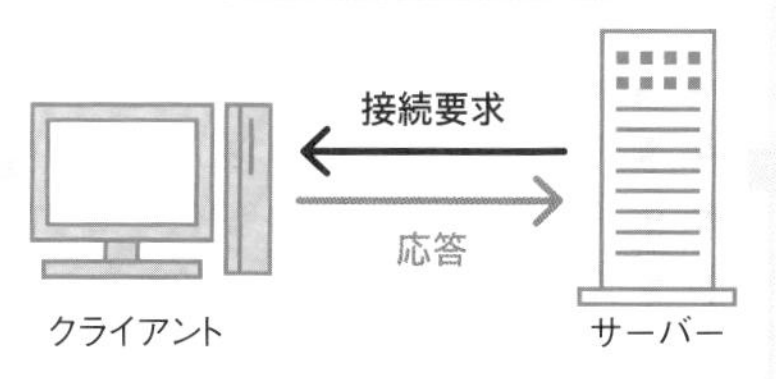

クライアントとサーバーでデータをやり取りしたい

接続要求

応答＋接続要求

応答

クライアント

サーバー

相手に接続要求を送って、接続を許可する応答を受け取る。これで、クライアントからサーバーにデータを送ることができるようになるんだよね

だが、それだけではサーバーからデータを送れない。サーバーによる接続要求と、それに対するクライアントの応答が必要だ

つまりコネクションの確立には、左の二つの処理をまとめて行う必要がある。3回のやり取りなので「スリーウエイハンドシェーク」と呼ばれる

▼接続要求
接続要求のパケットは、SYNパケットとも呼ばれる。

▼応答
応答のパケットは、ACKパケットとも呼ばれる。

▼確認応答
確認応答はACKとも呼ばれる。

いてはTCPは関与しない。

コネクションの確立には、スリーウエイハンドシェークと呼ばれる手順を踏む（前ページの**図3**）。例えば、クライアントからサーバーにデータを送りたい場合、クライアントは接続要求を送信。接続を許可する場合、サーバーは応答を返す。

これで、クライアントからサーバーへデータを送れる状態になるが、これだけでは不十分である。サーバーからクライアントへの接続要求も必要だからだ。

このためサーバーは、クライアントへの応答と同時に接続要求を送信。クライアントがそれに対して応答すると、コネクションが確立されて、双方向でのデータのやり取りが可能になる。

コネクションは仮想的な通信路。実際にはどうつながっているかわからないけど、1本の通信路でつながっている、とみなすと。

それを作るのがスリーウエイハンドシェークだな。

3回やり取りするから「スリーウエイ」と。

通信の信頼性を高める

TCPの2番目の役割は、通信の信頼性を高めること。TCPでは、データを受信した側は、送信側に対して、受信したことを通知する（**図4**）。これを確認応答と呼ぶ。

図4 確認応答がなければデータを再送

TCPでは、データを受信したら、送信元へ確認応答を返す。確認応答はACKとも呼ばれる。確認応答がなければデータを適切に送れなかったとして、データを再送する。

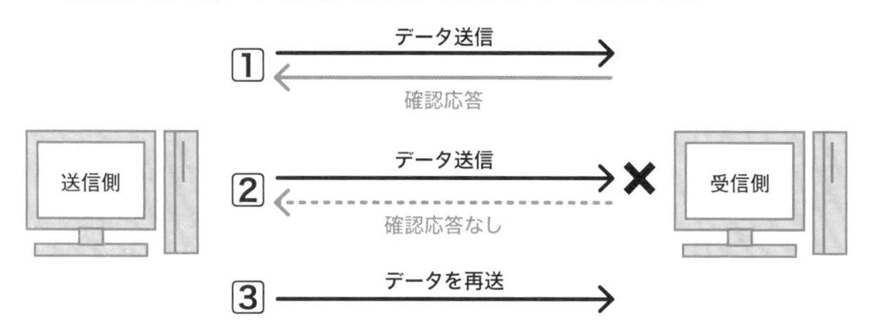

図5 データを分割してエラー発生時の再送を効率化

TPCではデータを分割して送信する。分割されたデータはセグメントと呼ぶ。これにより、送信に失敗した場合にすべてのデータを送り直す必要がなくなる。送れなかったセグメントだけを送り直せばよい。

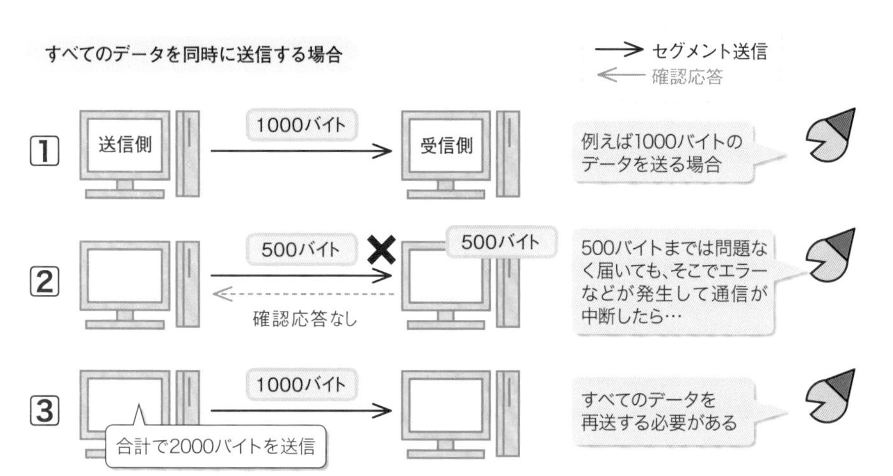

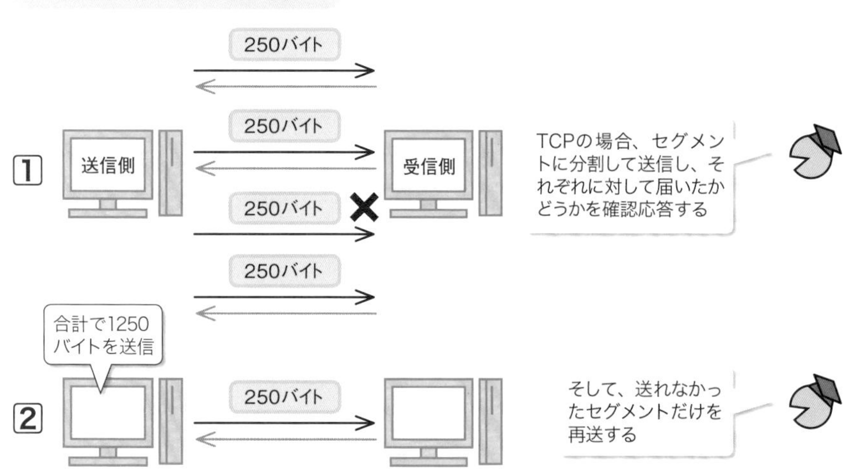

▼**MSS**
Max Segment Sizeの略。

▼**確認応答番号**
ACK番号などとも呼ばれる。

一定時間内に確認応答がない場合、送信側ではデータを送れなかったと判断して、データを再送する。

再送を効率化する仕組みも備えている。大容量のデータを一度に送信した場合、確認応答がなかったら、すべてのデータを再送しなければならなくなる（**図5**上）。

こういった事態を避けるために、TCPでは送信するデータを一定のサイズに分割して、順に送り出す。この分割したデータをセグメント、セグメントの最大サイズをMSSと呼ぶ。

これによりTCPでは、データの送信に失敗した場合でも、送れなかったセグメントだけを再送すればよい。データ全体を再送する必要がない（同下）。

セグメントに番号を付けて管理

分割したセグメントの管理には、シーケンス番号と呼ばれる番号を使う。具体的には次の通り（**図6**）。送信側は、スリーウエイハンドシェーク時にシーケンス番号をランダムに設定して、受信側に通知。受信側はその番号に1を加えて確認応答番号として返す。

コネクション確立後は、送信側はそのシーケンス番号を引き継いで、セグメントを送る。受信側では、シーケンス番号とセグメントのデータサイズを加えた値を確認応答番号に送る。

受信側から一定時間内に確認応答がない場合には、セグメントの送信に失敗したと判断し、該当のセグメントを再送する。

加えてTCPは、通信効率を高める仕組みも備えている。セグメントを一つ送るたびに確認応答を待つやり方では、確認応答が来るまで次のセグメントを送信できない（次ページの**図7**左）。

そこで通常は、送信側は複数のセグメントを連続して送り、それ

図6 セグメントにはシーケンス番号を付与

TCPによる通信のシーケンス番号と確認応答番号の変化の例。ここでは送信側から受信側への一方向の通信のみ記載しているが、実際には両方向で行われる。

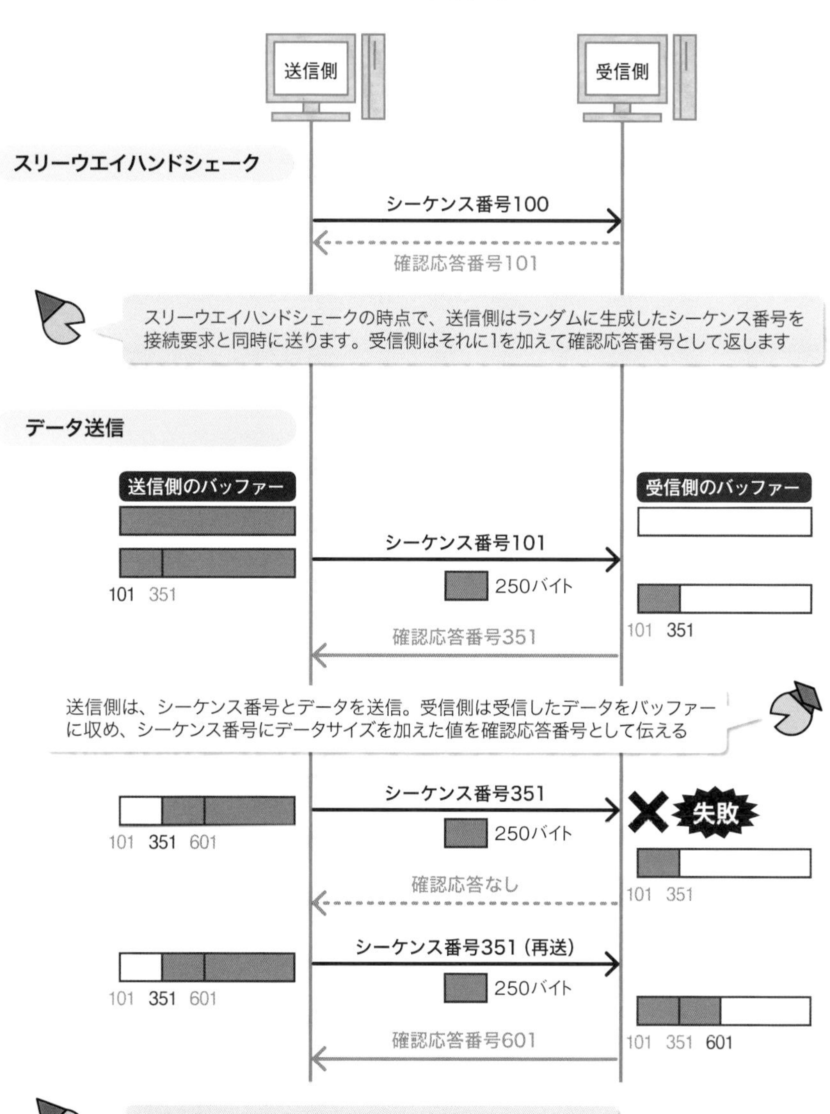

図7 確認応答を待たずに通信効率を高める

一つのセグメントを送るたびにその確認応答を待っているのは効率が悪い。そこで通常は、確認応答が送られてくるのを待たずに、連続してセグメントを送信する。

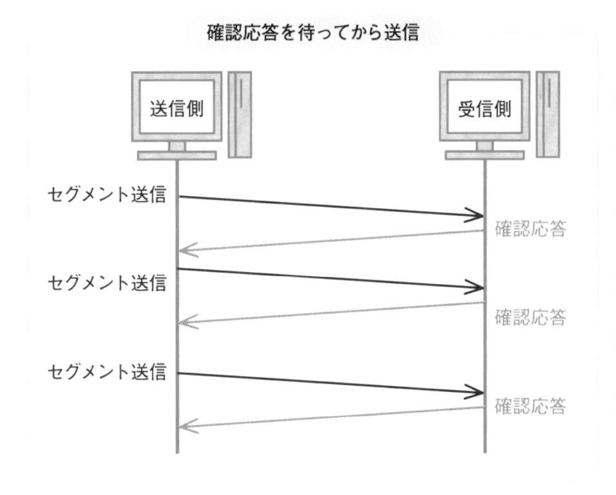

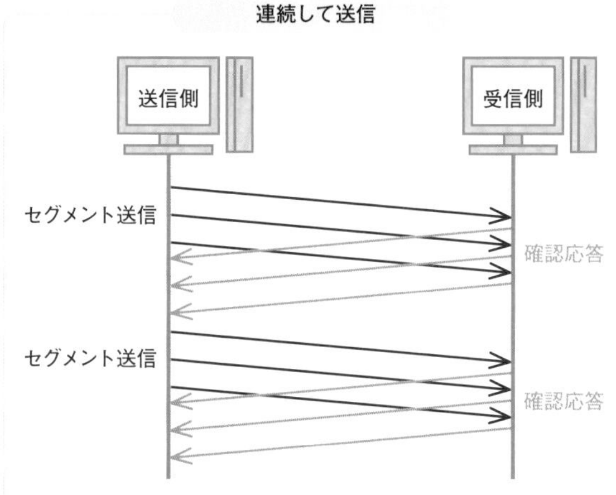

確認応答が送られてくるまで次のセグメントを送信しないと時間がかかる。確認応答を待たずに連続して送ると、時間が短縮されて効率的です

ただしやみくもに送ると、受信側が処理しきれずにバッファーがあふれてしまう。それを防ぐためにTCPでは、受信側が受信できるデータ量（ウインドウサイズ）を通知する

図8 ウインドウサイズを通知してバッファーあふれを防ぐ

受信側では、確認応答とともにウインドウサイズ（残っているバッファーの容量）を通知。それに合わせて、送信側では効率良くセグメントを送信する。

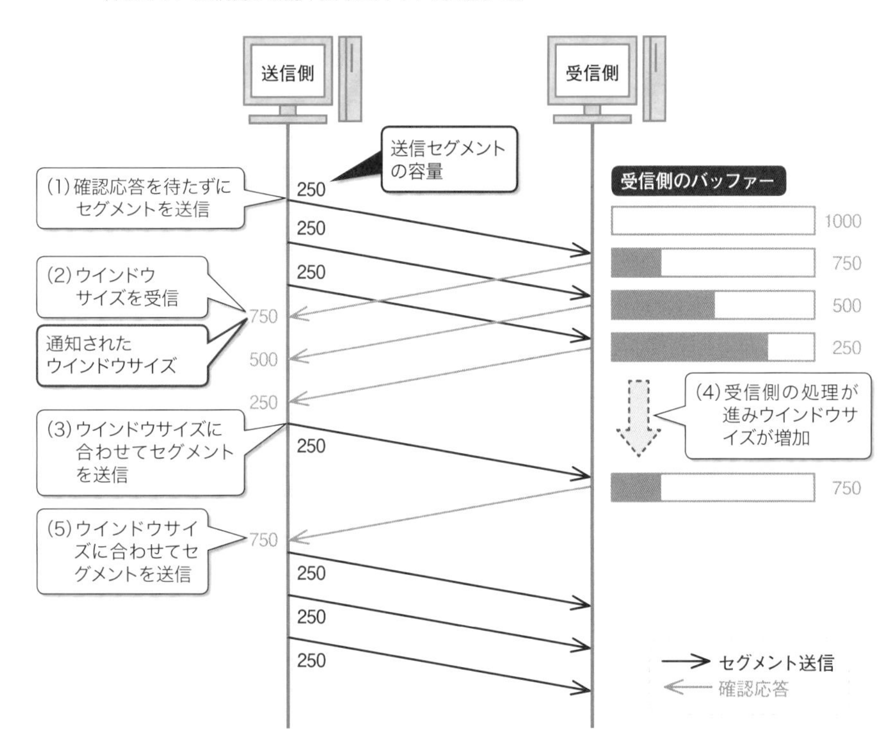

に対して受信側は、個々または一括して確認応答を返すことで効率を高める（同右）。

ただしこのやり方では、受信側のバッファーを超えるデータ量が送られてきた場合、処理しきれずにセグメントがあふれる（オーバーフロー）する恐れがある。

そこでTCPでは、バッファーに格納可能なデータ量（残っているバッファーの容量）を確認応答のたびに送信し、送信側に知らせる（**図8**）。格納可能なデータ量はウインドウサイズと呼ばれる。

送信側は確認応答を待たずにセグメントを送信。受信側から送られてくるウインドウサイズが減少したら、それに合わせて送信セグメントも減らす。

その後、受信側でバッファー内のデータの処理が進んでウインドウサイズが増加したら、それに合わせて送信セグメントを増やす。

慎重ですね。

TCPが考え出された数十年前は、今と違って通信速度は遅いし、エラーの発生率も高かった。その対応策でもあったんだろうな。

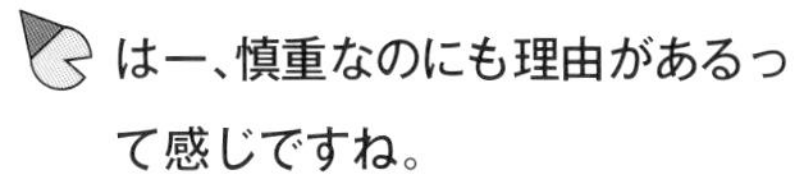

はー、慎重なのにも理由があるって感じですね。

スロースタートで低速回線に対応

冒頭で書いたように、通信前の機器はネットワークについてほとんど知らない。もしかしたら、通信速度がとても遅い回線につながっているかもしれない。そのような場合でも、信頼性の高い通信が可能な仕組みをTCPは備えてる。それがスロースタートアルゴリズムである。

経路途中に設置されたルーターの処理能力を超えるようなデータ量を無理に送ろうとすると処理しきれず、データの一部が破棄されてしまう。これを「輻輳（ふくそう）」と呼ぶ。スロースタートアルゴリズムなら輻輳が継続することを避けられる。

スロースタートアルゴリズムでは、ネットワーク環境や受信側のウインドウサイズにかかわらず、まずはセグメントを一つだけ送信する（図9）。

図9 送信量を少しずつ増やして輻輳が続くことを避ける

TCPでは、最初は一つのセグメントを送信し、徐々に増やしていくスロースタートアルゴリズムを採用している。輻輳が発生した場合には、送信するセグメント数を減らし、輻輳が継続して発生することを防ぐ。

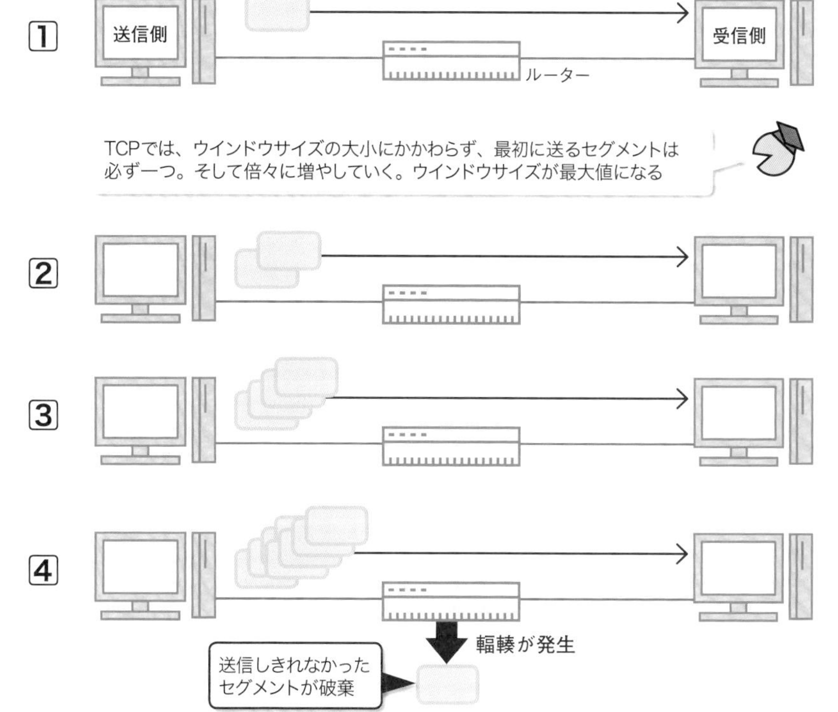

1
送信側
受信側
ルーター
TCPでは、ウインドウサイズの大小にかかわらず、最初に送るセグメントは必ず一つ。そして倍々に増やしていく。ウインドウサイズが最大値になる
2
3
4
輻輳が発生
送信しきれなかったセグメントが破棄
5
輻輳が発生したときは、セグメントを一つに戻すなどして、輻輳が続くことを防ぐわけですね
そういうことだな。「回線状況がわからない状態」なので、送信量を徐々に増やしていくことで、輻輳が発生する送信量を確認しているわけだな。これがスロースタートアルゴリズムだ

そして確認応答が返ってきたら、二つのセグメントを送信し、問題がなければ次は四つ、その次は八つと、倍々で送信セグメントを増やす。最大値はウインドウサイズである。

増やしていく途中で確認応答が返ってこない場合には輻輳が発生したと判断し、送信するセグメントを減らす。実装によるが、セグメントを一つあるいは輻輳発生時の半分などにして、再び増やしていく。

これにより、輻輳を続けて発生することを防ぐとともに、通信経路が問題なく送れるデータ量（輻輳が発生するデータ量）を探る。

TCPとUDPは何が違うの？

TCPはキッチリカッチリしたプロトコルだと聞きました。

そうだな。「3ウェイハンドシェーク」や「確認応答」などを備えたキッチリカッチリのプロトコルだな。

それならTCPだけでよくないですか。UDPって要りますか。そもそもTCPとUDPは何が違うんですか。

図1 **コネクション型通信は「確立」「維持」「開放」の3段階**

コネクション型通信では、交渉（ネゴシエーション）を行い、コネクションを確立してから通信を開始する。通信中はコネクションを維持し、通信が終了したら開放する。

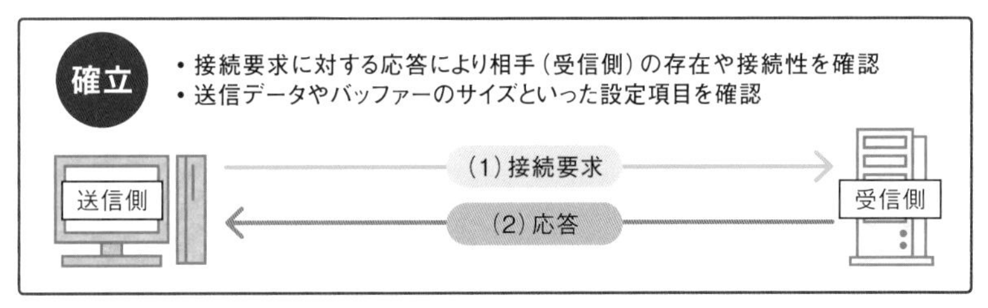

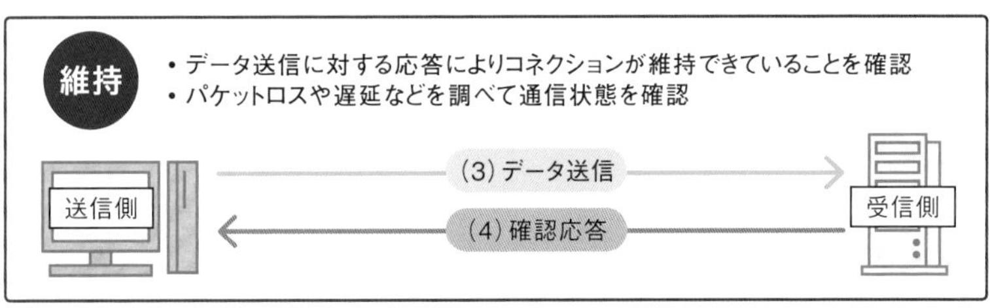

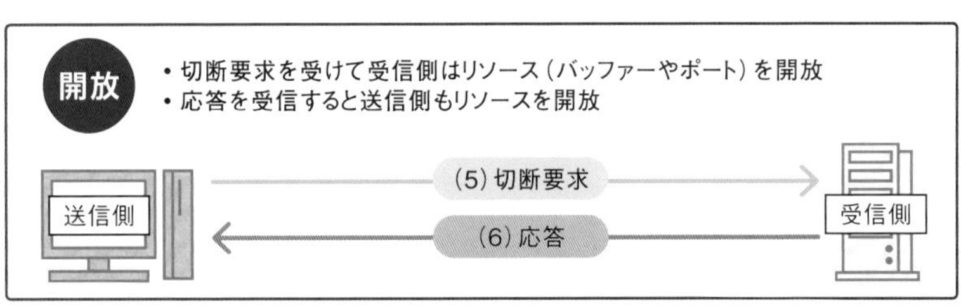

コネクション型通信では、コネクションを「確立」「維持」「開放」することで、相手との確実な通信を保証するよ

ネットワークモデルのOSI参照モデルやTCP/IPモデルのトランスポート層のプロトコルにはTCPとUDPの2つがある。TCP/IPで通信する場合、これらのどちらか一方を使用する。2つを同時に使うことはできない。

トランスポート層の役割は、2つの異なるアプリケーション（ソフトウエア）を接続することである。TCPとUDPのいずれもポート番号を使うことでアプリケーションを区別する。

だが違いもある。最も大きな違いは、TCPが「コネクション型」であるのに対して、UDPは「コネクションレス型」であることだ。

まずは相手と「交渉」する

コネクション型は、通信相手とのコネクションを確立してから通信を開始する通信方式である。

ここでのコネクションとは、相手と通信が可能であるという状態を指す。通信前にこの状態を確立して維持し、終了時に開放する。

▼TCP
Transmission Control Protocolの略。

▼3ウェイハンドシェーク
TCPなどにおいてコネクションを確立するために送信側と受信側で行われる3回のやりとりのこと。

▼UDP
User Datagram Protocolの略。

▼ネットワークモデル
コンピューターが持つべき通信機能を階層構造に分割したモデルのこと。

▼OSI参照モデル
OSIはOpen Systems Interconnectionの略。

▼TCP/IPモデル
IPはInternet Protocolの略。

そのために、事前に相手と交渉(ネゴシエーション)する必要がある。

この交渉では、「通信相手が存在するか」「相手への経路が存在するか」「相手が受信可能な状態にあるか」「どのような通信方法が可能か」などを調べる。

この交渉が終了し、相手が受信できる状態になることを「コネクションの確立」と呼ぶ(図1)。

送信側は接続要求を受信側に送信。これに対して受信側が応答する。応答によって、送信側は相手が存在すること、相手が受信可能であることを確認する。

コネクションの確立の際には、送受信するデータやバッファーのサイズ、エラー制御の方法といった情報を交換し、通信で使用する

コネクションレス型通信は「ただ送るだけ」

コネクションレス型通信ではコネクションを確立しない。相手の状態を確認することなくデータを一方的に送信する。

コネクションレス型はデータを送信するだけだな。相手の存在や状態、相手までの経路、受信状況などを一切確認しない。信頼性の低い通信といえるだろう

図3

信頼性の高いコネクション型のTCP

コネクション型のTCPは「3ウェイハンドシェーク」「確認応答」「ウインドウサイズの通知」「スロースタートアルゴリズム」といった機能を備え、信頼性の高い通信を実現する。

TCPは「データを確実に受信させる」機能を複数備えて、高い信頼性を確保している

3ウェイハンドシェーク
・お互い相手の同意を得てコネクションを確立

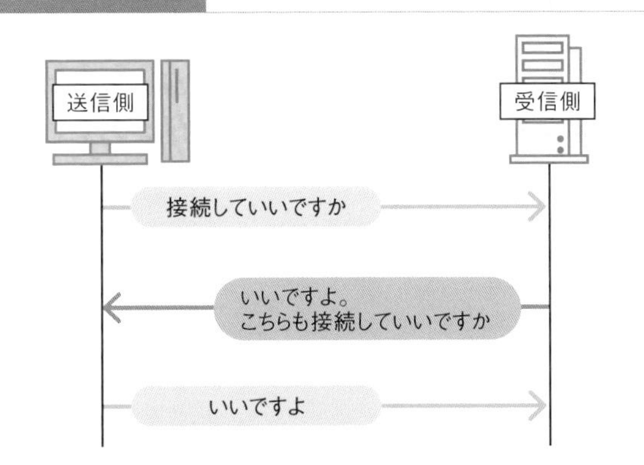

確認応答
・相手のデータ受信を確認
・確認応答がない場合にはデータを再送

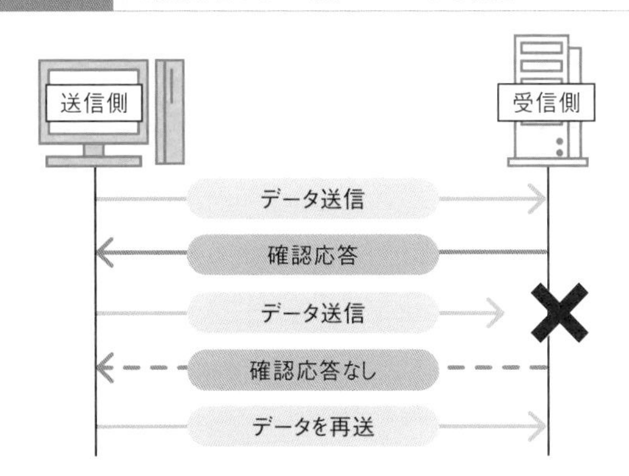

ウインドウサイズの通知
・効率良くデータを送信
・オーバーフローを防止

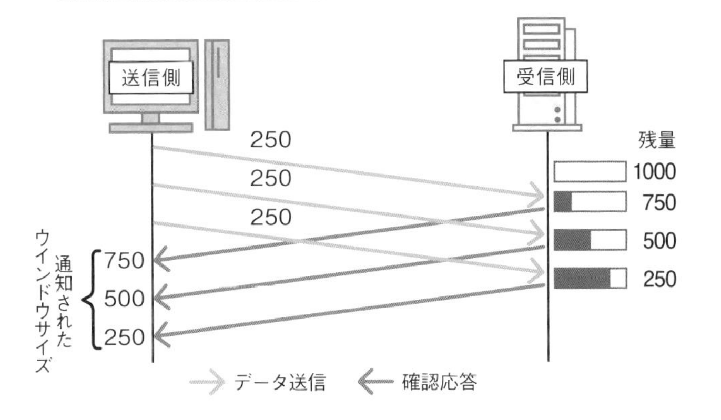

スロースタートアルゴリズム
・輻輳が続くことを防止

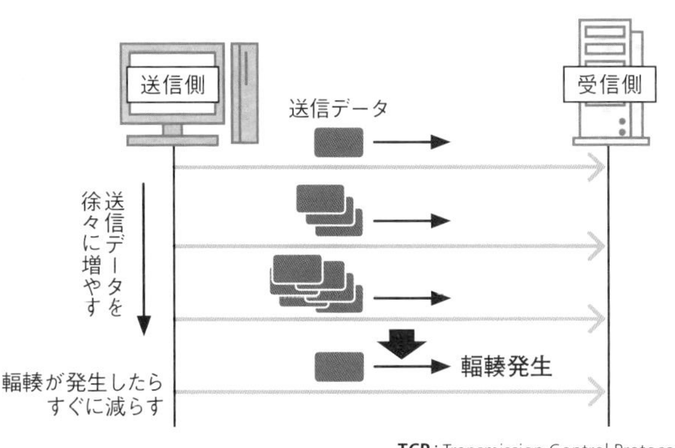

TCP : Transmission Control Protocol

▼リソース
計算や通信に必要な資源のこと。具体的にはコンピューターやネットワーク機器の計算能力や記憶容量などを指すことが多い。
▼開放
「コネクションの開放」は「コネクションの切断」などと呼ぶこともある。

設定を確認する。

「確立」した後も確認する

また通信を継続するために、確立した後のコネクションを「維持」する。この維持では、確立後に相手が受信可能な状態から変わっていないことを確認する。

多くの場合、相手に対して定期的に受信可能かどうかを確認するデータを送信して実現する。このデータを受け取った相手は、確かに受信したとして返信する。この返信を確認応答と呼ぶ。維持のためのやりとりで、パケットロスや遅延などが発生していないかどうかも確認する。

そして通信を終了したい場合には、コネクションの切断を要求する。これを受けて相手は通信のために確保していたリソース(バッファーやポートなど)を「開放」する。この要求に対する応答を受けて送信側もリソースを開放する。

一方、コネクションレス型はコネクションを確立しない通信方式である。コネクションを確立しないということは、通信相手の存在や受信状況を確認せずにデータを送信することである(前ページの図2)。このためデータの到達性は保証されない。信頼性の低い通信方法といえる。

UDPはデータを送るだけで確認なし。なんか適当な感じですよね。送るだけ送って、はい、おしまい。

まあ、そういう側面があるのは否定しない。ただ後述するように、それによる利点があるのだよ。

図4 TCPはオーバーヘッドが大きい

TCPは信頼性が高いが、コネクションの確立や維持、開放のために20オクテットのTCPヘッダーを何度もやりとりする必要がある。例えば1オクテットのデータを送るだけでも、180オクテットのTCPヘッダーをやりとりする。

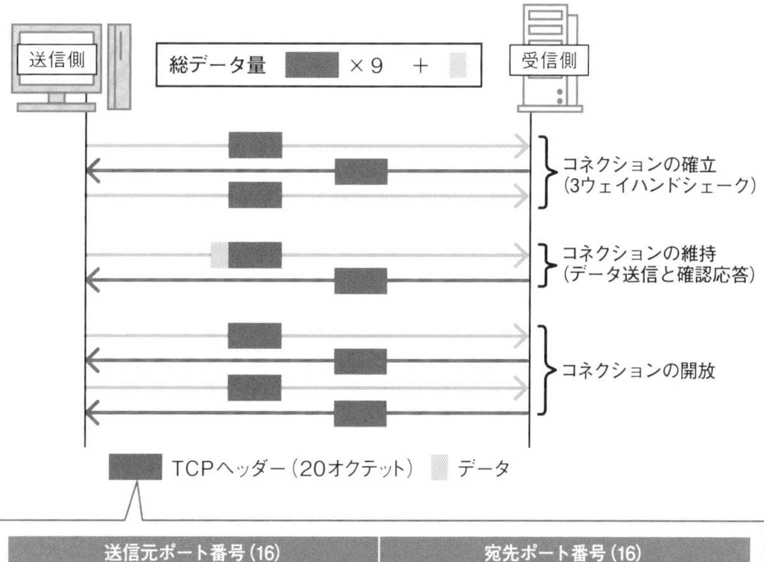

様々な機能で信頼性を担保

コネクション型のTCPは相手とコネクションを確立して通信するため、信頼性に関する様々な機能を実装している。

例えば、3ウェイハンドシェークと呼ばれるやりとりで通信相手の同意を得てからコネクションを確立する(前ページの図3)。これにより、通信相手が存在することを確認する。

また確認応答により、相手がデータを受け取ったことを確認する。確認応答がない場合にはデータを再送する。

残っているバッファーの容量である「ウインドウサイズ」を受信側が送信側に通知することで、オーバーフローすることなく効率良く

▼ヘッダー
データを送受信するために必要な情報。
▼セグメント
TCPでやりとりするデータの単位。
▼オクテット
1オクテットは8ビット。

図5 確認応答の待ち時間が必要

TCPでは確認応答の待ち時間が必要になる。ウインドウサイズによって待ち時間は変化するが、ウインドウ制御をしない場合に比べると単位時間当たりの送信データ量が少ない。

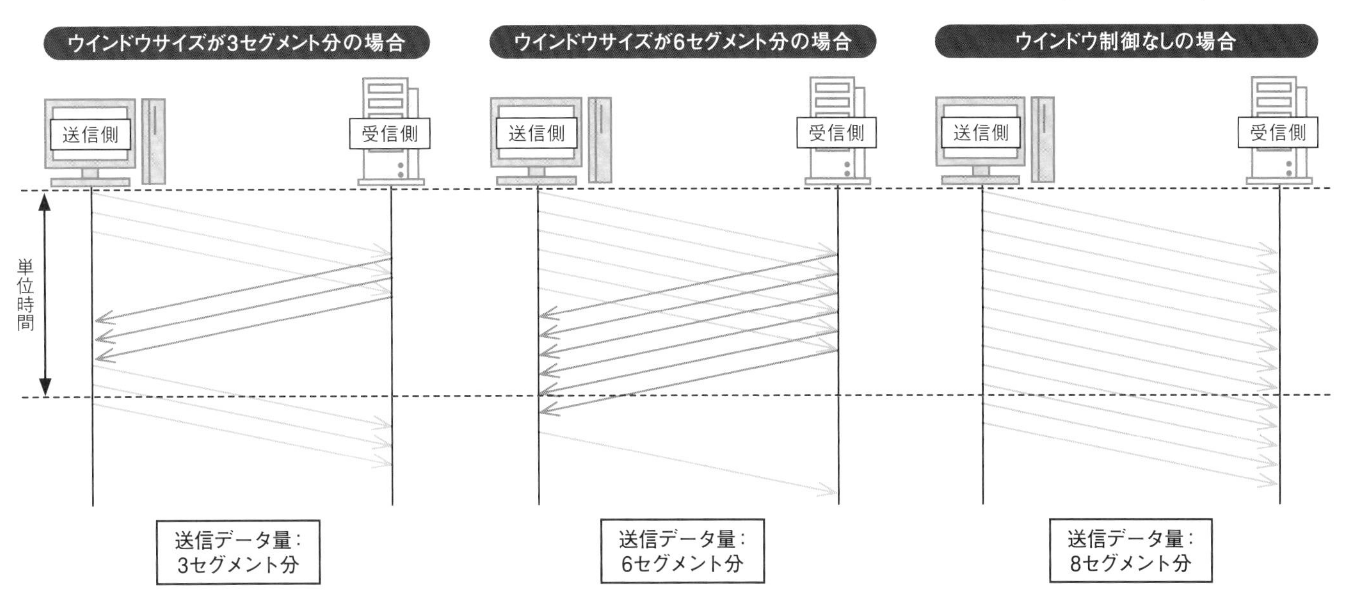

データを送信する機能も備える。

さらに、送るデータを徐々に増やす「スロースタートアルゴリズム」により輻輳（ふくそう）が続くことを防ぐ。

オーバーヘッドが大きい

ただし信頼性を高めるための代償もある。その1つがオーバーヘッドの問題だ。TCPはコネクションを確立、維持、開放するためにヘッダー✒だけのセグメント✒を何度も送信する必要がある。

具体的には、3ウェイハンドシェークや確認応答、コネクションの開放の際にTCPヘッダーだけのセグメントを送信する（**図4**）。TCPヘッダーのサイズは20オクテット✒（160ビット）もある。

例えば1オクテットのデータを送信するケースを考える。送りたいデータはたった1オクテットだが、9回のやりとりが必要となり、そのたびにTCPヘッダーを送信する。つまり、たった1オクテットの送信データのために、180オクテット分のTCPヘッダーをやりとりする必要がある。

送信速度にも影響

データの送信速度にも影響する。TCPは3ウェイハンドシェークや確認応答などの応答を待つ必要があるからだ。待っている間はデータを送信できない。

受信側に残っているバッファーの容量であるウインドウサイズ分は、確認応答を待たずに送信できる。このためウインドウサイズを大きくすれば待ち時間を短縮できるが、なくなるわけではない。

例えばウインドウサイズを3セグメント分から6セグメント分にすれば、単位時間で送れるセグメントの数を増やせる（**図5**）。

だがウインドウ制御をしない場合、すなわち確認応答を待たない場合に比べれば送信データ量は少ない。なおウインドウ制御をしない場合は送信データ量を増やせるが、受信側が処理できずバッファーがあふれる（オーバーフ

▼**DoS攻撃**
日本語では、サービス妨害攻撃やサービス不能攻撃と呼ばれる。DoSはDenial of Serviceの略。

ローする）恐れがある。

TCPが備えるスロースタートアルゴリズムも送信速度に影響する。スロースタートアルゴリズムでは送信速度を少しずつ上げていくためだ。いきなり大量のデータを送信することはできない。

さらに、データの送受信に失敗して再送処理が発生すると送信速度は遅くなる。

TCPにはできないこと

TCPは通信相手の有無を確認し、コネクションを確立してから通信する。これにより信頼性を確保するのだが、逆に言えば「通信相手が存在しているかどうか分からない」状態の通信は実現できない。

具体的には、通信相手がいるかどうか調べる探索のための通信や、何台に送られるか分からない同報通信などが該当する。

TCPはリソースの消費も大きい。TCPではコネクションを確立すると、受信データを一時保存するためのバッファーを確保するとともに、ポート番号などの情報を記憶しておく必要がある。

同時に通信する相手が少ない場合には問題にならないが、想定外に増えた場合にはリソースを使い果たし、コンピューターが正常に動作しなくなるなどの事態が発生する。そのような事態をわざと引き起こすサイバー攻撃も存在する。いわゆるDoS（ドス）攻撃▼である。TCPのコネクションを消費させるDoS攻撃としてはSYN Flood（シンフラッド）と呼ばれる攻撃が代表的だ。

TCPはキッチリカッチリ仕事をしてくれるけど、その分遅くなったり融通が利かなかったりするってことかな。

そうだな。だから「細かいことは考えずに取りあえず送ろう」というUDPのほうが向いているケースもあるわけだ。

前述のように、TCPは信頼性を

図6 マルチキャストではUDPを使う
TCPは1対1の通信であるユニキャストなので、同じデータを送る場合でも相手の数だけデータを送る必要がある（上）。一方、UDPを使うマルチキャストでは経路途中のルーターでデータが複製されるので、受信者1人分のデータを送信するだけでよい（下）。

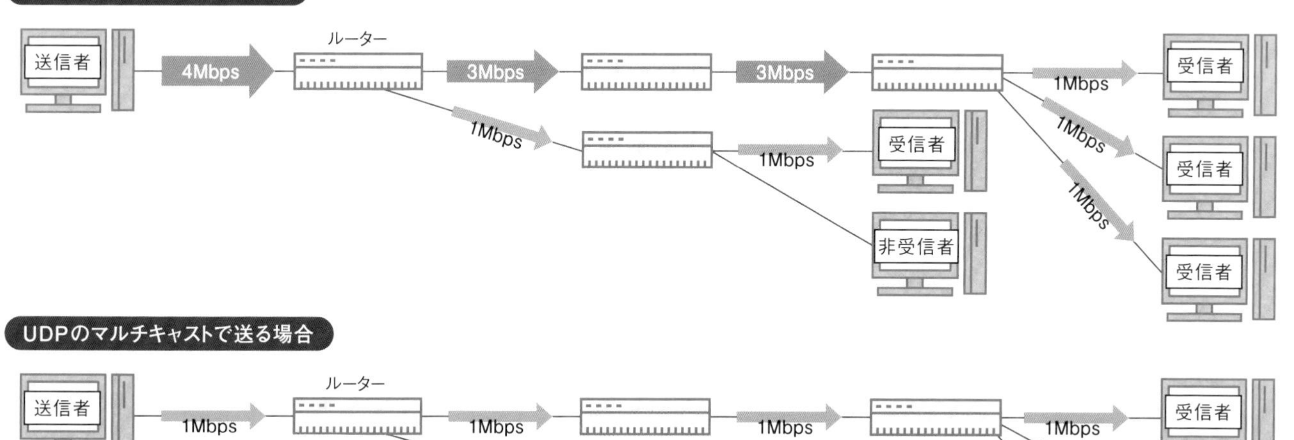

bps：ビット/秒　**UDP**：User Datagram Protocol

▼VoIP
Voice over IPの略。IPを使って音声を送受信する技術。IP電話などで使われている。

▼マルチキャスト
特定のグループに属するコンピューターに対して同一のデータを配信する通信方式。

▼ブロードキャスト
送信元と同じネットワークにある端末すべてに対して送信する通信方式。基本的にはルーティングされない。IPv6で廃止された。

▼DHCP
Dynamic Host Configuration Protocolの略。IPアドレスなどの設定情報を動的に割り当てたり管理したりするためのプロトコル。

▼DNS
Domain Name Systemの略。

▼UDPを使用する
メッセージサイズが512オクテットを超える場合にはTCPを使用する。

担保する機能を備えているため、できない通信や苦手な通信がある。それを補うのがコネクションレス型通信のUDPである。

図7 UDPはオーバーヘッドが小さい

UDPは通信の信頼性を担保しない代わり、TCPに比べてオーバーヘッドが小さい。ヘッダーのサイズは小さく、送信側と受信側のやりとりはデータの送信以外発生しない。

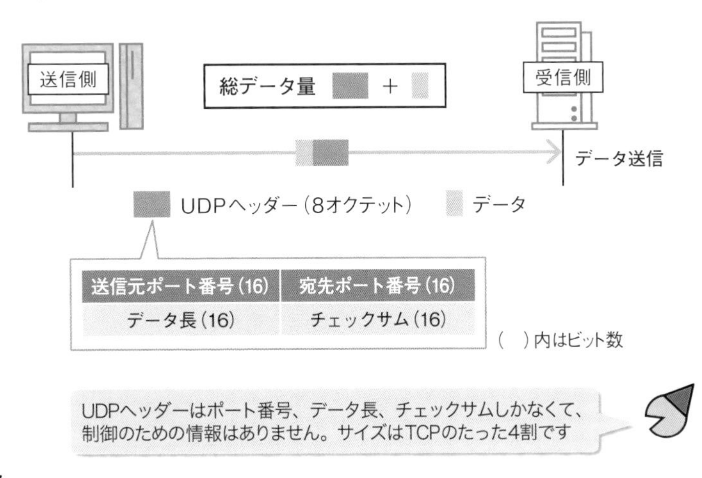

しかも、やりとりはデータの送信だけ。通信のオーバーヘッドが小さい。特に小容量のデータを送信する際、TCPでは非効率なのでUDPがよく使われる

TCPと正反対のUDP

UDPのほうが向いている通信としては、高速性が要求される通信がまずは挙げられる。映像のストリーミング配信や、VoIPでの音声転送などが代表例だ。

こういった通信では何よりも低遅延であることが求められる。確認応答やエラーによる再送などを実施していると遅延が発生してしまう。通信の途中でエラーが発生した場合でも、とにかくリアルタイム性を確保して通信し続けることが重要になる。

2つめはマルチキャストやブロードキャストといった同報通信である。前述のように通信相手を事前に特定できない同報通信は、コネクションの確立が必要なTCPでは実現できない。

相手を特定できる場合にはTCPでも複数の相手に同時にデータを送れるが、1対1の通信であるユニキャストで送る必要がある。

つまり同じデータを送る場合でも、すべての相手にそれぞれ送る必要がある（図6）。このためネットワークの帯域を大量に消費する恐れがある。

一方UDPのマルチキャストで送る場合、データはルーターでコピーされて必要な相手に送られるので、帯域の消費を最小限に抑えられる。

UDPなら探索ができる

UDPが向いている3つめの通信は探索である。代表例が、IPアドレスなどを割り当てるDHCPだ。IPアドレスなどを割り当ててほしいコンピューター（DHCPクライアント）は、それらを割り当てるDHCPサーバーと通信する必要がある。

だが、DHCPサーバーが存在しているかどうかやDHCPサーバーのIPアドレスをDHCPクライアントは知らない。そこでDHCP Discoverというメッセージをブロードキャストで送信し、DHCPサーバーを探す。

最後に挙げるのは、送るデータのサイズが小さい通信である。名前解決のプロトコルであるDNSが代表的だ。DNSの問い合わせメッセージは20～40オクテットとそれほど大きくない。応答メッセージも20オクテット程度だ。

前述のようにTCPヘッダーは20オクテットなので、TCPで送ろうとするとメッセージとほぼ同じサイズのヘッダーを送る必要があり効率が悪い。このためDNSではUDPを使用する。

UDPヘッダーは8オクテットと小さい（図7）。しかもやりとりはデータの送信だけ。TCPとは異なり、コネクションに関するやりとりは一切ない。このため信頼性は低いが通信効率は高い。

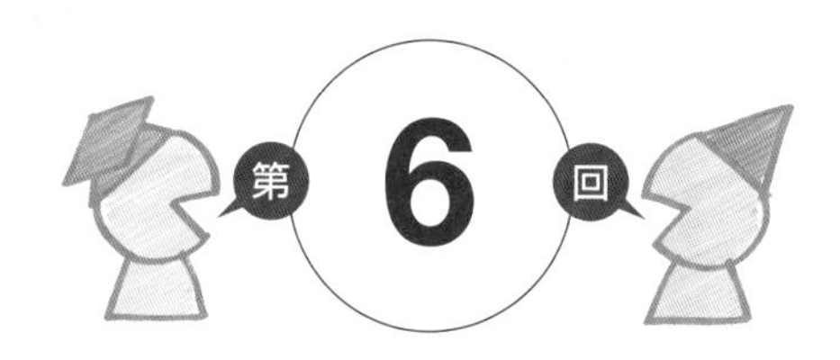
第
6
回

同報通信って何だろう？

今回は同報通信について説明しようか。

同報通信っていうと、ブロードキャストとか、マルチキャストとか…。

まぁまぁ、順番に説明するから待ちたまえ。

はい、待ちます。

図1 同報通信の利点

同報通信では、同一のデータを複数の相手に同時に送る。1対1の通信（ユニキャスト）で送る場合と比較すると、使用する帯域を大幅に減らせる。

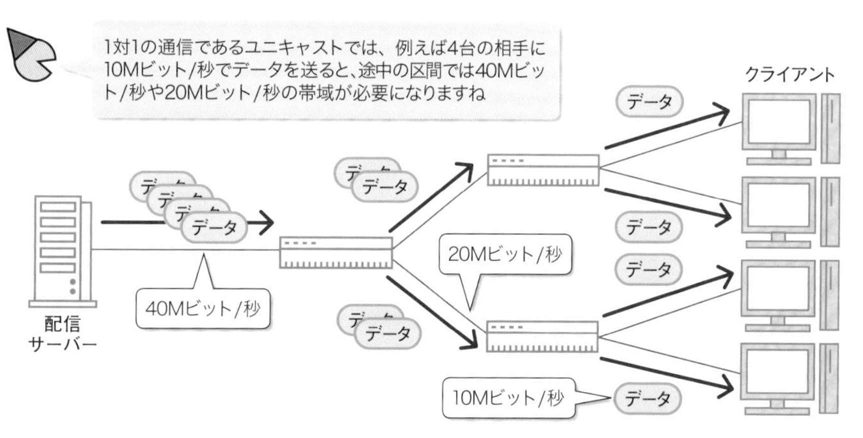
1対1の通信であるユニキャストでは、例えば4台の相手に10Mビット/秒でデータを送ると、途中の区間では40Mビット/秒や20Mビット/秒の帯域が必要になりますね
クライアント
データ
40Mビット/秒
20Mビット/秒
10Mビット/秒
配信サーバー

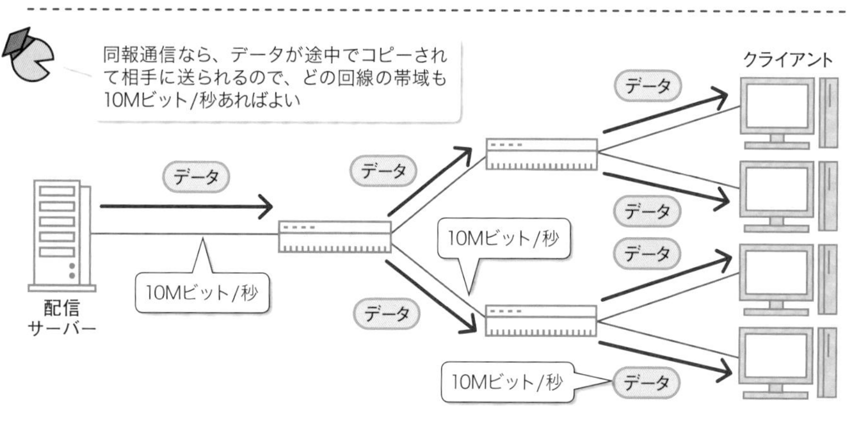
同報通信なら、データが途中でコピーされて相手に送られるので、どの回線の帯域も10Mビット/秒あればよい
クライアント
データ
10Mビット/秒
配信サーバー

IPネットワークにおける通信には、1台の機器から1台の機器にデータを送る通信と、1台の機器から複数の機器に送る通信がある。前者はユニキャスト、後者が同報通信である。

同報通信には、ブロードキャストとマルチキャストの2種類がある。ただしIPv6ではブロードキャストは使えない。マルチキャストのみ使用できる。

同報通信は2種類

ブロードキャストでは、すべての機器に対してデータを送信する。マルチキャストでは、特定の機器に対して送信する。

同報通信の利点は、同じデータを複数の相手に送る場合に、ネットワークの帯域を節約できること。通常の1対1のユニキャストでは、送るデータが全く同じ場合でも、相手の数だけデータを送る必要がある。

例えばユニキャストでは、10Mビット/秒で4台の相手に同じデー

▼IP
Internet Protocolの略。

▼IPv6
Internet Protocol version 6の略。

▼すべての機器
通常は、同じサブネット（ネットワーク）上のすべての機器に対して送る。

▼特定の機器
特定のマルチキャストグループに参加している機器に対して送る。

▼自分のネットワークのブロードキャストアドレス
ローカルブロードキャストのこと。詳細は後述。

タを送る場合、配信サーバーにつながったネットワークには、40Mビット/秒のデータが流れることになる。

一方同報通信なら、一つのデータを複数の相手に送れるので、10Mビット/秒の帯域があれば十分だ（図1）。

自分宛てじゃなくても受信

パソコンなどのネットワークインタフェースは、自分に届いたパケットの宛先IPアドレスを見て、受信するかどうかを判断する。自分のIPアドレス宛てのパケットは受信し、それ以外は破棄する。

だが、ブロードキャストやマルチキャストのパケットは例外だ。ブロードキャストやマルチキャストの専用アドレス宛てのパケットは、自分宛てでなくても受信する場合がある。

具体的には、自分のIPアドレスに加え、自分のネットワークのブロードキャストアドレスや、受信するように設定したマルチキャストアドレス（自分が参加しているグループのマルチキャストアドレス）宛てのパケットも受信する（図2）。

ブロードキャストアドレスってなんですか。

二つある。一つはホスト部のアドレスが全ビット1になったもの。もう一つはIPv4アドレスの32ビットが全部1のアドレスだ。

ブロードキャストは、「すべての機器宛ての通信」と説明されることが多いが、正確には「サブネッ

図2 パケットの宛先アドレスで受信するか判断する

パソコン（ネットワークインタフェース）は、自分に届いたパケットの宛先IPアドレスを見て、受信するかどうか判断する。自分のIPアドレス（ユニキャストアドレス）以外でも、ブロードキャストアドレスや、受信するように設定したマルチキャストアドレス（参加しているグループのマルチキャストアドレス）宛てのパケットは受信する。

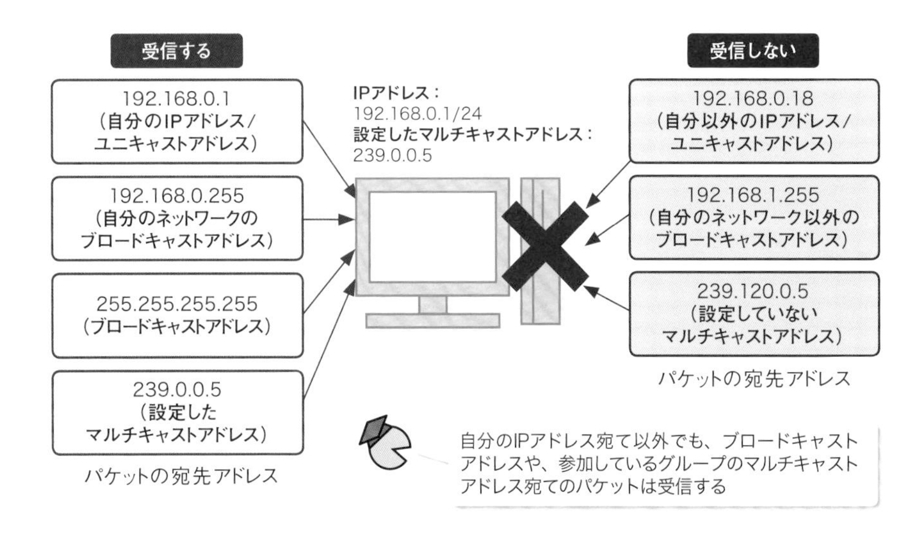

図3 ブロードキャストアドレスは2種類

ブロードキャストアドレスには、ホスト部のアドレスを全ビット1にしたものと、ネットワーク部とホスト部を合わせた全ビット（32ビット）すべてを1にしたものがある。前者はローカルブロードキャストアドレスあるいはダイレクトブロードキャストアドレス、後者はリミテッドブロードキャストアドレスと呼ばれる。

192.168.1.0/24のネットワークの場合

ホスト部を1にしたブロードキャストアドレス

	ネットワーク部			ホスト部
2進数表記	1 1 0 0 0 0 0 0	1 0 1 0 1 0 0 0	0 0 0 0 0 0 0 1	1 1 1 1 1 1 1 1
10進数表記	192	168	1	255

全ビットを1にしたブロードキャストアドレス

2進数表記	1 1 1 1 1 1 1 1	1 1 1 1 1 1 1 1	1 1 1 1 1 1 1 1	1 1 1 1 1 1 1 1
10進数表記	255	255	255	255

▼32ビットすべて
ブロードキャストが使えるのは、IPアドレスが32ビットのIPv4のみ。IPv6では使えない。

ト内のすべての機器宛ての通信」である。

ブロードキャストはサブネット内の全機器

ブロードキャストアドレスは2種類ある（前ページの図3）。一つは、ホスト部のビットがすべて1のアドレス。もう一つが、ネットワーク部とホスト部を合わせた32ビットすべて✐が1のアドレスである。

ホスト部がすべて1のアドレス宛てのブロードキャストは、ローカルブロードキャストあるいはダイレクトブロードキャストと呼ばれる。ネットワーク部に送信元と同じネットワークを指定した場合はローカルブロードキャスト、ほかのネットワークを指定した場合にはダイレクトブロードキャストになる（図4）。

ローカルブロードキャストでは、送信元と同じサブネットにある機器すべてにデータが送信される。ダイレクトブロードキャストでは、ネットワーク部で指定されたサブネットの全機器に対して送信する。

ただし通常の設定では、ルーターはブロードキャストをルーティングしないので、ダイレクトブロードキャストアドレスを設定しても、指定したサブネットにデータは到達できない。

すべてのビットが1

32ビットすべてが1のアドレスで指定されるブロードキャストは、リミテッドブロードキャストと呼ばれる。リミテッドブロードキャストアドレスは、10進数で表すと255.255.255.255である。

リミテッドブロードキャストは、送信元と同じサブネットのブロードキャストになる。

んん～？ローカルブロードキャストとリミテッドブロードキャストって、両方とも送信元と同じサブネットのブロードキャストですよね。

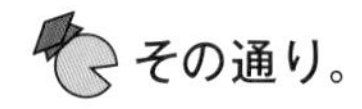

図4 ローカル/ダイレクトブロードキャストはネットワークを指定

ローカルブロードキャストあるいはダイレクトブロードキャストは、ネットワークを指定するブロードキャスト。送信元と同じネットワークを指定した場合はローカルブロードキャスト、ほかのネットワークを指定した場合にはダイレクトブロードキャストになる。リミテッドブロードキャストは、どのネットワークにおいても、送信元と同じネットワークに対するブロードキャストになる。

特定のネットワークを指定したブロードキャストは、そのネットワーク内の全機器に送られるよ。ただし、ダイレクトブロードキャストは、ルーターが通さないので通常は使えないけど

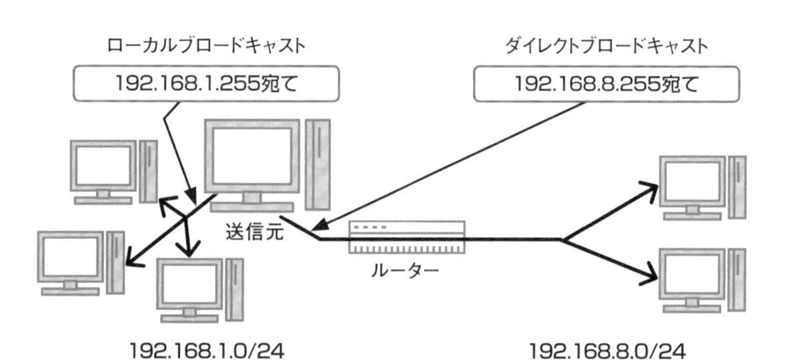

255.255.255.255はリミテッドブロードキャスト。送信元がいるネットワークへのブロードキャストになる

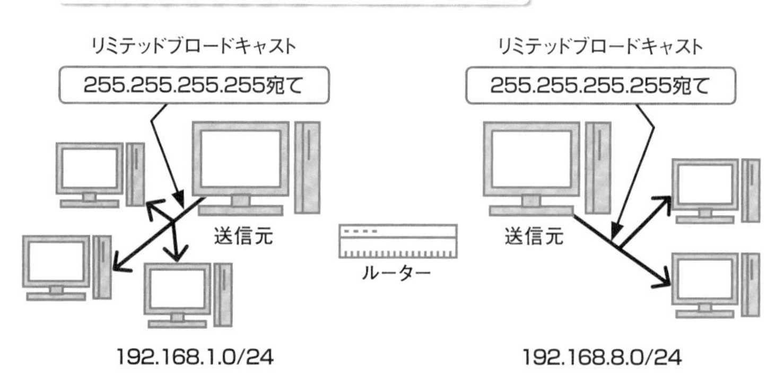

▼DHCP
Dynamic Host Configuration Protocolの略。

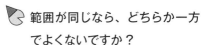

範囲が同じなら、どちらか一方でよくないですか？

リミテッドブロードキャストには、ローカルブロードキャストにない利点があるのだよ。

ローカルブロードキャストでは、パケットを送りたいサブネットをネットワーク部で指定する。このため送信元は、「自分がいるサブネット」を知っている必要がある。つまり、自分のIPアドレスを知らない機器やIPアドレスが未設定の機器は、ローカルブロードキャストを指定できない。

それに対してリミテッドブロードキャストでは、自分のIPアドレスを知らない機器や、IPアドレスが割り当てられていない機器でも、自分と同じサブネットに対するブロードキャストが可能だ。

この性質を利用している代表例がDHCPである。DHCPは、IPアドレスなどを自動的に設定するプロトコル。パソコンなどで動作するDHCPクライアントがDHCPサーバーにアクセスして、IPアドレスなどの設定情報を取得する。

DHCPクライアントが起動した時点では、IPアドレスは割り当てられていない。つまり、自分がいるネットワークのアドレスがわからないので、ローカルブロードキャストは使えない。

そこでDHCPクライアントは、リミテッドブロードキャストを使ってDHCPサーバーを探す（**図5**）。具体的には、DHCP DISCOVERというメッセージをリミテッドブロードキャストで送信する。

DHCP DISCOVERを受信したDHCPサーバーも、リミテッドブロードキャストで、IPアドレスの割り当てを提案するメッセージであるDHCP OFFERを送信する。

リミテッドブロードキャストのパケットは、そのネットワークのすべての機器が受信する決まりなので、IPアドレスが未設定のパソコンも受信する。

図5 DHCPではリミテッドブロードキャストを使う

リミテッドブロードキャストでは、ネットワークを指定する必要がない。このため、IPアドレスが未設定の機器でも利用できる。IPアドレスを割り当てるためのDHCPなどで使われる。

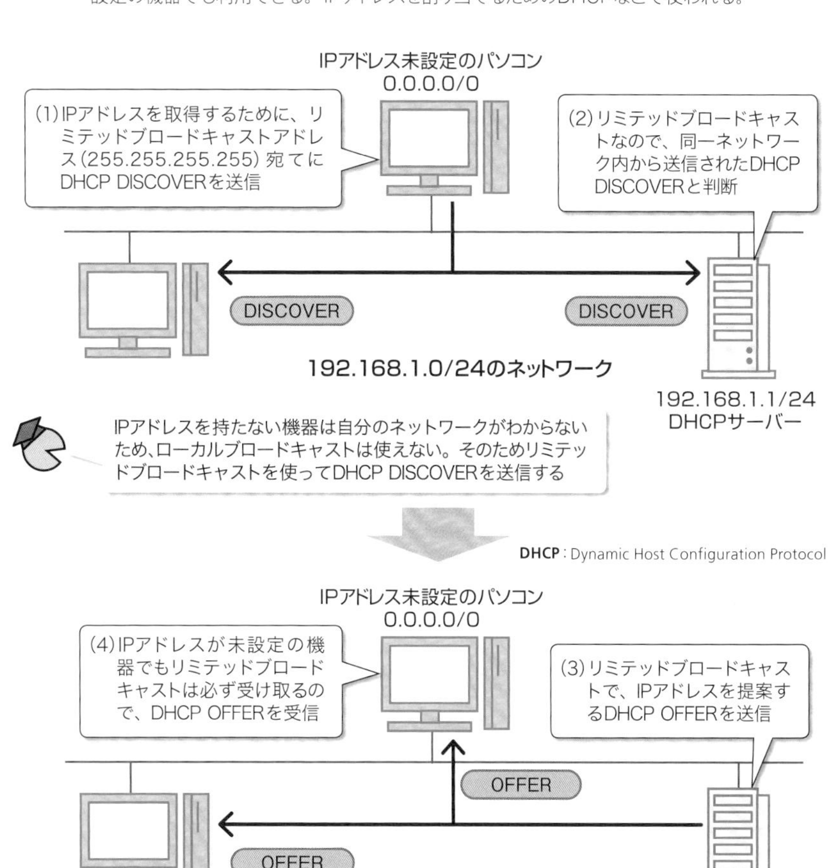

マルチキャストは参加メンバーに限定

マルチキャストは、特定のグループに参加するメンバー（機器）

▼**RIPv2**
Routing Information Protocol version 2の略。
▼**OSPF**
Open Shortest Path Firstの略。

に同報する通信だ。このグループはマルチキャストグループと呼ばれる。マルチキャストグループは、IPアドレスで表現する。マルチキャストグループのIPアドレスが、そのままマルチキャストの宛先アドレスになる。

自分が参加するマルチキャストグループ宛てのパケットが送られてきたら、ネットワークインタフェースはそのパケットを受信する（**図6**）。マルチキャストグループは、アプリケーションなどを通じて、ネットワークインタフェースに設定する。

IPv4では、マルチキャストアドレスは224.0.0.0/4（224.0.0.0～239.255.255.255）である。このうち、224.0.0.0～224.0.0.255は予約済みマルチキャストアドレス。例えば224.0.0.1はサブネット内のすべての機器宛て、224.0.0.2はサブネット内の全ルーター宛てのマルチキャストアドレスだ。ブロードキャストとは異なり、マルチキャストはIPv6でも使用できる。IPv6のマルチキャストアドレスはFFから始まる。

マルチキャストは、映像配信のアプリケーションなどで使われている。ネットワーク技術者に身近な用途としては、RIPv2やOSPFなどのルーティングプロトコルの情報交換に使われている。

マルチキャストで送りたいときには、マルチキャストアドレスを指定するだけでOKなんですか？

同じサブネットに送るのであれば、そうだな。

へあ？違うサブネットにもマルチキャストって送れるんですか？

もちろん。

図6 マルチキャストは特定のグループに同報

マルチキャストでは、特定のグループに参加するメンバー全員に同報する。マルチキャストグループはIPアドレス（マルチキャストアドレス）で表す。ネットワークインタフェースは、参加しているグループのマルチキャストアドレス宛てのパケットが送られてきたら受信する。参加するマルチキャストグループは、アプリケーションなどを通じてネットワークインタフェースに設定する。

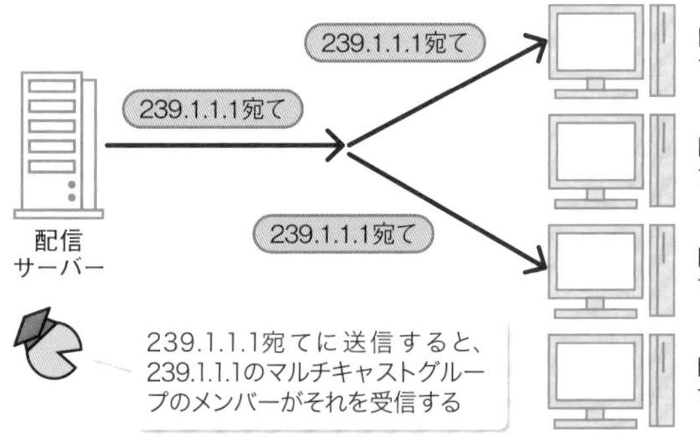

IPv4マルチキャストアドレス

224.0.0.0～224.0.0.255		予約済みマルチキャストアドレス。サブネット内で利用
予約済みマルチキャストアドレスの例	224.0.0.1	マルチキャストに対応したすべての機器宛て
	224.0.0.2	マルチキャストに対応したすべてのルーター宛て
	224.0.0.5	すべてのOSPF対応ルーター宛て
	224.0.0.9	すべてのRIPv2対応ルーター宛て
224.1.0.0～238.255.255.255		企業がインターネットなどで利用
239.0.0.0～239.255.255.255		企業が組織内で利用

IPv6マルチキャストアドレス

F	F	0または1	0～F	::
マルチキャスト		フラグ	スコープ（範囲）	

代表的なIPv6マルチキャストアドレス

FF02::1	すべてのノード宛て
FF02::2	すべてのルーター宛て
FF02::5	すべてのOSPF対応ルーター宛て
FF02::D	すべてのPIM対応ルーター宛て

IPv6のマルチキャストアドレスはFFから始まるってことだね。先頭FFの次の4ビットがフラグ、次がスコープ。これで利用期間と届く範囲を示すんだって

OSPF：Open Shortest Path First
PIM：Protocol-Independent Multicast
RIPv2：Routing Information Protocol version 2

ルーターを越えられる

前述のようにブロードキャストには、送信元とは異なるサブネットにデータを送るダイレクトブロードキャストが用意されている。だが、ルーターはブロードキャスト

▼IGMP
Internet Group Management Protocolの略。IPv4で使われる。IPv6では、同じ役割をするMLD (Multicast Listener Discovery) がICMPv6に実装されている。

を通さない設定にしていることがほとんどなので、実際には使えない。

それに対してマルチキャストでは、ルーターがルーティングする仕組みを用意しているので、異なるサブネットにデータを送れる。

IGMPで参加や離脱を通知

ただしそのためには、ルーターが「自分がつながっているサブネットに、どのようなマルチキャストグループのメンバーがいるのか」を知っている必要がある。そのために使われるのが、IGMP▼というプロトコルだ（**図7**）。

例えば、機器がマルチキャストグループに参加する場合は、IGMPメンバーシップレポートというメッセージを使って、そのことをルーターに伝える（図7（a））。

ルーターは、配下の機器に対してIGMPメンバーシップクエリーというメッセージを定期的に送り、グループへの参加状況を確認する（同（b））。クエリーで尋ねられたグループに参加している機器はIGMPメンバーシップレポートを返す。どの機器からも返ってこなければ、ルーターはそのグループの情報を削除する。

またIGMPのバージョン2（IGMPv2）からは、機器がグループからの離脱を伝えるIGMPリーブグループが実装された（同（c））。機器は、離脱したいグループをルーターに伝える。ルーターは、ほかにそのグループの機器がないか、IGMPメンバーシップレポートを送って確認する。

図7 IGMPでマルチキャストグループを管理

異なるネットワークにマルチキャストでデータを送るには、ルーターがマルチキャストグループの存在を知っている必要がある。ルーターにマルチキャストグループを知らせるプロトコルがIGMPである。ルーターがマルチキャストグループの存在を確認するためにも使う。

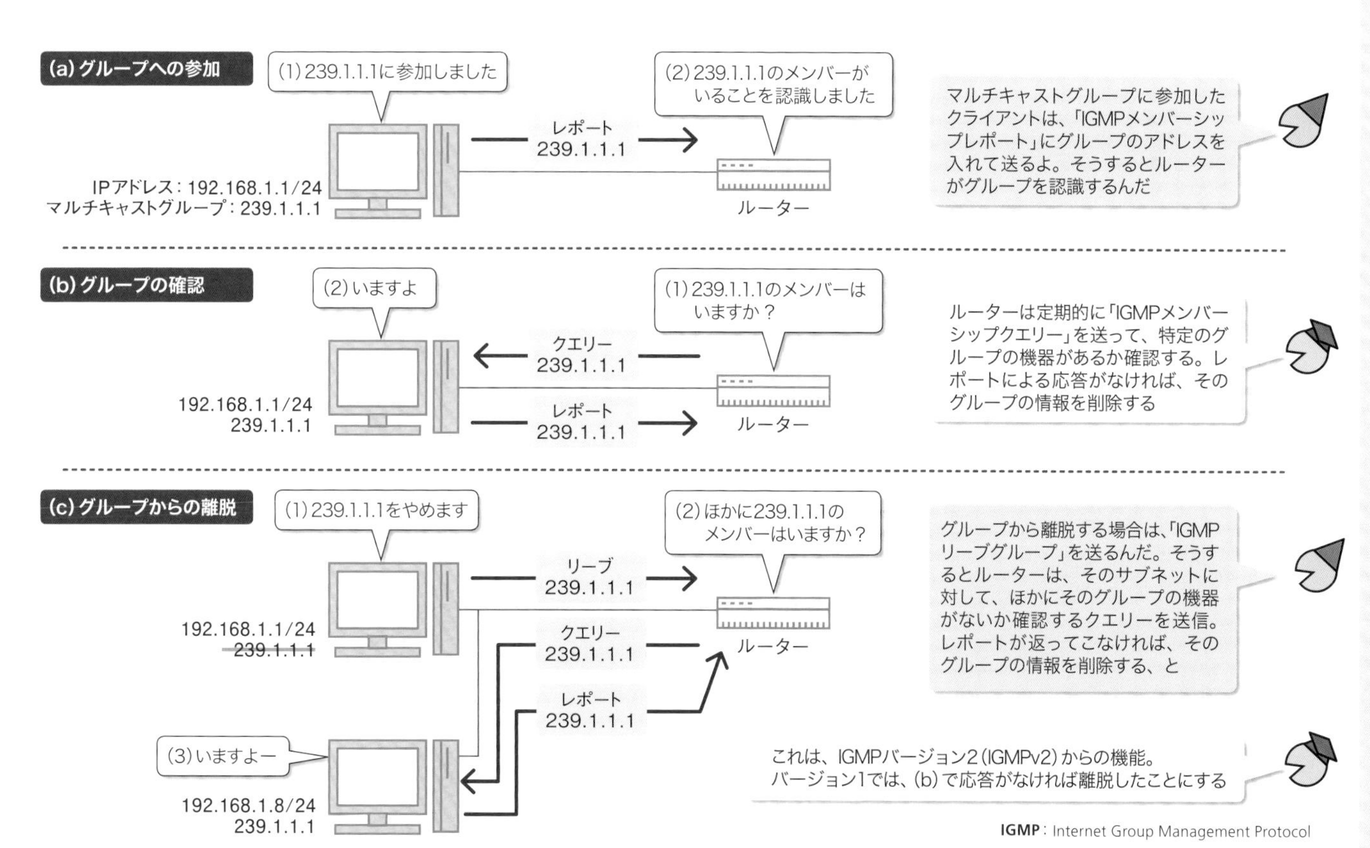

IGMP：Internet Group Management Protocol

マルチキャストって何だろう？

ユニキャスト、マルチキャスト、エニーキャスト、ブロードキャスト…。

急にどうした？

「キャスト」が付く用語はいくつかあるけど、マルチキャストについてもう少し詳しく知りたいなーって思って。

ふむ。では今回はそれを説明しよう。

マルチキャストは、特定のグループに対してデータを送る通信方式。送信者は1台なので、1対多の通信になる。

1対1の通常の通信であるユニキャストでは、複数の相手にデータを送る際、データがすべて同じであっても、相手の数だけ送る必要がある（図1）。

だがマルチキャストでは、送信者は受信者1台分のデータを送るだけでよい。経路上のルーターが必要に応じて複製するからだ。送信者の負荷を軽減できるとともに、経路の帯域も圧迫しない。

このような特徴から、複数の相手に対して大容量の同じデータを送る用途に適している。例えば、動画配信やビデオ会議といったストリーミングアプリケーションで

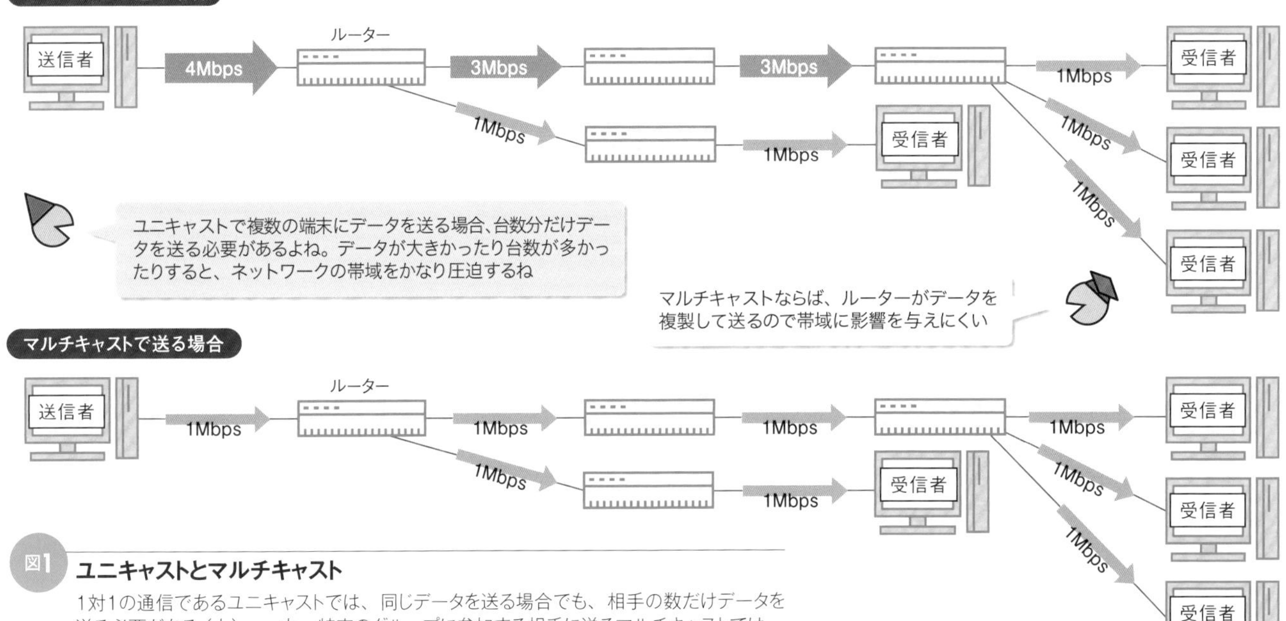

図1 **ユニキャストとマルチキャスト**

1対1の通信であるユニキャストでは、同じデータを送る場合でも、相手の数だけデータを送る必要がある（上）。一方、特定のグループに参加する相手に送るマルチキャストでは、経路途中のルーターでデータが複製されるので、1台分のデータを送信するだけでよい（下）。

▼エニーキャスト
特定のグループを構成する複数の端末に対してデータを送信する通信方式。その中の任意の1台だけがデータを受信する。
▼ブロードキャスト
送信元と同じネットワークにある端末すべてに対して送信する通信方式。基本的にはルーティングされない。IPv6で廃止された。

よく用いられる。

マルチキャストは、通常の通信であるユニキャストとは異なるため、様々な疑問が思い浮かぶ（図2）。これらを解消するために、ユニキャストとは異なる仕組みがマルチキャストには実装されている。ポイントは、(1) 宛先を指定する「マルチキャストアドレス」、(2) 受信者のグループを指定する「マルチキャストグループ」、(3) マルチキャストのデータを転送するための「マルチキャストルーティング」である。具体的に見ていこう。

図2 マルチキャストの疑問

マルチキャストは、通常の通信であるユニキャストとは異なるため、様々な疑問が思い浮かぶ。これらを解消するために、ユニキャストとは異なる技術がマルチキャストには実装されている。ポイントになるのは、「アドレス」「グループ」「ルーティング」である。

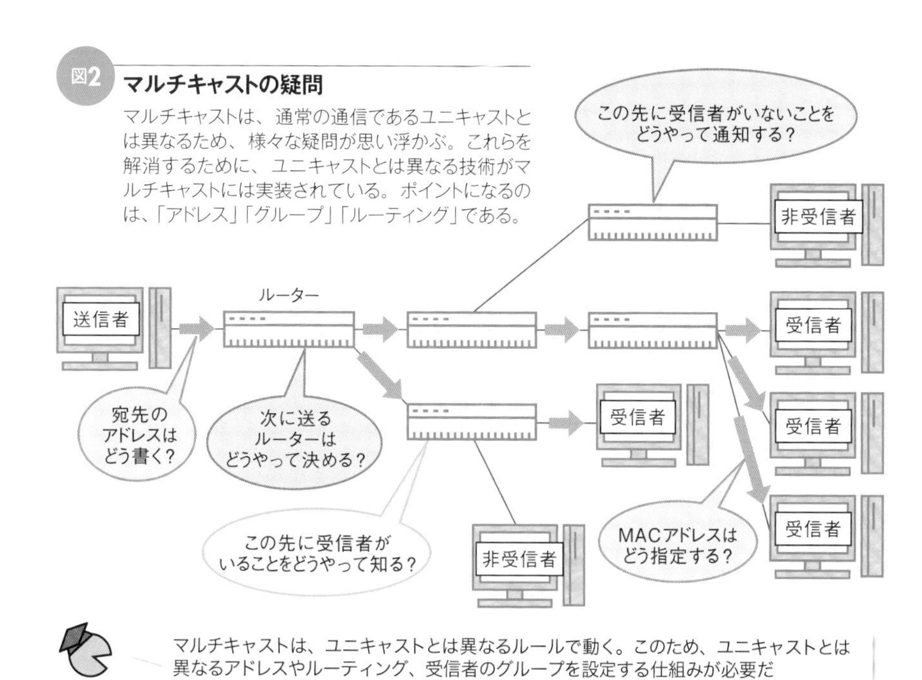

図3 IPv4のマルチキャストアドレス

IPv4のマルチキャストアドレスには、クラスフルアドレスのクラスDに該当する224.0.0.0/4（224.0.0.0 ～ 239.255.255.255）が使われる。上位4ビットは1110で、下位28ビットがグループIDになる。静的に割り当てられた「予約済みアドレス（Well-Knownアドレス）」がいくつか含まれる。

IPv4でのマルチキャストアドレスは、クラスフルでのクラスDだね。リンクローカル（224.0.0.0/24）のいくつかは、予約済みアドレスとして使われているね

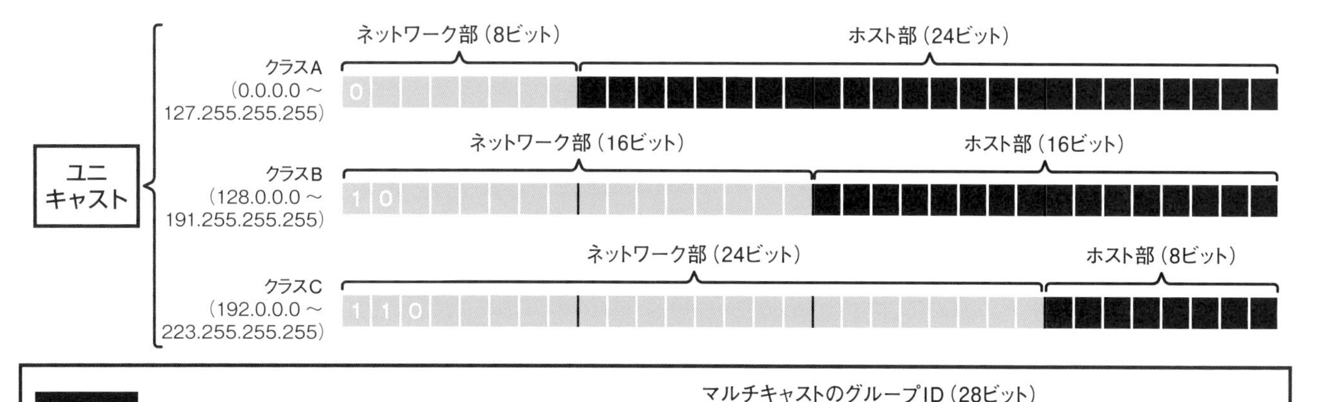

マルチキャストアドレスの種類

種類	IPアドレスの範囲	用途
リンクローカル	224.0.0.0 ～ 224.0.0.255	同一サブネットで使用。ルーターは転送しない
グローバルスコープ	224.0.1.0 ～ 238.255.255.255	インターネットで使用
プライベートスコープ	239.0.0.0 ～ 239.255.255.255	組織内で使用

予約済みのマルチキャストアドレスの例

IPアドレス	対象
224.0.0.1	すべての機器
224.0.0.2	すべてのルーター
224.0.0.5	すべてのOSPFルーター
224.0.0.13	すべてのPIMルーター

OSPF：Open Shortest Path First　**PIM**：Protocol-Independent Multicast

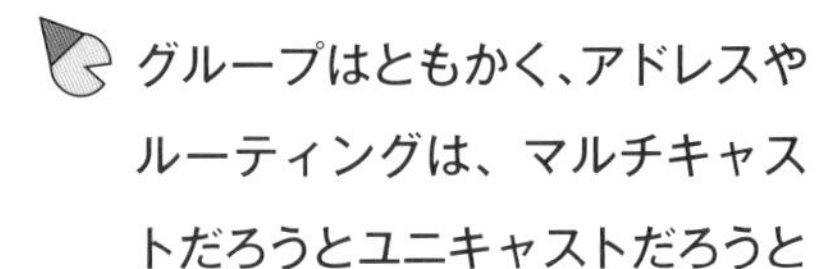
▼特別なアドレスになる
通常のMACアドレスは、上位24ビットのベンダーコード（OUI）と下位24ビットのシリアル番号で構成される。

グループはともかく、アドレスやルーティングは、マルチキャストだろうとユニキャストだろうと同じじゃないんですか？

ユニキャストで考える「一般的なアドレスやルーティング」とは結構異なるぞ。

IPv4のマルチキャストでは、「224.0.0.0 ～ 239.255.255.255」のIPアドレスが使われる（前ページの図3）。これは、クラスでIPアドレスを分類するクラスフルアドレスのクラスDに該当する。また、IPv6では「ff00::/8」のアドレスブロックが使われる。ここではIPv4のマルチキャストを説明する。

特別なアドレスを使う

IPv4のマルチキャストアドレスは、先頭の4ビットが「1110」で、残りの28ビットでマルチキャストグループを示すID（グループID）を指定する。

IPアドレスだけではなく、MAC（マック）アドレスもマルチキャストに対応した特別なアドレスになる。

図4 マルチキャストMACアドレスの生成方法

マルチキャストのMACアドレスは、上位25ビットが固定で、下位23ビットはマルチキャストIPアドレスをそのままマッピングする。IPアドレスの上位は使われないので、異なるマルチキャストIPアドレスから同じマルチキャストMACアドレスが生成される。

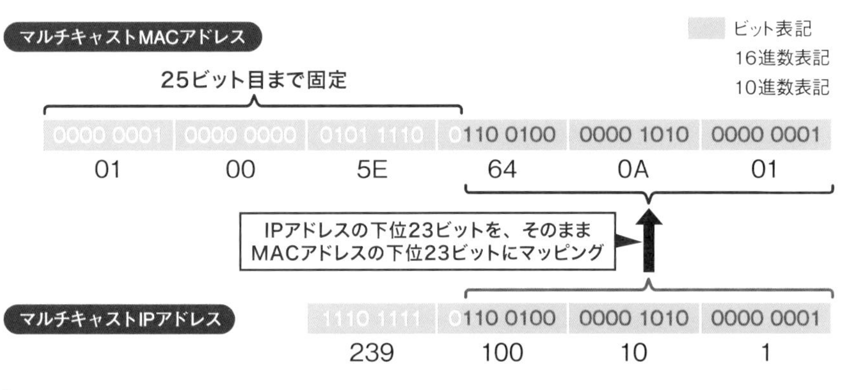

マルチキャストMACアドレスは先頭から25ビット目までが固定、26ビット目からはマルチキャストIPアドレスの下位23ビットを使う

IPアドレスの先頭9ビットはMACアドレスに反映されないので、下位23ビットが同じならMACアドレスが同じになるので注意が必要だな

図5 IGMPを使ってグループに参加していることを通知

マルチキャストグループに参加している受信者は、自分がつながっているネットワークのルーターに対して、IGMPを使って通知する。そのルーターは、マルチキャストルーティングプロトコル（PIMなど）を使って、別のルーターに通知する。これにより、マルチキャストのデータが受信者に送られるようになる。

ネットワーク越しにマルチキャストでデータを送信するには、受信者がどこにいるか分からないといけないよね

受信者はIGMPを使ってルーターに対して、グループに参加していることを通知する。受信者がいることが分かったルーターは別のルーターにルーティングプロトコルでそれを伝え、データを転送してもらうわけだ

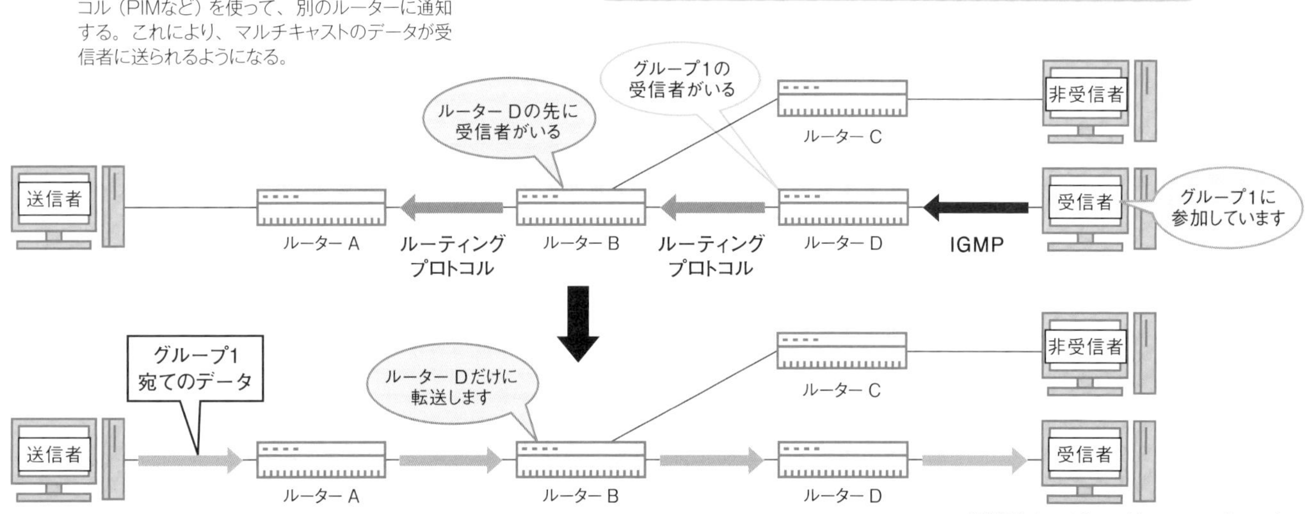

IGMP：Internet Group Management Protocol

▼下位23ビットを使用する
下位23ビットしか使わないので、異なるマルチキャストIPアドレスから、同じマルチキャストMACアドレスが生成される。

▼IGMP
Internet Group Management Protocolの略。

▼PIM
Protocol-Independent Multicastの略。

▼MOSPF
Multicast Open Shortest Path Firstの略。

▼DVMRP
Distance Vector Multicast Routing Protocolの略。

▼送信して調べる
クエリーの宛先IPアドレスは224.0.0.1で、同一セグメント内のすべての機器に送られる。

マルチキャストのMACアドレスは、上位24ビットのベンダーコードに、固定の0x01-00-5Eを使用する(**図4**)。次のビット(先頭から25ビット目)には必ず0を入れる。残りの23ビットには、IPv4のマルチキャストアドレスの下位23ビットを使用する。

受信者はIGMPで通知

次に、特定のマルチキャストグループに参加している受信者(端末)がどこにいるのかを知る仕組みを説明しよう。そのために使われるプロトコルがIGMPである。

受信者はIGMPを使って、自分が特定のマルチキャストグループに参加することなどをルーターに伝える(**図5**)。

ルーターは、PIM(ピム)やMOSPF、DVMRPといったマルチキャストルーティングプロトコルを使って、別のルーターにそのことを伝える。

IGMPの仕組みをもう少し詳しく説明しよう。あるマルチキャストグループに参加したい受信者は、IGMP Joinメッセージを送信してルーターに通知する(**図6**)。

IGMP Joinを受け取ったルーターは、グループへの参加状況を管理するIGMPテーブルを作成あるいは更新する。ルーターはこのIGMPテーブルを参照して、マルチキャストで送られてきたデータを転送する。

図6 IGMPテーブルでグループの参加状況を管理
受信者はIGMP Joinメッセージを使って、特定のマルチキャストグループへの参加をルーターに知らせる。ルーターは、IGMPテーブルで参加状況を管理する。また、ルーターは定期的にクエリーを送信し、参加状況を確認。その結果に応じてIGMPテーブルを更新する。

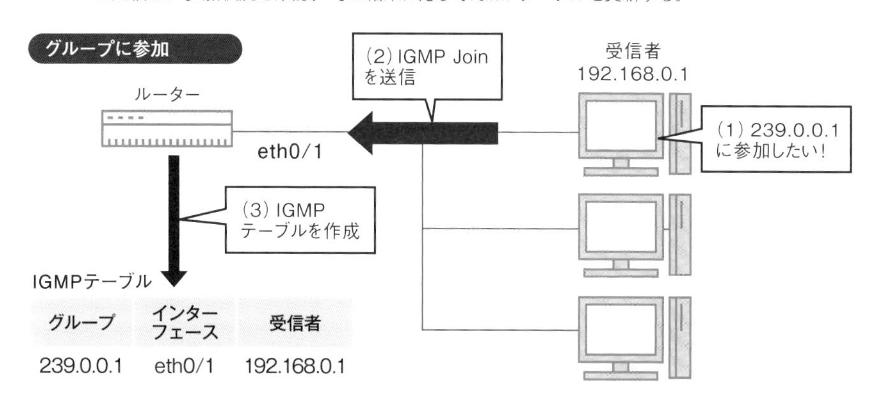

マルチキャストの通信を受信したい端末は、ルーターに対しグループID(マルチキャストIPアドレス)をIGMPで通知する。ルーターはIGMPテーブルに記録する

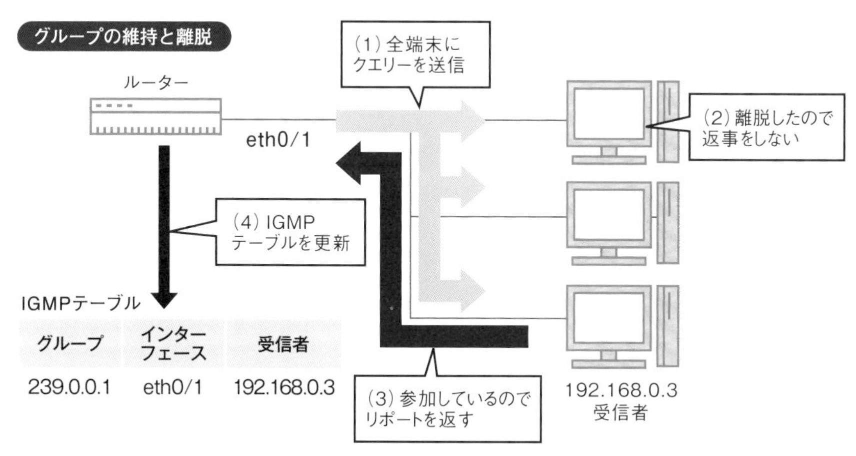

ルーターは定期的にクエリーを送信するんだ。クエリーに対して、返事があったらネットワーク内にグループがある。返信がなかったらそのグループは存在しないってことが分かる、と

IGMPv2以降は、離脱したい受信者がLeaveメッセージを送る。Leaveメッセージを受信したルーターは、ほかの受信者がまだいるか確認するためにクエリーを送る

特定のグループに参加した受信者の維持状況、すなわちそのグループに現在も参加しているかどうかは、ルーターが定期的にクエリーと呼ばれるメッセージを送信して調べる。グループに参加している受信者は、リポートと呼ばれるメッセージを返す。

なお、IGMPのバージョンには1、2、3があり、バージョン2(IGMPv2)からは、グループからの離脱を、受信者からルーターに知らせるためのLeaveメッセー

▼Leaveメッセージ
Leaveメッセージを受信したルーターは、自分がつながっているネットワークに受信者が残っているかどうか調べるためにクエリーを送信する。

▼配信ツリー
ディストリビューションツリー（Distribution Tree）などとも呼ばれる。

▼送信元ツリー
ソーススペシフィックツリーなどとも呼ばれる。

▼共有ツリー
シェアードディストリビューションツリーなどとも呼ばれる。

▼RP
Rendezvous Pointの略。

▼Denseモード
Denseは「密集」といった意味。

▼Sparseモード
Sparseは「まばら」などの意味。

ジが追加された。

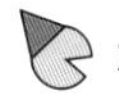
なるほど。ルーターはIGMPによりグループの存在を知る、と。

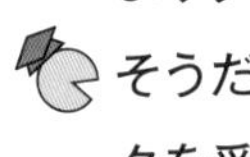
そうだ。マルチキャストのデータを受け取ったルーターは、グループが存在するネットワークとつながったルーターにデータを転送すればよい。

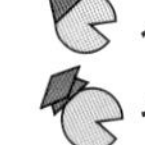
ふむふむ。でも、どうやって？

そこでマルチキャストルーティングの出番だ。

マルチキャスト通信の送信者と受信者が別のサブネットにいる場合、ユニキャストと同様にルーティングが必要になる。

マルチキャストでは、1つの送信者が出発点となりデータが流れ、経路上のルーターで分岐し、グループに参加する複数の受信者にデータが流れていく。データの流れとなるこのツリー構造は配信ツリーなどと呼ばれる。

配信ツリーには、送信元ツリーと共有ツリーの2種類がある（**図7**）。送信元ツリーは、送信者ごとに個別に作成する配信ツリーである。

共有ツリーでは、ランデブーポイント（RP）と呼ばれる特定のルーターを設定し、複数の送信者が一緒に使用する配信ツリーを作成する。

送信者はまず、RPにマルチキャストパケットを送る。RPからは共有ツリーに沿って各受信者にデータが送られる。なお送信者とRPの間に受信者がいる場合、RPを経由せずに受信者に直接データを送信する。

図7 データの配信方法は「送信元ツリー」と「共有ツリー」の2種類

マルチキャスト通信では、パケットの経路はツリー構造になる。ツリー構造（配信ツリー）には、送信元ツリーと共有ツリーがある。送信元ツリーでは、送信者ごとに配信ツリーを作成する。共有ツリーでは、すべての送信者と受信者が同じツリーを共用する。

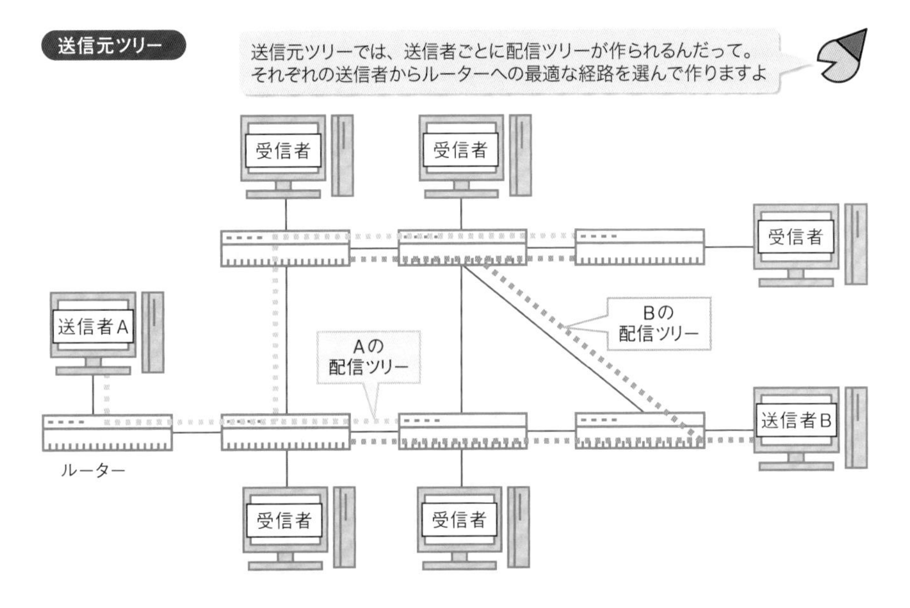
送信元ツリー
送信元ツリーでは、送信者ごとに配信ツリーが作られるんだって。
それぞれの送信者からルーターへの最適な経路を選んで作りますよ
受信者
受信者
受信者
送信者A
Aの
配信ツリー
Bの
配信ツリー
送信者B
ルーター
受信者
受信者

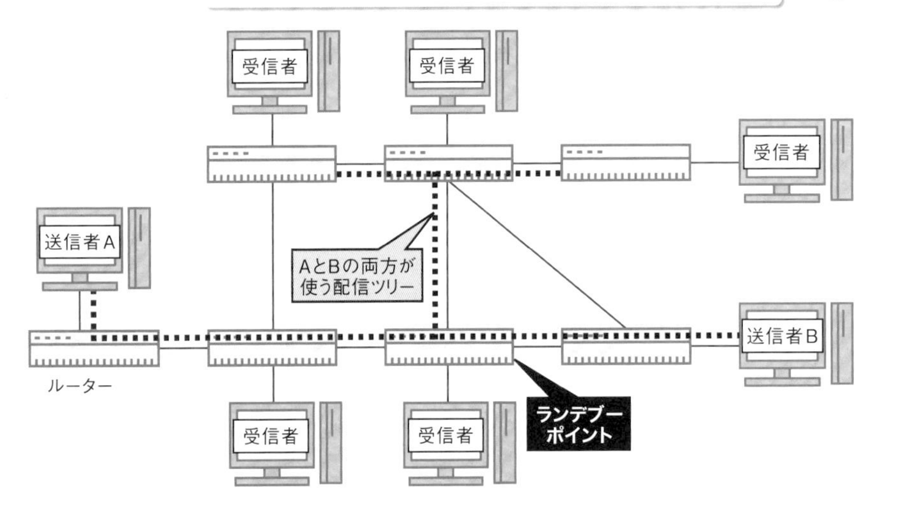
共有ツリー
共有ツリーではランデブーポイントを設定し、送信者からランデブーポイント、ランデブーポイントから受信者につながる配信ツリーを作成する
受信者
受信者
受信者
送信者A
AとBの両方が
使う配信ツリー
送信者B
ルーター
受信者
受信者
ランデブーポイント

「密集」と「まばら」の2つのモード

送信元ツリーと共有ツリーのどちらを使うかは、使用するマルチキャストルーティングプロトコルが対応するモードで決まる。モードには、DenseモードとSparseモードの2種類がある（**図8**）。

▼prune
「刈り込む」や「取り除く」といった意味。配信ツリーからルーターを切り離すというイメージ。

図8　マルチキャストルーティングのモードは「Dense」と「Sparse」の2種類

マルチキャストルーティングにはDenseとSparseの2つのモードがある。Denseでは最初にすべてのルーターに転送し、pruneメッセージによって不要なルーターを順次切り離していく。Sparseでは最初はどこにも転送せず、Joinメッセージを送信したルーターを配信ツリーに加えていく。

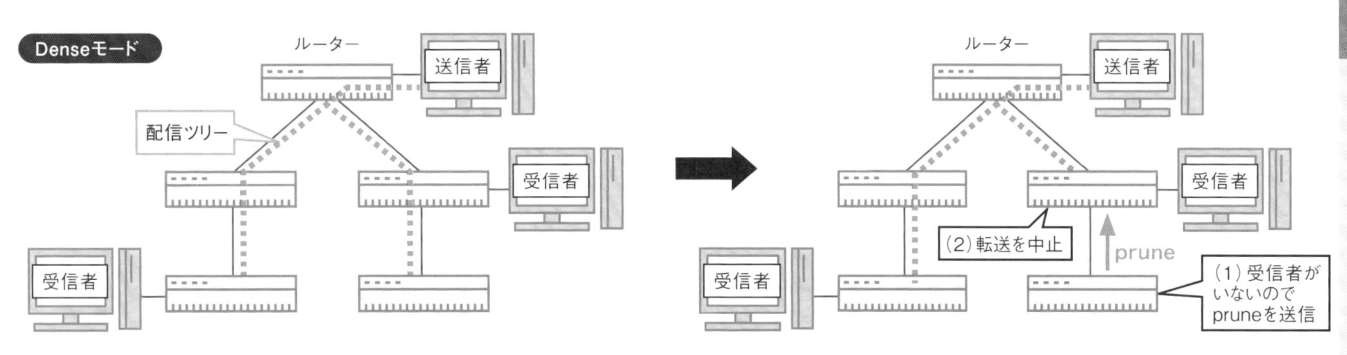

Denseは「密集」とかの意味だから、受信者が多い場合に適したモード。基本はすべてのルーターに配信し、必要ないところを切り離すって感じかな

Sparseは「まばら」の意味なので、受信者がまばらに存在する場合に有効なモードだ。Denseの逆で、必要なルーターを追加していく感じだな

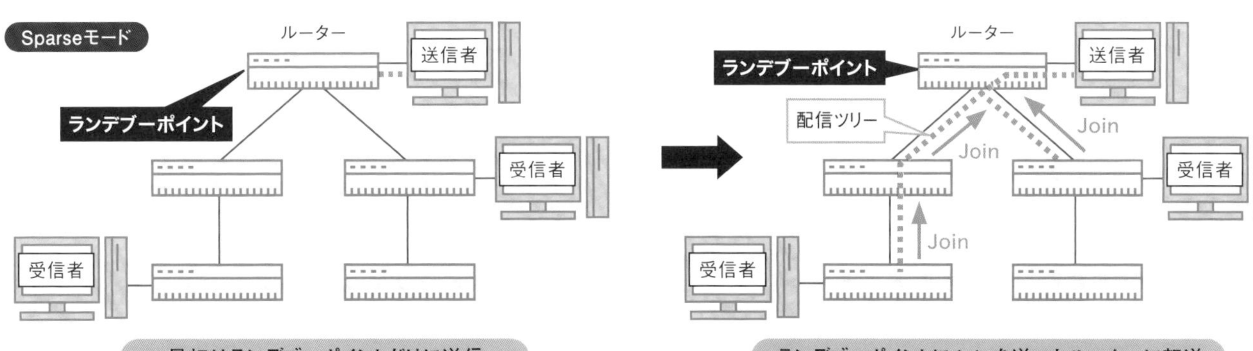

Denseモードでは送信元ツリーを使用する。マルチキャストグループに参加する受信者の数が多い場合に向いている。

Denseモードでは、受信者がつながっている可能性があるルーターすべてにデータを配信する。

そして、自分のネットワークに受信者がいない、あるいはデータを転送する必要がないルーターは、上位のルーターに不要であることを通知する。このメッセージはprune▼と呼ばれる。以上により、受信者にデータを送るための送信元ツリーが生成される。

一方、Sparseモードでは送信元ツリーと共有ツリーを使用する。マルチキャストグループの受信者が少ない場合に向いている。

Sparseでは、送信者は、RPに設定したルーターだけにデータを送信する。最初は、RPはデータを転送しない。

ネットワークに受信者がいるルーターが、参加を要求するJoinメッセージをRPに送信すると、RPはそのルーターに対して転送を開始。そのルーターまでの経路を配信ツリーに加える。

つまり、Denseモードではまず全体に配信して、不要なツリーを切り離していくのに対して、Sparseモードでは、最初はどこにも配信せず、明示的に要求されたルーターだけをツリーに加えていくイメージだ。

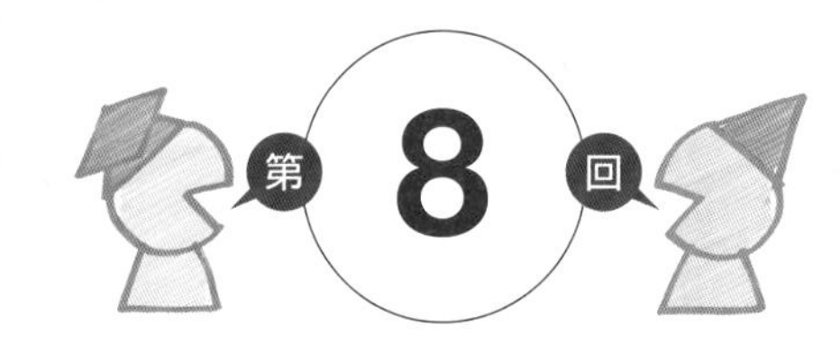

NATって何ですか？

「ナット」って何ですか？

ん？NAT（ナット）か？アドレス変換のことだな。

そうそう。IPアドレスに関係したものらしいとは聞いたのですが。でも、イマイチよくわかりません。

では、まずはIPアドレスの基本から話をしようか。

パソコンやサーバー、ネットワーク機器などに割り当てられるIPアドレスは、それらが接続されているネットワーク内で一意（ユニーク）でなければならない（図1）。そうでなければ、送信元や宛先を特定できない。

このためインターネット上の公開サーバーなどは、インターネット全体でユニークなIPアドレスを割り当てておく必要がある。インターネットで利用可能なユニークなIPアドレスは「グローバルアドレス」などと呼ばれる。

一方、インターネットやほかのネットワークと接続されていないネットワークなら、ほかのネットワークで使われているIPアドレスと同じIPアドレスを使っても問題はない。そのネットワーク内でユニークであればよい。このように、独立したネットワークで使われることを想定したIPアドレスは「ローカルアドレス」と呼ばれる。RFC1918ではローカルアドレスを「プライベートIPアドレス」と呼び、使用できるアドレスを規定している。

独立したネットワーク内なら、ほかのネットワークとの重複を考えずにこれらのIPアドレスを使用

図1 IPアドレスは一意でないとだめ

パソコンやサーバーなどに割り当てられるIPアドレスは、同一のネットワークでは一意（ユニーク）である必要がある。さもないと正常に通信できない。つながっていないネットワーク同士なら、IPアドレスが重複しても問題ない。

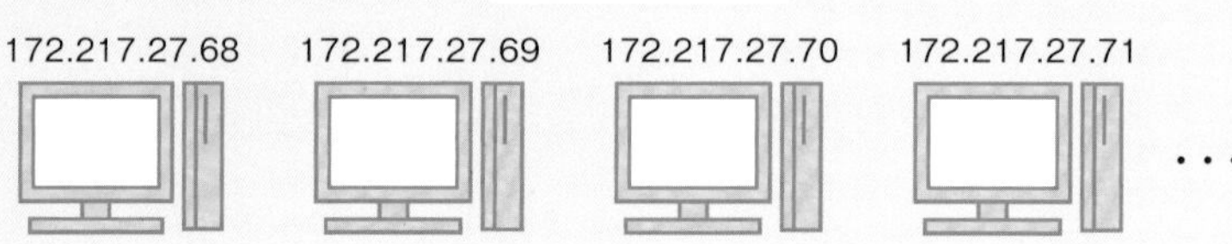

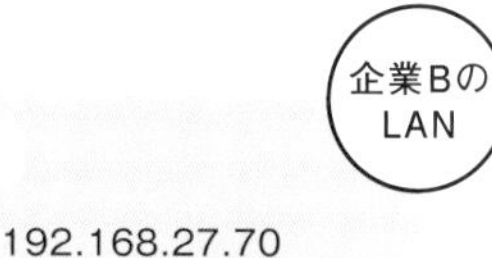

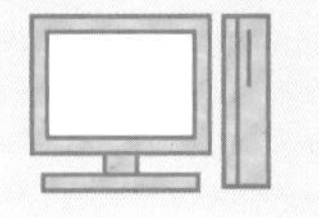

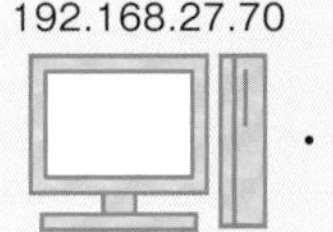

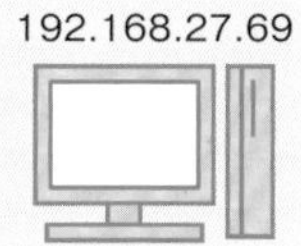

▼NAT
Network Address Translationの略。
▼グローバルアドレス
グローバルIPアドレスとも呼ばれる。
▼RFC
Request For Commentsの略。

▼アドレスを規定している
IPv4のプライベートIPアドレスの範囲は次のように規定されている。10.0.0.0～10.255.255.255（10.0.0.0/8）、172.16.0.0～172.31.255.255（172.16.0.0/12）、192.168.0.0～192.168.255.255（192.168.0.0/16）。

▼LAN
Local Area Networkの略。

できる。

実際、企業や組織のネットワーク（LAN）のほとんどでは、プライベートIPアドレスをローカルアドレスとして利用している。LANのパソコンやサーバーすべてにグローバルアドレスを用意することは難しいからだ。

ローカルアドレスを割り当てられた機器は、そのままではインターネットに接続できない。ローカルアドレスを使っているLANが、グローバルアドレスを使っているインターネットとつなげるようにするのが、NATという技術あるいは機能である。NATはNetwork Address Translationの略で、日本語ではネットワークアドレス変換などと呼ぶ。

ネットワーク境界で実施

NATは、基本的にルーターあるいはファイアウオールが実施する。つまり、自組織のネットワークとインターネットの境界にあるネットワーク機器が受け持つ。NAT機能を備えたルーター（NATを実施するルーター）はNATルーターなどと呼ばれる。

この境界上のネットワーク機器から見て、自組織側のネットワークが「内部」、インターネット側が「外部」となる。NATとは、「内部で通用するアドレスを、外部で通用するアドレスに変換する」技術

図2 「内部」のアドレスを「外部」のアドレスに変換
NATのイメージ。NATを備えたルーター（NATルーター）が、内部で通用するIPアドレス（ローカルアドレス）と、外部で通用するIPアドレス（グローバルアドレス）を相互変換する。

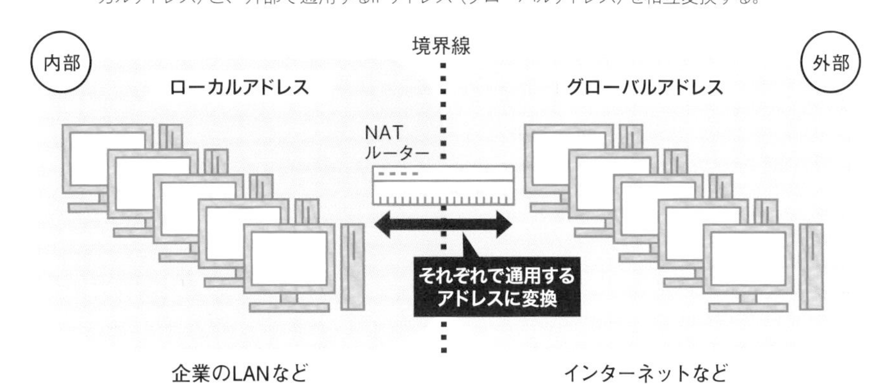

NAT機能を備えたルーター（NATルーター）が境界線となって、「内部」と「外部」のネットワークを分ける

内部で通用するローカルアドレスと、外部で通用するグローバルアドレスを相互変換するのがNATだ

NAT：Network Address Translation

図3 内部が送信元のときに使うSNAT
SNAT（ソースNAT）では、内部の機器が外部にデータを送信する際に、ローカルアドレスの送信元アドレスをグローバルアドレスに変換する。外部からの応答が返ってきた際には、その宛先をローカルアドレスに戻す。

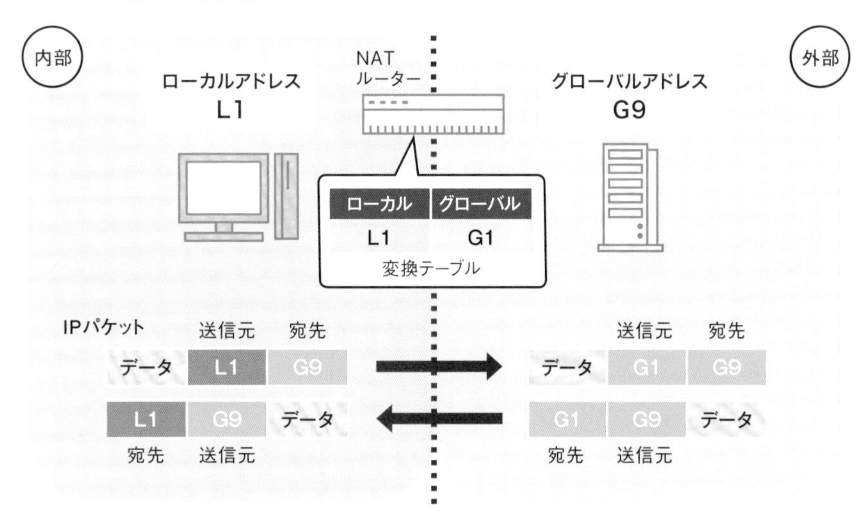

SNATは、内部が送信元で、外部が宛先のときに使われる。ローカルアドレスとグローバルアドレスの対応は、NATルーターの変換テーブルに保持される

といえる（図2）。

内部に通用するアドレスを、外部に通用するアドレスに変えるんですか？

そう。NATは「プライベートIPアドレスをグローバルIPアドレスに変換する」と説明されることが多いが、本質はこちらだ。

▼DHCP
Dynamic Host Configuration Protocolの略。

NATには2種類ある

NATには2種類ある。一つは「ソースNAT」(SNAT)である(前ページの**図3**)。SNATでは、内部の機器が外部にデータを送信する際に、ローカルアドレスの送信元アドレスを、グローバルアドレスに変換する。外部から応答が返ってきた際には、そのグローバルアドレスの宛先アドレスを、ローカルアドレスに戻す。

これにより、ローカルアドレスが割り当てられたLAN内のパソコンなどから、インターネット上の公開サーバーやクラウドサービスにアクセスできるようにする。

もう一つは「ディスティネーションNAT」(DNAT)である(**図4**)。DNATは、外部の機器が、内部の機器に対してアクセスする際に、グローバルアドレスの宛先アドレスをローカルアドレスに変換する。内部の機器が外部に応答する際には、ローカルアドレスの送信元アドレスを、グローバルアドレスに戻す。

DNATにより、ローカルアドレスを割り当てた内部のWebサーバーなどに、外部からアクセスできるようになる。

ほうほう。じゃあ、大学のLANからインターネットにアクセスするときには、このNATとやらを使っているんですね。

う、う〜ん。そうともいえるし、違うともいえる。

NAPTとポートフォワーディング

NATでIPアドレスを変換する方法には3種類ある。一つは、ローカルアドレスに対して、固定のグローバルアドレスを割り当てる「スタティックNAT」である。静的NATとも呼ばれる。

スタティックNATでは、ローカルアドレスとグローバルアドレスを一対一でひも付ける。このため、外部から内部のサーバーなどにアクセスするDNATでよく用いられる。

割り当て可能な複数のグローバルアドレスを用意し、そのアドレスプールから使用されていないIPアドレスを任意に選ぶ「ダイナミックNAT」という方法もある。IPアドレスを配布するDHCPに似たイメージだ。内部から外部のインターネットにアクセスするSNATで使われる。

だが、ダイナミックNATでSNATを実施しようとすると、問題が発生する場合がある。アドレスプールに保存されているグローバルアドレスの数と同じ台数の機器しかインターネットにアクセスできないという問題だ。

例えば、利用可能なグローバルアドレスが三つしかない場合、インターネットにアクセスできる機

図4 内部が宛先のときに使うDNAT

DNAT(ディスティネーションNAT)では、外部から内部の機器にデータを送信された際に、グローバルアドレスの宛先アドレスをローカルアドレスに変換する。内部から外部に応答する際には、ローカルアドレスの送信元アドレスをグローバルアドレスに戻す。

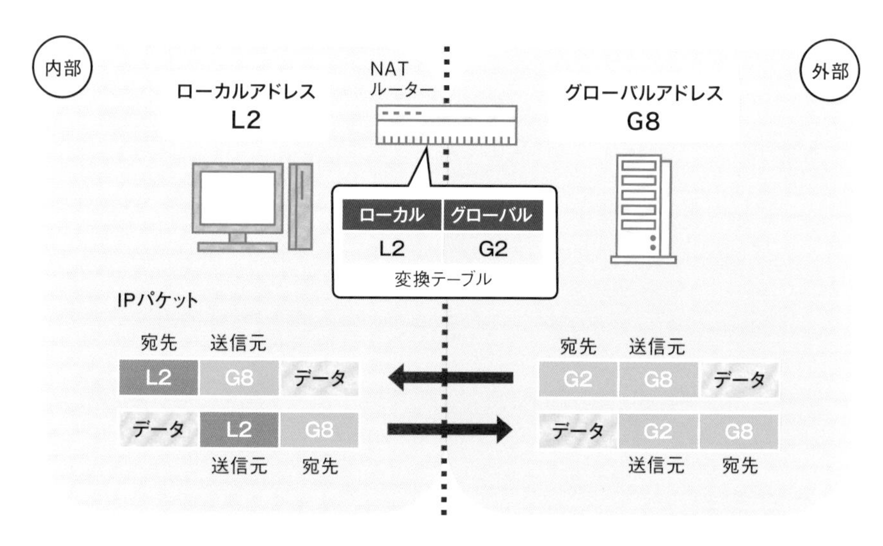

DNATは、外部が送信元で、内部が宛先の場合などに使われる。宛先アドレスが、グローバルアドレスからローカルアドレスに変換されるわけだね。DNATを使えば、内部のサーバーを外部に公開できるよ

▼NAPT
Network Address Port Translationの略。IPマスカレードなどとも呼ばれる。

器は3台までとなってしまう（図5）。ダイナミックNATもスタティックNATと同じように、ローカルアドレスとグローバルアドレスを一対一でひも付ける。

アドレスプールに潤沢にグローバルアドレスを用意しておければよいが、まず不可能だろう。IPv4アドレスは枯渇しており、新規に割り当ててもらうことはほぼ困難だからだ。LAN内の端末の多くはインターネットに接続する。このためダイナミックNATで問題なく運用しようとしたら、端末の台数分のグローバルアドレスをプールしておく必要がある。

そもそも、端末の台数分のグローバルアドレスを用意できないためにローカルアドレスを導入しているのだから、台数分のグローバルアドレスを用意するのは難しいだろう。

そのためSNATでは、実際にはNAPT（ナプト）と呼ばれるアドレス変換方式が使われている（図6）。NAPTでは、IPアドレスに加えてポート番号も変換する。具体的には、送信元IPアドレスと送信元ポート番号の両方を変換し、返信の際にどのローカルアドレスを変換したものかを識別できるようにする。

NAPTを使えば、一つのグローバルアドレスに複数のローカルアドレスをひも付けることができる

図5 同時に変換できるのはプールしているグローバルアドレスの数だけ

NATでは、ローカルアドレスとグローバルアドレスを一対一でひも付けるので、用意している（プールしている）グローバルアドレスの数しか同時に変換できない。つまりSNATの場合には、内部から外部に同時にアクセスできるのは、用意しているグローバルアドレスの数と同数の機器だけとなる。

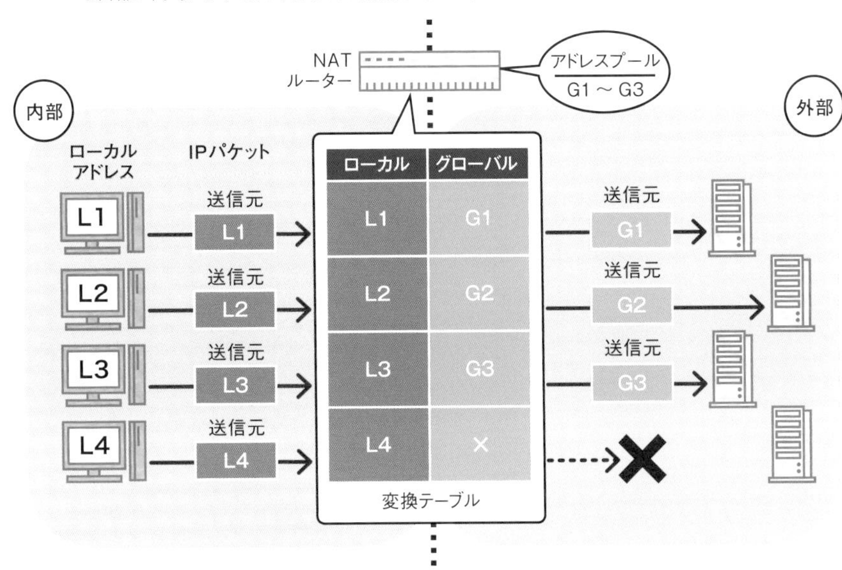

変換用のグローバルアドレスが3個あれば、3台までは同時に変換ができるね

だが、4台目が同時に変換しようとすると、その分のグローバルアドレスはない。NATでは、同時接続できる機器の数はグローバルアドレスの数までということになる

図6 ポート番号も変換するNAPT

NAPTでは、送信元IPアドレスと送信元ポート番号の両方を変換し、元のローカルアドレスを識別できるようにする。

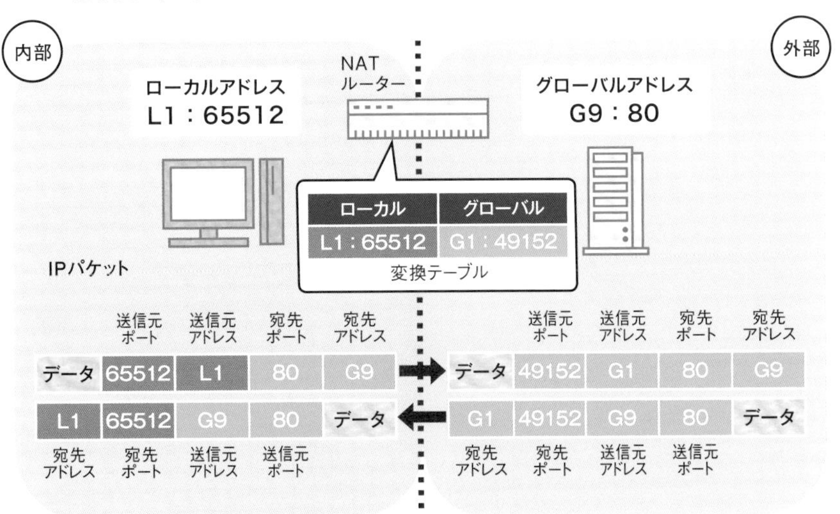

SNATでNAPTを使うと、送信元IPアドレスをグローバルアドレスに変換するときに、ポート番号も重複しない値に変換しちゃう

図7　NAPTなら一つのグローバルアドレスを共有できる

NAPTは、一つのグローバルアドレスに複数のローカルアドレスをひも付ける。このため、1個のグローバルアドレスを複数の機器で利用できる。

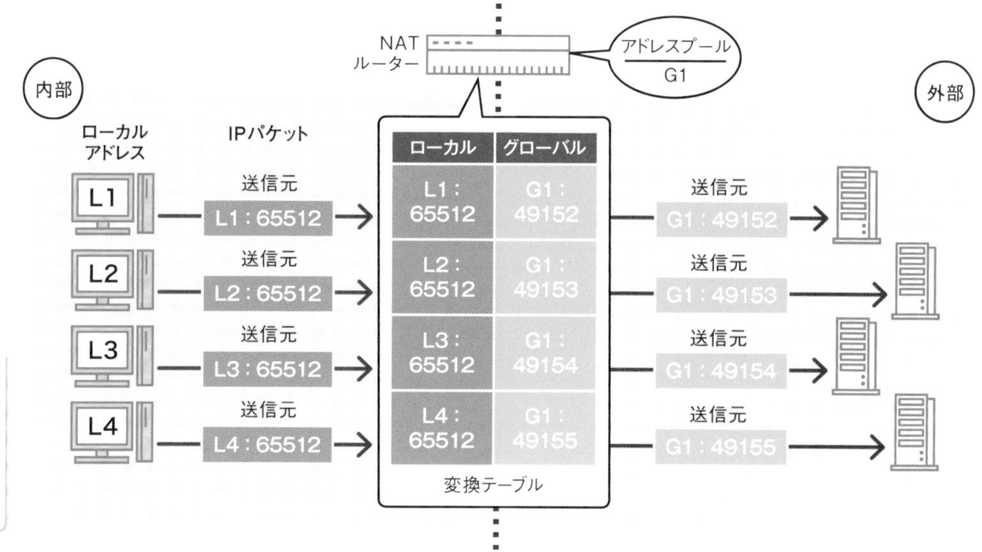

NAPTでは、グローバルアドレスとポート番号の組み合わせでローカルアドレスを識別するので、複数の機器で一つのグローバルアドレスを共有できる

図8　一つのグローバルアドレスで複数の内部サーバーを公開

ポートフォワーディングのイメージ。ポートフォワーディングでは、グローバルアドレスとポート番号の組み合わせに、内部のローカルアドレスとポート番号をひも付けておく。これにより、一つのグローバルアドレスで、複数の内部サーバーを公開できる。

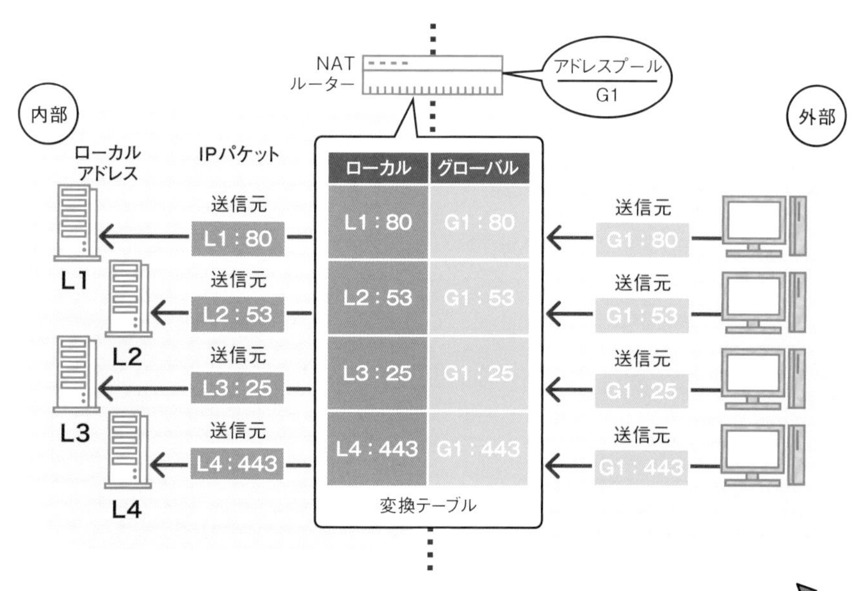

ポートフォワーディングでも、NAPTと同じように、グローバルアドレスとポート番号の組み合わせと、ローカルアドレスとポート番号の組み合わせを対応付けて変換する。外部からのアクセスに対して実施する点がNAPTとは異なる

(図7)。これにより、必要なグローバルアドレスの数を大きく削減できるため、現在の企業・組織や家庭のインターネットアクセスではNAPTが使われている。

NAPTは、内部から外部にアクセスするSNATで使われる。一方、外部から内部へのアクセスであるDNATで使われるのが、ポートフォワーディングである(図8)。ポートフォワーディングは静的IPマスカレードなどとも呼ばれる。

ポートフォワーディングでは、あるグローバルアドレスのポート番号に、内部のローカルアドレスをひも付けておく。外部からのアクセスを受け付けたNATルーターは宛先のポート番号を確認。あらかじめ登録した変換テーブルを参照し、対応するローカルアドレスに変換する。

ポートフォワーディングを使えば、一つのグローバルアドレスで、複数の内部サーバーを公開できる。一つのグローバルアドレスで複数のインターネットアクセスを可能にするNAPTの"逆"といえる。

便利ですね、NATとNAPT。ローカルアドレスで自由にネットワーク構築しつつ、インター

▼FTP
File Trasfer Protocolの略。
▼P2P
Peer to Peerの略。
▼SIP
Session Initiation Protocolの略。
▼RTP
Real-time Transport Protocolの略。音声や動画などのデータの流れをリアルタイムに伝送するためのプロトコル。

ネットにもつながれるなんて。

だが問題もある。NATやNAPTは、IPアドレスやポート番号を途中で変換するという荒業だからな。

アプリによっては通信に失敗

NATやNAPTの問題点としてまず挙げられるのは、双方向で通信できないという点である。

例えばFTPでは、クライアントからサーバーへアクセスする制御コネクションはSNATで実現できるが、サーバーからクライアントへのデータコネクションは確立できない。また、P2Pや一部のネットゲームでも、外部から内部のクライアントに接続する必要がある。

このためFTPやP2Pなどでは、SNATを使うと通信できなくなる。これを防ぐには、外部から内部にアクセスするためのDNATやポートフォワーディングが必要となる。

また、NAPTでは送信元ポート番号を変換するので、送信元ポート番号を固定しているアプリケーションでは通信できなくなる場合がある。

このような場合は、そのアプリケーションを利用する場合、ポート番号を変更しないようNATルーターに設定する。ただしこの設定にすると、内部でその通信アプリケーションを利用できるのは、グローバルアドレス一つ当たり1台だけになってしまう。

もう一つの問題点は、NATやNAPTでは、IPヘッダーの情報しか変換しない点である。アプリケーションによっては、送信元IPアドレスや宛先IPアドレスをデータ部(ペイロード)に含める場合がある。NATやNAPTでは、それらの情報は変換されないので通信に失敗する場合がある(図9)。

例えば複数のクライアント間でのセッションを確立するためのプロトコルであるSIP(シップ)では、音声通話のためのプロトコルであるRTPで使うために、自身のIPアドレスをデータ部に入れて通信相手に伝える。だが、NAT/NAPTではデータ部のIPアドレスは変換されず、ローカルアドレスのままである。このためそのままでは、RTPでの通信に失敗する。

これを防ぐには、データ部に格納された送信元のIPアドレスも書き換えるような、SIPに対応したNATルーターなどが必要になる。

図9 アプリケーションによっては通信に失敗する

NATルーターが変換するのはIPパケットのヘッダーに格納されたIPアドレスやポート番号。データ部に含まれるIPアドレスなどは変換しない。このためSIPのように送信元アドレスをデータ部に含めるアプリケーションでは、通信に失敗する場合がある。

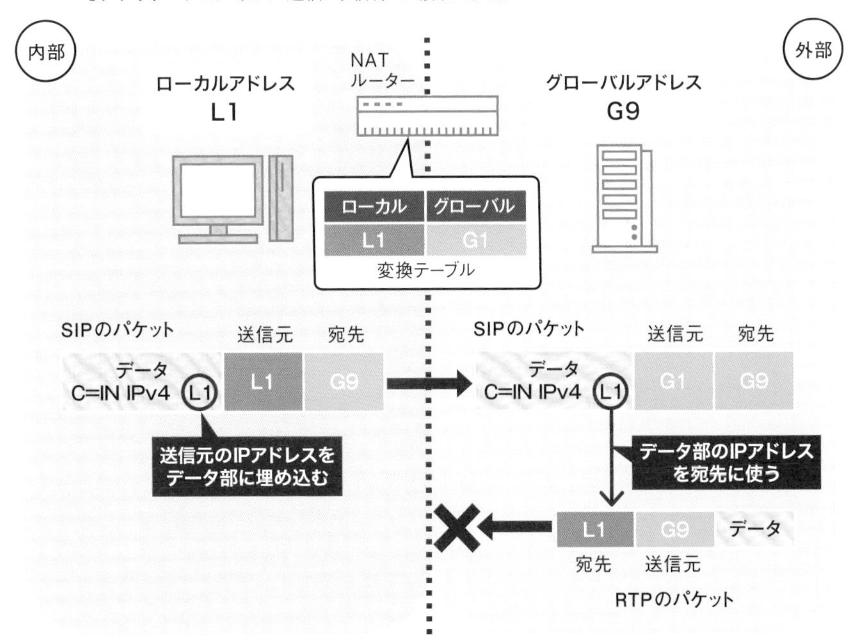

SIPでは、音声通話のプロトコルRTPで使うために、自身のIPアドレスをデータ部に入れて伝える。だが、NATではデータ部のIPアドレスを変換しないので…

SIPのセッションが確立した後、RTPのセッションではパケットがローカルアドレス宛てに送られるので通信できなくなるんだね

RTP：Real-time Transport Protocol
SIP：Session Initiation Protocol

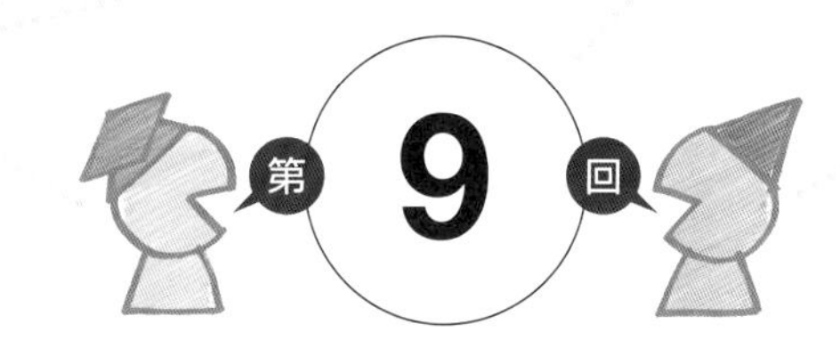

エラー制御って何するの？

レイヤー4のプロトコルにはエラー制御があると聞きました。

あるな。レイヤー4のTCPには、エラーが発生した場合に対処する仕組みがある。

んでも、レイヤー3のIPとかレイヤー2のイーサネットにもあるって聞きましたよ。

ふむ、エラー制御と一言にいっても色々あるということだよ。

一般的にネットワークにおけるエラー制御とは、パケットに関するエラーに対処することを指す。

エラーの1つが、データの破損である（図1）。パケットが宛先に届かないのもエラーの一種だ。パケットが途中で失われるため、パケットロスと呼ばれる。パケット自体には問題がなくても、ルーターなどのネットワーク機器に問題があると、パケットは宛先に届かない。

エラー制御はそれぞれのプロトコルで決められている。ただ、すべてのプロトコルがエラー制御を備えるわけではない。エラー制御がないプロトコルもある。

図1 ネットワークで発生するエラーの例

一般的にネットワークにおけるエラーとは、パケットに関するエラーを指す。ノイズなどによってビットが変わるデータ破損や、パケットが宛先に届かないパケットロスなどが代表的である。

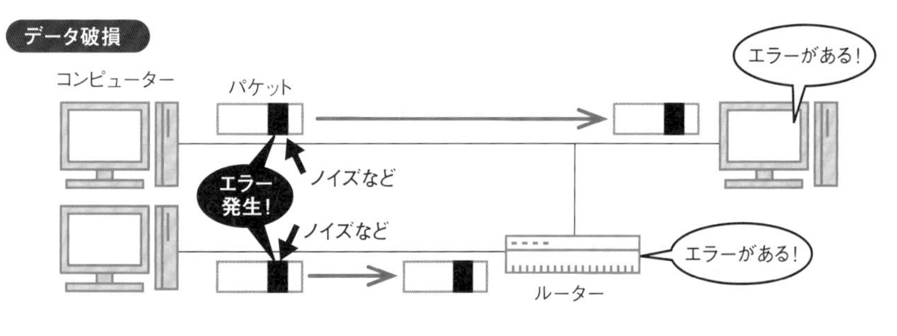

ノイズなどによりビットが変わりデータ破損が発生する。この場合、受信側はパケットを破棄する

輻輳や機器の故障、ルーティングループなどが原因でパケットが届かないのもエラーの1つだね

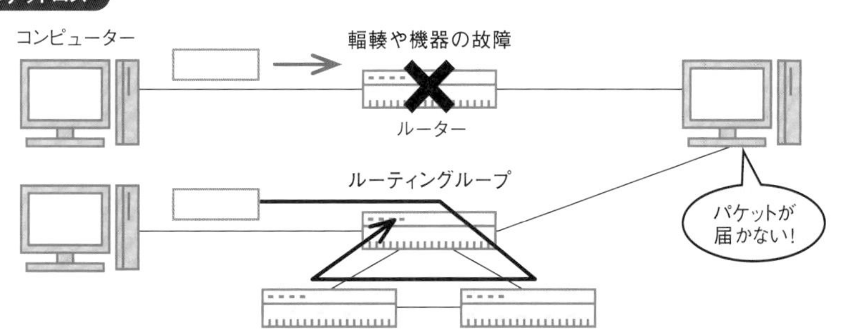

エラーの発生を検知

データ破損のエラーに対処するためには、エラーの発生を検知する必要がある。受信したデータを見るだけでは、そのデータが破損して今の形になっているのか、そもそも最初からそのデータが送られてきたのかは、受信側では判別できない（図2）。

そこでプロトコルの多くは、送

▼レイヤー4
OSI参照モデルにおけるレイヤー。OSI参照モデルでは、レイヤー4はトランスポート層、レイヤー3はネットワーク層に該当する。

▼TCP
Transmission Control Protocolの略。

▼IP
Internet Protocolの略。

▼パケット
ネットワーク上でデータをやりとりする際の「データの一区切りの固まり」のこと。IPのようなレイヤー3の通信ではパケットと呼ぶが、イーサネットのようなレイヤー2の通信では「フレーム」と呼ぶ。

▼CRC符号
CRCはCyclic Redundancy Checkの略。日本語では巡回冗長符号。CRC符号では、送信するフレームのビット列を多項式と見なし、この式と「生成多項式」と呼ばれる特定の式との計算結果がチェック用のデータ(FCS)になる。受信側は、受信したフレームと、送信側と同じ生成多項式を用いて同様の計算をし、送られてきたFCSと一致すれば、エラーなしと判断する。

信するデータにエラーを検出するための「エラー検出符号」を付ける。これをチェックすることで、データにエラーが発生しているかどうかを判断する。

エラー検出符号を利用すればエラーを検出できるが、ほとんどの場合、エラーを修復することはできない。エラーを修復するには、元のデータを送信側に再送してもらうしかない。つまり、再送してもらうことが、ネットワークにおけるエラー修復になる。

受信側はエラー検出符号でエラーの有無は分かるけど、どこがエラーかは分からないんですね。

そうだ。送信元に送り直してもらうしか、データのエラーを修復する方法はない。

CRC符号とチェックサム

エラー検出符号には、いくつか種類がある。ネットワークの規格やプロトコルで使われている代表的なエラー検出符号は、サイクリック符号(CRC符号)とチェッ

図2 エラー検出符号で判定、エラーの場合には再送を依頼

受信したデータでエラーが発生しているかどうかは、元データに付与されたエラー検出符号で判定する。エラーを検出した場合、エラー検出符号の情報ではデータを修復できないので、送信元に同じデータを再送してもらう。

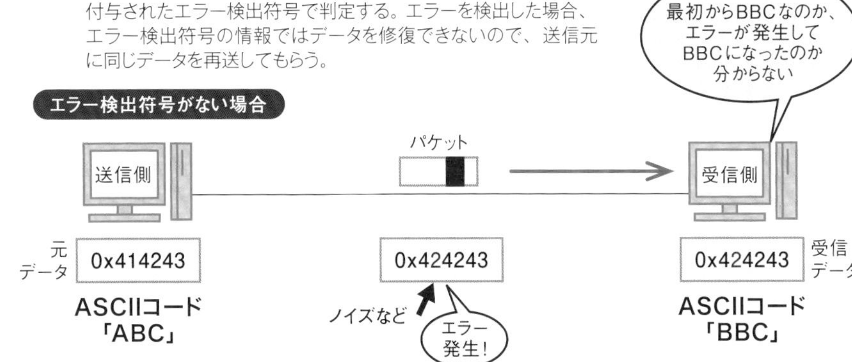

受信側では、届いたデータでエラーが発生しているかどうか分からない

エラーが発生したかどうか分かるようにエラー検出符号を付けてパケットを送信する。エラーを検出したら再送してもらう

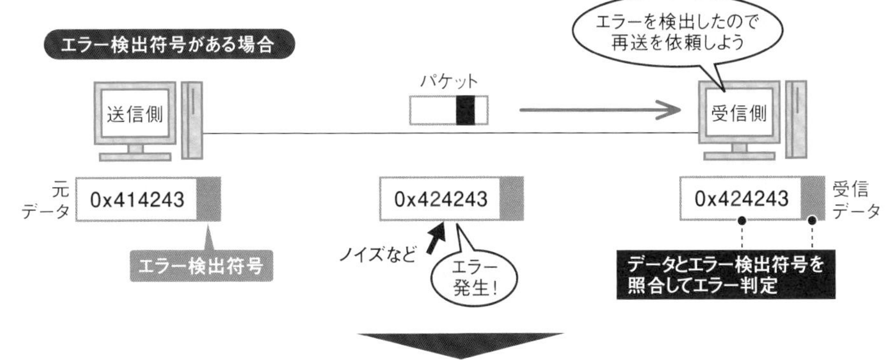

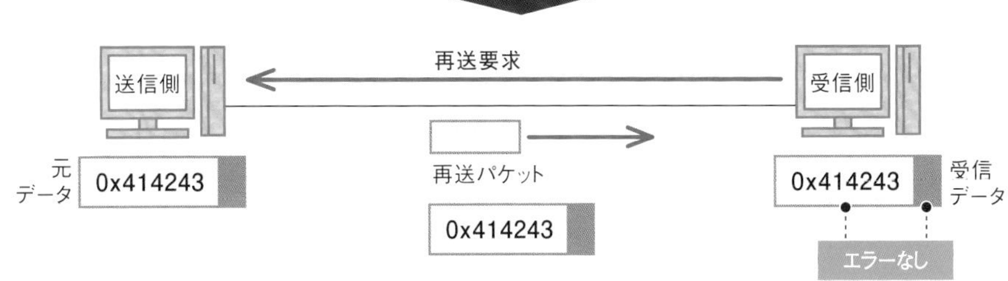

図3 レイヤー2のエラー検出符号

イーサネットやPPPのエラー検出には、CRC符号と呼ばれるエラー検出符号が使われる。フレームのCRC符号はFCSと呼ばれ、フレームの末尾にトレーラーとして付加される。

イーサネットフレーム ← フレームの進行方向

名称	宛先MACアドレス	送信元MACアドレス	タイプ/長さ	ペイロード(データ)	FCS
オクテット数	6	6	2	46～1500	4

PPPのフレーム ← フレームの進行方向

名称	アドレス	制御	上位プロトコル	ペイロード	FCS
オクテット数	1	1	2	1～MRU	2

イーサネットとPPPは、CRC符号を使う。イーサネットは4オクテット、PPPは2オクテットで、トレーラーとして付加する

CRC: Cyclic Redundancy Check
FCS: Frame Check Sequence
MRU: Maximum Receive Unit

クサムである。

CRC符号は、レイヤー2のイーサネットやPPP✎のフレーム✎のエラー検出に使われる。これらはフレームチェックシーケンス（FCS✎）と呼ばれる（前ページの図3）。FCSは、フレームの最後に付加されるトレーラー✎という部分に格納される。イーサネットでは4オクテット✎の「CRC32」が、PPPでは2オクテットの「CRC16」

図4 イーサネットにおけるエラーの検出範囲

エラー検出符号では、検出できるエラーの範囲がプロトコルごとに決まっている。例えばイーサネットのCRC符号では、宛先MACアドレス、送信元MACアドレス、タイプ／長さが検出対象範囲であり、この範囲のビットでFCSを計算する。

イーサネットヘッダー（宛先MACアドレス～タイプ/長さ）

名称	宛先MACアドレス	送信元MACアドレス	タイプ/長さ	ペイロード	FCS
オクテット数	6	6	2	46～1500	4

FCSの計算範囲（宛先MACアドレス～ペイロード）

イーサネットでは、イーサネットヘッダーとペイロード全体がエラー検出符号の計算範囲だね。つまり、イーサネットフレーム全体のエラーを検出できるってわけだ

計算範囲はプロトコルによって異なる。どこまでがエラー検出の対象なのかを知っておくことが大事だな

図5 IPやTCP、UDPにおけるエラーの検出範囲

IP、TCP、UDPではエラー検出符号にチェックサムを使う。チェックサムの計算範囲はそれぞれ異なる。TCP/UDPでは、TCP/UDPパケットには存在しない「IP疑似ヘッダー」も計算に含める。

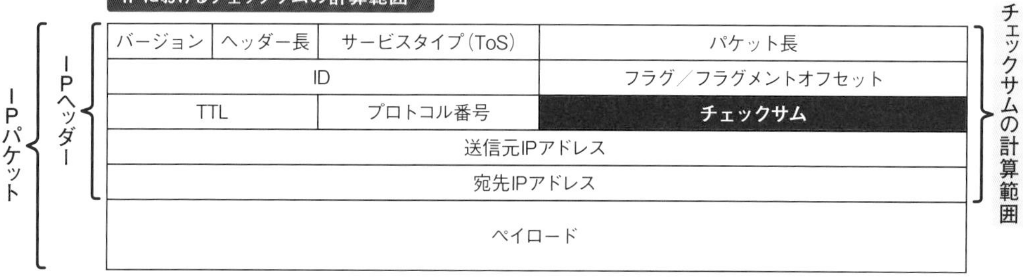

IPのチェックサムは、IPヘッダーが対象だよ。ヘッダーの値を2オクテット（16ビット）に区切り、それを順番に足していった値を使ったエラー検出符号です。ルーターでTTLが減ったら、チェックサムも再計算が必要です

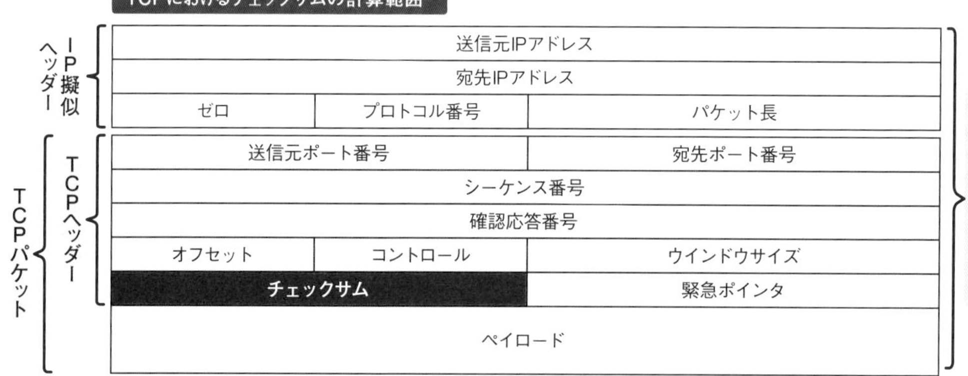

TCPとUDPのチェックサムは、IP疑似ヘッダーというものを使う。これと、TCP/UDPヘッダー、ペイロードを合わせたものが計算対象になる

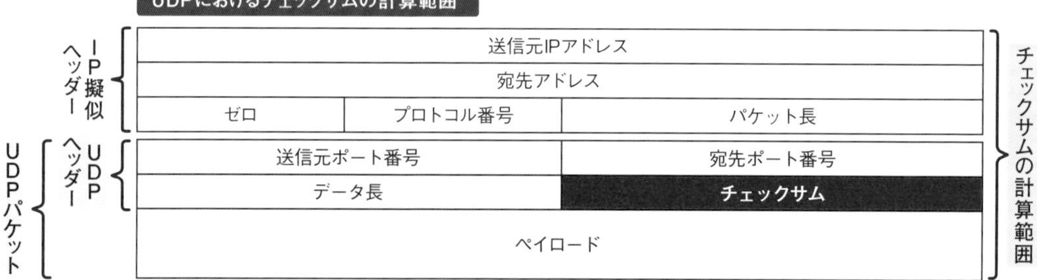

ToS：Type of Service　**TTL**：Time To Live

▼PPP
Point-to-Point Protocolの略。2点間でデータ通信するためのプロトコル。電話線やISDNのダイヤルアップ接続や専用線で1対1で接続するときに使う。

▼フレーム
イーサネットでやりとりするデータの基本単位。一般的に、イーサネットなどのデータリンク層に流れるデータはフレームと呼ぶ。これに対して上位のネットワーク層に流れるデータはパケットと呼ぶ。

▼FCS
Frame Check Sequenceの略。

▼トレーラー
フレームの最後に付く部分。データが正確に受信できているかといった整合性を検証するためのFCSが格納されている。

▼オクテット
1オクテットは8ビット。

▼**MACアドレス**
MACはMedia Access Controlの略。ハードウエアごとに一意に割り当てられる48ビットの番号。

▼**ペイロード**
送信されるデータ全体のうち、送信処理に必要なデータ（ヘッダーやトレーラーなど）を除いた正味のデータのこと。

▼**レイヤー 3のIP**
チェックサムはIPv4だけで使われる。IPv6では使われない。

▼**UDP**
User Datagram Protocolの略。

▼**チェックサム**
チェックサムでは、送信側はエラー検出の対象のデータを2オクテットずつ区切り、2オクテットを16進数4桁の数値として先頭から順に加算していく。そしてすべてを加算した結果の1の補数（ビット反転）をエラーを検出するための値として使用する。この値自体もチェックサムと呼ぶ。受信側も、受信したデータを同じように2オクテットずつ区切り、順に加算していく。受信側では、エラー検出の対象範囲のデータだけではなく、チェックサムも加算する。チェックサムは検出対象のデータの1の補数なので、エラーが発生していなければ、計算結果は0xFFFF（2オクテットの最大値）になる。

が使われる。

検出できるエラーの範囲は、エラー検出符号によって異なる。例えばイーサネットでは、宛先MACアドレス、送信元MACアドレス、タイプ／長さ、ペイロードまでがエラーの検出対象の範囲である（**図4**）。

レイヤー3のIP、レイヤー4のTCP、UDPでは、エラー検出符号にはチェックサムが使われる。

IPでは、IPヘッダーだけがエラー検出の対象になる（**図5**）。一方、TCP/UDPはIP疑似ヘッダーを含むTCP/UDPヘッダーとペイロード全体が対象になる。

シーケンス番号と確認応答番号

前述のように、受信したパケットでエラーを検出して破棄した場合や、通信経路上でパケットロスが発生した場合、エラーを修復するには、送信側にパケットを再送してもらう必要がある。

再送を要求するエラー制御を備えたプロトコルは複数存在する。代表的なのがTCPである。TCPのエラー制御は、シーケンス番号と確認応答番号、確認応答による再送制御によって実現される。まずはシーケンス番号と確認応答番号について説明しよう。

最初に送信側は、送信データを送信バッファーに格納（**図6**（1））。

図6 TCPのシーケンス番号と確認応答番号（1）
TCPでは、シーケンス番号と確認応答番号を使って、データのやりとりを管理する。送信側は送信バッファーの最初の番号をシーケンス番号として送信。その番号を使って受信側も同じ番号を割り振った受信バッファーを用意する。

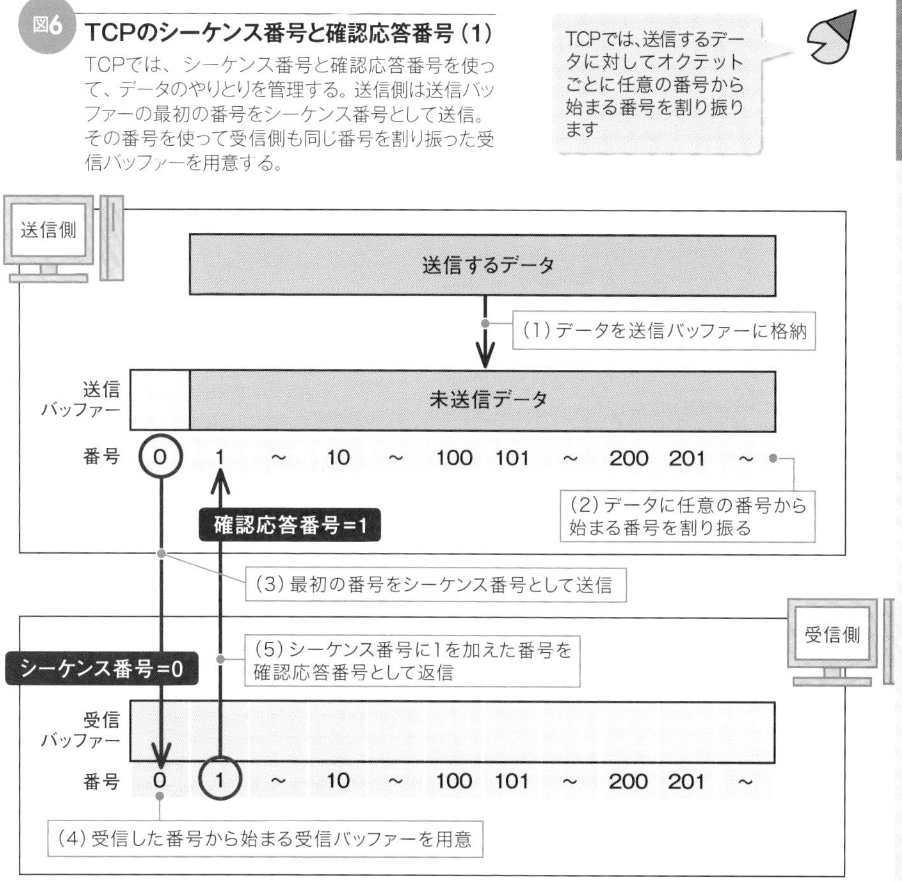

TCPでは、送信するデータに対してオクテットごとに任意の番号から始まる番号を割り振ります

送信側
送信するデータ
（1）データを送信バッファーに格納
送信バッファー
未送信データ
番号 0 1 ～ 10 ～ 100 101 ～ 200 201 ～
（2）データに任意の番号から始まる番号を割り振る
確認応答番号=1
（3）最初の番号をシーケンス番号として送信
受信側
（5）シーケンス番号に1を加えた番号を確認応答番号として返信
シーケンス番号=0
受信バッファー
番号 0 1 ～ 10 ～ 100 101 ～ 200 201 ～
（4）受信した番号から始まる受信バッファーを用意

図7 TCPのシーケンス番号と確認応答番号（2）
送信側と受信側は、シーケンス番号と確認応答番号を使って、送信側が送ったデータ、受信側が受信したデータを管理する。

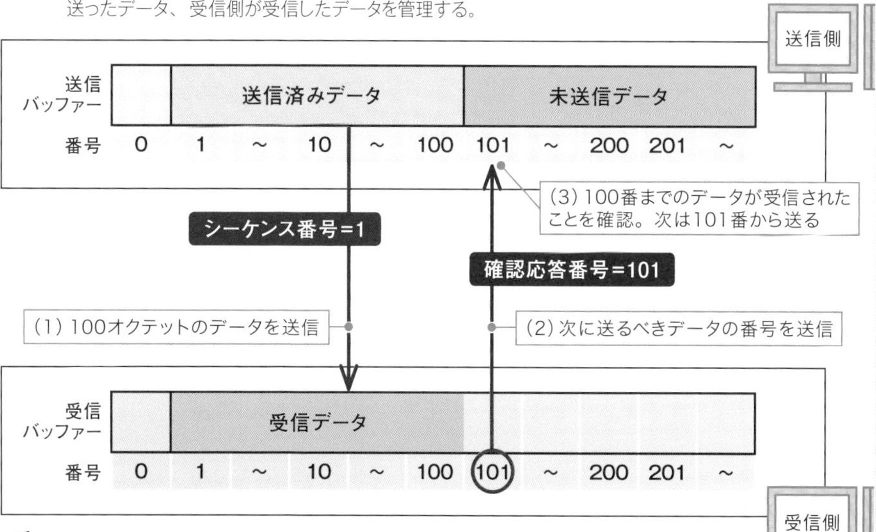

送信側は、シーケンス番号を使って、どの位置からデータを送るのか受信側に知らせる。受信側は、次に送るべきデータの番号を確認応答番号で知らせる

▼**IP疑似ヘッダー**
チェックサムを計算するときだけに使われる仮想的なヘッダーデータ。実際のTCP/UDPパケットには含まれていない。送信元アドレスや宛先アドレスといったIPのヘッダー情報が含まれる。単に疑似ヘッダーと呼ばれることもある。

▼**確認応答番号**
ACK番号ともいう。ACKはACKnowledgementの略。

▼**3ウェイハンドシェイク**
TCPなどにおいてコネクションを確立するために送信側と受信側で行われる3回のやりとりのこと。

▼**MSS**
Maximum Segment Sizeの略。受信可能なデータサイズの最大値。一方、MTU (Maximum Transmission Unit) は、1回で送信できるデータサイズの最大値。

任意の値から始まる番号を送信データのオクテットごとに付与する(同(2))。

そして3ウェイハンドシェイクの際に、最初の番号をシーケンス番号として送信する(同(3))。

受信側では、送られてきたシーケンス番号から始まる受信バッファーを用意(同(4))。その後、シーケンス番号に1を加えた番号を確認応答番号として返信する(同(5))。これで、データをやりとりする準備が整う。

その後送信側は、送信するデータの先頭のシーケンス番号を、TCPヘッダーのシーケンス番号フィールドに入れ、MSSのデータを送信する(前ページの**図7**(1))。図では、シーケンス番号1で100オクテットのデータを送信している。

受信側は、受信したシーケンス番号に対応する受信バッファーの位置から、受信データを順に格納する。その結果、MSS分だけ受信バッファーが埋まる。

それから、空いている受信バッファーの先頭に対応する番号、すなわち次に送信すべきデータの番号を、確認応答番号として送信側に返す(同(2))。

送信側は、確認応答番号の前の番号(図7では100番)まで受信側は受信できたことを確認(同(3))。次は確認応答番号の位置のデータから送信する。

次に、TCPの再送制御の仕組みを見てみよう。前述のようにTCPでは、確認応答番号を使って、データが相手に正しく届いているかどうかを判断する。確認応答番号が返ってきていない場合、そのデータは相手に届いていないと判断して再送する。

実際の通信では、送信側は確認応答番号を一つひとつ待つことなく、複数のパケットを連続して送信する。途中のパケットがロスした場合には、受信側はそのパケットの番号を確認応答番号として送り続け、送信側に再送を促す(**図8**)。

図8では、送信側は連続してデータを送信。そのうちの201～300番のデータが受信側に届かなかった。このため、301～500番までのデータを受け取っていて

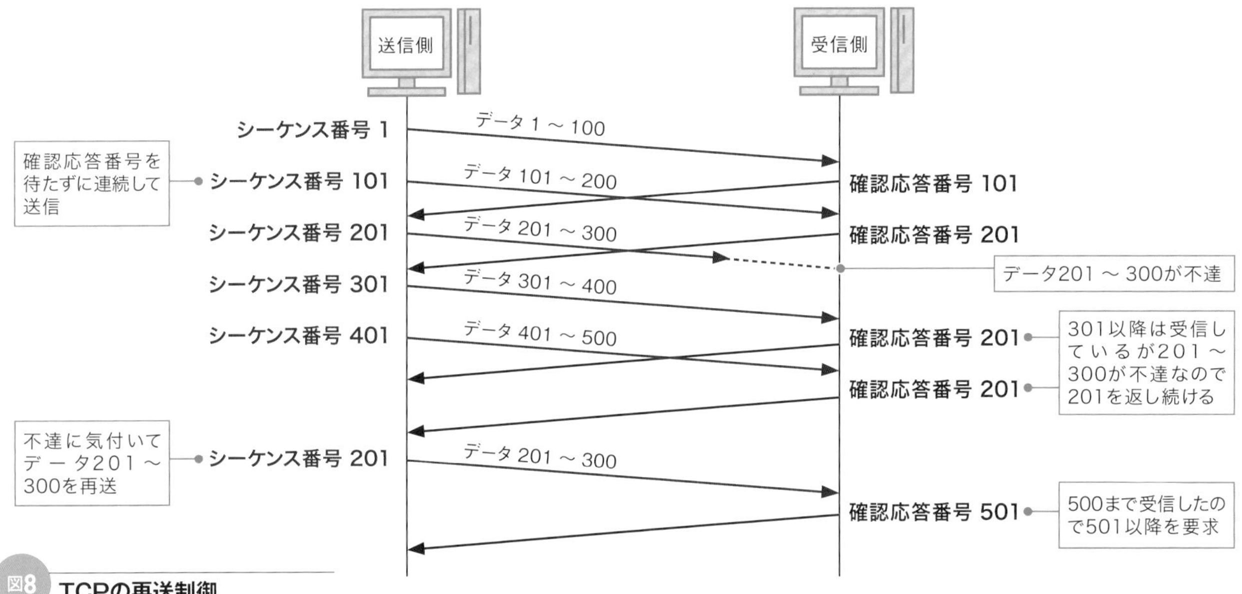

図8 TCPの再送制御
受信側は、受信していないデータの番号を確認応答番号として繰り返し送信して送信側に知らせる。

この図では、201～300番のデータがロスしている。受信側は301～400番と401～500番を受信しているものの、201～300番を受け取っていないため、確認応答番号は201で返答する。それにより送信側は201～300番を再送し、エラーを修復する

▼TFTP
Trivial File Transfer Protocolの略。下位プロトコルにUDPを使用するファイル転送のプロトコル。

も、201番の確認応答番号を送り続けている。

上位のプロトコルがエラー制御

TCPを使用するプロトコルなら、TCPが備えるエラー制御を利用できる。だがUDPにはエラー制御の仕組みがない。このためUDPを使用する上位のプロトコルは、自分でエラー制御を実施する必要がある。代表例がTFTPである。

UDPがエラー制御してくれないので、UDPを使うプロトコルは自分でやれ、と。

そういったプロトコルのエラー制御としては、受信側の応答がなければ、送信側が再送するといった再送制御が多いな。

TFTPでは、送信するデータにブロック番号を付与して管理する（図9）。受信側は、受け取ったデータのブロック番号を応答する。

送信したデータがロスした場合、特定のブロック番号のデータが受信側には届かなくなる。受信側は、一定時間が経過しても届かないブロック番号については、その1つ前のブロック番号を返すことで、不達であることを送信側に知らせる。

受信側からブロック番号が送られてこない場合には、応答がロスしたと判断し、送信側は一定時間待機した後、該当のデータを再送する。

図9 TFTPのエラー制御

UDPにはエラー制御がないので、UDPを使うTFTPのような上位プロトコルは、エラー制御の機能を備えている。具体的には、データにブロック番号を付与し、送信データや応答のロスを検出する。

1 送信データを512オクテットのブロックに区切る

送信データ 512 512 512 512 512 512

2 ブロック番号を付与してデータを送信する

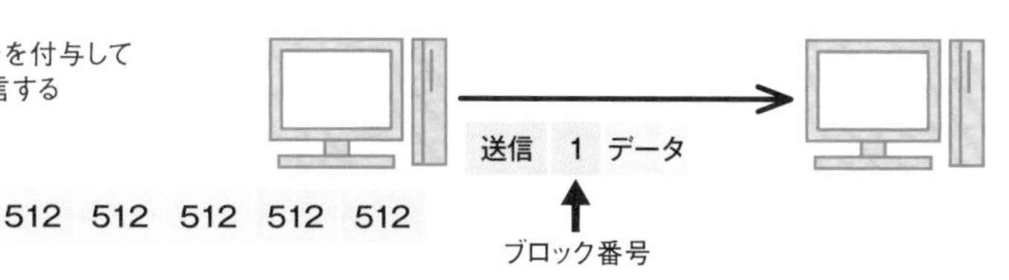

3 受け取ったデータのブロック番号を応答する

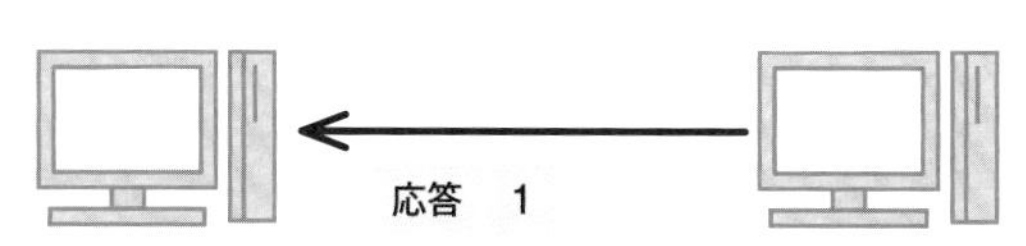

TFTPは、送信するデータにブロック番号を付けてエラー制御を実施する

UDPにはないエラー制御の機能を、TFTPがブロック番号を使って実施しているんだね

一定時間後、その直前（1つ前のブロック）の番号を応答して再送を促す

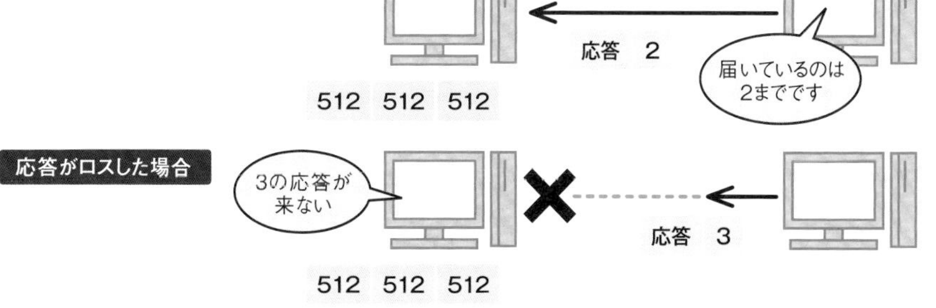

一定時間後、同じデータを送る

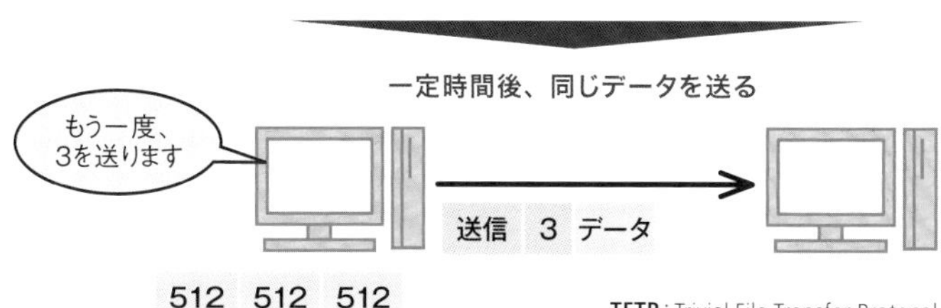

TFTP：Trivial File Transfer Protocol

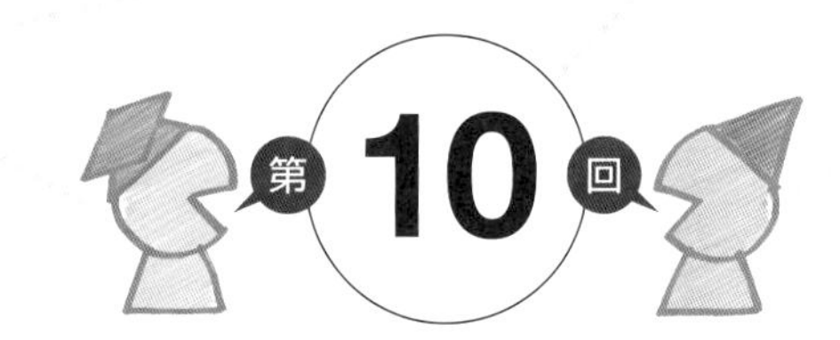

QoSってどんなの？

この前、ネットワークの本を読んでいたら、「サービスの品質」って言葉がありました。サービスの品質って言われても、なんかピンときませんよね。

QoSのことかね？

あー、そんなのもありましたね。サービスの品質…。ホスピタリティーとか？

ネットワークのホスピタリティーって何だろうな。

ITのシステム開発などでは、品質と言えば、そのシステムが顧客の要求をどれだけ満たしているかを指す。品質を管理することは品質マネジメントなどと呼ばれ、プロジェクトマネジメントの一分野になっている。

品質を不安定にする3つの項目

一方、同じITでも、ネットワークの分野では品質の意味が異なる。ネットワークでの品質は、「パケットロス」「遅延」「ジッター」の3つの項目で示される（図1）。

パケットロスは、送信途中のパケットが失われること。パケッ

図1 ネットワークのサービス品質を決めるもの

ネットワーク分野におけるサービス品質（QoS）は、「パケットロス」「遅延」「ジッター」の3項目で決まる。これらの値が小さいネットワークが、品質の良いネットワークである。

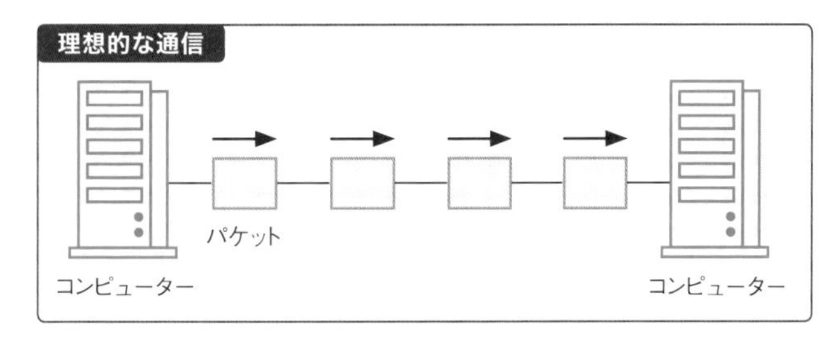

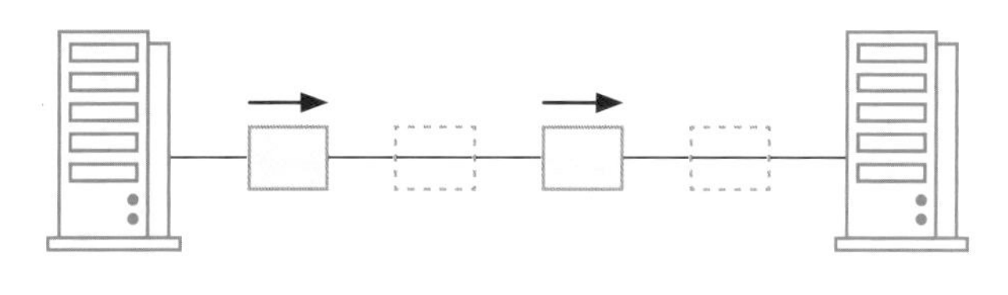

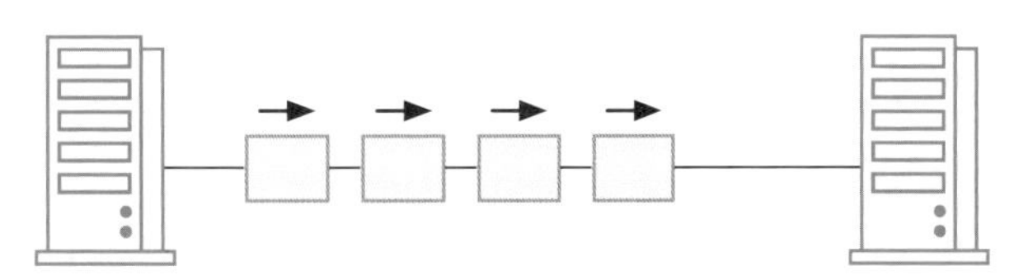

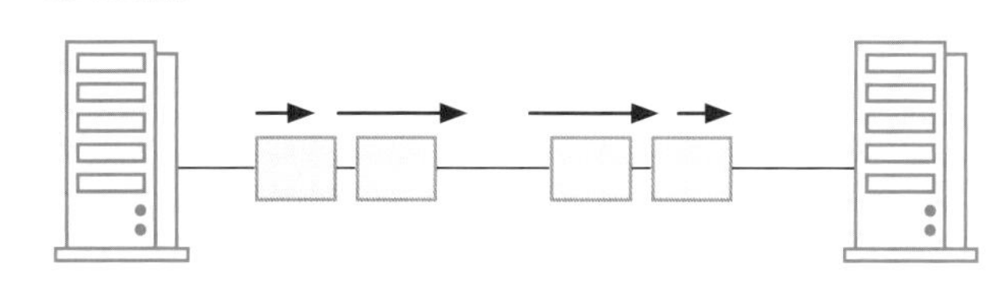

安定してパケットを送れることが、「品質が良い」ということなんだね

安定したネットワーク運用のためには、これらの値をできるだけ抑える必要がある。どの程度まで許容できるかは、提供するサービスによって異なる

QoS：Quality of Service

▼**QoS**
Quality of Serviceの略。ネットワークが提供する通信サービスの品質のこと。品質を保証することや、品質を保証する技術をQoSと呼ぶこともある。
▼**FIFO**
First In、First Outの略。ファイフォやフィフォ、フィーフォーなどと呼ばれる。

図2 IPネットワークはベストエフォート型

IPネットワークはベストエフォート型。ルーターなどのネットワーク機器は、到着順にパケットを送信する。例えば、高品質が求められるIP電話と、求められないFTPの両方が使われるネットワークでは、それらを区別せずに処理する。その結果、IP電話が使い物にならないような事態が発生し得る。

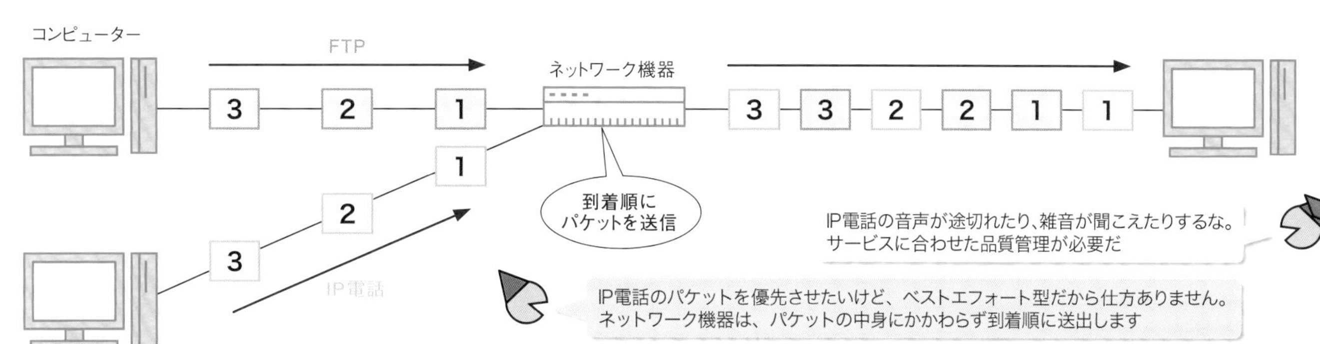

FTP：File Transfer Protocol

トロスは、外部のノイズなどによるエラーや輻輳(ふくそう)によって発生する。

遅延は、パケットが宛先に到着する時刻が想定よりも遅れること。ジッターは、パケットごとに到着時刻が異なることである。到着時刻の揺らぎともいえる。

これらの値が小さいネットワークは「品質が良い」ネットワークとされる。逆に品質が悪いネットワークでは、通信が不安定になる。通信速度が極端に悪化したり、パケットロスにより通信不能になったりする。ネットワークを安定させて運用するには、これらの値をできるだけ抑える必要がある。

はー、パケットロスに遅延、それにジッターですか。

通信を不安定にする要因、というところだな。

不安定要因が小さいのが品質の良いネットワークというわけですね。

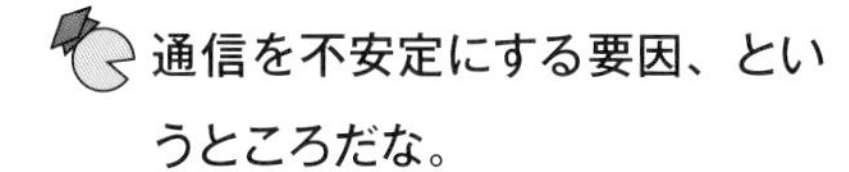

図3 帯域を制御して品質を保証

帯域制御は、QoSを実現する手法の一つ。ルーターなどのネットワーク機器で回線に流れるパケットの量を制限したり、特定のサービスに優先的に帯域幅を割り当てたりする。事前にパケットを破棄する場合もある。

帯域制御は回線に流れるパケット量を制限することで、帯域幅を有効につかうQoSだ。
特定のサービスに優先的に帯域幅を割り当てることもある

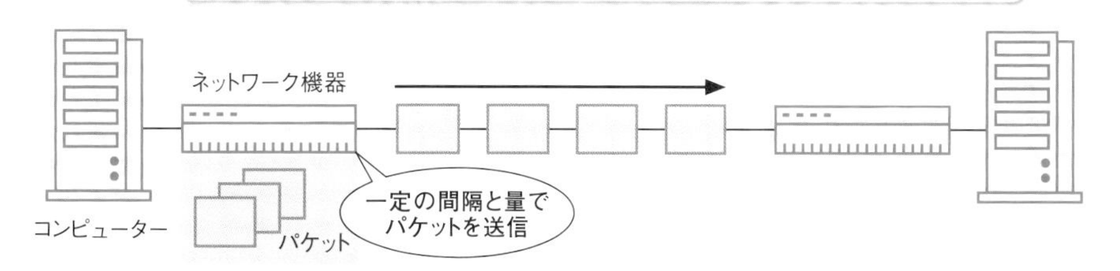

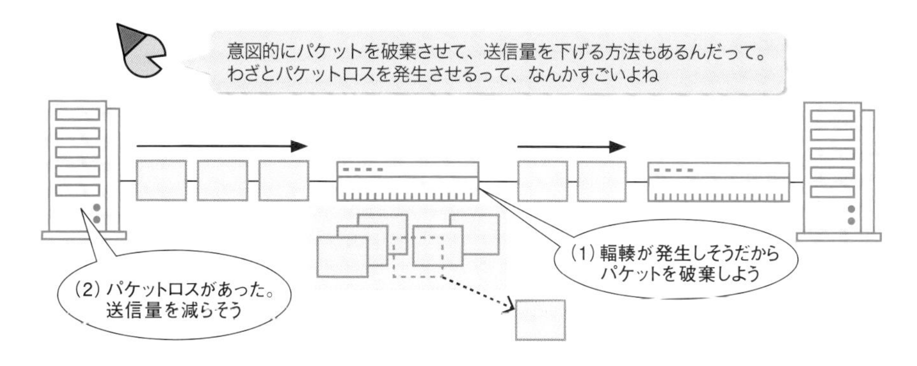

受け取った順に送信

基本的にIPネットワークにおいては、コンピューターやネットワーク機器は、受け取った順にパケットを処理して送信する(**図2**)。このような処理は、FIFO(ファイフォ)と呼ばれる。日本語では、先入れ先出しなどと訳される。FIFOでは、パケットのサイズや内容、宛先などは考慮しない。

このため、ネットワークの状況が変化すると、それに伴ってサー

▼ベストエフォート型
ベストエフォートは、英語でbest effort。

ビスの品質も変化する。このようなサービスの提供形態をベストエフォート型と呼ぶ。最大限(ベスト)の努力(エフォート)はするが、品質は保証しない。

ベストエフォート型では、パケットロスや遅延が発生するため、IP電話などのリアルタイム性が要求されるサービスには向かない。そこで、そういったサービスでも問題なく利用できるように、ネットワークの品質を管理し保証するのがQoSである。

品質を安定させる2つの手法

ネットワークの品質を安定させる手法は大きく2種類ある。一つは帯域制御である。

回線を流れるパケットの上限は、その回線の帯域幅である。帯域幅を上回る量のパケットは、ルーターで輻輳が発生し破棄される。ベストエフォート型のネットワークでは、パケットの重要性は考慮されない。このため重要なパケットであっても、輻輳が発生すれば破棄されてしまう。

そこで、輻輳が起こらないようにするのが帯域制御である(前ページの図3)。ルーターなどのネットワーク機器で回線を流れるパケットの量を制限したり、特定のサービスに優先的に帯域幅を割り当てたりする。

輻輳が発生しそうになったら、事前にパケットを破棄する場合もある。パケットを意図的に破棄することで、送信元にパケットの送信量を下げさせる。

ネットワークの品質を安定させるもう一つの手法が優先制御だ。

前述のように、ベストエフォート型のネットワークでは、パケットに優劣は存在しない。重要度が高いパケットや、速度を優先させたいパケットがあったとしても、ほかのパケットと同じように扱われる。重要度が低いパケットが多数あると、帯域をそれらに占有される可能性がある。

そこで優先制御では、パケットに優先度を付けてトラフィックを制御する。優先度が高いサービスのパケットは優先キュー、それ以外のパケットは通常キューに入れる(図4)。

キューとは、FIFOで処理されるデータ構造のこと。待ち行列とも呼ばれる。

そして、優先キューにあるパケットを優先的に送信して、遅延が発生しないようにする。

はー、要は普通に流さず、止めたり、先送りしたりするってことですね。

簡単に言うとそうだな。では、実現方法について、もう少し詳しく解説しよう。

クラスを分ける

前述のように、QoSには帯域制御と優先制御という2つの手法が

図4 パケットに優先度を付けて品質を保証

優先制御では、パケットに優先度を付けてトラフィックを制御する。優先度が高いサービスのパケットは優先キュー、それ以外のパケットは通常キューに入れ、優先キューのパケットから送信する。

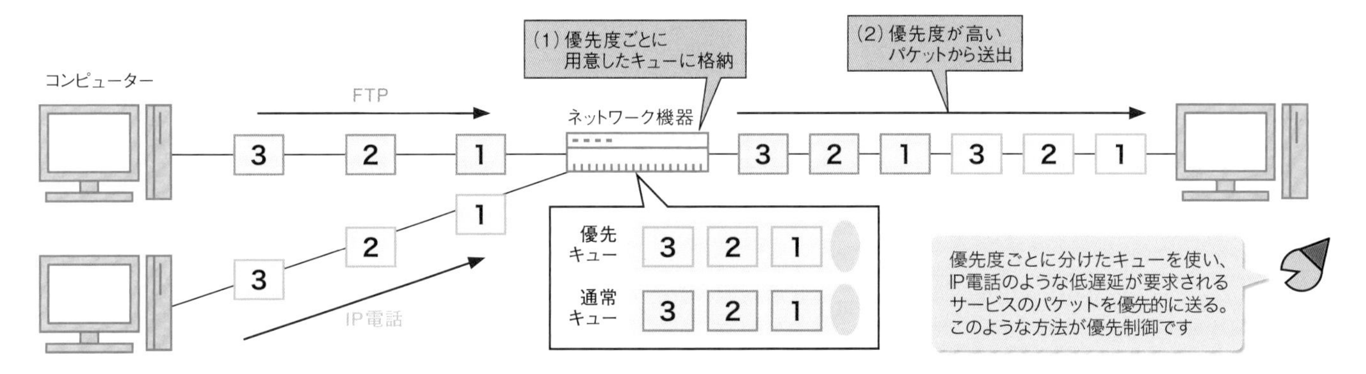

▼DiffServ
Differentiated Servicesの略。
▼IntServ
Integrated Servicesの略。
▼ToS
Type of Serviceの略。サービスのタイプに関する情報を格納するフィールド。

ある。これらを実現する具体的な技術が、DiffServ(ディフサーブ)とIntServ(イントサーブ)の2つである。DiffServのほうが広く使われているので、DiffServを主に解説する。

DiffServは、パケットをクラスごとに分けてQoSを保証する技術。パケットを受け取ったルーターがクラス分けを実施する。ここでのクラスとは、優先度を設定するための分類である。

DiffServで優先制御を実施する場合には、クラスごとに用意したキューにパケットを格納する。キューに格納することをキューイングという。

帯域制御を実施する場合には、それぞれのパケットに設定されたクラスが、パケットを破棄する順序などを決める値になる。

クラスは、送信元および宛先のIPアドレスやポート番号、使用するプロトコルなどを基に決められる。IPv4では、IPヘッダーにあるToSというフィールドの値も使われる(**図5**)。

ToSフィールドの長さは8ビット。ToSフィールドの先頭3ビットをIPプレシデンスと呼ぶ。プレシデンス(precedence)は、英語で優先度のこと。これが、パケットの優先度を表す値になる。IPプレシデンスの値は0から7まで。値が大きいほど、そのパケットの優先度が高いことを意味する。

図5 **IPヘッダーで優先度を指定**
IPv4では、IPヘッダーのToSフィールドでパケットの優先度を指定する。ToSフィールドは8ビット。IPプレシデンスを使う場合は先頭3ビット、DSCPを使う場合は先頭6ビットで優先度を指定する。

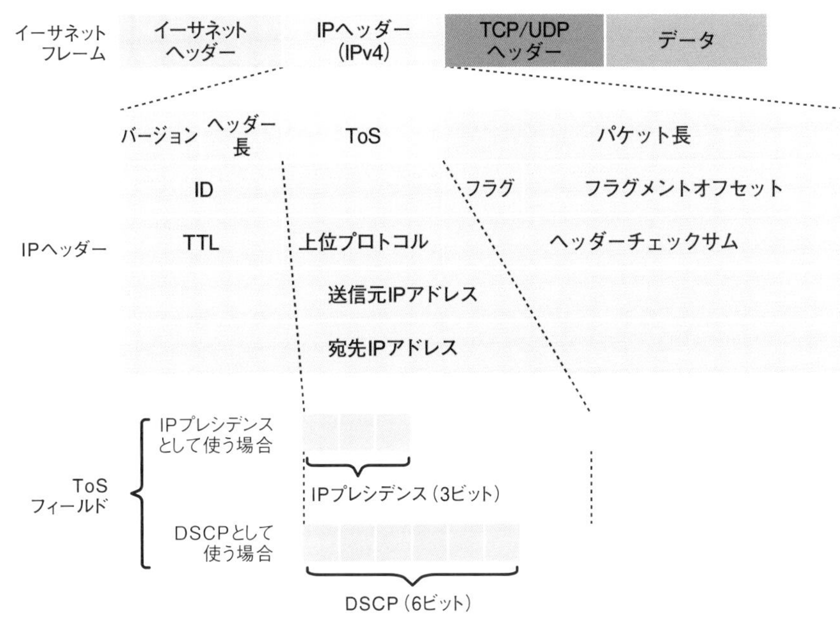

IPヘッダーにあるToSフィールドをIPプレシデンスとして使うなら8段階、DSCPとして使うなら64段階の優先度を設定できるよね

DSCP: Differentiated Services Code Point　**ToS**: Type of Service　**TTL**: Time To Live

図6 **VLANタグで優先度を指定**
スイッチでQoSを実現するためにはIEEE 802.1QのVLANタグを使う。VLANタグのPCPフィールドに優先度を指定する。ここで指定する優先度はCoSと呼ばれる。

イーサネットでQoSをしたいときは、IEEE802.1QのVLANタグを使う。VLANタグのPCPフィールドで優先度を指定する。この優先度はCoSと呼ばれる

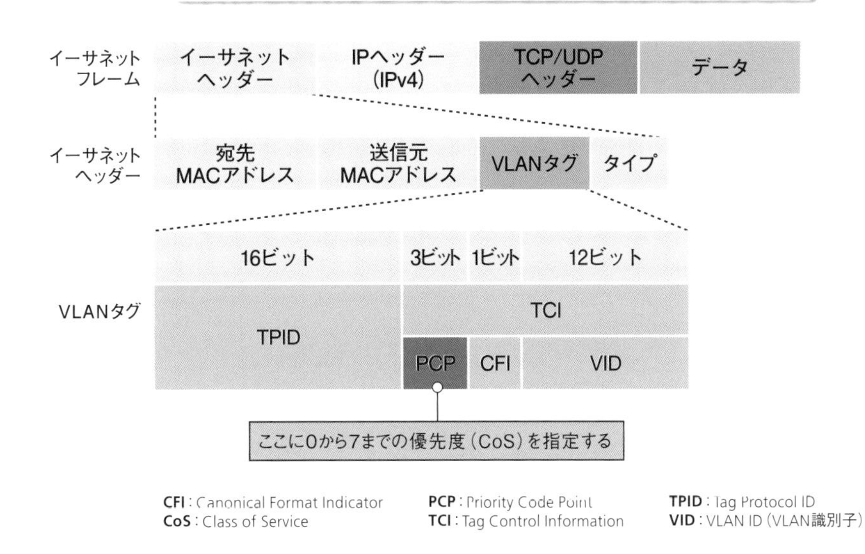

CFI: Canonical Format Indicator　**CoS**: Class of Service　**PCP**: Priority Code Point　**TCI**: Tag Control Information　**TPID**: Tag Protocol ID　**VID**: VLAN ID(VLAN識別子)

▼**DSCP**
Differentiated Services Code Pointの略。

▼**タグVLAN**
VLANはVirtual LANの略。

▼**PCP**
Priority Code Pointの略。

▼**CoS**
Class of Serviceの略。

ToSフィールドを使った優先度の指定には、IPプレシデンスの代わりにDSCPという値を使うこともできる。

DSCPでは、ToSフィールドの先頭6ビットを使う。このため0から63までの64段階で優先度を設定するので、IPプレシデンスより細かいクラス分けが可能になる。

VLANタグに優先度を埋め込む

IPプレシデンスやDSCPはIPヘッダーにあるため、これらを使うのはIPネットワークのルーターになる。イーサネットのスイッチでは使えない。

スイッチでQoSを保証するためにはIEEE（アイトリプルイー） 802.1Qを使う。IEEE 802.1Qとは、タグVLAN（ブイラン）の規格。タグVLANは、イーサネットヘッダー内のVLANタグで制御するVLANの方式である。

IEEE802.1Qでは、VLANの識別子であるVLAN IDをVLANタグ内に指定している。これ以外にVLANタグにはいくつかのフィールドがある（前ページの図6）。そのうちの一つであるPCPフィールドが優先度の指定に使われる。

PCPフィールドは3ビットで、0から7までの値を取れる。これを使って8段階の優先度を設定する。この優先度を表す値はCoSと呼ばれる。

大事なパケットには印を付けて優先するんですね。ちなみに、どんなパケットが優先されるんですか？

一番分かりやすい例は、IP電話の音声パケットだな。

ルーターのお仕事

パケットがルーターに到着すると、ToSフィールドのIPプレシデンスやDSCPなどによりクラス分けされ、優先度が決まる。

その後ルーティングによって、パケットを送信するインターフェースが決まり、そのインターフェースの送信キューにパケットが格納される。

図7 キューイングとスケジューリング

ルーターは、パケットを受信するとクラス分けをした後、ルーティングによって送信インターフェースを決める。そして、クラスと送信インターフェースに対応したキューにパケットを格納（キューイング）する。その後、スケジューリングによって決められたキューからパケットを取り出し、送信インターフェースから送信する。

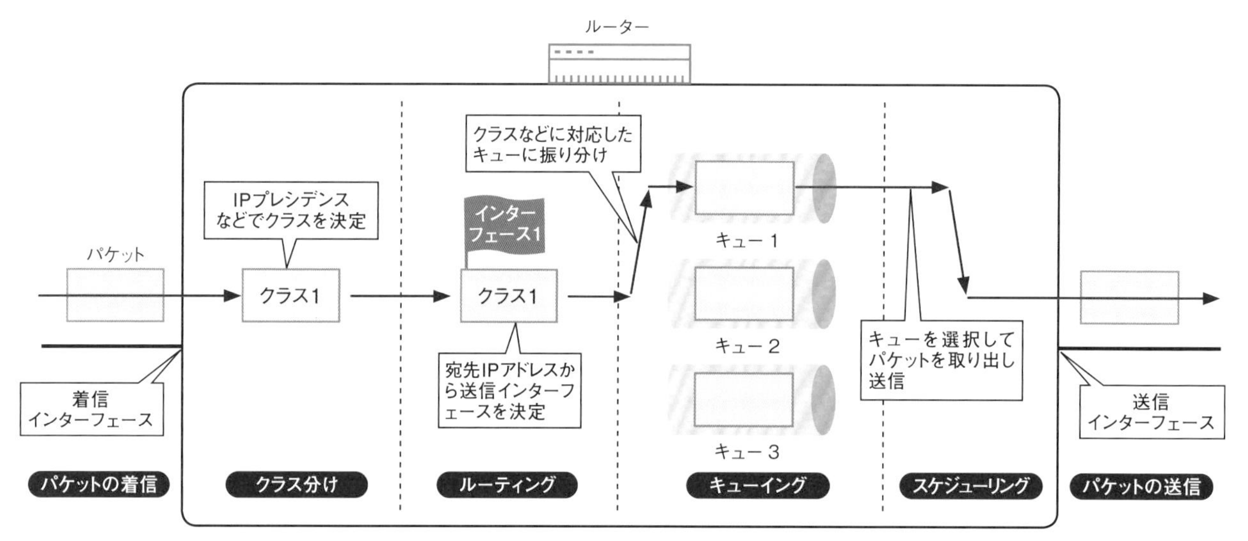

ルーターのインターフェースに着信したパケットは、そのIPアドレスやポート番号、IPプレシデンス、DSCPなどによってクラス分けされる。その後、ルーティングされて送信インターフェースが決まる

送信インターフェースにあるキューに、クラスに応じてパケットが格納される。どのキューから送信するかがスケジューリングによって決まり、そのキューの先頭パケットが送信される、というわけだね

▼PQ
Pirority Queuingの略。
▼CQ
Custom Queuingの略。
▼WFQ
Weighted Fair Queuingの略。
▼CBWFQ
Class-Based WFQの略。
▼LLQ
Low-Latency Queuingの略。
▼TCP
Transmission Control Protocolの略。
▼RSVP
Resource reServation Protocolの略。

図8 スケジューリングの方式

代表的なスケジューリングには、優先キューイング（PQ）やカスタムキューイング（CQ）がある。PQは優先度が高いキューが優先される。CQはキューごとに重みを付けて、その重み分のパケットを順番に送信する。

PQは、優先度が高いキューが優先されます。これだと優先度が高いキューにパケットがある限り、優先度が低いキューのパケットがいつまでたっても送信されない可能性があるよ

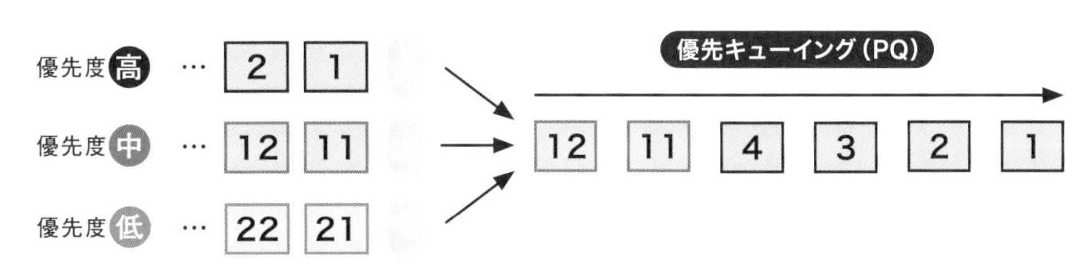

CQは、各キューに重み（バイト数）を付けて、重みの分のパケットを順番に送信する。このため重みの小さい（優先度が低い）キューでも送信の順番が回ってくる

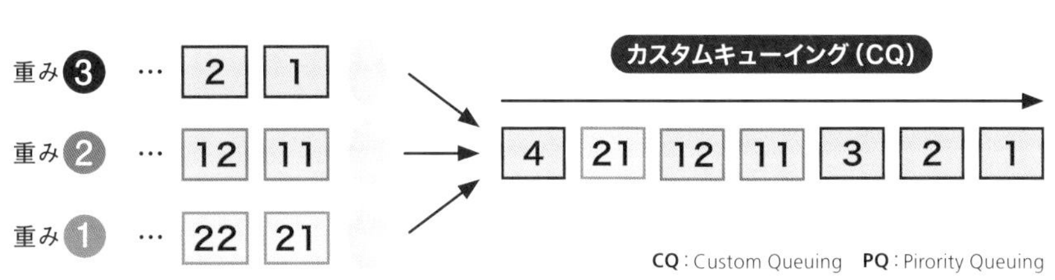

CQ：Custom Queuing　PQ：Pirority Queuing

送信キューは1つではない。送信の優先度などによって、いくつかのキューに分かれている。

ルーターの送信インターフェースは、いずれかのキューから送信パケットを取り出し、順に送信する。このことをスケジューリングと呼ぶ。

スケジューリングにはいくつかの方法がある（図7）。代表的なスケジューリングの一つが優先キューイングである。PQとも呼ばれる。

PQは優先度の高いキューにあるパケットを優先して送信する（図8）。優先度が高いキューにパケットがある限り、優先して送られる。このため低い優先度のキューにあるパケットが、いつまでたっても送信されない可能性がある。

PQ以外の代表的なスケジューリングとしては、カスタムキューイング（CQ）が挙げられる。CQでは、キューごとに重みを付ける。重みはバイト数で表す。重要度が高いキューほど重みが大きくなる。各キューは、設定された重み分のパケットを順番に送信する。この方法なら、優先度が低いキューでも順番が回ってくる。

宛先および送信元のIPアドレスとポート番号ごとにキューを作り、公平に送信するWFQという方法もある。ただしWFQでは、自動でキューを生成するので管理者が制御できない。

そこで管理者が制御できるようにしたCBWFQが作られた。この方法では、管理者がクラスごとにキューを作り、そのキューごとの送信量を細かく制御できる。さらに、CBWFQとPQを組み合わせたLLQというスケジューリングもある。

DiffServには、パケットの事前破棄による帯域制御もある。

一般的に、パケットの通信量が大幅に増大すると輻輳が発生する。輻輳が発生すると、それ以降のパケットが破棄される。それがパケットの再送を引き起こし、輻輳が悪化して解消されにくくなる。

そこでDiffServの事前破棄では、キューにパケットが一定以上蓄積された時点で、ランダムに破棄する。それにより、送信側はTCPのフロー制御により送信量が抑えられ、輻輳が起こりにくくなる。

QoSの実現方法には、DiffServのほかにIntServもある。

IntServでは、送信するパケットの流れ（フロー）に対して、経路上のルーターで使用する資源を予約し、そのフローが必ず利用できる方式である。RSVPというプロトコルが使用される。ルーターの負荷が高いために、インターネットでは利用されていない。

2章

アドレスって何？

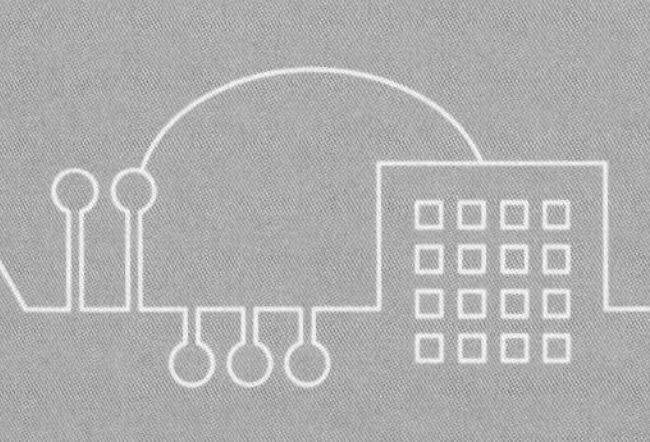

IPアドレスって何だろう？

IPアドレスを説明できるかね？

ふふ～ん、ばかにしてるんですか、博士。住所ですよ、コンピュータのじゅ・う・しょ！

ふむ。住所とは具体的に言うと何だね？

コンピュータの場所ですよ、当たり前でしょ？

場所ってのは置き場所かね？IPアドレスでそれがわかるのか？

インターネットでは、通信ルール（プロトコル）としてIPを使っている。IPで規定されているアドレス（住所）がIPアドレスだ。

ただし「住所」といっても、現実の住所とは異なる。現実の住所は、土地や建物の物理的な位置を表すのに対して、IPアドレスは、パソコンやサーバーといった機器の物理的な場所を示すものではない。

例えば現実の住所では、隣り合っている場所では、住居番号は連番になることがほとんどだ（**図1**）。だがIPアドレスでは、隣りに置いてある機器の番号が連番になっているとは限らない。IPアドレスは機器の物理的な位置ではなく、インターネットという"データの流れ"での位置を示すものなのだ。

ん～？データの流れでの位置？

そうだな。機器の置き場所を特定するものではない、ということだな。

見た目の位置とデータの流れでの位置が違うってことがあるってことですか。

そういうことだ。

インターネットはネットワークが集まってできたネットワーク。

図1 IPアドレスと現実の住所の違い

IPアドレスは「インターネットの住所」と呼ばれるが、現実の住所とは異なる。あるIPアドレスが割り当てられている機器（パソコンなど）の物理的な場所を示すものではない。隣り合っている機器のIPアドレスが連番になっているとは限らない。

現実の住所

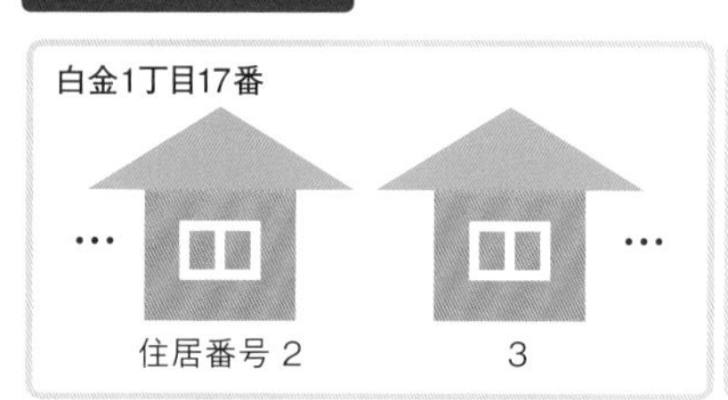

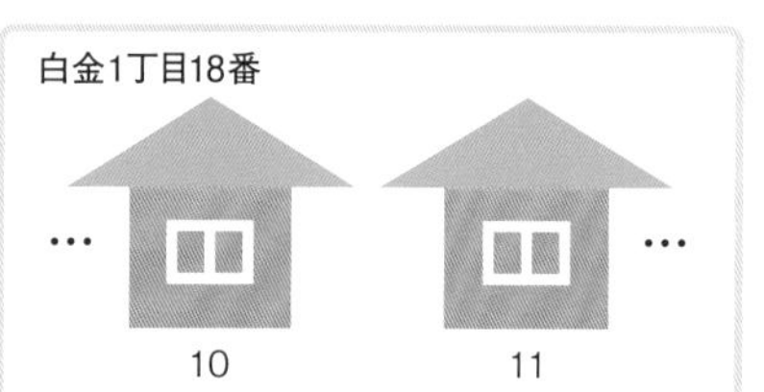

現実の住所は隣り合っていれば連番になることが多いですよね

IPアドレス

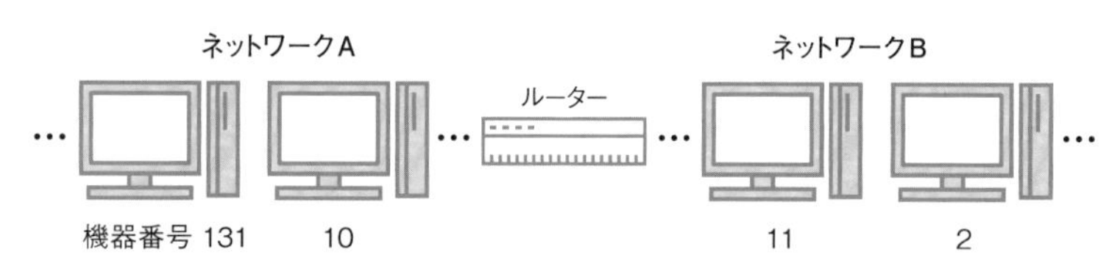

IPアドレスは必ずしも連番である必要はない

▼IP
Internet Protocolの略。

このため“データの流れでの位置”を特定するには、まずはどのネットワークに属しているかを示す「ネットワーク番号」が必要になる。さらに、そのネットワークにおいてそれぞれの機器を識別する「機器番号」も必要だ。この二つの番号を組み合わせれば位置を特定できる（図2）。

ネットワーク番号と機器番号の組

IPにはバージョン4のIPv4とバージョン6のIPv6があり、それぞれで表記方法が異なる。まずはIPv4について説明しよう。

図2 ネットワーク上での位置を指定する

IPアドレスは、データをどこに送ればよいのかを指定するための情報。IPアドレスは、そのIPアドレスが付けられた機器がつながっている「ネットワーク番号」と、そのネットワーク内で割り振られた「機器番号」で構成される。これらを指定すれば、そのIPアドレスの「ネットワーク上での位置」を特定できる。

ネットワークAにある機器番号10のアドレスは「ネットワークAの10」ということですね

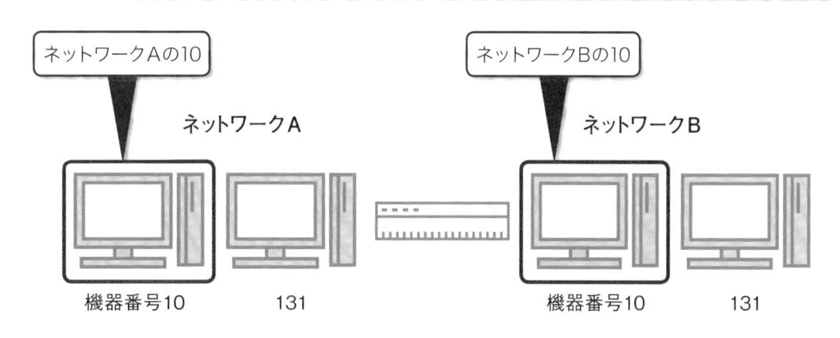

同じネットワークでは、機器番号が同じ機器があってはいけない。
だが、別のネットワークならOKだ

ネットワーク番号と機器番号の組み合わせで識別するからですね

図3 IPアドレスはビット列

IPアドレスはネットワーク番号と機器番号を並べたビット列。IPv4のアドレスは32ビット。どこまでがネットワーク番号でどこからが機器番号なのかを、サブネットマスクやプレフィックス長で示す。IPアドレスのネットワーク番号のビットを1、機器番号のビットを0にしたのがサブネットマスク。ネットワーク番号のビット数がプレフィックス長になる。

		ネットワーク番号（ネットワーク部）			機器番号（ホスト部）
IPアドレス（192.168.1.151）	2進数表記	11000000	10101000	00000001	10010111
	10進数表記	192	168	1	151
サブネットマスク（255.255.255.0）	2進数表記	11111111	11111111	11111111	00000000
	10進数表記	255	255	255	0
		ネットワーク番号のビットを1			機器番号は0

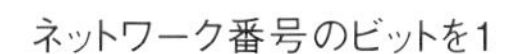

ネットワーク番号と機器番号のビットがどこだかわかるように、
ネットワーク番号のビットを1に、機器番号のビットは0にするんですね

プレフィックス表記　192.168.1.151/24

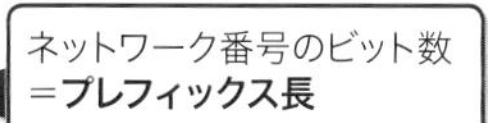

プレフィックス表記では、ネットワーク番号のビット数をIPアドレスの後ろに書く

2章 IPアドレスって何だろう？

▼**32ビットの数字**
2の32乗なので、約43億個になる。
▼**CIDR**
Classless Inter-Domain Routing の略。
▼**128ビットの数字**
128ビットなので、2の128乗個ある。10進数に直すと3.4×10^{38}個（約340澗個）。

IPv4のIPアドレスは32ビットの数字で表す（前ページの**図3**）。2進数表記では、0と1が32個並ぶビット列になる。2進数は人間にはわかりにくいので、8ビットずつピリオドで区切り、10進数に変換して表記する。「192.168.1.151」といった具合だ。

この32ビットの情報は、ネットワーク番号と機器番号で構成される。一般的にIPv4では、ネットワーク番号をネットワーク部、機器番号をホスト部と呼ぶ。ネットワーク番号と機器番号を続けて表記するので、どこまでがネットワーク番号なのか、IPアドレスだけではわからない。そこで、サブネットマスクを使って、ネットワーク番号を表すビットを示す。

サブネットマスクはIPアドレスと同じ32ビットの数字列。IPアドレスのネットワーク番号のビットを1、機器番号のビットを0にする。表記の際には、IPアドレスと同様に8ビットずつピリオドで区切って10進数にする。例えば、ネットワーク番号が24ビットのIPアドレスでは、サブネットマスクは「255.255.255.0」になる。

ネットワーク番号のビット数をIPアドレスの後ろに付ける表記方法もある。プレフィックス表記やCIDR（サイダー）表記と呼ばれる。

IPv6アドレスは16進数表記

IPv6のIPアドレスは128ビットの数字で表す。IPv4とは異なり、16ビットずつをコロンで区切り、それぞれを16進数で表す（**図4**）。一つの区切りをフィールドと呼ぶ。ネットワーク番号のビット数は、IPv4のプレフィックス表記と同様に、IPアドレス末尾の「/」の後ろに記載する。IPv6では、ネットワーク番号はプレフィックス、機器番号はインタフェースIDと呼ぶ。

IPv6のIPアドレスは長いので、IPv4にはない省略表記を用意している。省略表記のルールは次の三つ。(1) フィールド先頭の0並びは省略可能、(2) フィールドのビットがすべて0の場合は一つの0に省略可能、(3) 0のフィールドが続く場合には、1カ所だけ「::」に省略できる。

図4 IPv6のIPアドレスは128ビットで省略可能
IPv4では32ビットのアドレスを8ビットずつピリオドで四つに区切り10進数で表記するのに対して、IPv6では128ビットを16ビットずつコロンで八つに区切り、16進数で表記する。「0」が続くときなどは省略して表記できる。

IPv4のIPアドレス表記
192.168.1.151/24

IPv6のIPアドレス表記 
128ビット
16ビット
2001:0db8:000a:0000:0000:0000:0000:0100/64
ネットワーク番号（プレフィックス）
※プレフィックス長が64ビットの場合
機器番号（インタフェースID）
プレフィックス長

IPv6の省略表記
(1) フィールド先頭の0並びは省略可能
2001:db8:a:0000:0000:0000:0000:100/64
(2) フィールドのビットがすべて0の場合は一つの0に省略可能
2001:db8:a:0:0:0:0:100/64
(3) 0のフィールドが続く場合は「::」に省略可能（ただし1カ所のみ）
2001:db8:a::100/64

そういえば、IPアドレス以外にも、なんちゃらアドレスってありましたよね。

MAC（マック）アドレスな。

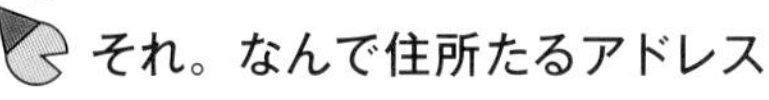
それ。なんで住所たるアドレス

▼ルーティング
ネットワークにおいて、情報を伝達する経路を見つける仕組みや処理のこと。経路制御とも呼ばれる。ルーティングについては、本連載第2回(2017年5月号)で解説した。
▼PPP
Point to Point Protocolの略。

が二つもあるんですかね？

簡単に言えば、役割が異なるからだな。

MACアドレスはレイヤー2のイーサネットで使われ、IPアドレスはレイヤー3のIPで使われる(図5)。

役割が異なる二つのアドレス

IPアドレスは、インターネットのようなIPネットワークで送信元や宛先を特定するために使われる。IPアドレスのネットワーク番号を見て、ルーターがデータをルーティング▼し、宛先が存在するネットワークまで転送する。

一方MACアドレスは、イーサネットを使用しているネットワークで、通信の送信元や宛先を特定するために使われる。

ちなみに、アドレスを使わずにデータを送るケースもある。例えばPPP▼で1対1でつながっている環境では、対向にデータを送るだけでよいので、アドレスを使う必要がない。

MACアドレスは48ビットの数字列。8ビットごとにハイフンあるいはコロンで区切り、16進数で表記する(次ページの図6)。イーサネットで通信する機器のネットワーク接続端子(インタフェース)にベンダーが付与する。

図5 IPアドレスとMACアドレスの違い

IPアドレスはレイヤー3のIPで、MACアドレスはレイヤー2のイーサネットで使われるアドレス。イーサネットを使っていないネットワークではMACアドレスは使わない。

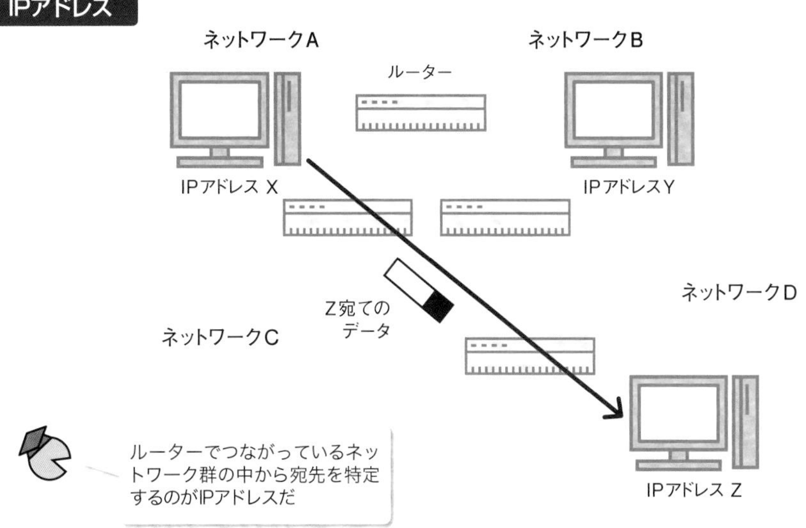

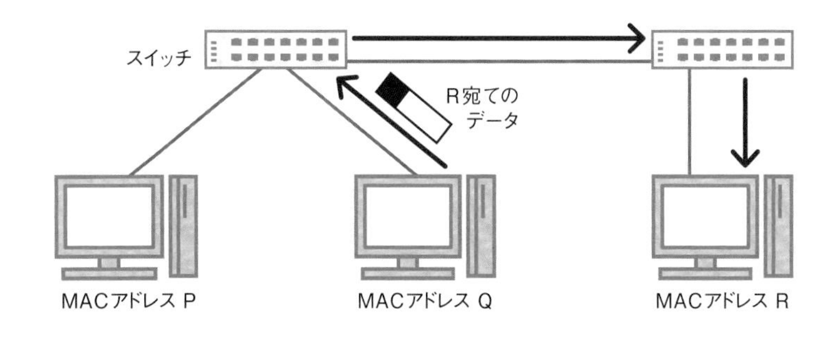

イーサネットのネットワーク上で宛先を特定するために使われるのがMACアドレスである

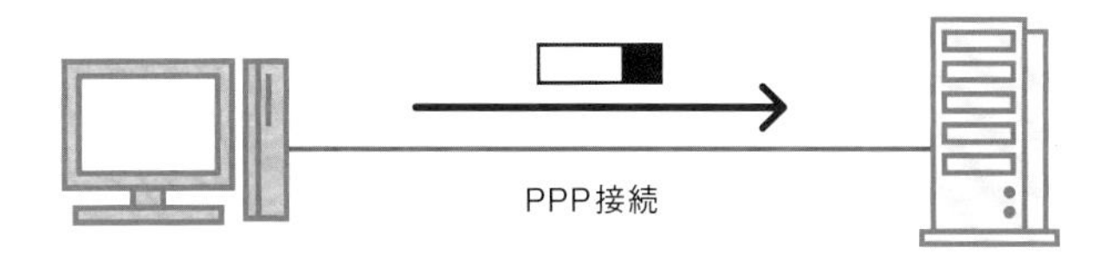

こんなふうに1対1でつながっているPPP回線では、対向に送るだけで相手に届くので、アドレスは使われないってことですね

MAC：Media Access Control　**PPP**：Point to Point Protocol

▼OUI
Organizationally Unique Identifierの略。

▼IEEE
The Institute of Electrical and Electronics Engineersの略。米国電気電子学会。各種標準規格を策定している。

MACアドレスの前半24ビットはOUI✐と呼ばれるベンダー識別子。IEEE(アイトリプルイー)✐がベンダーごとに割り当てている。このためOUIを見れば、その機器のベンダーを特定できる。

後半24ビットは、ベンダーが自社製品に自由に割り当てられる識別子。これらの識別子は重複しないように設定されているので、MACアドレスは世界でただ一つのユニークな識別子になる。

宛先MACアドレスは変化する

IPアドレスはルーターでつながったネットワーク群を渡り歩くためのアドレスで、MACアドレスはそれぞれのネットワーク内を移動するためのアドレスといえる。IPアドレスを使って宛先が存在するネットワークまでデータを運び、そのネットワーク内では、MACアドレスを使って宛先の機器にデータを送るイメージだ。

宛先IPアドレスは、その送信データの最終目的地を示す。送信元で指定され、その後変更されることはない。

一方、宛先MACアドレスは、それぞれのネットワーク内での目的地なので、ネットワークが変わるごとに変更される（**図7**）。具体的には、宛先が存在するネットワークにつながるルーターになる。このようなルーターはゲートウエイと呼ばれる。

宛先が送信元と同じネットワークにある場合には、宛先MACアドレスは宛先の機器のMACアドレスになる（**図8**）。同じネットワークにあるかどうかは、IPアドレスのネットワーク番号で調べる。

図6 MACアドレスは48ビット

MACアドレスは48ビットの数字列。8ビットごとにハイフンやコロンで区切り、16進数で表記する。パソコンのLANカードやルーターなどのネットワーク機器のインタフェースに、ベンダーによって出荷時点で設定されている。

48ビット

OUI(ベンダー識別子)24ビット

ベンダーが自由に割り当てる
識別子24ビット

00-40-55-C0-FF-08

2桁の16進数=8ビット

コロン(：)で区切る場合もある

OUI：Organizationally Unique Identifier

図7 宛先MACアドレスはその都度変更

IPアドレスはIPネットワーク（インターネット）全体での場所を指す。宛先には、最終的な到達地点となる相手のIPアドレスを指定する。一方、MACアドレスはイーサネットを使っている特定のネットワーク内での場所を指す。異なるネットワークに入るたびに、宛先IPアドレスに基づいて宛先MACアドレスは変更される。

MACアドレスはイーサネットのネットワーク内での宛先。このためルーターで中継されるたびに変更される

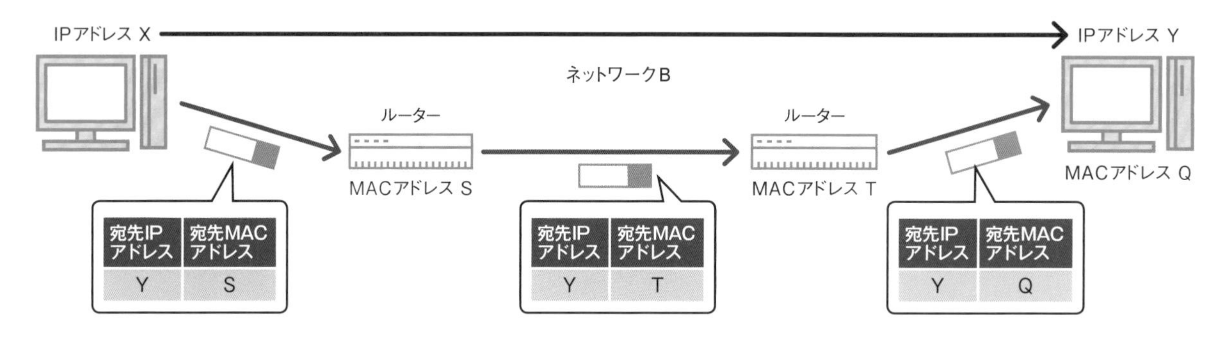

▼ARP
Address Resolution Protocolの略。

▼指定され
IPアドレスが直接指定される場合もあれば、ドメイン名によって指定され、DNSによって名前解決されて宛先のIPアドレスが決まる場合もある。

▼ブロードキャスト
LAN内のすべての機器にデータを届けること。あるいはその送信方法のこと。

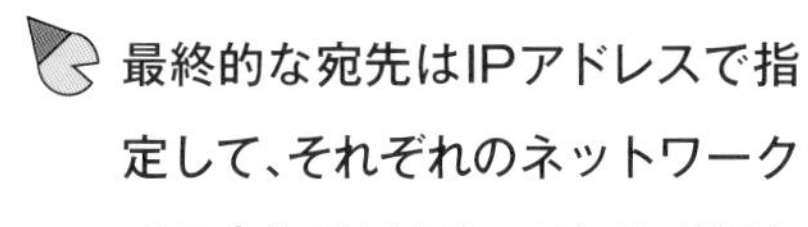

最終的な宛先はIPアドレスで指定して、それぞれのネットワークでの宛先はMACアドレスで指定する？

そうだ。

ん～、IPアドレスについてはわかりますけど、MACアドレスの「それぞれのネットワークでの宛先」ってどうやって決めてるんですか？

それはARP（アープ）だよ。

前述のように、宛先IPアドレスは送信元の機器のユーザーや通信アプリケーションに指定され、宛先に到着するまで変わらない。この宛先IPアドレスを基に、それぞれのネットワークでの宛先MACアドレスを調べるプロトコルがARPである。

宛先が同一ネットワークに存在する場合、知りたいIPアドレスのARP要求をブロードキャストする（図9（1））。ARP要求を受信した機器のうち、該当するIPアドレスの機器だけが、ARP要求の送信元にARP応答を返して自分のMACアドレスを伝える（同（2））。

宛先が異なるネットワークの場合には、ゲートウエイのMACアドレスを調べる。手動でも設定できるが、ARPで調べることが多い。

図8 **宛先が別のネットワークならルーターに送る**

宛先の機器が同一ネットワークにあるかどうかで、宛先MACアドレスは決まる。同じネットワークにあれば、イーサネットで直接送れるので、宛先MACアドレスは宛先の機器のものになる。異なるネットワークにある場合には、そのネットワークにつながるルーターのMACアドレス宛てに送る。

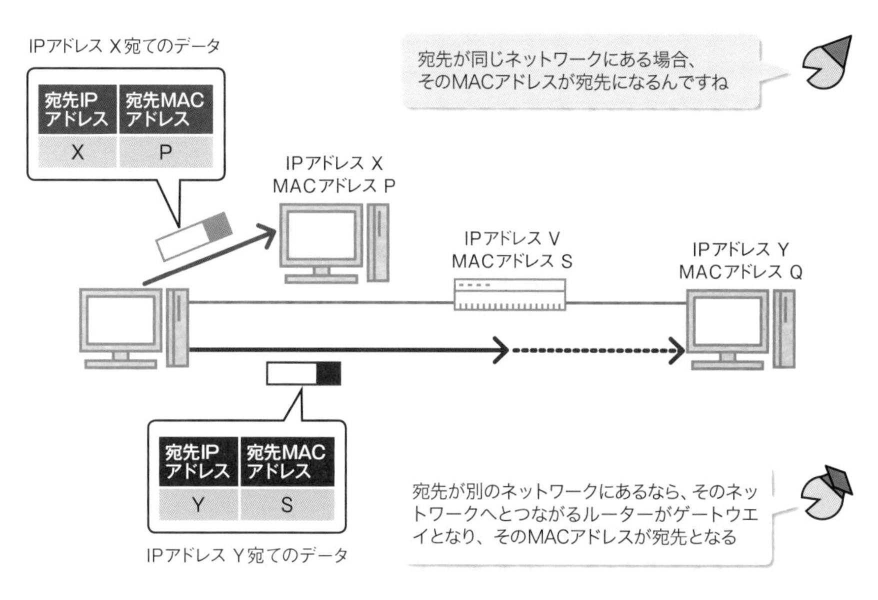

図9 **ARPを使ってMACアドレスを調べる**

IPアドレスからMACアドレスを調べるにはARPというプロトコルを使用する。送信元は、宛先IPアドレスのARP要求をブロードキャストする。該当するIPアドレスの機器だけが、自分のMACアドレスを知らせるARP応答を返す。

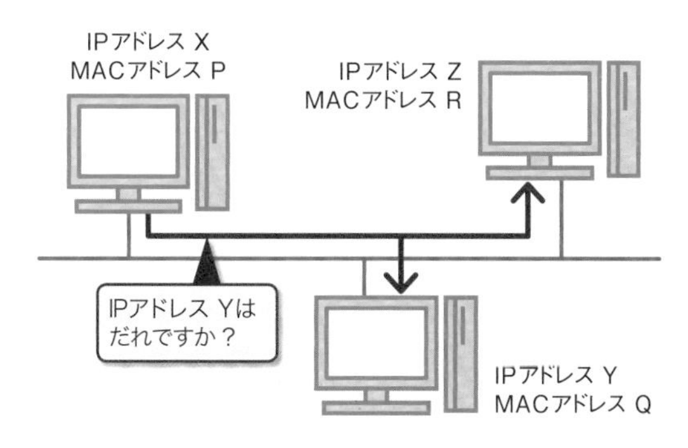

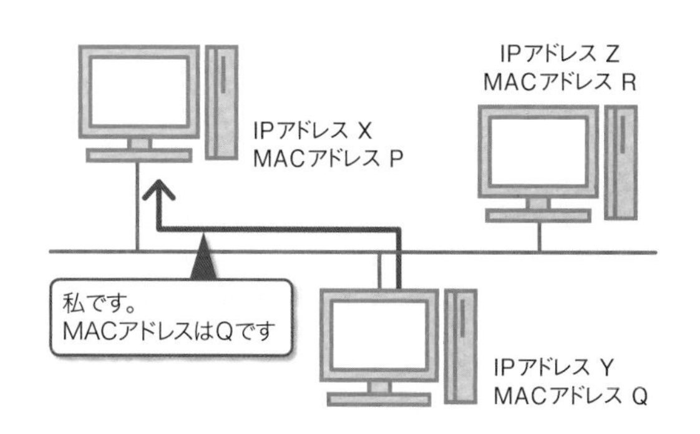

ARP：Address Resolution Protocol

アドレス解決って何ですか？

MAC（マック）アドレスと「アドレス解決」の話をもう少し詳しくしよう。

DNSとは違うんですね？

DNSは名前解決であって、アドレス解決ではないな。

アドレス解決とは、IPアドレスからMACアドレスを調べる仕組みのこと。アドレス解決を理解するために、まずはMACアドレスについて説明していこう。

MACアドレスのMACは「Media Access Control」の略。OSI参照モデルでは、レイヤー2（第2層）のデータリンク層に該当する。

OSI参照モデルでのレイヤー1とレイヤー2の役割を簡単に説明すると、レイヤー1は回線やインタフェースを規定する。レイヤー2では、その回線を流れるデータをどのように制御するかを規定している。具体的には、データ（フレーム）のフォーマットと、回線（メディア）にデータを送受信する方法を規定している。この後者のデータを送受信する方法がMACである。

一般的な有線ネットワークで使われているイーサネットは、このレイヤー1と2を規定している。

図1 イーサネットのトポロジー

一般的な有線LANで使われているイーサネットは、もともとは1本の基幹回線にパソコンなどの機器が接続するバス型トポロジーだった。その後、リピーターハブなどを使ったスター型になった。

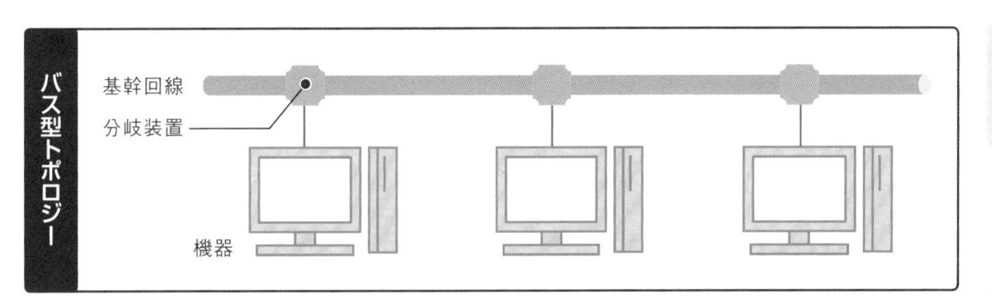

1本の基幹回線に分岐装置を付けて、それぞれにパソコンなどの機器がぶら下がっている感じ。これがもともとのイーサネットのバス型トポロジー

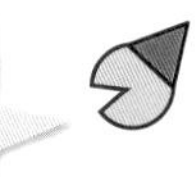

リピーターハブを使ったスター型トポロジーは、一つの分岐装置に複数の機器がぶら下がっていると考えられるので、仕組み自体は変わらない

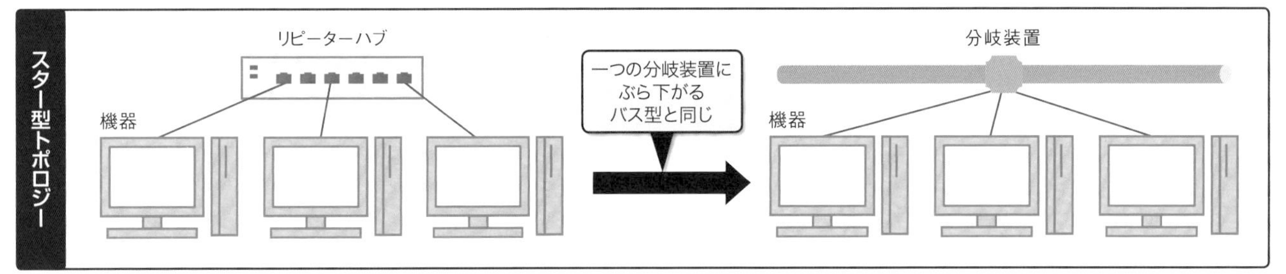

▼MACアドレス
イーサネット上の各機器を区別するために、製造段階で割り振られる世界中で固有の48ビットのアドレス。
▼DNS
Domain Name Systemの略。
▼名前解決
ドメイン名とIPアドレスを変換する仕組み。
▼OSI参照モデル
OSIはOpen Systems Interconnectionの略。ISOが制定したネットワークアーキテクチャの標準モデル。通信プロトコルやその役割を層状のモデルで説明している。
▼イーサネット
広く利用されているネットワークの規格。OSI参照モデルの下位二つの層である物理層とデータリンク層に関して規定している。現在の有線LANは、OSI参照モデルの下位2層に相当するイーサネットと、それ以上の層を規定した「TCP/IPプロトコル」の組み合わせが一般的である。
▼10BASE5や10BASE2
いずれも同軸ケーブルを利用した、10Mビット/秒のイーサネットの規格。10BASE5の規格が先に標準化され(IEEE 802.3)、ケーブルやコネクターなどを改良した10BASE2の規格が後に標準化された(IEEE802.

10BASE5や10BASE2などの同軸ケーブルを使用した初期のイーサネットの規格では、バス型トポロジーと呼ばれるネットワーク構成を採っていた。1本の基幹回線に分岐装置を取り付けて、それぞれの機器がぶら下がっているイメージだ(図1)。

その後登場した10BASE-Tでは、リピーターハブに複数の機器を接続するスター型トポロジーが主流になった。だが見た目は異なるが、一つの分岐装置に複数の機器がぶら下がるバス型トポロジーとデータの流れは同じになる。

すべての機器に届く

つまりどちらのトポロジーでも、ぶら下がっている機器がデータを送信すると、同じ回線にぶら下がっている他のすべての機器にデータが分岐されて届く。このようなネットワークは、マルチアクセスブロードキャストネットワークと呼ばれる(図2)。

この方式の問題点の一つは、複数の機器がほぼ同時に信号を送った場合、回線上で信号が衝突する可能性があることだ。

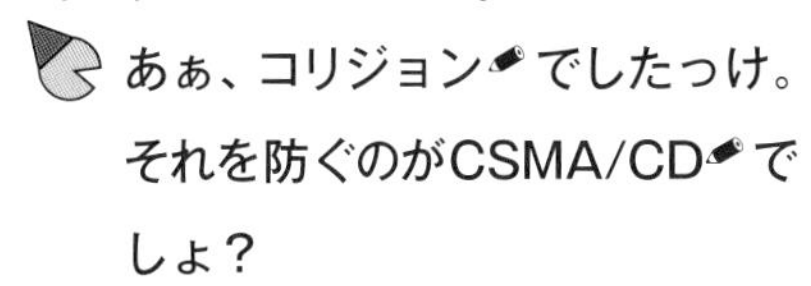

あぁ、コリジョンでしたっけ。それを防ぐのがCSMA/CDでしょ?
防ぐのではなくて、衝突しにくくする、なのだが。まぁ、その通り。

図2 データはすべての機器に伝わる

バス型トポロジーのイーサネットネットワークのように、1台の機器が送ったデータがすべての機器に伝わるようなネットワークは、マルチアクセスブロードキャストネットワークと呼ばれる。この場合、複数台からほぼ同時にデータが送信されると衝突が発生する。イーサネットは、この影響を軽減するための仕組みであるCSMA/CDを備えている。

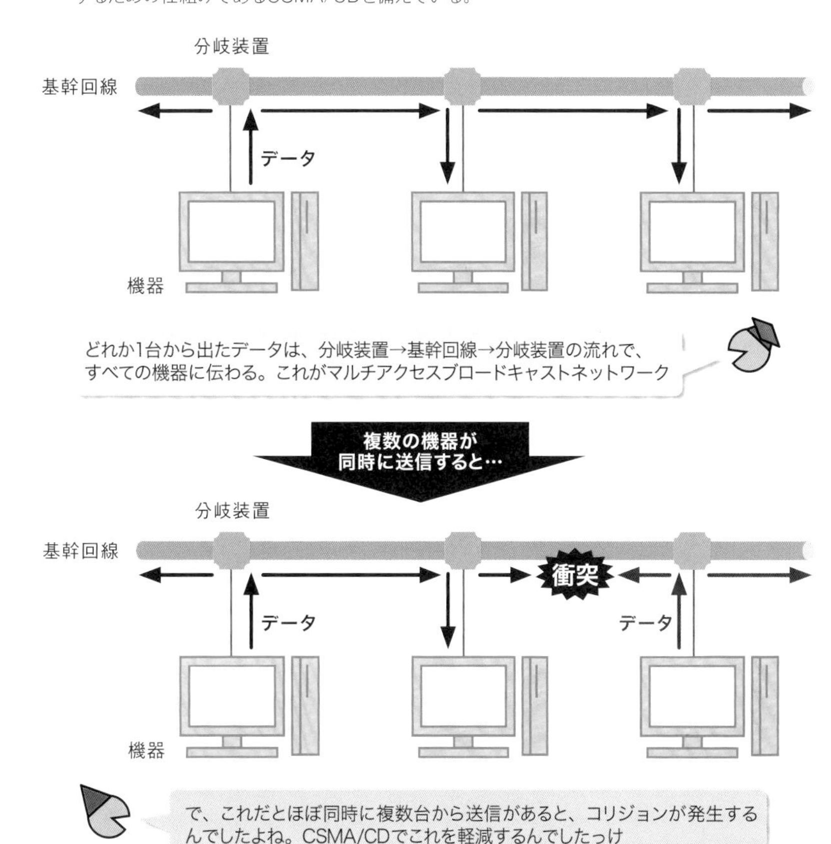

CSMA/CD : Carrier Sense Multiple Access with Collision Detection

なかなかアドレス解決の話になりませんね。

CSMA/CDについて簡単に説明しておこう。CSMA/CDでは、データを送信しようとする機器はまず、ほかの機器がデータを送信していないことを確かめてからデータを送信する。このことをキャリアセンス(Carrier Sense)と呼ぶ。CSMA/CDの「CS」に該当する。

それでも、たまたまほぼ同時に別の機器がデータを送る場合がある。この場合、データは衝突してしまう。2台以上の機器が同時に電気信号を送ると、ケーブル上の電圧レベルが通常より高くなるので、衝突を検出できる。この仕組みをコリジョンディテクション(Collision Detection)と呼ぶ。CSMA/CDの「CD」はこの略称だ。

衝突を検出するとすべての機器は通信を一定時間停止し、機器ご

3a)。

▼トポロジー
ネットワークの分野では、LANの接続形態の総称。

▼10BASE-T
10Mビット/秒のイーサネットの規格の一つ。電線を2本ずつねじり合わせて対にした、ツイストペアケーブルを使用する。

▼リピーターハブ
あるポートから入力された電気信号をすべてのポートに伝える中継機器。10BASE-Tでよく使われていた。

▼コリジョン
イーサネットや無線LANのフレームが衝突すること。衝突するとフレームを届けるための電気信号が乱れて、通信できない可能性がある。

▼CSMA/CD
Carrier Sense Multiple Access with Collision Detectionの略。初期のイーサネットである、10BASE5などの同軸ケーブルを使用したバス型のLANで用いられたアクセス制御方式。

▼OUI
Organizationally Unique Identifierの略。

▼IEEE
The Institute of Electrical and Electronics Engineersの略。米国電気電子学会。各種標準規格を策定

とにランダムな待ち時間を置いて再送する。よって、CSMA/CDは送信と受信を同時に行えない半二重モードになる。

なお現在のイーサネットの規格では、スイッチ(スイッチングハブ)の普及や全二重通信が広く採用されているため、CSMA/CDは使われてない。

MACアドレスで宛先を指定

マルチアクセスブロードキャストネットワークでは、コリジョン以上に大きな問題がある。つながっている機器すべてに信号が届くことだ。つまり、特定の1台にしか送りたくない場合でも、すべての機器にデータが送られる。

このためデータを受け取った機器が、自分宛てのデータかどうかを確認するための「宛先」が必要になる。そのための宛先がMACアドレスである(図3)。

データ(イーサネットフレーム)には宛先MACアドレスがそのヘッダーに記載され、受信した機器はその宛先MACアドレスを確認し、自分宛て以外のデータを破棄する。

MACアドレスは48ビットの数字列。8ビットごとにハイフンやコロンで区切り、16進数で表記する。機器のLANカードやルーターなどのネットワーク機器のインタフェースに、ベンダーによって出荷時点で設定されている。

MACアドレスの前半24ビットはOUIと呼ばれるベンダー識別子。IEEE(アイトリプルイー)がベンダーごとに割り当てている。このためOUIを見れば、その機器のベンダーを特定できる。

後半24ビットは、ベンダーが自社製品に自由に割り当てられる識別子。これらの識別子は重複しないように設定されているので、MACアドレスは世界でただ一つのユニークな識別子になる。

MACアドレスのようなアドレス

図3 MACアドレスはブロードキャストネットワークでの宛先

マルチアクセスブロードキャストネットワークでは、特定の機器だけに送りたいデータも、すべての機器に送られてしまう。そこで、機器(正確にはインタフェース)に固有の宛先を設定している。それがMACアドレスである。各機器(インタフェース)は、自分宛て以外のデータは受け取らない。

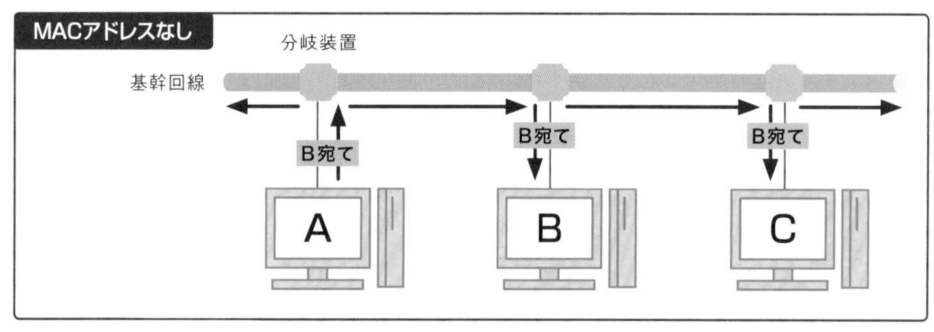

ブロードキャストネットワークだと、送ったデータがすべての機器に届いちゃうんだよね。Cが B宛てのデータをもらっても無駄だよね

そこで、イーサネットフレームのヘッダーに宛先MACアドレスを入れる。宛先以外は受け取らないようにする

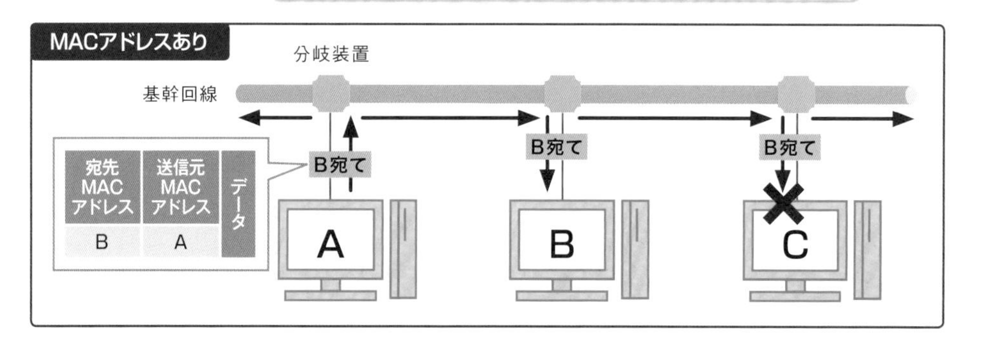

している。
▼WAN
Wide Area Networkの略。
▼PPP
Point to Point Protocolの略。

図4 **ルーターよりも先の宛先は「ルーターのMACアドレス」**

ルーターよりも先にある機器にデータを送る場合、宛先MACアドレスはその機器のMACアドレスではなく、データを最初に中継するルーターのMACアドレスになる。

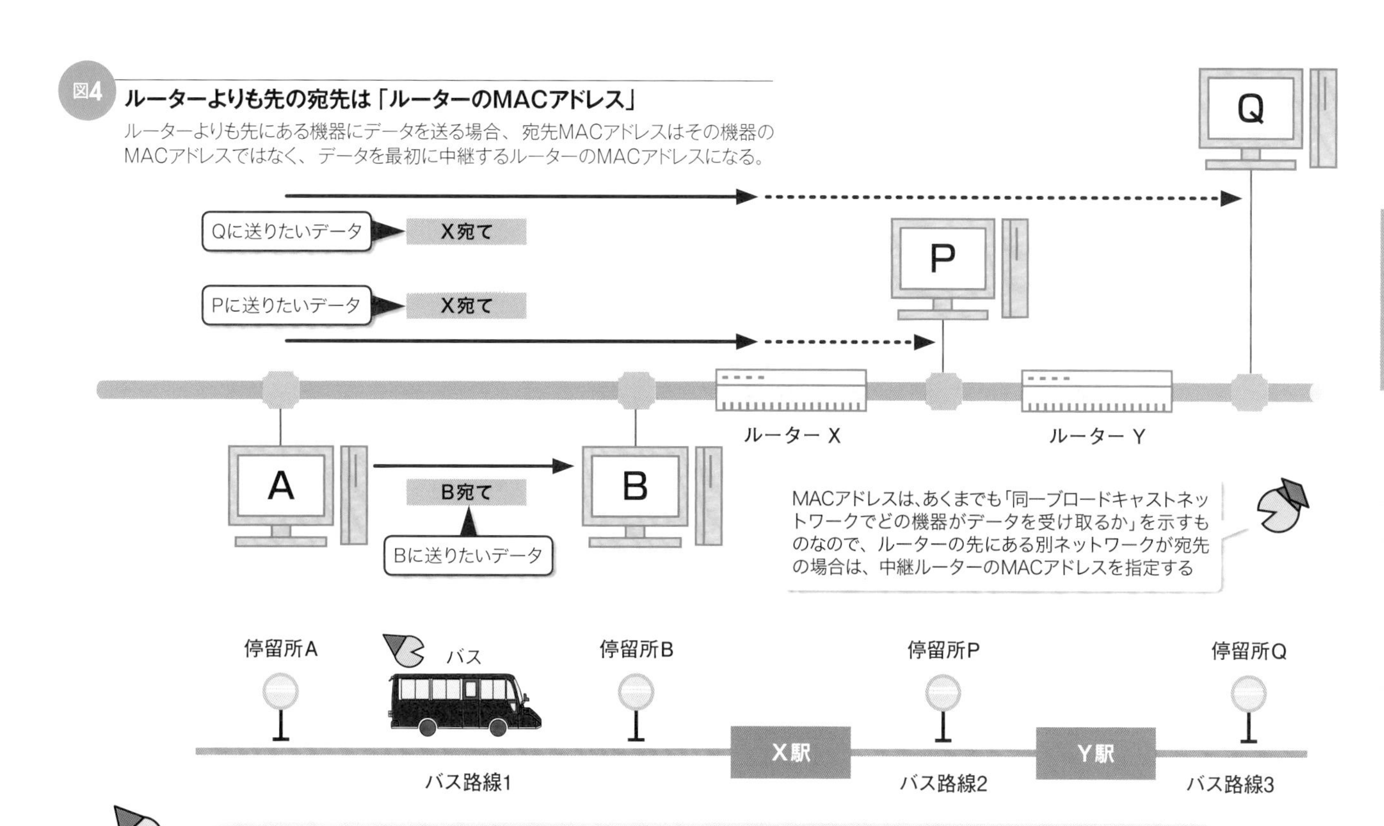

Q
P
Qに送りたいデータ
X宛て
Pに送りたいデータ
X宛て
ルーター X
ルーター Y
A
B
B宛て
Bに送りたいデータ
MACアドレスは、あくまでも「同一ブロードキャストネットワークでどの機器がデータを受け取るか」を示すものなので、ルーターの先にある別ネットワークが宛先の場合は、中継ルーターのMACアドレスを指定する
停留所A
バス
停留所B
停留所P
停留所Q
X駅
Y駅
バス路線1
バス路線2
バス路線3
停留所Pへ行くなら、まずはそこまで行くバスに乗り換えるためにX駅に行く必要がある。つまり、今乗っているバス路線での宛先はX駅（MACアドレス）で、最終目的地は停留所P（IPアドレス）というイメージ

が必要になるのは、すべての機器にデータが送られる場合があるためだ。逆を言えば、ブロードキャストネットワークでない場合、アドレスはなくても問題ない。例えば、WAN（ワン）▼でよく使われるPPP▼ではアドレスを使用しない。1対1でつながっているため、通信相手を指定する必要がないからだ。

ルーターを宛先にする

以上のように、同じブロードキャストネットワーク内なら、相手のMACアドレスがわかればデータを送れる。例えば、同じブロードキャストネットワーク内にある

図5 **ARPのフォーマット**

ARPパケットのフォーマット。ARP要求とARP応答のフォーマットは同じだが、フィールドによっては格納される値が異なる。

ARP要求の場合：
ブロードキャストを示すFF-FF-FF-FF-FF-FF
ARP応答の場合：
ARP要求を送信した機器のMACアドレス

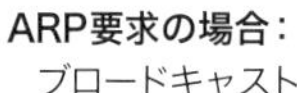

ARPは0x0806

宛先MACアドレス	送信元MACアドレス	タイプ	ARP	FCS

フィールド	ビット数	説明
ハードウエアタイプ	16	ハードウエア種別（イーサネットは0x0001）
プロトコルタイプ	16	プロトコル種別（IPは0x0800）
ハードウエアアドレス長	8	MACアドレス長（6オクテット）
プロトコルアドレス長	8	IPアドレス長（4オクテット）
オペレーション	16	ARP要求は「0x0001」、ARP応答は「0x0002」
送信元MACアドレス	48	送信元のMACアドレス。ARP応答の場合は問い合わせIPアドレスに対するMACアドレス
送信元IPアドレス	32	送信元のIPアドレス
目標MACアドレス	48	宛先のMACアドレス。ARP要求の場合は00-00-00-00-00-00
目標IPアドレス	32	宛先のIPアドレス。ARP要求の場合は問い合わせIPアドレス

FCS：Frame Check Sequence

▼ARP
Address Resolution Protocolの略。アドレス解決プロトコルとも呼ばれる。

機器B宛てのデータには、そのMACアドレスを宛先MACアドレスとして指定する。

問題は、異なるブロードキャストネットワークに送る場合だ。この場合、MACアドレスの上位レイヤーのアドレスであるIPアドレスで宛先を指定する。このIPアドレスに対応するMACアドレスは通常はわからない。

そこでこの場合には、その宛先へデータを中継するルーターのMACアドレスを指定する（前ページの図4）。

ルーターを乗換駅に例えるとわかりやすい。MACアドレスは乗換駅までの行き先で、IPアドレスは最終的な行き先というイメージだ。

以上のように一般的なネットワークでは、乗換駅までの宛先であるMACアドレスと、最終目的地であるIPアドレスの二つのアドレスがある。言い換えると、機器にはMACアドレスとIPアドレスの二つのアドレスがある。

そしてあるIPアドレスに対応するMACアドレスを調べることがアドレス解決だ。アドレス解決にはARP（アープ）というプロトコルを使用する。ARPを利用すれば、最終目的地であるIPアドレスを基に、次の乗換駅のMACアドレスを調べることができるのだ。

レイヤー2と3をつなげる

ARP！アドレス解決プロトコルでしたっけ。そういえばそんなのもありましたね。

このARPが、レイヤー3のIPアドレスとレイヤー2のMACアドレスをつなげるわけだな。

アドレス解決したい送信元は、送信元のIPアドレスおよびMACアドレス、MACアドレスを問い合わせたいIPアドレスなどを格納したARP要求（ARPリクエスト）のパケットをイーサネットネットワークにブロードキャストする（前ページの図5）。

ARP要求を受け取った機器は、目標IPアドレスが自分のIPアドレスだった場合、自分のMACアドレスを送信元MACアドレスのフィールドに格納する。

ただ、毎回アドレス解決をするわけではない。ARPにはキャッシュの仕組みがあり、一度問い合わせた情報は一定期間保持して参照する。

アドレス解決したい機器は、まずはARPキャッシュを確認する。宛先IPアドレスに対応するMACアドレスがない場合には、前述の

図6 ARP要求を受けた機器もキャッシュする

ARPにはキャッシュの仕組みがある。一度問い合わせたMACアドレスについては一定期間キャッシュに保持。キャッシュにある場合にはARP要求を送らず、その情報を使ってアドレス解決する。ARPキャッシュは、ARP応答を受け取った機器だけではなく、自分宛てのARP要求を受け取った機器にも登録される。

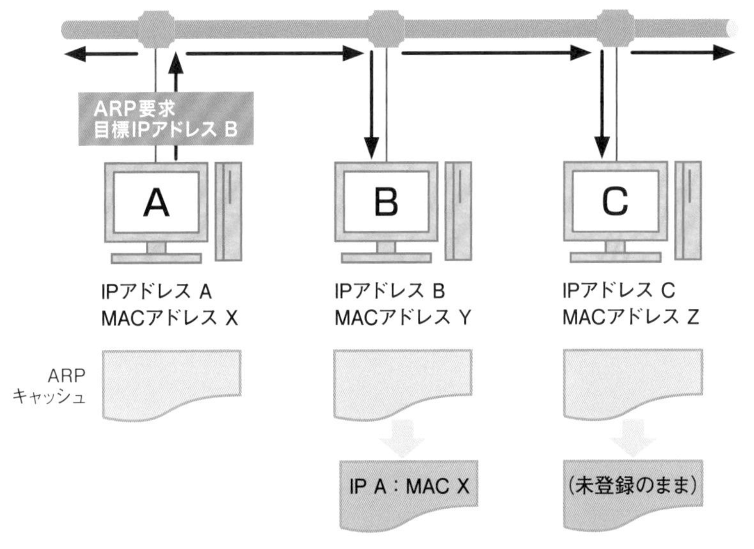

AがBのMACアドレスを知りたい場合、自分のARPキャッシュを確認する。キャッシュにない場合、目標IPアドレスをBにしたARP要求を送信する、と

目標IPアドレスであるBは、そのARP要求を受け取った際に、送信元であるAのIPアドレス AとMACアドレス XをARPキャッシュに登録する。だが、目標IPアドレスではないCは、同じARP要求を受け取ってはいるが、ARPキャッシュには登録しない

▼**Gratuitous ARP**
RFC 5227で規定されている。

ようにARP要求を送信する。

ARP応答メッセージを受け取ったARP要求元はARP応答によって知ったMACアドレスとIPアドレスの対応をARPキャッシュに登録する。

ここでのポイントは二つある。一つは、ARP要求メッセージを受け取った側も、受信したインタフェースのARPキャッシュに、ARP要求送信元のIPアドレスとMACアドレスを登録することだ(**図6**)。

ただし、目標IPアドレスに該当しない機器(図6では機器C)は、ARP要求を受け取ってはいるが、要求元の情報をキャッシュしない。

そしてもう一つは、ARPによって入手したIPアドレスとMACアドレスの対応は、一定時間でクリアされるという点である。

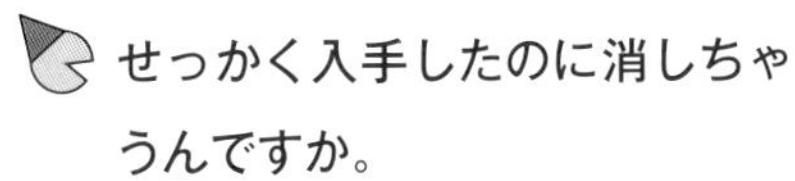
せっかく入手したのに消しちゃうんですか。

MACアドレスはインタフェースに付属するアドレスなので、インタフェースが故障などすると変更される。このため一定の時間が経過したら、クリアするようにしているのだ。

アドレス解決だけではない

ARPには、アドレス解決以外の機能もある。一つは、IPアドレスの重複検知である。手動でIPアドレスを設定した場合などには、同じブロードキャストネットワークで既に使われているIPアドレスを設定してしまう恐れがある。ARPを使えばそのような事態を防げる。

図7 IPアドレスの重複を検知する
ARPはIPアドレスの重複のチェックにも利用される。自分のIPアドレスを目標IPアドレスにしたARP要求を送信。応答があれば、IPアドレスが重複している機器があることがわかる。

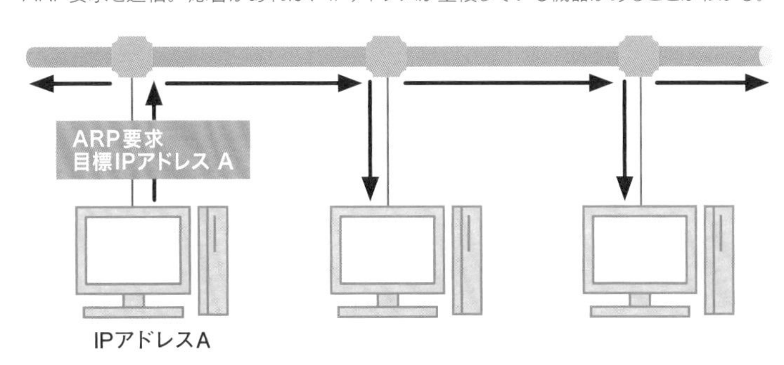

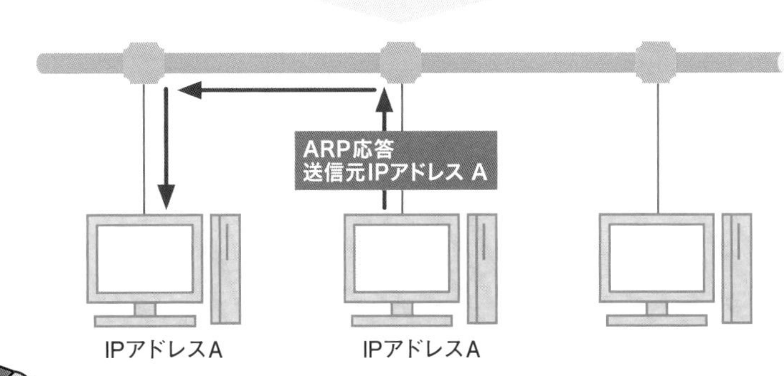

もしARP応答があったら、同じIPアドレスを設定している機器があるってことになるんだね

具体的には、重複していないか調べたい機器は、自分のIPアドレスを目標IPアドレスとしたARP要求を送信する(**図7**)。

もし同じIPアドレスを使っている機器があれば、通常のARPと同じようにARP応答が返ってくるので重複を検出できる。

このような本来の「他のMACアドレスを調べる」役割でないARPをGratuitous(グラテュアタス) ARP▼と呼ぶ。

Gratuitous ARPはこのほか、キャッシュの更新にも使われる。仮想サーバーや機器の入れ替えなどで、同じIPアドレスを使う機器のMACアドレスが変わったときにGratuitous ARPを実行する。ARP要求を受け取った機器は、キャッシュやアドレステーブルに記録されたMACアドレスを上書きするので、正しいMACアドレスに更新される。

DNSって何ですか？

博士、博士！インターネットが落ちています！

インターネットは落ちないぞ。どれどれ。ああ、名前解決ができないんだな。

名前解決？名前を解決するって何ですか？

DNSだよ。

現在、インターネットやイントラネットでは、ドメイン名を使って通信相手を指定することがほとんどである。例えば、Webで使用するURLやメールアドレスの@以降にはドメイン名を指定する。社内サーバーの共有フォルダーなどにアクセスする場合もドメイン名を使用する。

本来、IPを使った通信では、IPアドレスを使って通信相手を指定する必要がある。だが、IPアドレスは数字の羅列なので、人間には覚えにくい。そこで、人間にも覚えやすいようにコンピューターやネットワーク機器などに付けた名前がドメイン名である。

ドメイン名は「tech.nikkeibp.co.jp」のように、アルファベットや数字、記号を組み合わせた文字列で表現する。

このドメイン名と、IP通信に必要なIPアドレスをひも付けるシステムがDNSである。そして、ドメイン名からそれに対応するIPアド

図1 ドメイン名とIPアドレスをひも付ける

DNSは、人間が覚えやすいドメイン名と、実際の通信で使用するIPアドレスをひも付ける仕組み。DNSのおかげで、ユーザーはドメイン名で通信相手を指定できる。IPアドレスを覚える必要はない。

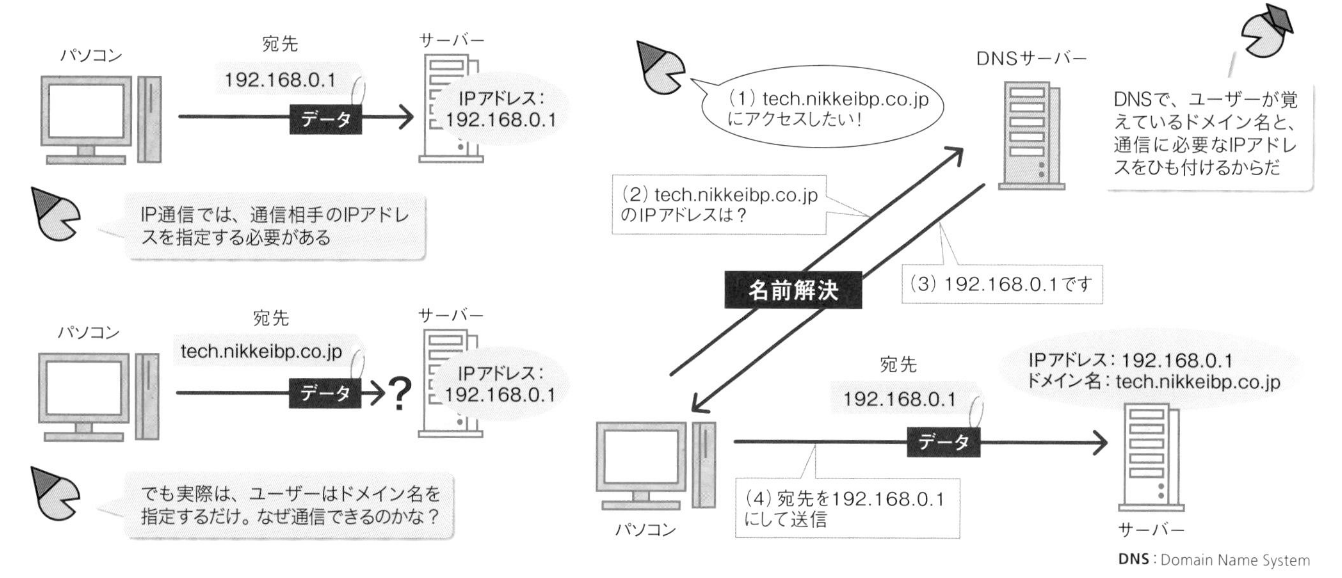

DNS：Domain Name System

▼**DNS**
Domain Name Systemの略。
▼**URL**
Uniform Resource Locatorの略。
▼**IP**
Internet Protocolの略。
▼**ドメイン名前空間**
ドメイン名空間などとも呼ばれる。
▼**FQDN**
Fully Qualified Domain Nameの略。日本語では「完全に指定されたドメイン名」や「完全に限定されたドメイン名」などと訳される。「絶対ドメイン名」と呼ばれることもある。
▼**名前は存在しない**
jpやcoのような名前（文字列）は存在しないが、「ルート」と呼ばれる場合がある。

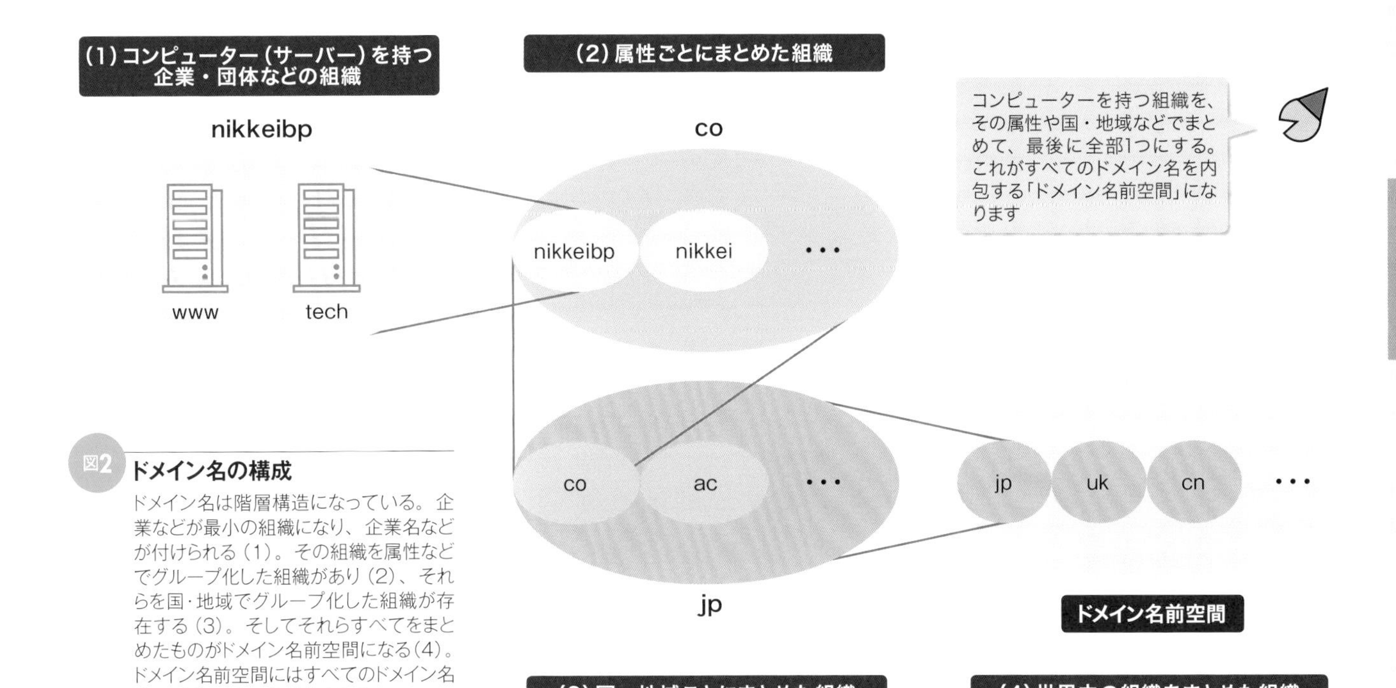

(1) コンピューター（サーバー）を持つ企業・団体などの組織
nikkeibp
www
tech
(2) 属性ごとにまとめた組織
co
nikkeibp
nikkei
・・・
co
ac
・・・
jp
(3) 国・地域ごとにまとめた組織
jp
uk
cn
・・・
ドメイン名前空間
(4) 世界中の組織をまとめた組織
コンピューターを持つ組織を、その属性や国・地域などでまとめて、最後に全部1つにする。これがすべてのドメイン名を内包する「ドメイン名前空間」になります

図2 ドメイン名の構成
ドメイン名は階層構造になっている。企業などが最小の組織になり、企業名などが付けられる（1）。その組織を属性などでグループ化した組織があり（2）、それらを国・地域でグループ化した組織が存在する（3）。そしてそれらすべてをまとめたものがドメイン名前空間になる（4）。ドメイン名前空間にはすべてのドメイン名やコンピューター名が含まれる。

レスを割り出す一連の処理を名前解決と呼ぶ（**図1**）。

インターネットやイントラネットでは、ドメイン名で通信相手を指定できることが前提となっている。このためDNSは、インターネットやイントラネットのインフラストラクチャーと言える。

インフラ…。大事な仕組みなんですねぇ、DNSって。

そうだな。だから、しっかり学ぶといいぞ。

ドメイン名は階層構造

次に、ドメイン名について解説しよう。ドメイン名は階層構造になっている。最小の単位になるのは、いくつかのコンピューター（サーバー）を持つ組織である。特定の企業や団体などが、この最小単位の組織に該当する。例えば日経BPなら、「nikkeibp」という名称が付いている（**図2**（1））。

その上位になるのが、企業や団体などを属性ごとにグループ化した組織である。例えば、企業組織でグループ化した組織として「co」がある（同（2））。

さらに、それらを国・地域ごとにグループ化した組織が存在する。例えば日本の組織をグループ化した組織は「jp」と名付けられている（同（3））。

国・地域ごとの組織をすべてまとめた集合体、すなわちインターネット全体は「ドメイン名前空間」と呼ばれる（同（4））。

前述のように、コンピューターや組織にはwwwやco、jpのようにそれぞれ名前が付けられる。これらは識別子になるので、同じ組織では重複した名前を付けられない。逆を言えば、組織が異なれば、同じ名前を付けられる。例えば、組織が異なれば、コンピューター名に同じwwwを使っても問題はない。

以上のコンピューター名や組織名をドット区切りですべてつなげたものはFQDNと呼ばれる（次ページの**図3**）。同一組織では重複した名前を付けていないので、FQDNを使えば、コンピューターを一意に指定できる。

なお、インターネット全体を指すドメイン名前空間に該当する名前は存在しない。記述する場合

▼**TLD**
Top Level Domainの略。
▼**ccTLD**
Country Code Top Level Domainの略。
▼**gTLD**
generic Top Level Domainの略。

には空白にする。つまり、FQDNの最後は空白になるので、いずれのFQDNも「.」で終わる。「www.nikkeibp.co.jp.」といった具合だ。ただし、最後の「.」は省略可能なので、「www.nikkeibp.co.jp」といったように、国・地域の組織名で終わる場合もある。

なお、FQDNの最初に表記される「www」などのコンピューターの名前は、ホスト名とも呼ばれる。

また、FQDNの最後に置かれる名前はトップレベルドメインあるいはTLDと呼ばれる。前述の例では国・地域ごとにまとめたものだったが、それ以外のトップレベルドメインもある。国・地域のトップレベルドメインは国別コードTLD（ccTLD）と呼ぶ。jpやukなどは国別コードTLDの一種。

そのほか、属性や用途に合わせた汎用トップレベルドメイン（gTLD）がある。comやorg、netなどが代表的だ。

さらに2010年11月以降は、新gTLDという新しいタイプの汎用トップレベルドメインが使えるようになっている。

新gTLDには「tokyo」「club」「microsoft」「skype」といった、地名や分野名、企業名、商品名などにちなんだものが1000種類以上登録されている。新gTLDでは、英数字だけでなく、漢字やひらがな、カタカナ、アラビア文字、キリル文字なども使用できる。

DNSサーバーが教えてくれる

ドメイン名前空間では、DNSサーバーがそれぞれの組織の情報を管理している。DNSサーバーはネームサーバーとも呼ばれる。組織ごとにDNSサーバーが運用されており、ドメイン名からIPアドレスを知りたい場合、対象とするドメイン名の組織のDNSサーバーに問い合わせる。

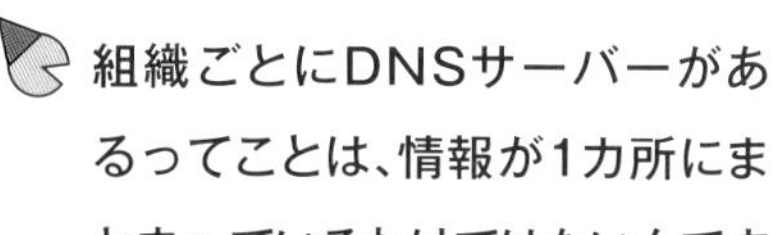

組織ごとにDNSサーバーがあるってことは、情報が1カ所にまとまっているわけではないんですね？

そうだ。分散型データベースと言えるだろう。

ドメイン名からIPアドレスを割り出す名前解決では、対象とするドメイン名の組織が運用するDNSサーバーに問い合わせる必要がある。だがほとんどの場合、その組織のDNSサーバーのIPアドレスは分からない。

そこでまずは、大本となるDNSサーバーのルートサーバーに問い合わせて、ドメイン名の後ろの組織（上位の組織）から、その前の組織（下位の組織）のDNSサーバーのIPアドレスを順番に問い合わせていく。これは反復問い合わせと呼ばれる。

具体的には次の通り。tech.nikkeibp.co.jpのIPアドレスを知りたい場合、まずはルートサーバーに問い合わせる（図4）。そして、一番右側のドメイン、すなわちトップレベルドメインであるjpのDNSサーバーのIPアドレスを教えてもらう。

次に、そのIPアドレスにアクセ

図3 組織名を並べてコンピューターを一意に指定
FQDNは、コンピューターや組織を識別するための文字列。規模が小さい順に、コンピューター名や組織名をドットで区切って並べる。

ドメイン名前空間＝ルート
jp
co
nikkeibp
www
このコンピューターのFQDN
www.nikkeibp.co.jp.（空白）
コンピューター　組織　属性　国・地域　ルート

ドメイン名前空間はルートとも呼ばれる。表記するときには空白にする

最後のルートは空白なので「.」で終わるけど、最後の「.」は省略できるよ。右の例だと、「www.nikkeibp.co.jp」になるよ

FQDN：Fully Qualified Domain Name

スする。jpのDNSサーバーは、その前の組織となるcoのDNSサーバーのIPアドレスを教えてくれる。

coのDNSサーバーにアクセスすると、nikkeibpのDNSサーバーのIPアドレスを教えてくれる。tech.nikkeibp.co.jpはnikkeibpのDNSサーバーの管理下にあるので、そのIPアドレスを教えてもらうことができる。なお図では、分かりやすいようにjpとcoのDNSサーバーを別々にしているが、実際はcoとjpは1つのDNSサーバーが管理している。

前述のように、反復問い合わせの起点になるのはルートサーバーである。ルートサーバーは、世界で13種類存在する。ルートサーバーのドメイン名は、a.root-servers.netからm.root-servers.netまで。最初のアルファベットだけが異なる。ルートサーバーのIPアドレスは公開されている。それぞれのルートサーバーは、信頼性や応答性能の向上、障害発生時の対策などのために、100台以上のサーバーで構成される。

ルートサーバーにアクセスさえすれば、ドメイン名前空間に存在するコンピューターのIPアドレスを知ることができる。

逆を言えば、ルートサーバーのIPアドレスを知らなかったり間

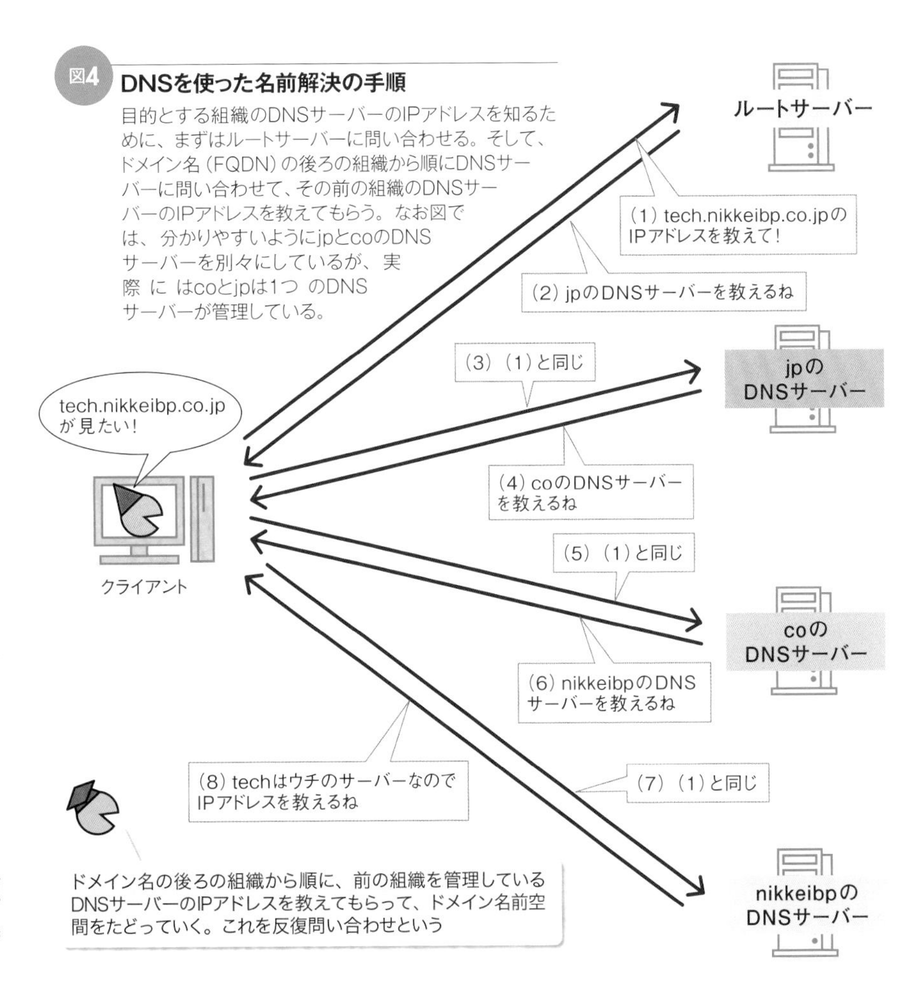

ルートサーバー
jpの
DNSサーバー
coの
DNSサーバー
nikkeibpの
DNSサーバー
tech.nikkeibp.co.jp
が見たい!
クライアント
(1) tech.nikkeibp.co.jpの
IPアドレスを教えて!
(2) jpのDNSサーバーを教えるね
(3) (1)と同じ
(4) coのDNSサーバー
を教えるね
(5) (1)と同じ
(6) nikkeibpのDNS
サーバーを教えるね
(7) (1)と同じ
(8) techはウチのサーバーなので
IPアドレスを教えるね
ドメイン名の後ろの組織から順に、前の組織を管理している
DNSサーバーのIPアドレスを教えてもらって、ドメイン名前空
間をたどっていく。これを反復問い合わせという

図4 DNSを使った名前解決の手順

目的とする組織のDNSサーバーのIPアドレスを知るために、まずはルートサーバーに問い合わせる。そして、ドメイン名(FQDN)の後ろの組織から順にDNSサーバーに問い合わせて、その前の組織のDNSサーバーのIPアドレスを教えてもらう。なお図では、分かりやすいようにjpとcoのDNSサーバーを別々にしているが、実際にはcoとjpは1つのDNSサーバーが管理している。

図5 問い合わせの起点になるルートサーバー

ルートサーバーはDNSによる名前解決の肝。ルートサーバーにアクセスできれば、ドメイン名前空間にあるすべてのコンピューターにアクセスできる。逆に、ルートサーバーにアクセスできないと名前解決が一切できない。

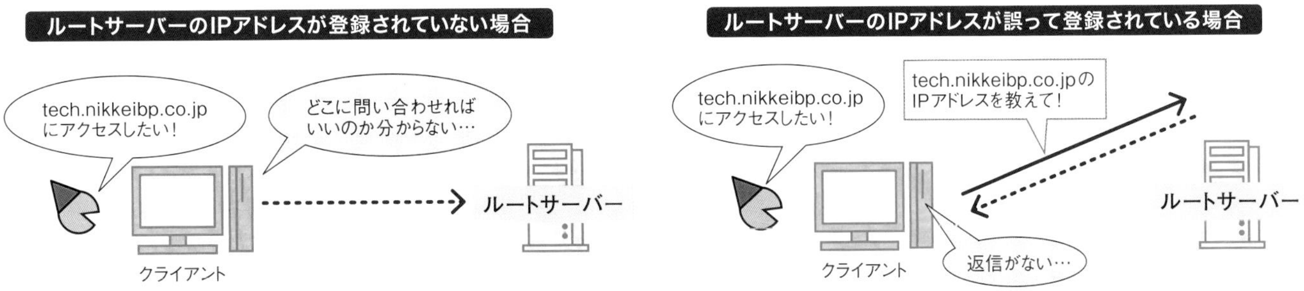

ルートサーバーのIPアドレスが登録されていない場合

tech.nikkeibp.co.jp
にアクセスしたい!

どこに問い合わせれば
いいのか分からない…

ルートサーバー

クライアント

ルートサーバーのIPアドレスが誤って登録されている場合

tech.nikkeibp.co.jp
にアクセスしたい!

tech.nikkeibp.co.jpの
IPアドレスを教えて!

ルートサーバー

クライアント

返信がない…

違ったりすると、IPアドレスが分からないコンピューターにはアクセスできないことになる（前ページの図5）。

PCの代わりに反復問い合わせ

前述のように、名前解決の基本は、DNSサーバーへの反復問い合わせである。だが、すべてのクライアントコンピューターが反復問い合わせをするのは非効率だ。DNSサーバーの負荷も高めてしまう（図6）。そこで実際には、企業ネットワークなどでは、クライアントに代わって反復問い合わせを行うDNSサーバーを設置する。そのようなDNSサーバーをキャッシュDNSサーバーやフルサービスリゾルバーと呼ぶ。

クライアントはキャッシュDNSサーバーに名前解決を要求。キャッシュDNSサーバーはクライアントの代わりに、ルートサーバーを起点に反復問い合わせを実施する。目的のIPアドレスが得られたら、それをクライアントに伝える。クライアントからキャッシュDNSサーバーへの問い合わせは、再帰問い合わせと呼ばれる。

キャッシュDNSサーバーは、反復問い合わせの結果を一時的に保存（キャッシュ）し、同じ名前解決の要求があったら、反復問い合わせをすることなく、キャッシュしているIPアドレスをクライアントに返す。

なおクライアントに代わって反復問い合わせをするDNSサーバーをキャッシュDNSサーバーと呼ぶのに対して、組織の情報を管理して反復問い合わせに答えるDNSサーバーを、権威DNSサーバーやコンテンツサーバーと呼ぶ。

と言うことは、反復問い合わせを行うのはサーバーだけってことですか。

そうなる。クライアント側で設定する「DNSサーバー」とは、クライアントの代わりに反復問い合わせをするキャッシュDNSサーバーのことだ。

スタブリゾルバーが問い合わせる

クライアントで動作するアプリケーションには、Webブラウザーやメールソフトのように、ユーザーが宛先をドメイン名で指定するものがある。これらのアプリケーションは、別のアプリケーションに名前解決を依頼する。このアプリケーションのことをスタブリゾルバーと呼ぶ。単にリゾルバーという場合もある。

キャッシュDNSサーバーが代わりに問い合わせ

企業などにおいて個々のクライアントが反復問い合わせを行うと、インターネットへのトラフィックが膨大になるとともに、DNSサーバーの負荷も大きくなる。そこで、代わりに反復問い合わせを実施するDNSサーバーを用意する。そのようなDNSサーバーをキャッシュDNSサーバーという。クライアントからキャッシュDNSサーバーへの問い合わせは再帰問い合わせと呼ぶ。

社内のすべてのPCが反復問い合わせを行うと、その回数は膨大になっちゃう

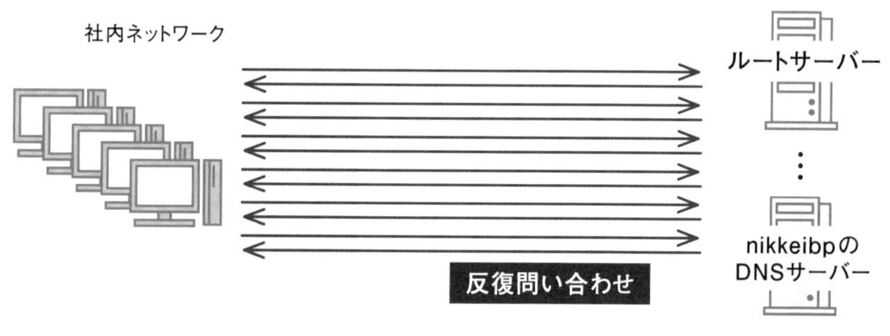

そこで、社内に反復問い合わせを行うDNSサーバーを設置。PCはこのサーバーに問い合わせを行う。こっちは再帰問い合わせと呼ばれる

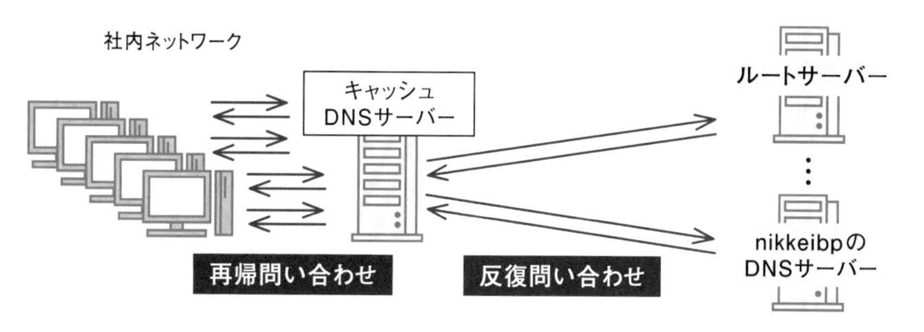

▼**DNSアンプ攻撃**
DNSサーバーを踏み台にして特定のサーバーに大量のデータを送信するサイバー攻撃。DoS攻撃の一種。

図7 アプリケーションはスタブリゾルバーに名前解決を依頼

ユーザーがWebブラウザーなどのアプリケーションにドメイン名を入力した場合の名前解決の流れ。アプリケーションはスタブリゾルバーという別のアプリケーションに名前解決を依頼。スタブリゾルバーはキャッシュDNSサーバー（フルサービスリゾルバー）へ再帰問い合わせをする。キャッシュDNSサーバーは、ルートサーバーなどの権威DNSサーバー（コンテンツサーバー）に反復問い合わせを実施する。

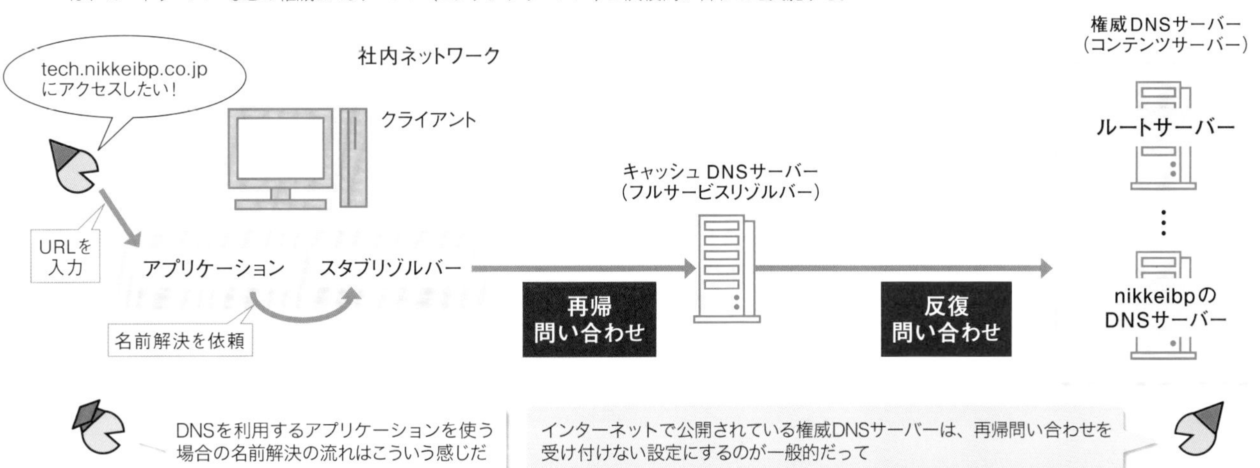

アプリケーションから名前解決を依頼されたスタブリゾルバーは、キャッシュDNSサーバーに、再帰問い合わせを実施する（図7）。

多くの場合、キャッシュDNSサーバーは社内に設置し、社外からは利用できないようにしている。これは、DNSアンプ攻撃といったサイバー攻撃の踏み台に悪用されないようにするためである。

一方、ドメイン名に関する情報を管理する権威DNSサーバーは、再帰問い合わせを受け付けないようにするのが一般的だ。キャッシュDNSサーバーからの反復問い合わせだけに応答する。

キャッシュDNSサーバーは依頼されたドメイン名のIPアドレスがキャッシュされていないかをチェック。キャッシュされている場合にはそのIPアドレスを返す。キャッシュされていない場合には反復問い合わせを実施し、その結果をスタブリゾルバーに返す。

名前解決の結果をキャッシュするのはキャッシュDNSサーバーだけではない。スタブリゾルバーも、キャッシュDNSサーバーから返されたIPアドレス情報をキャッシュする。

スタブリゾルバーがキャッシュした情報は、Windowsのipconfig（アイピーコンフィグ）コマンドで確認できる（図8）。名前解決できなかった場合には、「名前が見つからなかった」といった結果もキャッシュされる。これはネガティブキャッシュと呼ばれる。

図8 スタブリゾルバーは結果をキャッシュする

スタブリゾルバーは、DNSサーバーから返された結果を一定時間キャッシュする。求めたいIPアドレスがキャッシュされている場合にはDNSサーバーに問い合わせない。

スタブリゾルバーが持つキャッシュは、Windowsならipconfigコマンドで/displaydnsオプションを使えば確認できるよ。キャッシュを消したい場合には、/flushdnsオプションを使う

```
c:¥> ipconfig /displaydns

    www.nikkeibp.co.jp
    ----------------------------------------
    レコード名 . . . . . . . : www.nikkeibp.co.jp
    レコードの種類 . . . . . : 1
    Time To Live  . . . . . .: 413
    データの長さ . . . . . . . : 4
    セクション . . . . . . . : 回答
    A (ホスト) レコード. . . : 138.101.8.43
```

ドメイン名が存在しないという応答もキャッシュする。これはネガティブキャッシュと呼ばれる。同じ入力ミスをした場合などに、改めて問い合わせる必要がない

```
c:¥> ipconfig /displaydns

www.nikkeipb.co.jp
    ----------------------------------------
    名前が存在しません。
```

DHCPの役割とは？

DHCP✎ って謎ですよね。

どこがかね？

IPアドレスが自動でぱぱーって配布されるんですよ。不思議じゃないですか。

不思議かなぁ。決められた通りにうまくやっているだけだよ。

DHCPはIPアドレスなどの設定情報を配布するプロトコルである。IPアドレスを配布するプロトコルのBOOTP（ブートピー）✎を拡張して作られた。そのためDHCPはBOOTPと同じUDP✎を使う。ポート番号も同じでサーバー側は67番、クライアント側は68番を使用する。

IPアドレスをプールする

DHCPではサーバーが配布用のIPアドレスを保持する。保持しているIPアドレスの範囲をアドレスプールと呼ぶ。DHCPサーバーはクライアントから要求されると、このプールから任意のIPアドレスを配布する（**図1**）。

アドレスプールの範囲内であっても、特定のIPアドレスは配布しないように除外することや、特定のMAC（マック）アドレス✎のクライアントに、指定したIPアドレスを配布することもできる。

また配布するIPアドレスには使用期限を設定できる。この期限のことをリース期限と呼ぶ。リース期限を過ぎると該当の機器はそのIPアドレスを使えなくなる✎。

IPアドレス以外の設定情報を配

図1 DHCPサーバーはアドレスプールにあるIPアドレスを配布

DHCPサーバーはアドレスプールの中から選んだIPアドレスをクライアントに配布する。アドレスプールにある特定のIPアドレスは配布しないようにすることや、特定のMACアドレスのクライアントに指定したIPアドレスを配布することもできる。

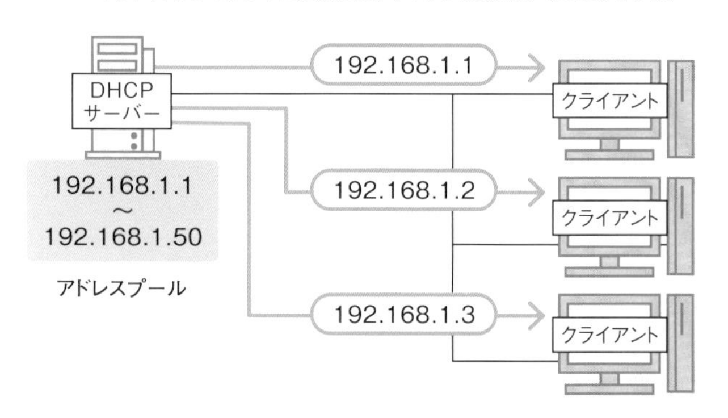

DHCPサーバーには配布するIPアドレスの範囲が設定されています。この範囲をアドレスプールと呼びます。このプールから配布するアドレスを決めるんだね

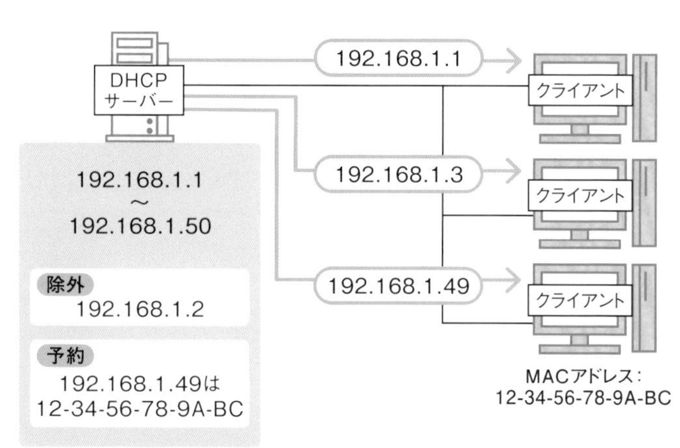

DHCP：Dynamic Host Configuration Protocol

▼**DHCP**
Dynamic Host Configuration Protocolの略。IPアドレスなどの設定情報を配布するためのプロトコル。

▼**BOOTP**
BOOTstrap Protocolの略。

▼**UDP**
User Datagram Protocolの略。

▼**MACアドレス**
MACはMedia Access Controlの略。ハードウエアごとに一意に割り当てられる48ビットの番号。

▼**そのIPアドレスを使えなくなる**
リース期限を設定するのは、IPアドレスを有効活用するため。例えばDHCPでIPアドレスを配布した機器が故障したり、異なるネットワークに移動したりすると、そのIPアドレスはアドレスプールに戻されないので再利用できなくなる。これを防ぐためにリース期限を設定する。

▼**DNSサーバー**
DNSはDomain Name Systemの略。IPネットワークで名前解決をするためのサーバー。

▼**NTPサーバー**
NTPはNetwork Time Protocolの略。IPネットワークで時刻合わせをするためのサーバー。

▼**ブロードキャスト**
送信元と同じネットワークにある端末すべてに対して送信する通信方式。基

布できることもDHCPの特徴だ。配布できる設定情報はオプションと呼ばれる(**図2**)。デフォルトゲートウエイやDNSサーバー✎のIPアドレス、サブネットマスクが代表的だ。そのほか前述のリース期限やドメイン名(DNSサフィックス)、NTPサーバー✎などもオプションとしてIPアドレスとともに配布できる。

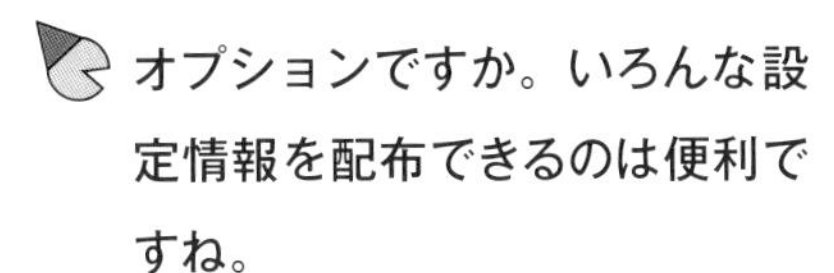

オプションですか。いろんな設定情報を配布できるのは便利ですね。

そうだな。DHCPサーバーで設定を変更すれば、クライアントの設定を一括で変えられる。

DHCPのメッセージは4種類

基本的にDHCPではサーバーとクライアントで4種類のメッセージをやりとりする(次ページの図3)。通常、メッセージはブロードキャスト✎で送られる。

まず、IPアドレスを配布してほしいクライアントは「DHCP DISCOVER」メッセージを送信する。このメッセージを送ることで、クライアントと同じサブネットにDHCPサーバーが存在するかどうか調べる。この時点ではクライアントはIPアドレスがないので、送信元のIPアドレスには「0.0.0.0」を入れる。

DHCP DISCOVERを受信したDHCPサーバーは「DHCP OFFER」メッセージを返信する。DHCP OFFERにはクライアントに配布するIPアドレスとオプションが含まれる。配布するIPアドレスは「Your IPアドレス✎」というフィールドに入れて送られる。

DHCP OFFERに対してクライアントは「DHCP REQUEST」メッセージを送る。DHCP REQUESTの「リクエストIPアドレス」には、クライアントが使いたいIPアドレスを入れる。

通常はDHCP OFFERで送られてきたYour IPアドレスを、リクエストIPアドレスとして送信する。

DHCP REQUESTを受信したDHCPサーバーは「DHCP ACK」メッセージを送信する。これはクライアントにIPアドレスとオプションの使用を許可するメッセージである。これを受信したクライアントは配布されたIPアドレスとオプションを自分自身に設定する。

なお、DHCP REQUESTでクライアントが要求したIPアドレスをDHCPサーバーが使わせたくない場合、DHCPサーバーは「DHCP NAK」メッセージを送って使用を拒否する。

この場合、クライアントは再度DHCP DISCOVERを送信し、やりとりを最初からやり直す。

メッセージはブロードキャストで送るから全員に届きますね。じゃあ2台以上のクライアントが同時にIPアドレスを要求したらどうやって識別するんですか。

図2 オプションでIPアドレス以外の設定情報を配布
DHCPではIPアドレス以外の設定情報も配布できる。DHCPサーバーはIPアドレスとともにオプションのコードと設定値をクライアントに送信する。

DHCPではネットワークに関する設定情報をオプションとしてIPアドレスと一緒に配布できるよ

代表的なオプション

コード	名称	説明
1	サブネットマスク	サブネットマスク
3	ルーター	デフォルトゲートウエイ(複数設定可)
6	DNSサーバー	DNSサーバー(複数設定可)
15	DNSドメイン名	DNSサフィックス
51	リース期限	配布したIPアドレスの使用期限
53	メッセージタイプ	DHCPのメッセージタイプ
54	サーバー識別子	DHCPサーバーのIPアドレス

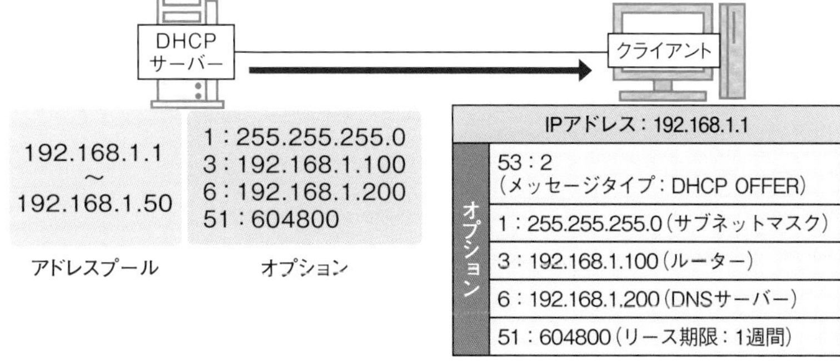

DNS：Domain Name System

本的にはルーティングされない。IPv6で廃止された。

▼Your IPアドレス
英語ではYour IP addressなので、YIADDRと略される。

▼ARP
Address Resolution Protocolの略。

▼Gratuitous ARP
gratuitousは「理由のない」や「余計な」といった意味。Gratuitous ARPはGARPと略される。

図3 DHCPは4種類のメッセージをやりとりする

DHCPを使ったIPアドレス配布の流れ。「DHCP DISCOVER」「DHCP OFFER」「DHCP REQUEST」「DHCP ACK」の4種類のメッセージをクライアントとサーバーでやりとりする。通常はやりとりにブロードキャストを使う。

❶ DHCP DISCOVER

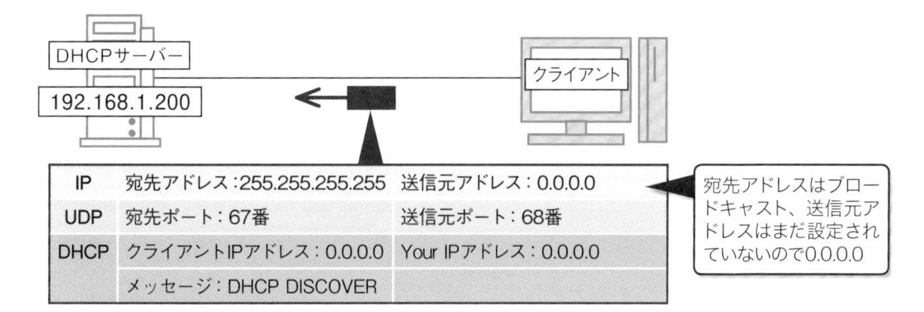

❷ DHCP OFFER

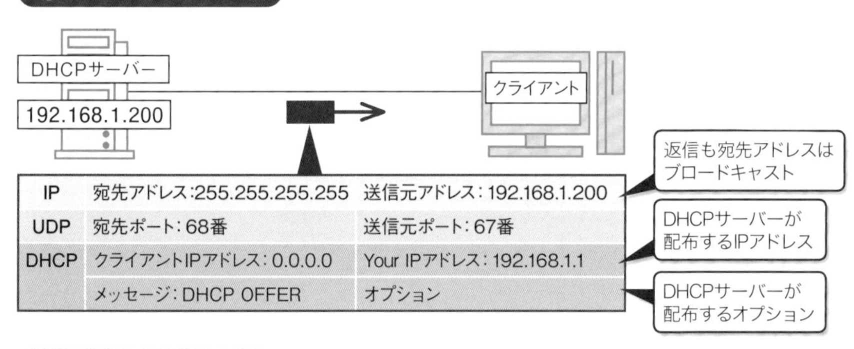

❸ DHCP REQUEST

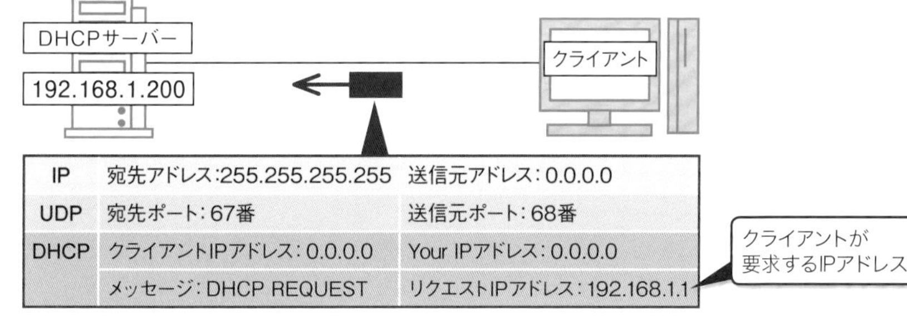

❹ DHCP ACK

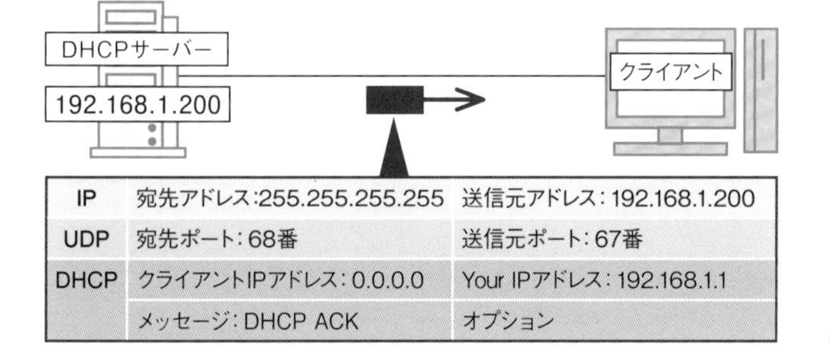

DHCPサーバー
192.168.1.200
クライアント
IP 宛先アドレス:255.255.255.255 送信元アドレス:192.168.1.200
UDP 宛先ポート:68番 送信元ポート:67番
DHCP クライアントIPアドレス:0.0.0.0 Your IPアドレス:192.168.1.1
メッセージ:DHCP ACK オプション

DHCPは4種類のメッセージをやりとりする。クライアントのIPアドレスはまだ決まっていないので0.0.0.0を使う。やりとりはすべてブロードキャスト通信

いい質問だな。

DHCP DISCOVERメッセージには32ビットの任意のIDが設定される。やりとりするメッセージにはこのIDを設定するので、クライアントは自分宛てのメッセージを識別できる。

ARPで重複をチェック

クライアントがDHCP ACKを受信すると、配布されたIPアドレスが別の機器で使われていないかどうかをチェックする。そのIPアドレスが別のDHCPサーバーから配布されていたり、固定IPアドレスとして別の機器に設定されていたりする可能性があるからだ。

重複のチェックにはARP（アープ）を使う。ARPは本来IPアドレスからMACアドレスを調べるために使うプロトコルだ。IPアドレスの重複をチェックするために使用するARPはGratuitous（グラテュイタス） ARP（GARP）と呼ぶ。

GARPでは、自分のIPアドレスを問い合わせアドレスとしたARPリクエストを送信する。これに応答するARPリプライがあれば、同じIPアドレスを持つ機器が存在することが分かる（**図4**）。

ARPリプライがなければ、同じIPアドレスを持つ機器はいないと判断して、配布されたIPアドレスを使い始める。

前述のように、DHCPで配布さ

れたIPアドレスにはリース期限がある。ただ通常は、リース期限が切れる前に、クライアントは期限の延長を要求する。期限を延長することはrenewと呼ばれる（次ページの図5）。

リース期間は延長できる

クライアントはリース期限の半分が過ぎた時点でrenewを送信する。renewにはDHCP REQUESTを使う。リース期限を延長したいクライアントは、そのIPアドレスを配布したDHCPサーバーにDHCP REQUESTをユニキャストで送信する。

このメッセージを受信したDHCPサーバーは、問題がなければDHCP ACKを送り、新しいリース期限を通知する。このときも特定のDHCPサーバーとクライアントのやりとりなのでユニキャストで送信する。

もしDHCP サーバーの障害などでDHCP ACKメッセージを受信できなかった場合、クライアントは一定時間後にDHCP REQUESTをブロードキャストで送信する。ブロードキャストを使うことで、該当のIPアドレスを配布したDHCPサーバー以外にもリース期限の延長を求める。

これに対してDHCP ACKメッセージが送られてくればリース期限を延長する。送られてこなければ、当初のリース期限が終了後、そのIPアドレスは使えなくなる。

ルーターを越える

これまで解説したように基本的にDHCPはブロードキャストで通信する。このためそのままではルーターを越えて通信できない（次ページの図6）。サブネットごとにDHCPサーバーを設置すれば解決できるが、サブネットが多い組織では手間とコストがかかる。

だがルーターを越えて別のサブ

▼一定時間後
この時間はrebinding期限と呼ばれる。

IPアドレスの配布が終わったらGARPで重複をチェック

DHCP ACKメッセージを受信してIPアドレスの配布が終わったことを知ったら、クライアントはGratuitous ARP（GARP）を使ってIPアドレスの重複をチェックする。

配布されたIPアドレスが重複していないか確認するため、配布されたIPアドレスでARPリクエストを送信する

ARPリプライがあるってことは該当のIPアドレスを使っている機器があるってことだね。このように本来の使い道とは違うARPをGratuitous ARP（GARP）と呼びます

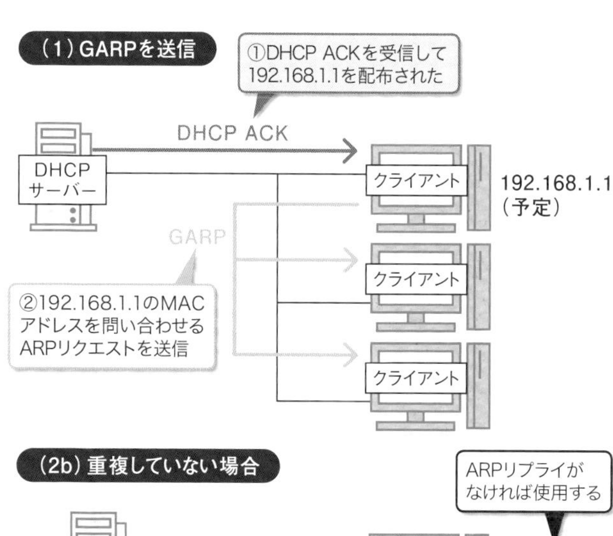

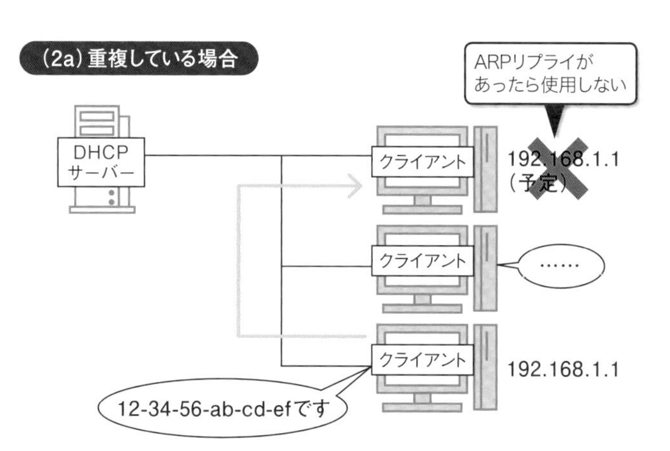

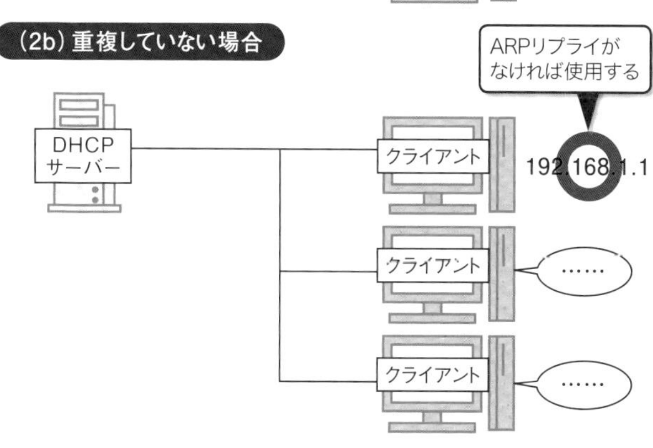

ARP：Address Resolution Protocol　GARP：Gratuitous ARP

2章 DHCPの役割とは？

図5 IPアドレスのリース期限を延長する

リース期限の半分が経過したらクライアントはリース期間の延長（renew）をDHCPサーバーに要求する。具体的にはユニキャストでDHCP REQUESTを送信する。問題がなければDHCPサーバーはDHCP ACKでリース期限を変更する。

IP	宛先アドレス：192.168.1.200	送信元アドレス：192.168.1.1
UDP	宛先ポート：67番	送信元ポート：68番
DHCP	クライアントIPアドレス：192.168.1.1	Your IPアドレス：0.0.0.0
	メッセージ：DHCP REQUEST	

IPアドレスを配布したDHCPサーバーにユニキャストで送る

現在のIPアドレスを入れる

DHCP REQUESTで延長を要求する

DHCPサーバー 192.168.1.200

クライアント 192.168.1.1

IP	宛先アドレス：192.168.1.1	送信元アドレス：192.168.1.200
UDP	宛先ポート：68番	送信元ポート：67番
DHCP	クライアントIPアドレス：0.0.0.0	Your IPアドレス：192.168.1.1
	メッセージ：DHCP ACK	オプション：延長したリース期限

返信もユニキャストで送る

オプションのリース期限を延長する

リース期限の半分が経過するとクライアントはIPアドレスを配布されたDHCPサーバーに対して、DHCP REQUESTをユニキャストする

DHCP REQUESTを送られたDHCPサーバーはオプションに新しいリース期限を入れてDHCP ACKを返信します。これでリース期限が延長されます

ネットにもIPアドレスを配布する方法がある。それがDHCPリレーと呼ばれる方法だ。

DHCPリレーでは、ブロードキャストのDHCPメッセージをルーターなどに中継させることで、異なるサブネットにあるDHCPサーバーとクライアントがDHCPメッセージをやりとりできるようになる。DHCPリレーを実施する機器はリレーエージェントと呼ばれる。

リレーエージェントの動作は次の通り（図7）。リレーエージェントには、DHCPサーバーのIPアドレスが登録されている。

通常通り、まずクライアントがDHCP DISCOVERをブロードキャストで送信する。

図6 リレーエージェントを使ってDHCPメッセージを別のサブネットへ

基本的にDHCPメッセージはブロードキャストで送られるので、ルーターを越えられない。だがルーターをリレーエージェントにすれば、DHCPメッセージを別のサブネットへ送れるようになる。

DHCPのメッセージはブロードキャストなのでルーターを越えられない。サブネットごとにDHCPサーバーを設置すればいいんだけど、サブネットが多い組織だと大変だ

ルーターをリレーエージェントに設定すれば、DHCPメッセージをリレーして別のサブネットに送ることができる

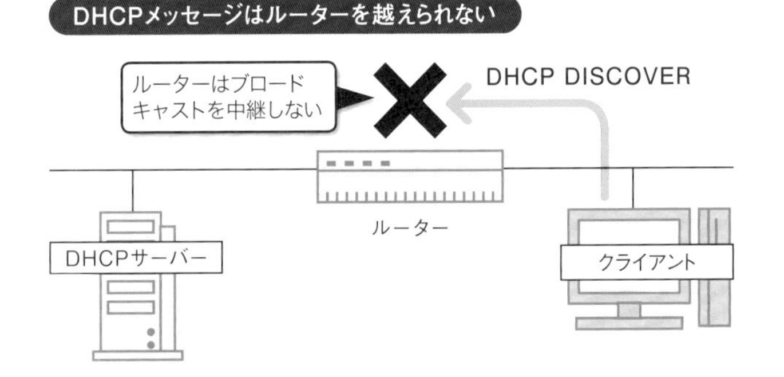

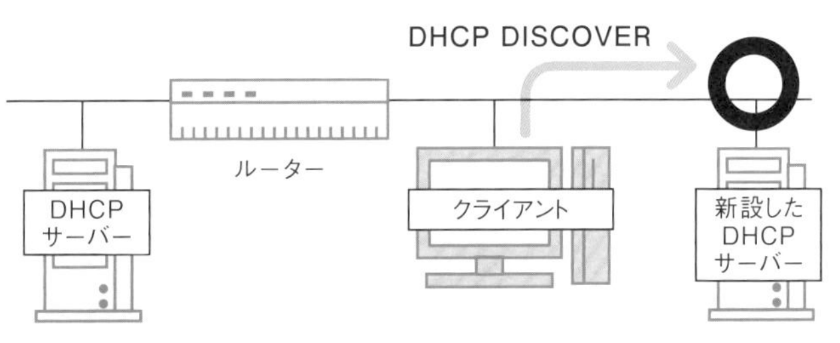

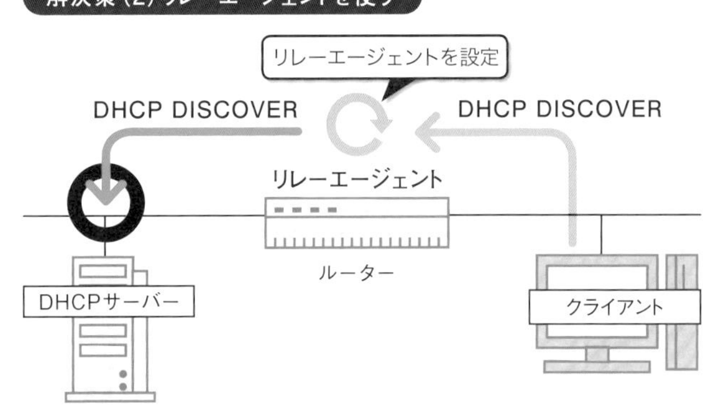

▼ゲートウエイIPアドレス
英語ではGateway IP address。GIADDRと略される。

DHCPメッセージを中継

それを受信したリレーエージェントは、宛先をDHCPサーバーのIPアドレスにしてユニキャストで送信。送信元には、ブロードキャストを受け取ったインターフェースのIPアドレスを設定する。

加えてインターフェースのIPアドレスをゲートウエイIPアドレス▼というフィールドに格納する。

リレーエージェントが中継したDHCP DISCOVERを受け取ったDHCPサーバーは、ゲートウエイIPアドレスのサブネットに対応するアドレスプールから選んだIPアドレスをDHCP OFFERで送信する。このときもユニキャストで送られる。

DHCP OFFERを受信したリレーエージェントは、ブロードキャストでクライアントのサブネットに中継する。

DHCP REQUESTやDHCP ACKも同様だ。以上により異なるサブネットのDHCPサーバーとクライアントがDHCPメッセージをやりとりできるようになる。

図7 リレーエージェントの動作

リレーエージェントは宛先および送信元IPアドレスを変換し、ブロードキャストのDHCPメッセージを異なるサブネットのDHCPサーバーに送る。その際、通信にはユニキャストを使用する。

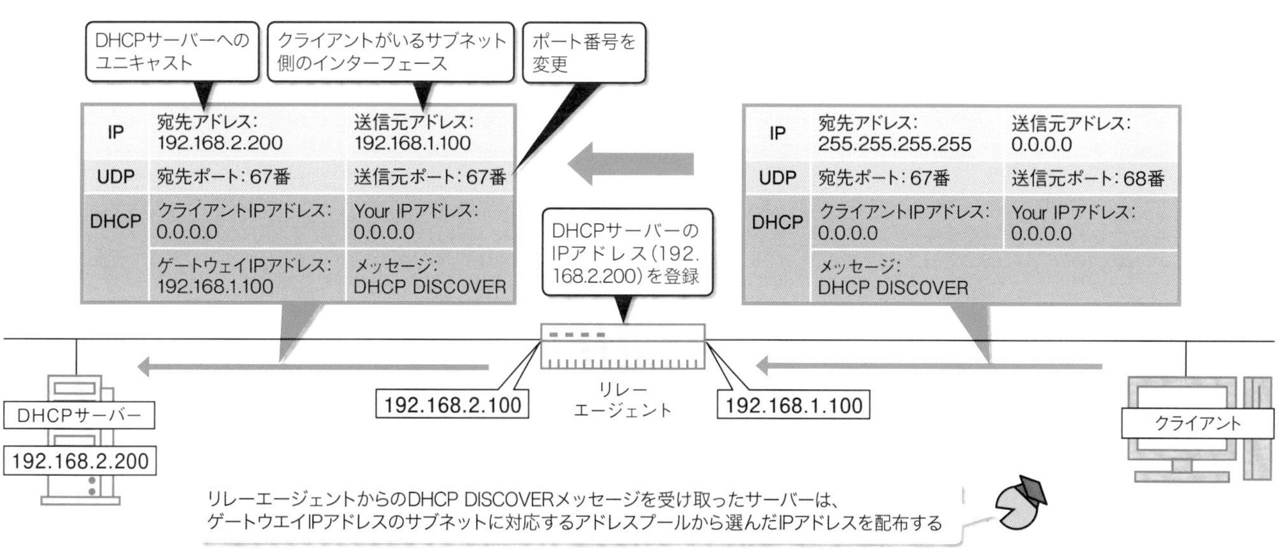

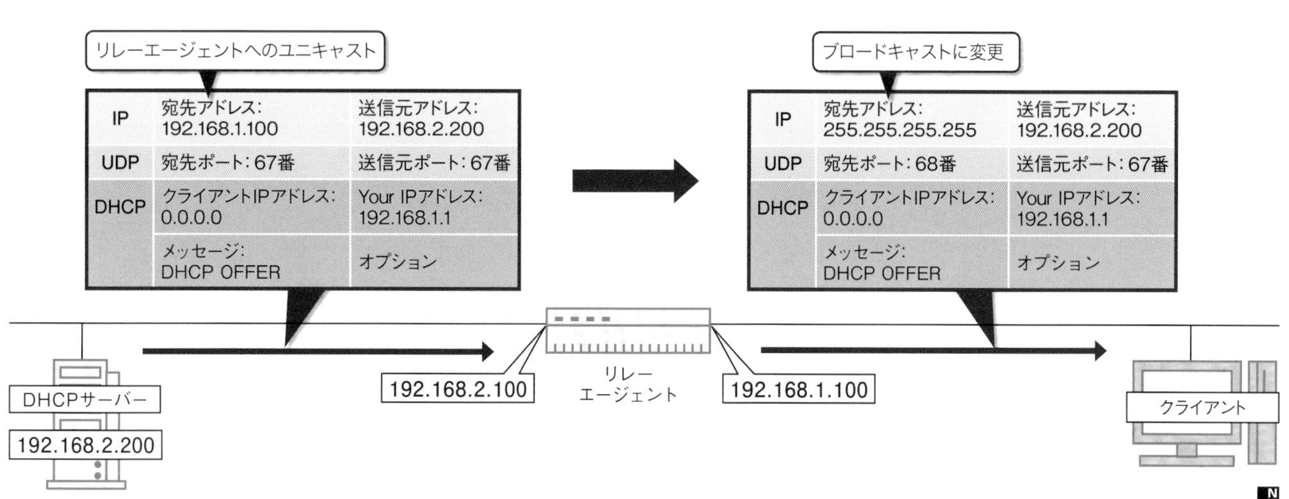

ポート番号って何だろう？

ネットワーク用語では「ポートを開ける」とか「ポートを閉める」とか言いますよね？

うむ、ネットワークエンジニアがよく使うな。

開けたり閉めたりってことは、ポートってバルブ的な何かですか？

バルブ……。まあ、発想としては悪くはないが……。

TCPおよびUDPはトランスポート層のプロトコルであり、2つのアプリケーションを接続する役割を担う。

2つのアプリケーションは、異なるコンピューター（ホスト）で稼働している場合もあれば、同じ機器で稼働している場合もある。

異なるアプリケーション同士を接続するためには、アプリケーションを識別する必要がある。そのための情報がポート番号である。ポート番号はTCPやUDPのヘッダーに含まれる。

同じホストで複数のアプリケーションが稼働している場合でも、宛先のポート番号を指定することで、目的とするアプリケーションに接続することができる（**図1**）。

例えば、1台のコンピューターにWebサーバーとメールサーバーが稼働している場合、WebブラウザーがWebサーバーにアクセスできるのはポート番号を指定してい

図1 ポート番号でアプリケーションを識別する

トランスポート層のTCPやUDPでは「ポート番号」でアプリケーションを識別する。同じコンピューター（ホスト）で複数のアプリケーションが稼働する場合でも、ポート番号を指定することで目的のアプリケーションと通信できる。

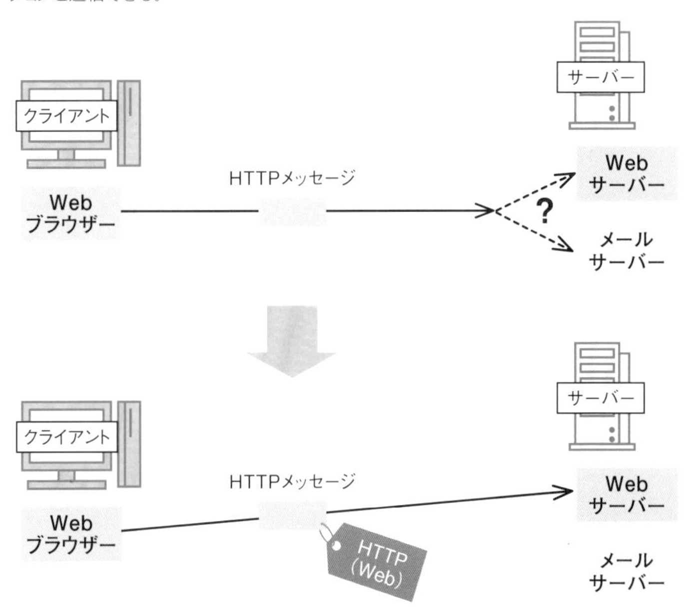

宛先のコンピューターで複数のアプリケーションが稼働している場合は、「宛先のアプリケーション」を指定する必要がある

PPPの通信アプリケーションみたいに1台のコンピューターに1つしか稼働しない場合には指定する必要はないんだけどね

HTTP：HyperText Transfer Protocol　**PPP**：Pont-to-Point Protocol

▼**TCP**
Transmission Control Protocolの略。

▼**UDP**
User Datagram Protocolの略。

▼**ヘッダー**
データを送受信するために必要な情報。

▼**PPP**
Point-to-Point Protocolの略。2点間でデータ通信するためのプロトコル。電話線やISDNのダイヤルアップ接続、専用線などで1対1で接続するときに使う。

▼**プロセス**
プログラムの実行単位。

るためだ。

逆を言えば、1台のコンピューターには1つしか稼働できないアプリケーションなら識別する必要がない、つまりポート番号が不要だ。例えばPPPで通信するアプリケーションならポート番号を指定する必要はない。

ポート番号もアドレスの一種

TCP/IPネットワークでは、ホストを指定するのにIPアドレスというアドレスを使うのに対して、アプリケーションの指定に使うアドレスがポート番号といえる。

ポート番号の実体は、OSの通信機能が割り当てる16ビットの番号である。アプリケーションのプロセスが通信を開始する際に、重複しないように割り当てられる(図2)。

例えば、Webサーバーのプロセスには80番、メールサーバーには25番を割り当てる。IPアドレスとポート番号の組み合わせはソケットと呼ばれる。

ポート番号ってアドレスなんですか。

ホストを識別するのがIPアドレス、アプリケーションプロセスを識別するのがポート番号で役割はほぼ同じ。どちらもアドレスと考えてよいだろう。

ポート番号の特徴は、まず第一にプロセスごとに異なること(図3)。同一のアプリケーションであってもプロセスが異なれば、異なるポート番号が割り当てられる。

またポート番号は、そのホストのOSが割り当てるローカルな値である。つまり、同一ホストでは重複してはいけないが、ホストが異なれば同じ値でも構わない。

前述のようにポート番号は16ビットなので、10進数では0から

図2 ポート番号はOSが割り当てる識別番号

ポート番号の実体は、OSの通信機能が割り当てる一意の16ビットの番号。TCPおよびUDPではIPアドレスでコンピューター、ポート番号でアプリケーションを指定する。

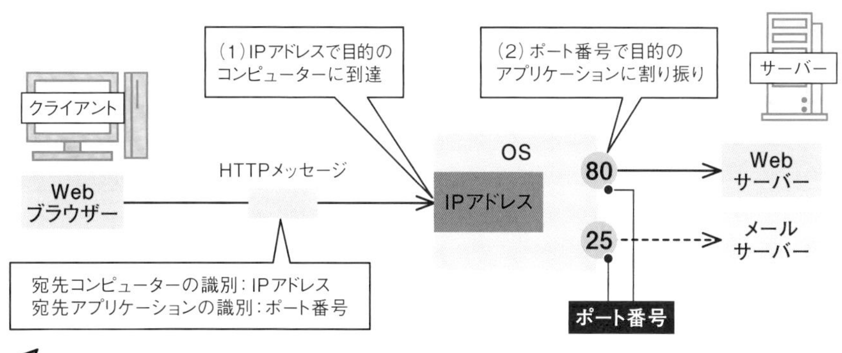

OSの通信機能はアプリケーションごとに重複しない番号を割り当てる。これがポート番号だ

IPアドレスでコンピューター、ポート番号でアプリケーションを識別するんですね

図3 ポート番号のルール

ポート番号はローカルの値。同一ホストでは重複してはいけないが、ホストが異なれば同じポート番号を異なるアプリケーションに割り当てても問題ない。

ルール1 同一のホストでポート番号が重複してはいけない

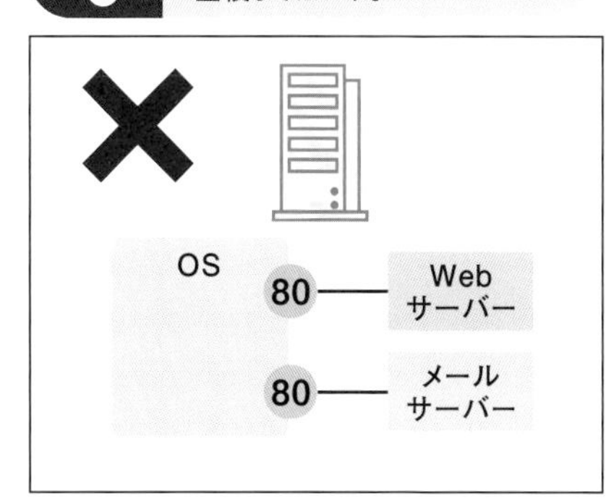

ルール2 ホストが異なれば異なるアプリケーションに同じポート番号を使える

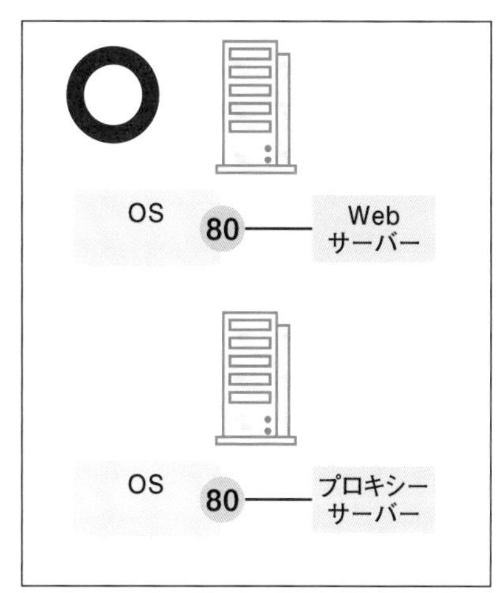

2章 ポート番号って何だろう?

▼ウェルノウンポート
主要なプロトコルで使われるポート。

▼レジスタードポート
登録済みポート番号とも呼ばれる。

▼エフェメラルポート
一時的に使われるポート。エフェメラル(ephemeral)とは、英語で「短命な」という意味。

図4 **ポート番号の分類**

サーバーはウェルノウンポートかレジスタードポート、クライアントはエフェメラルポートを使う。ウェルノウンポートやレジスタードポートでどのアプリケーションを使うかはIANAが管理している。

ポート番号	分類
0～1023	ウェルノウンポート
1024～49151	レジスタードポート
49152～65535	エフェメラルポート

ポート番号には分類がある。ただしこれは目安。柔軟に運用して構わない

図5 **TCPとUDPのヘッダー**

TCPとUDPのヘッダーには送信元と宛先のポート番号が格納されている。これらを使って通信相手のアプリケーションを識別する。

TCPヘッダー(20オクテット)

送信元ポート番号			宛先ポート番号
シーケンス番号			
確認応答番号			
オフセット	予約	フラグ	ウィンドウサイズ
チェックサム			緊急ポインター

UDPヘッダー(8オクテット)

送信元ポート番号	宛先ポート番号
データ長	チェックサム

65535の値を取り、使い方で大きく3種類に分類される。0～1023はウェルノウンポート✎、1024～49151はレジスタードポート✎、49152～65535はエフェメラルポート✎という(図4)。

ポート番号は3種類

これらのうち、エフェメラルポートはクライアントアプリケーションが使用するポート番号である。アプリケーションの種類は考慮されず、任意の値が割り当てられる。また、一時的に割り当てられる値である。同じアプリケーションであっても、起動されるたびに異なる値が割り当てられる。

クライアントアプリケーションが通信を開始しようとすると、OSはエフェメラルポートの中からその時点で使われていない任意の番

図6 **IPアドレスとポート番号でアプリケーション間通信を識別**

送信元および宛先のIPアドレスとポート番号の組み合わせ(ソケット)でアプリケーション間通信を識別する。

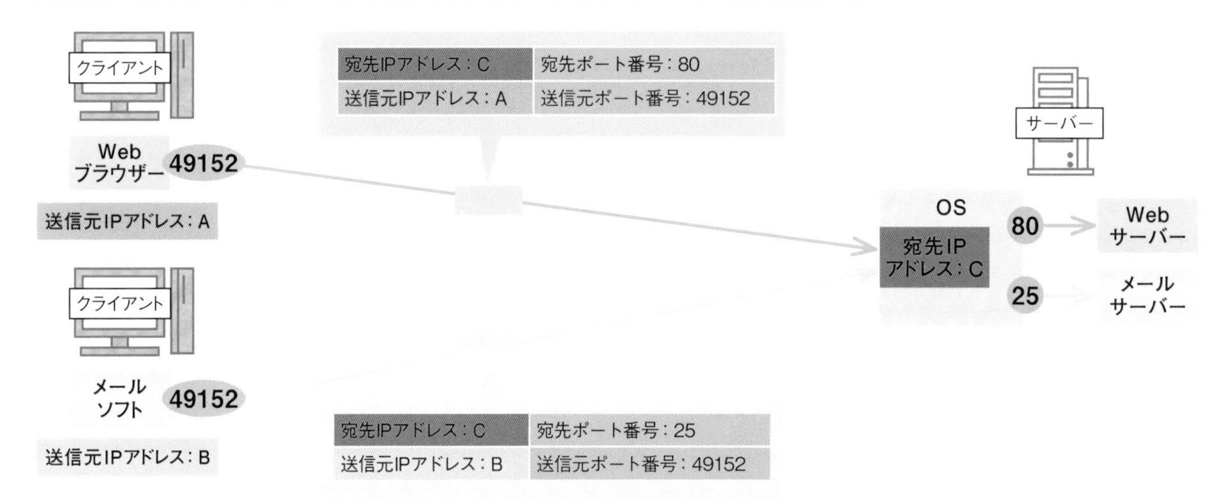

▼IANA
Internet Assigned Numbers Authorityの略。インターネットに関連する番号などを管理する組織。

▼使用するアプリケーションあるいはプロトコルが決められている
IANAはウェルノウンポートとレジスタードポートのリストをWebサイトで公開している。URLは、https://www.iana.org/assignments/service-names-port-numbers/service-names-port-numbers.xhtml。

▼SMTP
Simple Mail Transfer Protocolの略。

▼DNS
Domain Name Systemの略。

▼HTTP
HyperText Transfer Protocolの略。

▼オクテット
1オクテットは8ビット。

▼ARP
Address Resolution Protocolの略。

号を選択してアプリケーションに割り当てる。

一方、クライアントアプリケーションなどからの通信を待ち受けるサーバーアプリケーションは、ウェルノウンポートかレジスタードポートを使用する。

ウェルノウンポートとレジスタードポートはIANA（アイアナ）が管理している番号であり、使用するアプリケーションあるいはプロトコルが決められている。

例えば、SMTPは25番、DNSは53番、HTTPは80番といった具合だ。ただしこれらの分類は目安であり、実際には柔軟に運用することが多い。

ポート番号はヘッダーにある

前述のように、送信元と宛先のポート番号はTCPまたはUDPのヘッダーに格納されている（図5）。

TCPヘッダーは全部で20オクテット（160ビット）。そのうちの16ビットが送信元ポート番号、16ビットが宛先ポート番号になる。UDPヘッダーは8オクテットで、その半分に当たる4オクテット（32ビット）が送信元および宛先ポート番号に使われる。

このポート番号とIPアドレスを組み合わせたソケットにより、それぞれのアプリケーション間の通信が識別される（図6）。送信元/宛先ポート番号および送信元/宛先IPアドレスのいずれか1つが異なれば別の通信として識別される。

宛先のポート番号が使われていない場合には通信できない。また、宛先のポート番号が想定とは異なるアプリケーションに使用されている場合には正しく処理されず通信エラーになる。

では質問だ。宛先のサーバーで稼働しているアプリケーションのポート番号はどうやって知るのだろう。

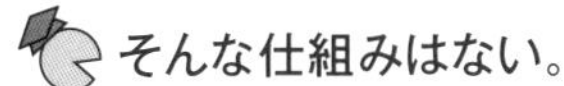

何か調べる仕組みはないんですか。ARP（アープ）やDNSみたいに。

そんな仕組みはない。

ポート番号はホストごとに指定するローカルな番号なので、ほかのホストで稼働するアプリケーションは分からない。MAC（マック）アドレスを調べるARPやIPアドレスを調べるDNSのような仕組みはポート番号には存在しない（図7）。

図7 ポート番号を知る方法はない

MACアドレスやIPアドレスとは異なり、宛先のコンピューターで稼働しているアプリケーションのポート番号を調べる仕組みは存在しない。

IPアドレスは分かるがMACアドレスが分からない ➡ ARPで解決

サーバー（192.168.0.1）のMACアドレスが知りたい！

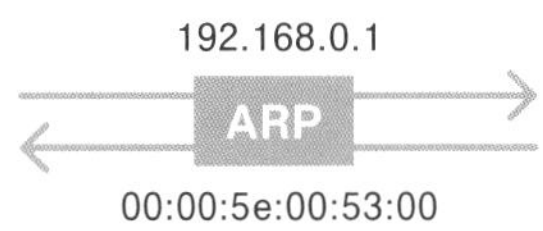

ドメイン名は分かるがIPアドレスが分からない ➡ DNSで解決

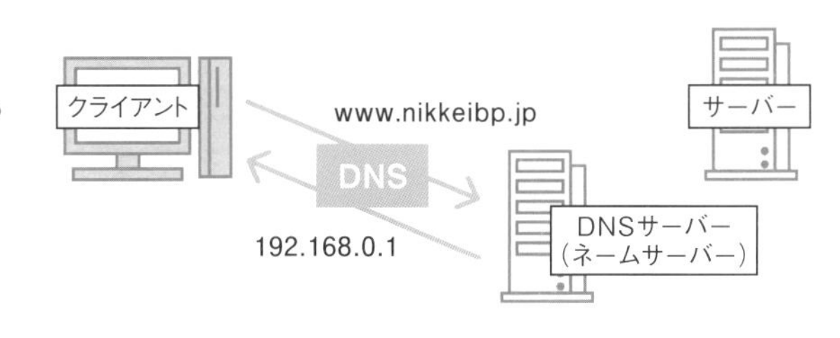

アプリケーションの種類は分かるがポート番号が分からない ➡ 解決不能

サーバーで実行されているWebサーバーのポート番号が知りたい！

ARPを使えばIPアドレスからMACアドレスが分かる。DNSを使えばドメイン名からIPアドレスが分かる。だが宛先のアプリケーションからポート番号を知る仕組みは存在しない

そのためポート番号については運用でカバーする必要がある。1つが、アプリケーションプロセスが待ち受けているポート番号をユーザーに伝える方法である。

例えば口頭や手紙、メールなどで伝える。クライアントアプリケーションを配布している場合には、該当のポート番号を初期値として設定しておく方法もある。

図8 ウェルノウンポートで運用する

ウェルノウンポートでアプリケーションを動かせば、不特定多数のユーザーが接続できる。逆に、ウェルノウンポート以外のポート番号で動かせば、そのポート番号を知っているユーザーしか接続できない。

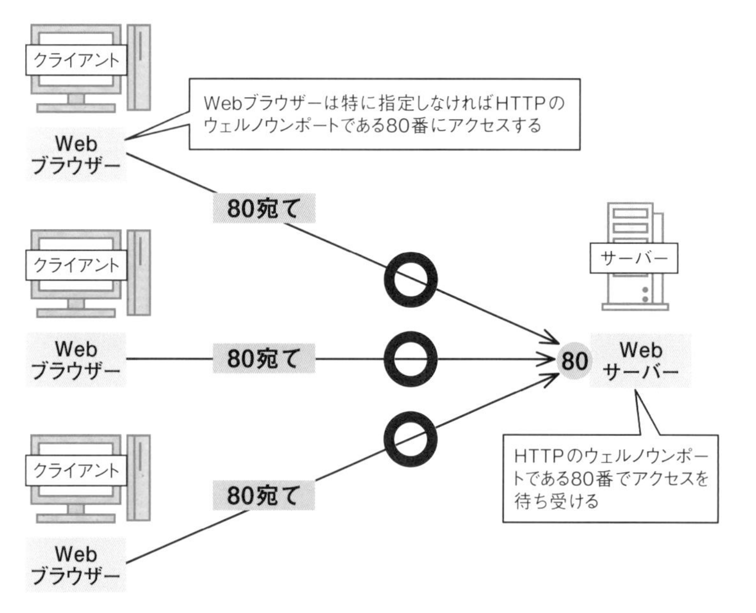

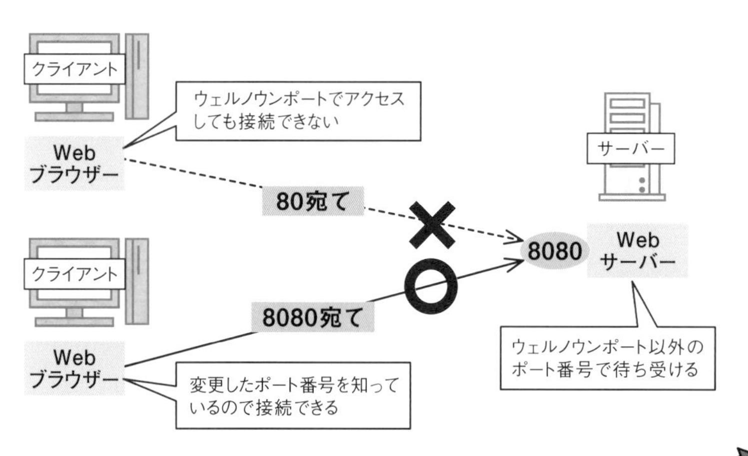

ウェルノウンポートを使う

もう1つがウェルノウンポートに設定する方法だ(図8)。前述のようにウェルノウンポートはあくまでも目安であり、別のポート番号を設定してもサービスは提供できる。

だが不特定多数にサービスを提供するサーバーでは、ウェルノウンポートに設定しておくべきである。クライアントアプリケーションの多くも、宛先ポート番号の初期値はウェルノウンポートに設定している。

例えばWebブラウザーは、URLでポート番号を指定しなければHTTPのウェルノウンポートである80番ポートにアクセスする。このためWebサーバーも80番ポートで待ち受ければ、ユーザーはポート番号を意識することなく接続できる。

逆を言えば、ウェルノウンポート以外のポート番号に設定すれば接続を制限できることになる。アクセスを待ち受けるポート番号をウェルノウンポート以外に設定すれば、そのことを知らないユーザーが接続するのは困難になる。例えばWebサーバーを8080番ポートで稼働させれば、ポート番号を指定しないWebブラウザーは接続できない。明示的に8080番を指定したWebブラウザーだけが接続できる。

「ポートが開いている」とは？

サーバー側でサーバーアプリケーションのプロセスにポート番号が割り当てられると、そのプロセスはクライアントからの接続を待ち受ける状態になる。これが「ポートが開いている」と呼ばれる状態である。ポートが開いていると、そのポートにアクセスしたクライアントアプリケーションはサーバーアプリケーションに接続できる(**図9**)。

ポートを開けていれば正常にサービスを提供できる一方で、不正アクセスを受ける恐れもある。そこでサービスを提供していないアプリケーションプロセスは待ち受け状態にはしない。これが「ポートが閉じている」状態である。ポートが閉じられているサービス、つまりポート番号が割り当てられていないアプリケーションには接続できない。

セキュリティーを高めるためにアクセス制御を実施するファイアウオールにもポートの概念がある。ほとんどのファイアウオールにはポート番号でアクセスを制御する機能がある。ファイアウオールが通過を許可しているポート番号は「ポートが開いている」、通過を拒否しているポート番号は「ポートが閉じている」と呼ぶ。

サーバーのポートが開いていても、経路上のファイアウオールのポートが閉じている場合には接続できない。クライアントからは、サーバーのポートが閉じている場合と同じように見える。

図9 「ポートが開いている」と「ポートが閉じている」の違い

サーバーアプリケーションにポート番号が割り当てられて、クライアントアプリケーションが接続できる状態にあることを「ポートが開いている」という。逆に接続できない状態が「ポートが閉じている」である。

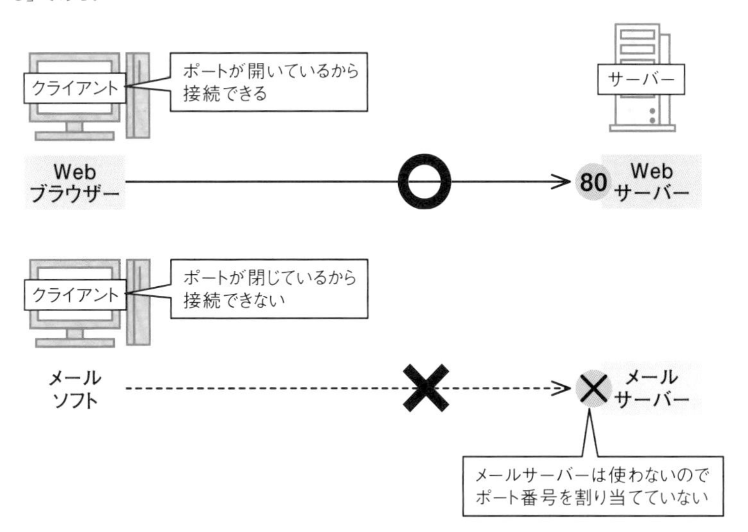

ポート番号がアプリケーションに割り当てられていて、クライアントが接続できる状態は「ポートが開いている」、割り当てられていなくて接続できない状態は「ポートが閉じている」だよ

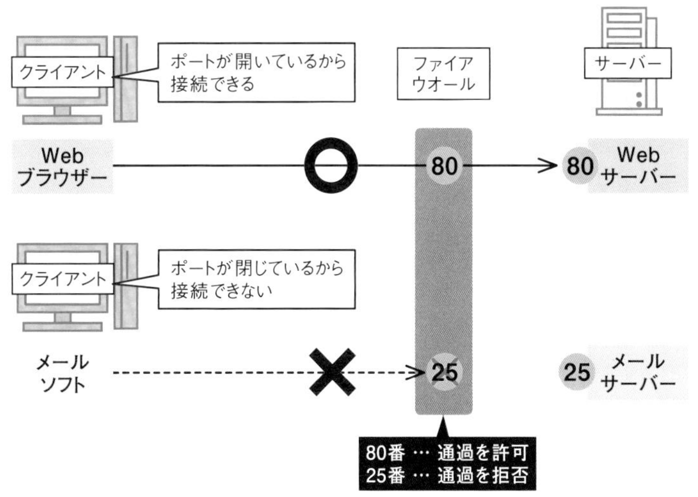

ファイアウオールが経路上にある場合、通過を許可している宛先ポート番号は「ポートが開いている」、通過を拒否している宛先ポート番号は「ポートが閉じている」という

CIDRって何だろう？

IPv4のアドレスを「192.168.1.0/24」みたいに書くのをCIDR（サイダー）表記っていうじゃないですか。何ですか、これ。

では、今日はCIDRとそれに関連する話をしよう。

当初、IPアドレスはクラス(class)という概念で分類され、各組織に割り当てられていた。そこで、まずはクラスについて説明しよう。

IPアドレスは32ビットの数値で、ネットワークを特定するためのネットワーク番号（ネットワーク部）と、ホストを特定するためのホスト番号（ホスト部）で構成される。IPアドレスの先頭のビット列とネットワーク番号のビット数でIPアドレスを分類するのがクラスである。

ネットワークの大きさで分類

クラスはAからEまである。ただしクラスDとクラスEは特定の用途に予約されていて、実際に使えるのはクラスAからクラスCまでだ。

例えば、クラスAは先頭ビットが「0」でネットワーク番号が8ビットのIPアドレスが該当する（図1）。それぞれのネットワークのホスト番号は24ビットなので、約1600万のIPアドレスを持つことになる。

だが実際には、クラスAやクラスBのネットワークをそのまま使うことはほとんどない。通常はネットワークを分割して使用する（図2）。ネットワークを分割して作られるネットワークはサブネットと呼ばれる。

ネットワーク管理者はネットワーク番号のビット数を増やすことでネットワークを分割する。ネットワーク番号のビット数を増やせばホスト番号のビット数は少なくなり、1つのネットワークに含まれるホストの数は少なくなる。例えばクラスBのネットワーク番号は16ビットだが、18ビットにすることで4つのサブネットに分割できる。

図1 「クラス」よるIPアドレスの分類

IPv4のIPアドレスは「クラス」という概念で分類されて各組織に割り当てられていた。クラスによって先頭ビットとネットワーク番号のビット数が異なる。

x：0か1の任意の値

	2進数表記				10進数表記
クラス	ネットワーク番号	ホスト番号			IPアドレスの範囲
A	0xxx xxxx	xxxx xxxx	xxxx xxxx	xxxx xxxx	0.0.0.0 ~ 127.255.255.255
B	10xx xxxx	xxxx xxxx	xxxx xxxx	xxxx xxxx	128.0.0.0 ~ 191.255.255.255
C	110x xxxx	xxxx xxxx	xxxx xxxx	xxxx xxxx	192.0.0.0 ~ 223.255.255.255
D	1110 xxxx	xxxx xxxx	xxxx xxxx	xxxx xxxx	224.0.0.0 ~ 239.255.255.255
E	1111 xxxx	xxxx xxxx	xxxx xxxx	xxxx xxxx	240.0.0.0 ~ 255.255.255.255

IPアドレスの先頭ビットでクラスを判断できるよ。「0」がクラスA、「10」がクラスBといった具合だね。クラスによってネットワーク番号のビット数も異なります

クラスDとクラスEのIPアドレスは特別な用途に使われているので、一般のコンピューターに割り当てることはできない。つまり、全体の8分の1のIPアドレスは使えないわけだ

▼CIDR
Classless Inter-Domain Routing の略。
▼IPアドレス
今回の記事では、「IPアドレス」はすべてIPv4のアドレスを意味する。
▼ネットワーク番号
プレフィックスやアドレスプレフィックスとも呼ぶ。
▼特定の用途
クラスDはマルチキャスト用、クラスEは研究用などに予約されている。

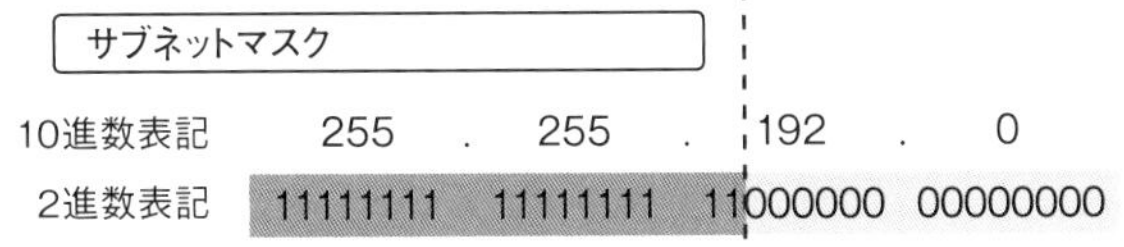

クラスB（172.16.0.0）のネットワーク

4つの
ネットワークに分割

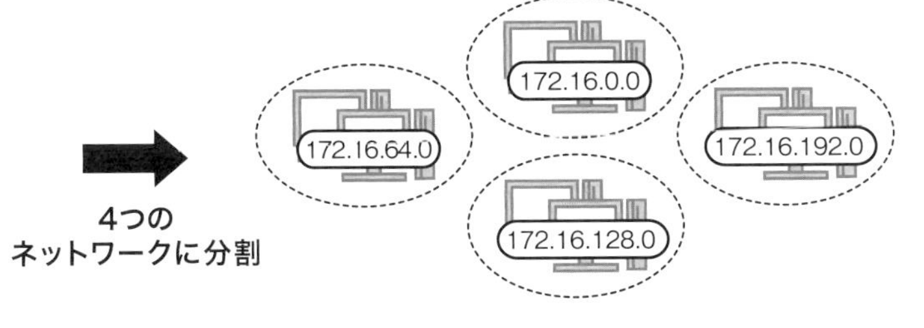

IPアドレス（ネットワークアドレス）

10進数表記	172	16	0	0
2進数表記	10101100	00010000	00000000	00000000

サブネットマスク

10進数表記	255	255	0	0
2進数表記	11111111	11111111	00000000	00000000

IPアドレス（ネットワークアドレス）

10進数表記	172	16	0	0
2進数表記	10101100	00010000	00000000	00000000
10進数表記	172	16	64	0
2進数表記	10101100	00010000	01000000	00000000
10進数表記	172	16	128	0
2進数表記	10101100	00010000	10000000	00000000
10進数表記	172	16	192	0
2進数表記	10101100	00010000	11000000	00000000

サブネットマスク

10進数表記	255	255	192	0
2進数表記	11111111	11111111	11000000	00000000

ネットワークを分割してサブネットを作成した場合、ネットワーク番号が何ビットなのか分からなくなる。そこで、サブネットマスクを使ってネットワーク番号のビット数を明示するってことだね

図2 サブネットマスクでネットワーク番号とホスト番号を判別
クラスAやクラスBのネットワークは、複数のサブネットに分割して利用する。分割したサブネットのネットワーク番号とホスト番号はサブネットマスクで判別する。

分割されたネットワークは、IPアドレスを見ただけではどこまでがネットワーク番号なのかが分からない。それを判別するために使われるのがサブネットマスクである。IPアドレスのネットワーク番号のビットを1、ホスト番号のビットを0にした32ビットの数値である。

ネットワークのビット数を末尾に

クラスで分類されていたIPアドレスだが、あまりにも大ざっぱなため無駄が生じるようになった。前述のように、クラスAやクラス

図3 クラスを使わないIPアドレスの表記方法
クラスを使わないIPアドレスではネットワーク番号のビット数を末尾に記載する。このビット数はプレフィックス長、この書き方はCIDR表記とも呼ぶ。

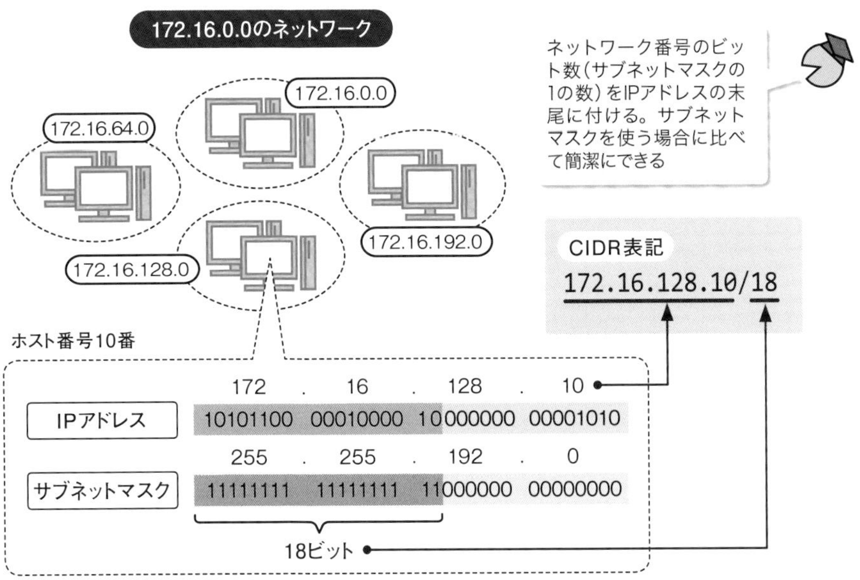

172.16.0.0のネットワーク

172.16.0.0
172.16.64.0
172.16.192.0
172.16.128.0

ネットワーク番号のビット数（サブネットマスクの1の数）をIPアドレスの末尾に付ける。サブネットマスクを使う場合に比べて簡潔にできる

CIDR表記
172.16.128.10/18

ホスト番号10番

	172	16	128	10
IPアドレス	10101100	00010000	10000000	00001010
	255	255	192	0
サブネットマスク	11111111	11111111	11000000	00000000

18ビット

CIDR：Classless Inter-Domain Routing

▼ルーティング
ネットワークにおいて、パケットを転送する経路を見つける仕組みや処理のこと。経路制御とも呼ばれる。

▼インターネットレジストリ
IPアドレスの管理を委任されている組織。組織はIANA（Internet Assigned Numbers Authority）を頂点とした階層構造になっている。IANAは特定の地域に属することなく、全世界のIPアドレスを管理をする。その配下に地域単位で管理する「RIR（地域インターネットレジストリ）」、さらにその下にLIR（ローカルインターネットレジストリ）と呼ばれるレジストリが存在する。一部の国においては国単位でアドレス管理を行うNIR（国別インターネットレジストリ）が存在する。日本のNIRは日本ネットワークインフォメーションセンター（JPNIC）である。

▼1つのネットワークにすることだ
集約によってまとめられたネットワークはスーパーネット、集約によって1つのネットワークにまとめることをスーパーネット化と呼ぶこともある。

Bを取得した組織はサブネットに分割して利用するが、それでも大部分のIPアドレスが使われずに死蔵されることになった。

そこでクラスを使わない「クラスレス」のアドレスが使われるようになった。具体的には、ネットワーク番号のビット数をIPアドレスの後ろに明記する。このビット数はプレフィックス長、この書き方はCIDR表記とも呼ぶ（前ページの図3）。

なるほど。CIDRはClassless Inter-Domain Routingの略ですものね。CのClasslessは「クラスを使わない」ということだったんですね。

そういうことだ。

じゃあ、その後ろの「Inter-Domain Routing」はどういう意味なんですか？

そもそもCIDRはクラスを使わないIPアドレスの割り当てや、ネットワークおよび経路情報の集約の仕組みを指す。クラスを使わない「ドメイン間のルーティング✎」なので、Classless Inter-Domain Routingと呼ぶ。

ネットワークを分割および集約

CIDRを使うことで、ネットワークの分割や集約が可能になる。

前述のようにサブネットマスクを使ってもネットワークを分割できる。だがこれは、IPアドレスを割り当てられた組織が内部で実施するものだ。CIDRでは、IPアドレスを管理するインターネットレジストリ✎が特定の範囲のIPアドレスを割り当てる。クラスのような一塊のネットワークではなく、分割済みのサブネットを割り当てるイメージだ。組織ごとに必要最小限のIPアドレスを割り当てられるので無駄が少ない。

集約は分割の逆で、複数のネットワークをまとめて1つのネットワークにすることだ✎。IPアドレスが連続している複数のネットワークを、そのすべてが内包されるようにプレフィックス長を設定する。

具体的には、それぞれのネットワークのIPアドレスを2進数にして先頭から見ていき、共通部分の最大長がプレフィックス長になる（図4）。そして、共通部分のビットはそのままにして、残りのビットを0にしたIPアドレスが、集約したネットワークのIPアドレスに

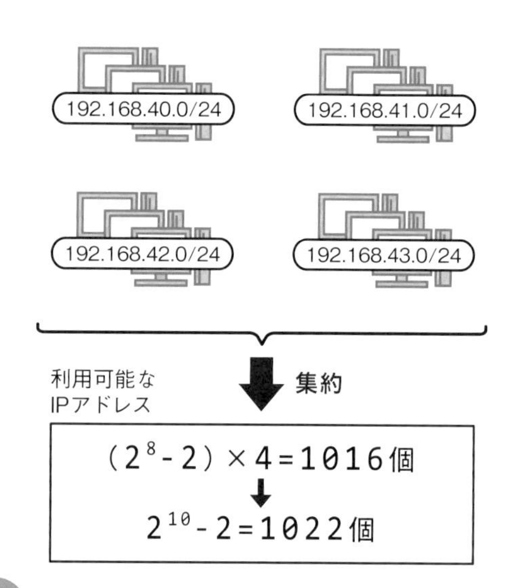

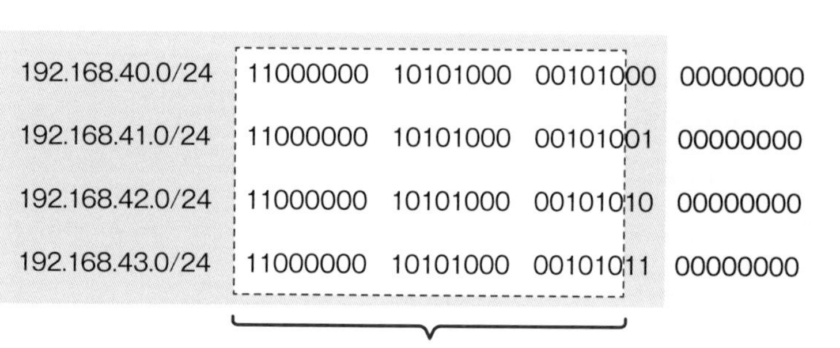

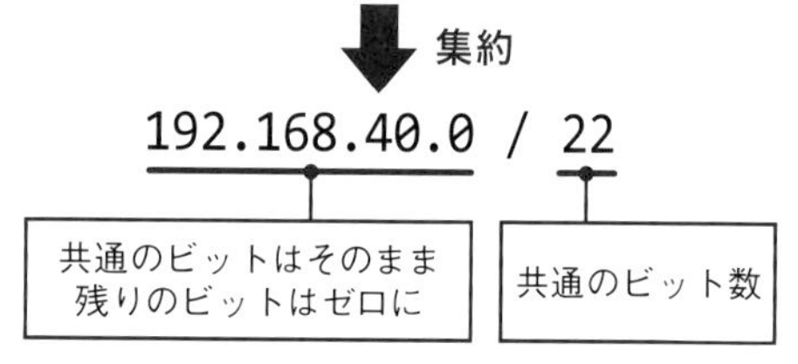

図4 複数のネットワークを集約して1つのネットワークにする
集約する場合、IPアドレスが連続している複数のネットワークを、そのすべてが内包されるようにプレフィックス長を設定する。まとめられたネットワークはスーパーネットとも呼ばれる。

複数のネットワークを集約すれば、1つの大きなネットワークとして運用できるようになるんだね。任意のサイズのネットワークを作れるし、運用負荷も下げられそう

▼ルーティングテーブル
ルーティングのためにルーターが保持している表。ある宛先にパケットを送りたい場合、次にどのルーターに転送すればいいのかが記載されている。経路表や経路制御表ともいう。

▼経路集約
ルート集約とも呼ぶ。

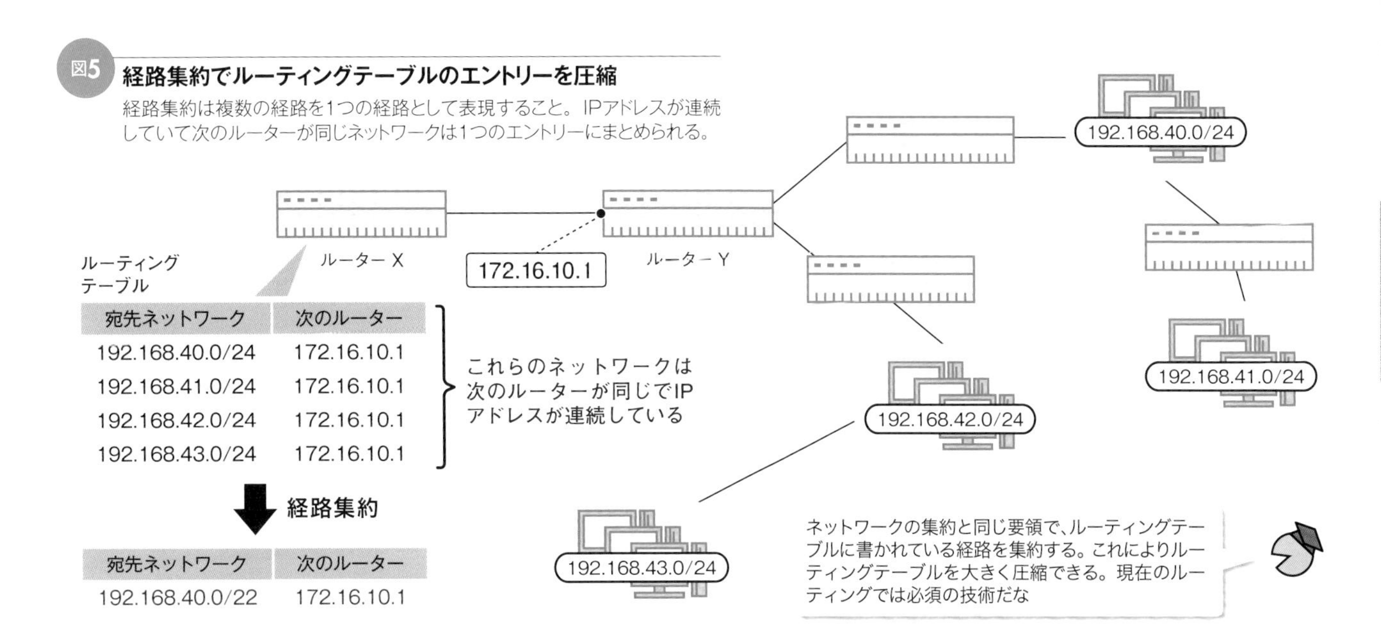

図5 経路集約でルーティングテーブルのエントリーを圧縮
経路集約は複数の経路を1つの経路として表現すること。IPアドレスが連続していて次のルーターが同じネットワークは1つのエントリーにまとめられる。
ルーター X
ルーター Y
172.16.10.1
ルーティングテーブル
宛先ネットワーク
次のルーター
192.168.40.0/24 172.16.10.1
192.168.41.0/24 172.16.10.1
192.168.42.0/24 172.16.10.1
192.168.43.0/24 172.16.10.1
これらのネットワークは次のルーターが同じでIPアドレスが連続している
経路集約
宛先ネットワーク
次のルーター
192.168.40.0/22 172.16.10.1
192.168.40.0/24
192.168.41.0/24
192.168.42.0/24
192.168.43.0/24
ネットワークの集約と同じ要領で、ルーティングテーブルに書かれている経路を集約する。これによりルーティングテーブルを大きく圧縮できる。現在のルーティングでは必須の技術だな

なる。

複数のネットワークを1つのネットワークとして運用できるので、管理者の負荷を軽減できる。また、集約前のネットワークアドレスやブロードキャストアドレスの一部も通常のIPアドレスとして使用できる。

経路情報を集約して節約

インターネットが抱える問題の1つがネットワークの増大である。正確な数は不明だが一説では百数十万あるといわれている。

それに伴い、ルーターが経路を決めるために保持しているルーティングテーブル▼も増大の一途をたどっている。

ルーティングテーブルには宛先ネットワーク1つごとに1つのエントリーが記載されている。このためネットワーク数が増えるにつれて、ルーティングテーブルのエントリー数が増えることになる。

それにより、ルーティングテーブルから宛先ネットワークを見つけるための時間が長くなったり、ルーティングテーブルを保持するためのメモリー量が大量に必要になったりする。ルーター同士の経路情報の交換にかかる時間も長くなる。

このルーティングテーブル増大の解決策の1つがCIDRによる経路集約▼である（図5）。経路集約とは、複数の経路を1つの経路として表現すること。これにより、複数のエントリーを1つにまとめてルーティングテーブルを圧縮させられる。

例えば図5のルーターXのルーティングテーブルには、ルーターYの先の4つのネットワークが記載されている。192.168.40.0/24～192.168.43.0/24は上位22ビットが「11000000 10101000 001010」と共通しているので、プレフィックス長が22の1つのネットワークにまとめられる。

経路をまとめる……？

簡単な例で言えば「東京都港区虎ノ門4丁目」「東京都港区虎ノ門3丁目」「東京都港区台場1丁目」という住所があるとすると、これらをまとめて「東京都港区」と表現する感じだな。

究極の経路集約

ルーティングでは、ルーティングテーブルに存在しないネットワーク宛てのパケットは廃棄されてしまう。とはいえ、すべてのネットワークをルーティングテーブルに記載するのは不可能だ。そこで、ルーティングテーブルにないネットワーク宛てのパケットの

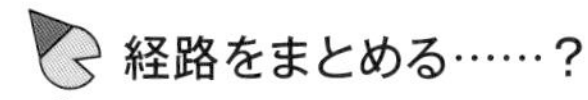

図6 デフォルトルートはすべての経路を集約した経路

デフォルトルートはすべての経路を表す特殊な経路。ルーティングテーブルにないネットワーク宛てのパケットが送られる。経路が1つしかないルーターはデフォルトルートだけを記載しておけばよい。

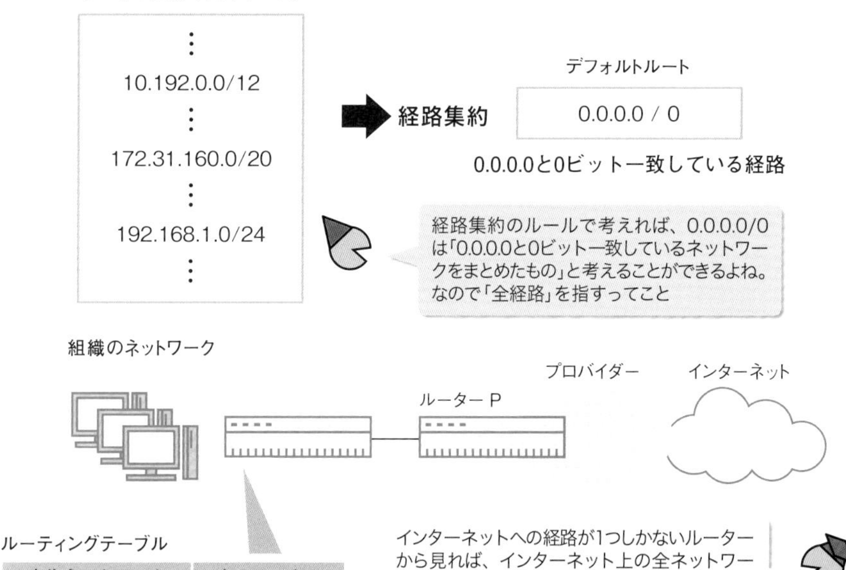

送り先（経路）を指定する方法が決められている。それがデフォルトルートである。

ルーターは受信したパケットの宛先とルーティングテーブルを照合し、合致するエントリーがあれば記載された次のルーターに転送。合致するエントリーがなければ「その他すべて」を表すデフォルトルートのエントリーに従う。いわば、デフォルトルートはすべての宛先を示す特殊な経路情報であり、すべてのネットワークを集約した経路といえる。

デフォルトルートは「0.0.0.0/0」と表記する。プレフィックス長が0ということは、「0.0.0.0と先頭

図7 経路設定のミスで発生するルーティングループ

ルーティングループとは、TTLが0になるまでパケットが同じ経路を何度も通過してしまう現象。下図では例えば192.168.43.0/24宛てのパケットはルーターXとルーターYの間を何度も往復することになる。

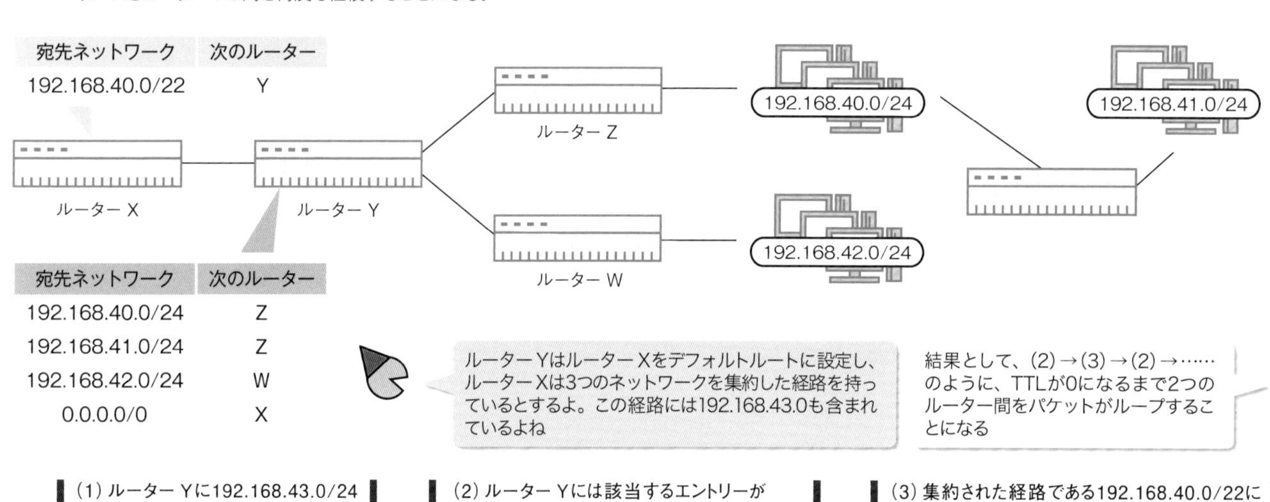

TTL：Time To Live

▼TTL
Time To Liveの略。パケットの有効期限であり、通常は転送回数の上限値。TTLの値はルーターを通過するたびに減っていき、0になると廃棄される。これにより不正なパケットが経路上に残り続けるのを防ぐ。

▼ヌルインターフェース
ヌルは「null」で「何もない」といった意味。

図8 **ヌルインターフェースを設定してループしそうなパケットを廃棄**

経路集約などによるルーティングループの防止にはヌルインターフェースを使用する。次のルーターがヌルインターフェースに該当するネットワーク宛てのパケットは廃棄される。

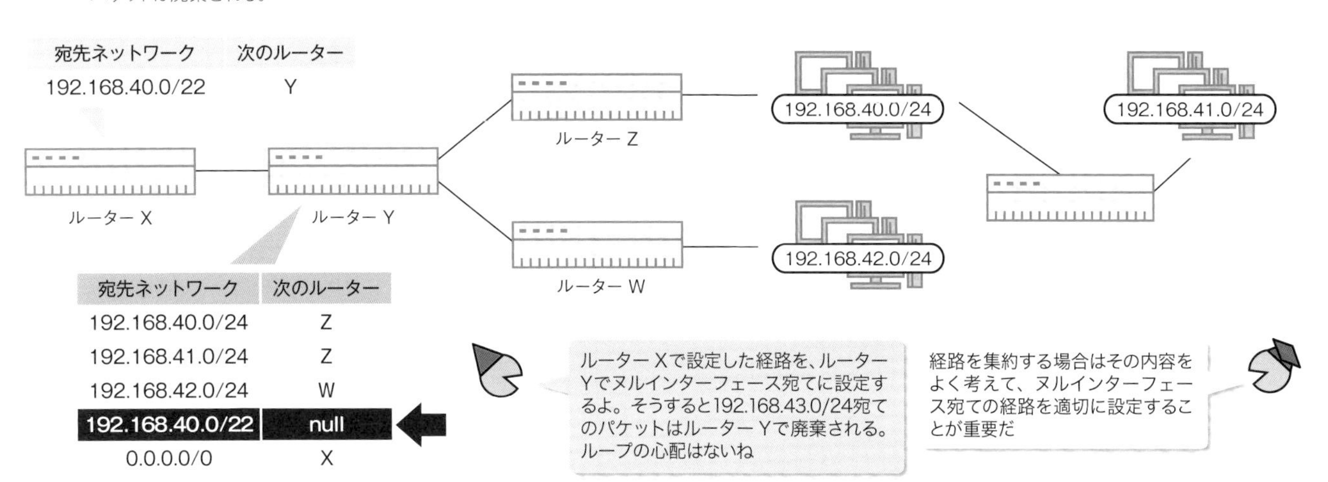

から0ビット目までが一致している」ということであり、言い換えれば「0.0.0.0と1ビットも一致していない」ということになる。この条件にはすべてのネットワークが合致する（図6）。

パケットの廃棄を防ぐため、デフォルトルートはルーティングテーブルに必ず記載する。外部への経路が1つしかないネットワークでは、どのネットワークに送る場合でも次のルーターは1つだけなので、デフォルトルートだけを記載すれば十分である。

ルーティングループに注意

デフォルトルートはルーティングに必須だが、経路集約と組み合わせた場合にルーティングループが発生することがある（図7）。ルーティングループとは、TTL✐が0になるまでパケットが同じ経路を何度も通過してしまう現象のこと。TTLが0になるとパケットは廃棄されて、宛先には届かない。

例えば図7において、ルーターYに（実際には存在しない）ネットワーク192.168.43.0/24に含まれる192.168.43.1宛てのパケットが届いたとする。このネットワークはルーターYのルーティングテーブルに記載されていないので、デフォルトルートのルーターXに送られる。

一方ルーターXのルーティングテーブルにおいては、集約した経路である192.168.40.0/22に192.168.43.0/24が含まれるためルーターYにパケットを送る。

このため192.168.43.0/24宛てのパケットは、TTLが0になるまでルーターXとルーターYを往復し続けることになる。

以上のようなルーティングループを防ぐにはヌルインターフェース✐を使う（図8）。

ヌルインターフェースは仮想的なインターフェースである。ヌルインターフェースが設定されたネットワーク宛てのパケットを受信すると、ルーターはそのパケットを他のルーターに転送せずに廃棄する。これにより、集約された経路宛てのパケットを意図せず転送し続けることなどを防止する。

例えば図7でルーターXに設定された経路192.168.40.0/22をルーターYのヌルインターフェースに設定しておけば、192.168.40.0/24～192.168.42.0/24以外の192.168.40.0/22宛てのパケット（例えば192.168.43.0/24宛てのパケット）をルーターXに転送することはなくなる。つまり、ルーターXとルーターY間のルーティングループを防げる。

3章

ネットワークを安全に使うには

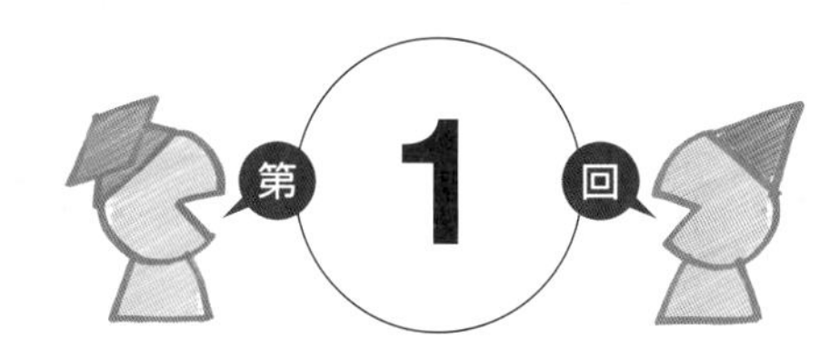
第
1
回

ファイアウオールって何だろう？

前回、ルーターの話を聞いたんで、自宅のブロードバンドルーターの設定を見てみたんですよ。

すぐに実践に移す行動力があるのはいいことだ。

そこに「セキュリティ」の項目として、ファイアウオールがどうとかあったんですが。何ですアレ？

セキュリティの項目にあるんだから、セキュリティに関するものだよ。

インターネット上のサーバーなどにアクセスするには、自分もインターネットの一部になる必要がある。一般の家庭では、ブロードバンドルーターなどでISPのネットワークに接続する。

図1 怪しいデータが送られてくる可能性がある

インターネットの一部になれば、別のネットワークとデータのやり取りが可能になる。このとき、相手から怪しいデータを送られる恐れがある。つまり、攻撃を受ける危険性がある。

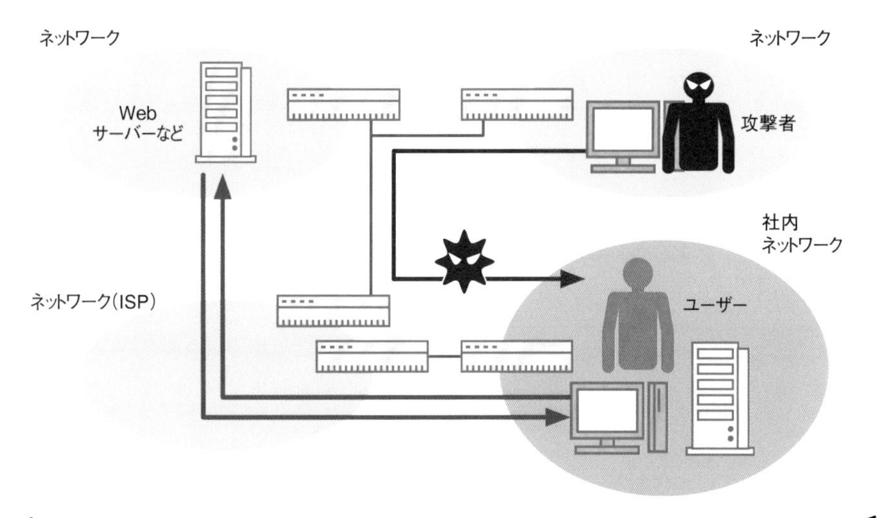
ネットワーク
ネットワーク
Web
サーバーなど
攻撃者
社内
ネットワーク
ネットワーク(ISP)
ユーザー
他のネットワークと自由にデータをやり取りできるということは、怪しいデータを送られてくる可能性もあるということだ
送られてくるデータが必ずしも良いものとは限らないってわけですね

良いデータとは限らない

インターネットの一部になれば、別のネットワークとデータのやり取りが可能になる。このとき、送られてくるデータが良いものばかりとは限らない。受け取ると被害に遭うような怪しいデータを送られる可能性がある（図1）。怪しいデータの代表例がウイルスだ。

そこで必要になるのが、インターネットからの怪しいデータの流入を防ぐ機器やソフトウエアだ。それがファイアウオールである。

ファイアウオールは一方通行にする機器

インターネットからのデータの流入を防ぐ機器…。社内ネットワークからインターネットへはデータを送信できるんですか？

そうだな。設定次第だが、内部からインターネットへはある程度自由に送信できる。

へー、データを一方通行にする機器ってわけですね。

▼ISP
Internet Service Providerの略。インターネット接続事業者。

▼基本的には通過させる
宛先やプロトコルによっては、社内ネットワークからのパケットであってもフィルタリングする。フィルタリングのルールは、管理者が設定する。詳細は後述。

▼DNS
Domain Name Systemの略。

ファイアウオールは単にデータを遮断するのではなく、データの流れを制御する。インターネットから社内ネットワーク宛てのパケットは通過させないが、社内ネットワークから送信されるパケットは基本的には通過させる(図2)。

インターネットからの攻撃を防ぐファイアウオール

ファイアウオールは、インターネットから社内ネットワークへの攻撃を防ぐ機器。内部からインターネットへの要求パケットや、その応答パケットは通過させる。

インターネットから社内ネットワークへはパケットを通過させない。
これにより、攻撃などの不正なパケットを防ぐわけだ

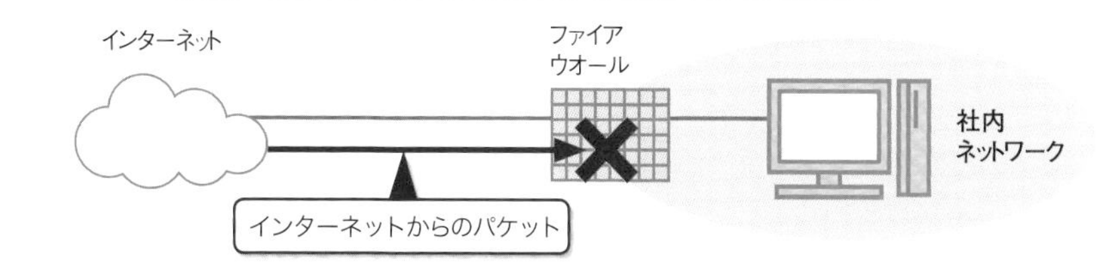

一方で、社内ネットワークからインターネットへのパケットはファイアウオールを通過できる、と。これでインターネットを利用できるわけですね

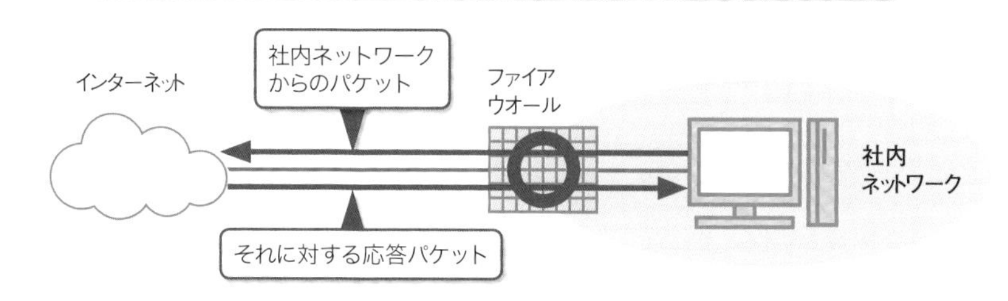

応答は通過させる

ここで注意してほしいのは、ファイアウオールは完全な一方通行ではないということだ。インターネットからのパケットであっても、社内ネットワークからの要求に対する応答は通過できる。

例えば、社内ネットワークからあるWebサーバーにアクセスしてWebコンテンツを要求した場合、その応答であるWebコンテンツの通過は許可する。

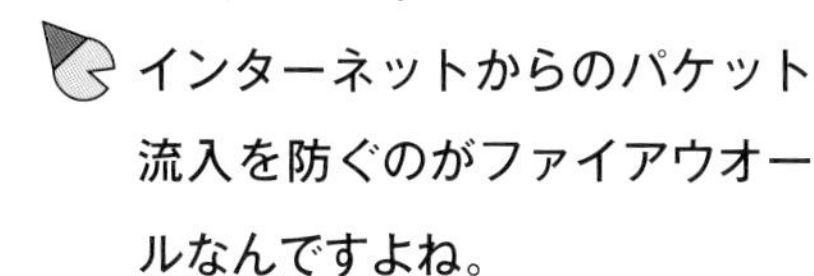

インターネットからのパケット流入を防ぐのがファイアウオールなんですよね。

そうだ。

インターネットからのパケットでも、応答の場合には通過させることはわかりました。それ以外で通過させるケースはないんですか。

もちろんある。Webやメールなどのサーバーを公開したい場合があるからな。

前述の応答パケット以外にも、インターネットからのパケットを通したい場合がある。組織がインターネットに対して公開しているWebサーバーやメールサーバー、DNSサーバーなどに対するアクセスは許可したい。なぜなら、インターネットからのパケットをすべて遮断するとなると、公開サーバーは設置できないということになるからだ(次ページ図3上)。

そこで、公開サーバー宛てのパケットは例外としてファイアウオールの通行を許可する(同下)。つまり、ファイルウオールの基本的な考え方は、内から外は許可して、外から内は禁止する「一方通行」だが、宛先などによっては、外から内への通信を例外的に許可する。

踏み台にされる危険性

ここでポイントになるのは、公開サーバーの配置場所である。社内サーバーと公開サーバーを同じ社内ネットワークに置いた場合でも、ファイアウオールを使えば、公開サーバーへのアクセスだけを許可できる。

だが、公開サーバーを社内ネットワークに置くことはセキュリティ上のリスクになる。公開サーバーが踏み台にされて、社内サーバーなどが攻撃を受ける危険性があるからだ。

具体的には、次のようなシナリ

3章 ファイアウオールって何だろう?

▼DMZ
DeMilitarized Zoneの略。非武装地帯。

オが考えられる。攻撃者はまず、外部からアクセス可能な公開サーバーをウイルスなどを使って乗っ取る（図4上）。そして公開サーバーを踏み台にして社内サーバーなどを攻撃する（同下）。公開サーバーから社内サーバーへはファイアウオールを経由せずにアクセスできてしまう。

そこで、社内ネットワークおよびインターネットとは異なる第3のネットワークを作り、そこに公開サーバーを配置する。この第3のネットワークをDMZと呼ぶ（図5）。ファイアウオールは、インターネット、社内ネットワーク、DMZの三つの境界になる。ファイアウオールの多くは、DMZを構築する機能を備える。

ファイアウオールは、インターネット、社内ネットワーク、DMZの三つのネットワーク間のデータの流れを制御する。このときのファイアウオールの動作は、それぞれのセキュリティレベルを考えると理解しやすい（118ページの図6）。

データの流れは水の流れと同じ

セキュリティレベルはそれぞれ、社内ネットワークが高、DMZが中、インターネットが低であると考える。高いレベルから低いレベルへのパケットは許可するが、低いレベルから高いレベルへの通過は許可しない。水の流れと同じだ。

ただし例外がある。インターネットからDMZへの通信のうち、公開サーバーへの通信は、明示的に許可しているものに限り通過させる。

ファイアウオールがどのようなものかわかりましたけど、実際にはどうやって通行を禁止するんですか？

それはファイアウオールの種類によるな。

え、ファイアウオールって種類があるんですか？

ある。ここでは最も基本的なファイアウオールの動作について説明しよう。

最も基本的なファイアウオールはパケットフィルタリングファイアウオールと呼ばれる。

ファイアウオールは、インターネット、DMZ、社内ネットワー

図3 公開サーバー宛てのパケットは許可

ファイアウオールでは、インターネットからのパケットであっても、宛先などによっては通行を許可できる。例えば、社内ネットワークへのアクセスは基本的には禁止するが、公開サーバーにはアクセスを許可するといったことが可能だ。

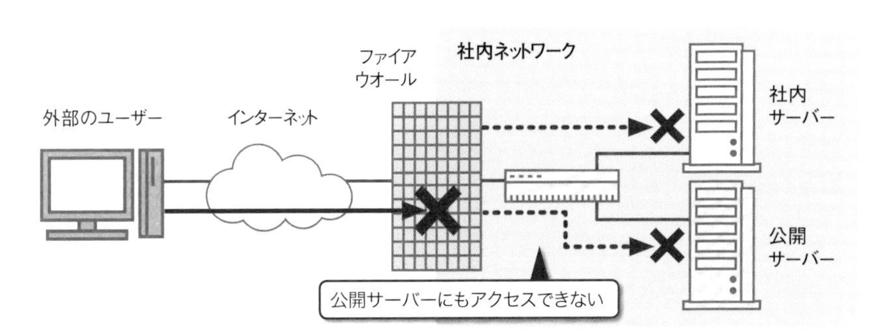
パケットをすべて遮断する場合
インターネットからのパケットをすべて遮断するなら、公開サーバーは設置できない？
ファイアウオール
社内ネットワーク
外部のユーザー
インターネット
社内サーバー
公開サーバー
公開サーバーにもアクセスできない

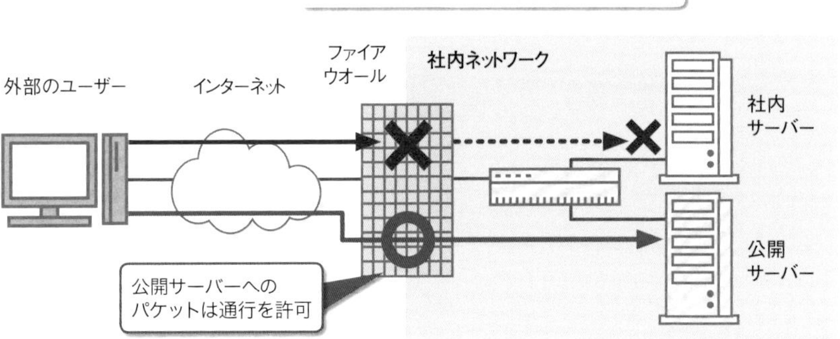
現実
そこで、公開サーバーへのパケットは許可し、それ以外のパケットは通行を禁止するわけだ
ファイアウオール
社内ネットワーク
外部のユーザー
インターネット
社内サーバー
公開サーバー
公開サーバーへのパケットは通行を許可

クのそれぞれにつながるインタフェースを持つ。パケットフィルタリングファイアウオールでは、それぞれのインタフェースに届いたパケットのヘッダー情報をチェックし、通過させるかどうかを決める（次ページ図7）。通過させる場合には、宛先アドレスが存在するネットワークのインタフェースからパケットを送信し、通過させない場合にはパケットを破棄する。

ルールは上から順に適用

パケットフィルタリングファイアウオールでは、宛先および送信元のIPアドレスやポート番号、プロトコルの種類、方向といったヘッダー情報を使ってフィルタリングのルールを設定する（次ページ図8）。

それぞれのルールには番号（ID）が付与され、番号が小さいほうから順にチェックする。あるパケットが複数のルールに該当する場合には、番号が小さいルールが適用される。例えば、ルール1で通過が許可されて、ルール2で禁止される場合、そのパケットは通過できる。この逆もあり得る。優先順位の高いルールで禁止されると、それより低いルールで何度許可しても通過できない。

ルールにある「方向」ってなんです？

図4 公開サーバーを社内ネットワークに置くのは危険

公開サーバーにはアクセスを許可して、社内サーバーにはアクセスさせないだけではセキュリティ的には不十分だ。公開サーバーを踏み台にして、社内サーバーに不正アクセスされる恐れがある。

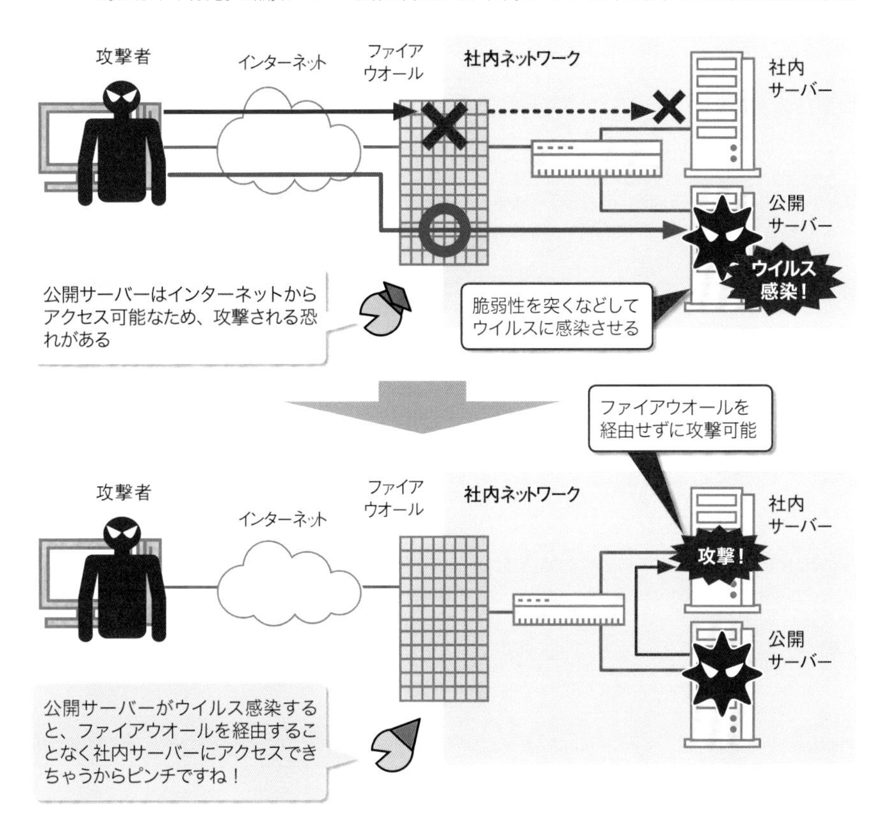

攻撃者
インターネット
ファイアウオール
社内ネットワーク
社内サーバー
公開サーバー
ウイルス感染！
公開サーバーはインターネットからアクセス可能なため、攻撃される恐れがある
脆弱性を突くなどしてウイルスに感染させる
ファイアウオールを経由せずに攻撃可能
攻撃！
公開サーバーがウイルス感染すると、ファイアウオールを経由することなく社内サーバーにアクセスできちゃうからピンチですね！

図5 公開サーバーは別のネットワークに

ファイアウオールを使えば、社内ネットワークとは別のネットワークを作れる。そこに公開サーバーを設置すれば、公開サーバーを踏み台にした社内サーバーへの侵入を防げる。公開サーバーを設置するネットワークはDMZ（DeMilitarized Zone）と呼ぶ。ファイアウオールは、インターネットと社内ネットワーク、DMZの境界になる。

ファイアウオールを使えば、インターネットや社内ネットワークとは異なる第3のネットワーク「DMZ」を作れる。そこに、公開サーバーを設置する

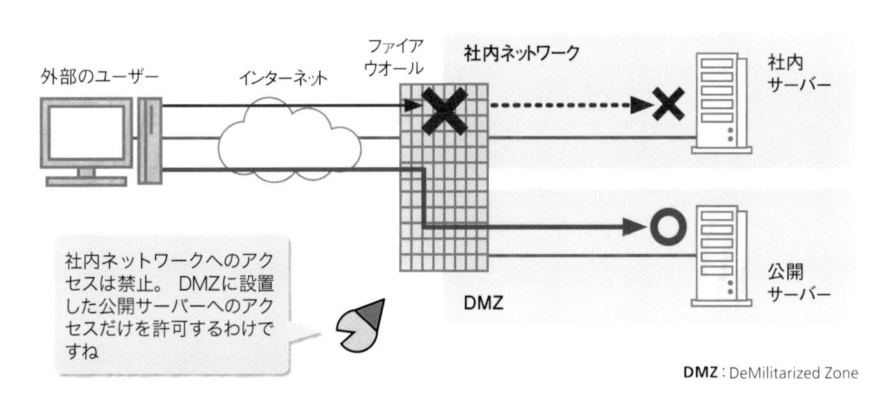

外部のユーザー
インターネット
ファイアウオール
社内ネットワーク
社内サーバー
公開サーバー
DMZ
社内ネットワークへのアクセスは禁止。DMZに設置した公開サーバーへのアクセスだけを許可するわけですね

DMZ：DeMilitarized Zone

3章 ファイアウオールって何だろう？

図6 三つのネットワークはセキュリティレベルが異なる

インターネット、社内ネットワーク、DMZにはそれぞれ異なるセキュリティレベルを設定する。セキュリティレベルが高いほうから低いほうへはアクセスできるが、逆はできないようにして安全性を担保している。

セキュリティレベルの高いほうから低いほうへはアクセスを許可するが、その逆は禁止とする。水の流れと同じだな

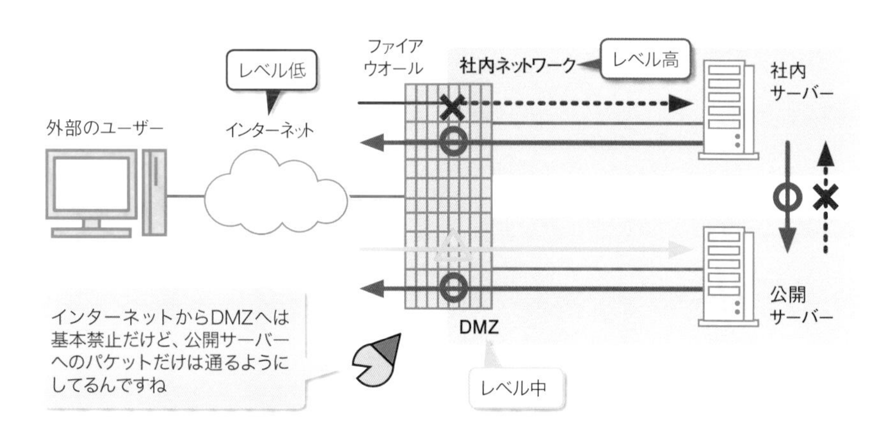

図7 パケットのヘッダーを見てフィルタリングを実施

パケットフィルタリングファイアウオールでは、パケットのヘッダー情報を見て通過の可否を判定する。具体的には、宛先/送信元IPアドレスや宛先/送信元ポート番号、プロトコルの種類、パケットの方向などを見る。

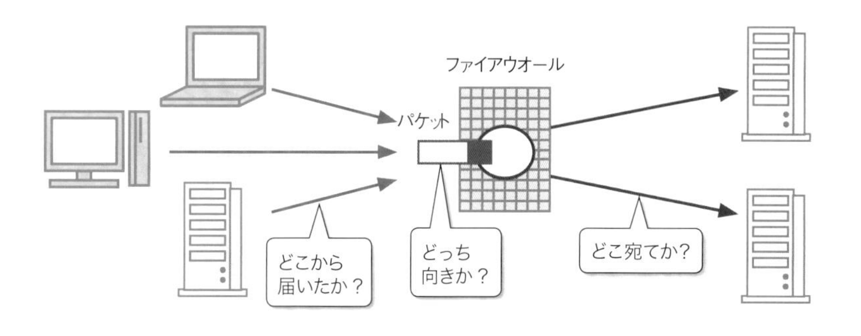

図8 フィルタリングのルールを設定する

パケットフィルタリングでは、フィルタリングのルールをテーブル(表)で指定する。送信元と宛先のIPアドレス/ポート番号と方向から、そのパケットの通過を許可するか禁止するかを決める。

アスタリスク(*)は任意の値を意味する

ルールID	送信元IP アドレス	送信元 ポート番号	宛先IP アドレス	宛先 ポート番号	方向	処理
1	社内	*	*	*	社内 → インターネット	許可
2	*	*	公開サーバー	80	インターネット → DMZ	許可
3	*	*	*	*	社内 → DMZ	許可
4	*	*	*	*	インターネット → 社内	禁止
5	*	*	*	*	インターネット → DMZ	禁止
6	*	*	*	*	DMZ → 社内	禁止

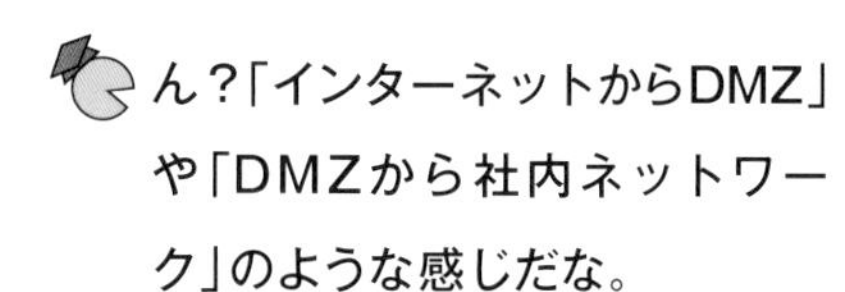

ん?「インターネットからDMZ」や「DMZから社内ネットワーク」のような感じだな。

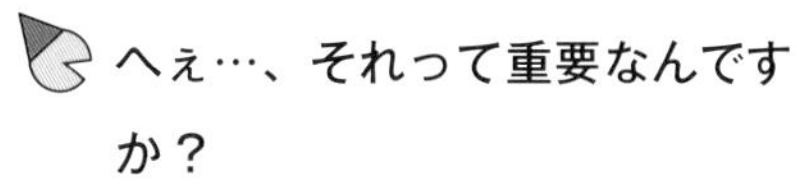

へぇ…、それって重要なんですか？

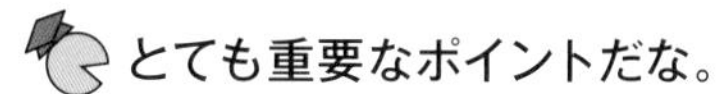

とても重要なポイントだな。

パケットフィルタリングのルールには、どのインタフェースから入って、どのインタフェースから出ていくのかを記述する「方向」がある。方向がないと、送信元IPアドレスを偽装されただけで、外部からの不正な通信を許可する危険性がある(図9)。

例えば、送信元IPアドレスを社内ネットワークに偽装した攻撃パケットを、インターネットから社内サーバーに送信したとする。方向を考慮しない場合は送信元IPアドレスしかチェックしないので、問題のないパケットと判断して通過を許可してしまう。

方向を考慮する場合には、どのインタフェースに届いて、どのインタフェースに送るのかをチェックするので、偽装パケットは通過できない。

なるほどなるほど。じゃあ、うちにあるブロードバンドルーターにはファイアウオール機能があるから、インターネットからサイバー攻撃を受ける心配はないってことですね！

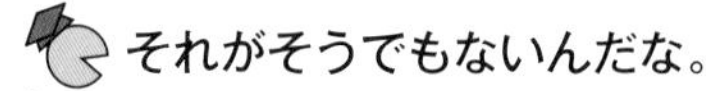

それがそうでもないんだな。

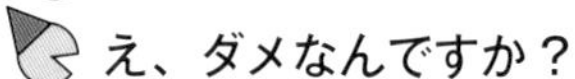

え、ダメなんですか？

▼DoS攻撃
大量の接続要求を送ったり脆弱性を悪用したりして、サービス停止を狙う攻撃。DoSはDenial of Serviceの略。
▼IPS
Intrusion Prevention Systemの略。侵入防止システム。不正なパケットを検知・遮断する機能を持つ。

ダメではない。防げない攻撃があるという話だ。

すべての攻撃は防げない

パケットフィルタリングファイアウオールは、パケットフィルタリングルールにより、通過と禁止を決定する。パケットフィルタリングルールに使われている条件(IPアドレスやポート番号、方向など)以外の項目はチェックしない(図10)。

そのため、サーバーの脆弱性を狙った攻撃パケットや、ウイルス感染ファイルが含まれるパケットでも、パケットフィルタリングのルールで通過が許可されるなら社内ネットワークに送信される。

また、DoS攻撃のように大量のパケットが送信された場合でも、ルールで通行が許可されるならば社内ネットワークに入れることになる。

このように、「パケットフィルタリングのルールで通行が許可される」IPアドレスやポート番号ならば、パケットの中身や数がどうあれ通過してしまう。

これらの攻撃からネットワークやサーバーを守るには、パケットの中身を見るアプリケーションファイアウオールやゲートウエイ型アンチウイルス、IPSといった、別のセキュリティ手法(製品)が必要になる。

図9 フィルタリングのルールでは「方向」が重要

パケットフィルタリングのルールには、どのインタフェースから入ってどのインタフェースから出ていくのかを記述する「方向」がある。この方向がないと、送信元IPアドレスを偽装されただけで、外部からの不正な通信を許可する危険性がある。

ルールに「方向」がないと仮定すると…

ルールID	送信元IPアドレス	送信元ポート番号	宛先IPアドレス	宛先ポート番号	処理
1	社内	*	*	*	許可

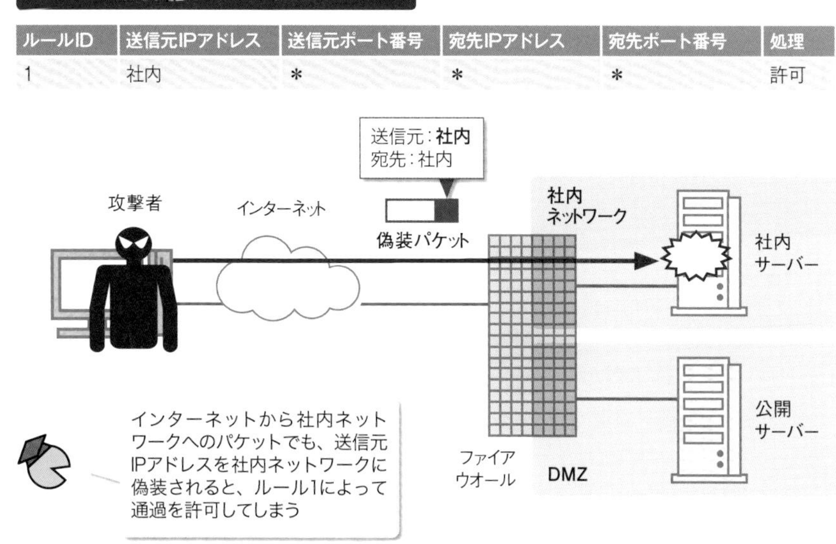

図10 パケットフィルタリングは「中身」を見ない

パケットフィルタリングでは、宛先/送信元、方向が許可されているパケットは、データの中身にかかわらず通行を許可する。脆弱性を突くような攻撃パケットであっても、パケットフィルタリングでは防げない。

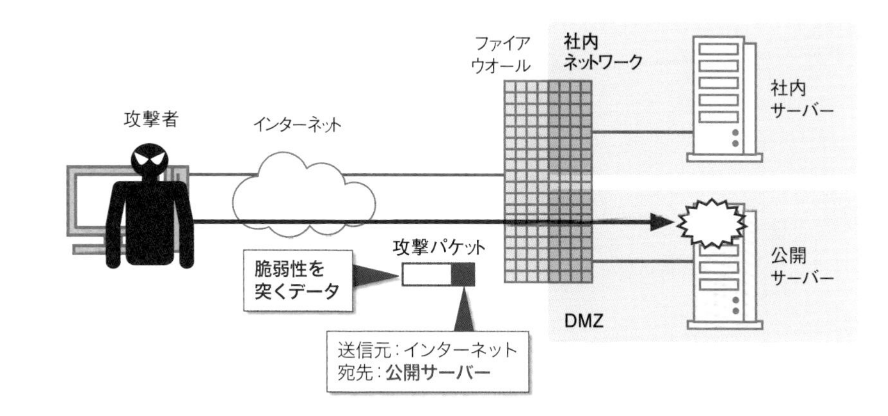

宛先が公開サーバーで、方向がインターネットからDMZなので、ルール2が適用されて通行が許可。でも、中身は脆弱性を突く攻撃データなんだけど…

ルールID	送信元IPアドレス	送信元ポート番号	宛先IPアドレス	宛先ポート番号	方向	処理
2	*	*	公開サーバー	80	インターネット→DMZ	許可

アクセスコントロールって何だろう？

博士、自宅から持ってきたノートパソコンが大学のネットワークにつながらないんですけど。

ネット君、私物のパソコンをつなぐには申請が必要なはずだぞ。

あー……。それでつながらないのか。

アクセスコントロールがかかっているからな。

ネットワークセキュリティーの1つに「許可されたユーザー以外はネットワークを利用できないように制限する」というものがある。このようにしてセキュリティーを守ることをネットワークアクセスコントロールやネットワークアドミッションコントロールと呼ばれる。NAC（ナック）と略される。

最も身近なNACはユーザー認証だ。ユーザーIDとパスワードの組み合わせや電子証明書といった認証情報を使って「認証」と「認可」を実施する。

ここでの認証とは、アクセスしようとしているユーザーが誰であるのか確認することを指す。一方認可は、ネットワークに存在する特定のリソース（資源）を利用する権限を与えることである。

認証と認可により、ネットワー

図1 **ネットワークへの接続や利用できるリソースを制限**

ネットワークアクセスコントロール（NAC）は、ネットワークに接続できるユーザーや機器ならびに利用できるリソース（資源）を制限することで、ネットワークのセキュリティーを維持する考え方や実装方法のこと。

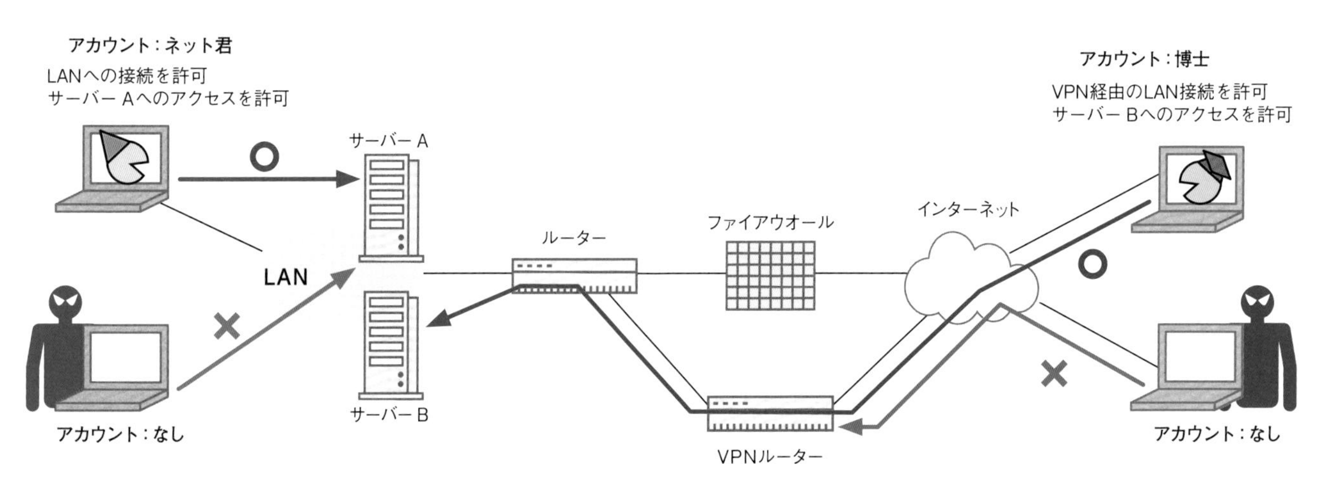

アカウントを持つユーザーや機器に対し、LANへの接続やVPN経由での接続などを許可（認証）し、特定のリソースの利用権限を与えます（認可）

その一方で、アカウントのないユーザーや機器のネットワークへのアクセスを防ぎ、セキュリティーを維持する。これがNACの役目だな

NAC：Network Access Control　**VPN**：Virtual Private Network

▼ネットワークアクセスコントロールやネットワークアドミッションコントロール
英語表記はそれぞれNetwork Access ControlおよびNetwork Admission Control。
▼リソース
計算や通信に必要な資源のこと。具体的にはコンピューターやネットワーク機器の計算能力や記憶容量などを指すことが多い。
▼アップデート
修正プログラムやパッチなどとも呼ばれる。
▼OSI参照モデル
国際標準化機構（ISO：International Organization for Standardization）が制定したネットワークアーキテクチャーの標準モデル。通信プロトコルやその役割を7階層（レイヤー）のモデルで説明している。OSIはOpen Systems Interconnectionの略。
▼専用製品
鍵がプラスチック製の簡易的な製品はポートガード、より強固な金属製の製品はメタルキーポートガードなどと呼ばれる。
▼DHCP
Dynamic Host Configuration Protocolの略。
▼ARP
Address Resolution Protocolの

クを利用できるユーザーを制限するとともに、利用できるリソースの種類や範囲を限定する（図1）。アカウントを持たないユーザーはネットワークに接続できない。アカウントを持つユーザーであっても、許可されたリソース以外は利用できない。これにより、ネットワークのセキュリティーを維持する。

また、NACではユーザー（人）だけではなく、ユーザーが使う機器（デバイス）を制御することもできる。機器に対する認証および認可は機器認証やデバイス認証と呼ばれる。

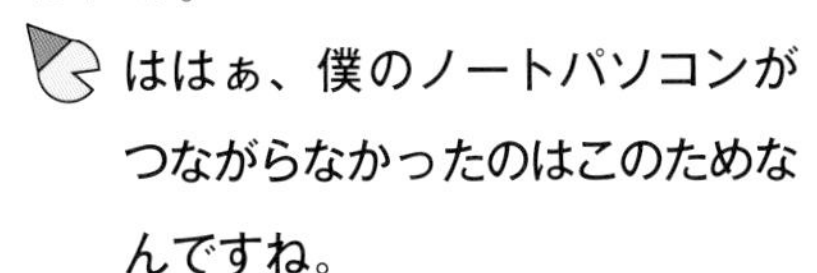

ははぁ、僕のノートパソコンがつながらなかったのはこのためなんですね。

そうだな。登録していない機器はネットワークに接続させないことでセキュリティーを担保する。

危ない機器はつながせない

機器の接続を制限するNACの目的は、攻撃者の不正な機器をつながせないことだけでない。正当なユーザーが使用する承認された機器であっても、ネットワークのセキュリティーレベルを低下させる可能性がある場合には接続させないのもNACの目的である（図2）。

図2 機器の状態をチェックして接続の可否を判断

機器の接続を制限するNACでは、未登録の不正な機器をネットワークにつなげず、リソースも利用できないようにする。さらに登録された機器であっても、アップデートを適用していない場合、指定のソフトウエアをインストールしていない場合、許可されていないソフトウエアをインストールしている場合などは接続させない。

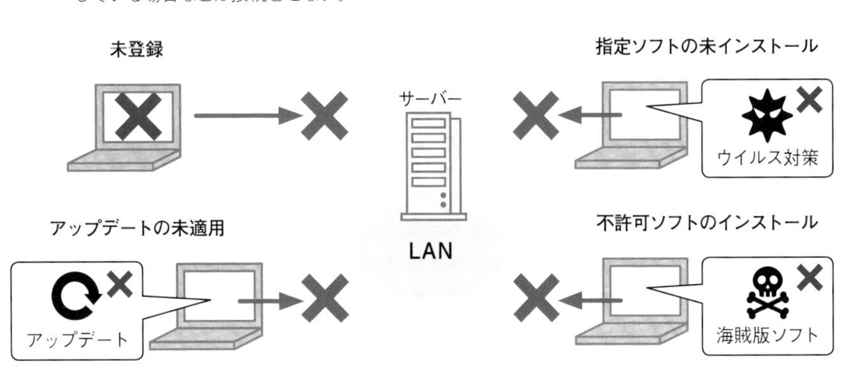

その一例がソフトウエアのアップデート▼を適用していない場合である。ベンダーが提供するアップデートを適用していないと、該当のソフトウエアには脆弱性が残る。このためその脆弱性を悪用されて不正アクセスされたり、ウイルス（マルウエア）に感染したりする恐れがある。

特定のソフトウエアがインストールされていない場合も対象になる。例えば、企業が指定したセキュリティーソフトが該当する。

逆に企業が許可していないソフトウエアをインストールしている場合も制限の対象になり得る。ソフトウエアの中には脆弱性が見つかってもアップデートが提供されないものがあるためだ。ユーザーがインターネットから入手したソフトウエアにはウイルスが仕込まれている恐れもある。特に違法コピーされた海賊版ソフトが危ない。

NACは大きく分けて3種類

NACに使われる方法は、レイヤー1（物理層）、レイヤー2（データリンク層）、レイヤー3（ネットワーク層）以上の3種類に大別できる。それらを単独あるいは組み合わせてNACを実現する。なおここでのレイヤーはOSI参照モデル▼に基づく。

レイヤー1のNACでは物理的な接続を禁止する。例えば、パソコンをつなぐために設置しているスイッチのポートを鍵付きの蓋で塞いでおく。そのための専用製品▼が市場に多数出ている。

レイヤー3以上ではIPのパケットフィルタリングを使う方法やDHCP▼を使う方法などがある。

レイヤー2でも様々な方法が用いられている。具体的にはARP（アープ）▼やMAC（マック）アドレス、IEEE（アイトリプルイー） 802.1X▼を用いる方法が代表的だ。NACといえばレイヤー2の技術を使う方法が主流なので本記事ではレイヤー2のNACを詳しく解説

略。特定のIPアドレスのMACアドレスを調べるために使うプロトコル。

▼IEEE 802.1X
LANの接続時に使用する認証規格。ユーザーIDやパスワード、電子証明書などを使ってクライアントやサーバーを認証する方法を定めている。この規格に基づいた認証はIEEE 802.1X認証と呼ぶ。

▼スイッチポートセキュリティー
単にポートセキュリティーとも呼ぶ。

図3 ARPを利用して未登録の機器には通信させない

レイヤー2の技術を使ったNACの例。上の図では、未登録の機器からのARP要求をスイッチがブロックすることで通信できないようにする。下の図では専用のセキュリティー機器を導入。未登録機器からのARP要求をスイッチ経由で受け取った専用機器は偽のARP応答を返す。

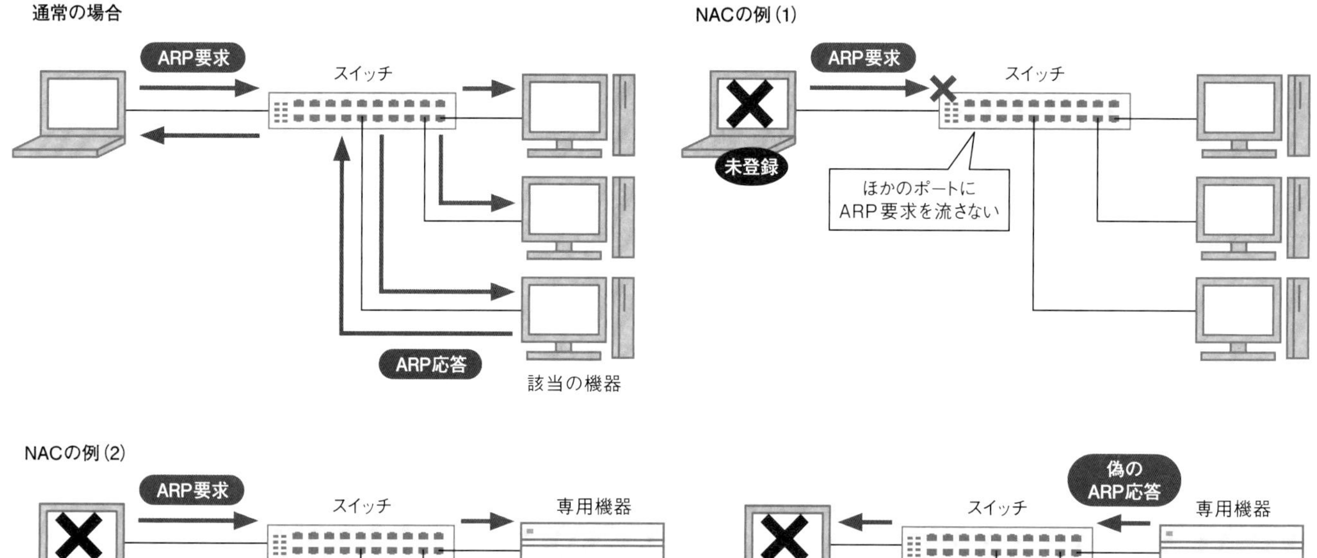

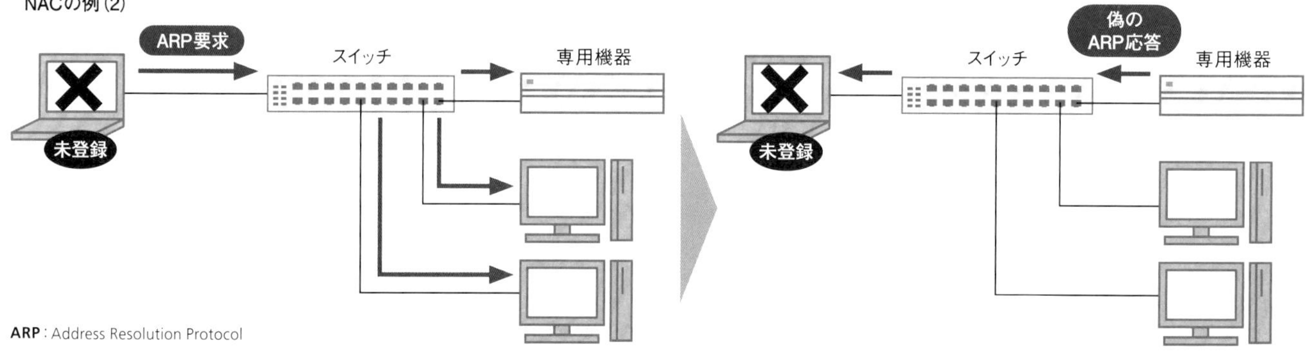

ARP：Address Resolution Protocol

通常はARP要求に対してARP応答が返るので宛先のMACアドレスが分かる。だが(1)の例では、未登録のMACアドレスからのARP要求はスイッチが他のポートに流さない。そうなるとMACアドレスを入手できないので通信できないよね

(2)の例では専用機器を使う。この機器は未登録のMACアドレスからのARP要求を受け取ると、その送信元に「00-00-00-00-00-01」のような適当なMACアドレスを応答する

しよう。

ARPを使う方法では、未登録の機器からのARP要求をスイッチがブロックすることで実現する(**図3**)。通常は通信したい機器のMACアドレスをARP要求で問い合わせるとスイッチ経由でそれぞれの機器に送られる。そして該当する機器からMACアドレスを知らせるARP応答が返される。

一方NACに対応したスイッチは、MACアドレスが登録されていない端末からのARP要求をほかのポートに流さずにブロックする。これにより未登録の機器は相手のMACアドレスを入手できないので通信できない。

スイッチではなく専用のセキュリティー機器を使う方法もある。この機器は未登録のMACアドレスからARP要求を受け取ると、偽のARP応答を返す。存在しないMACアドレスなので、未登録の機器は通信することができない。

ポートにMACアドレスを登録

レイヤー2のNACとしては、MACアドレスベースのスイッチポートセキュリティー✎もよく使われる。スイッチポートセキュリティーでは、接続を許可した機器のMACアドレスをスイッチに登録し、登録されたMACアドレス以外

▼保持される
手動で登録を抹消することもできる。
▼サプリカント
英語ではSupplicant。
▼オーセンティケーター
英語ではAuthenticator。認証装置などともいう。

▼RADIUS
Remote Authentication Dial In User Serviceの略。接続するユーザーや機器に対して認証や認可、アカウンティング（利用の記録）を一括して実施するプロトコル。

図4 **スイッチポートセキュリティーでアクセスコントロール**

スイッチが備えるスイッチポートセキュリティーの機能でもNACを実現できる。スイッチポートセキュリティーを使えば、特定のポートからは登録したMACアドレスからのフレームしか送れないようにできる。MACアドレスは自動的に登録できる。

1 つながった機器が初めて通信すると、その送信元MACアドレスを該当ポートに登録する（手動でも登録可）

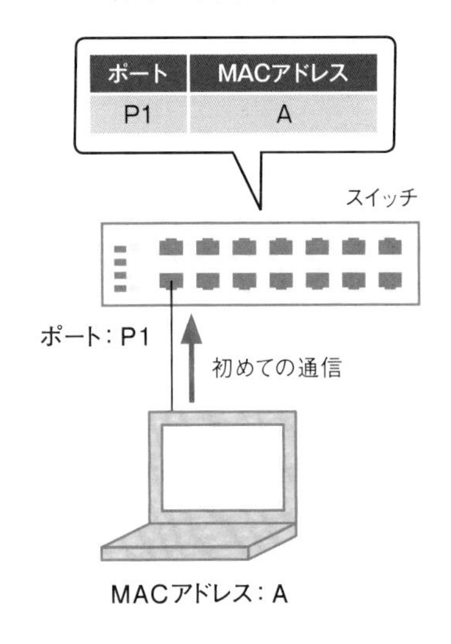

2 それ以外の機器が同じポートにつなげたとしても送信元MACアドレスが異なるためブロックされる

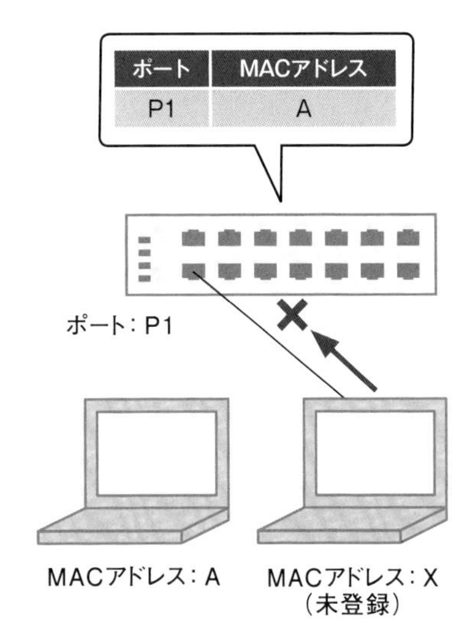

スイッチに登録されたMACアドレスは、手動またはスイッチを再起動しない限りは消えないんだ。再起動しても登録が消えないようにもできるよ

3 スイッチをカスケード接続する場合には登録アドレス数を増やす

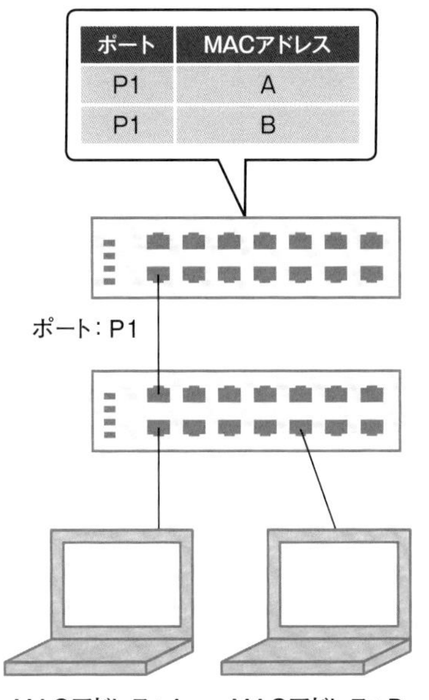

からのフレームは破棄する。これにより登録されていない機器のネットワークアクセスを禁止する。

MACアドレスは手動でも登録できるが、自動的に登録することもできる。自動的に登録する機能を有効にすると、スイッチは該当のポートに最初に届いたフレームの送信元MACアドレスを登録する（図4）。登録後は、そのポートを使えるのはそのMACアドレスの機器だけとなる。ほかのMACアドレスから送られてきたフレームは破棄される。

スイッチをカスケード接続するなどして、1つのポートを複数の機器で使いたい場合には、1つのポートに複数のMACアドレスを登録する。

スイッチのポートごとに登録されたMACアドレスはスイッチを再起動するまで保持される。

へぇ、面白いですね。でもMACアドレスって簡単に偽造されそうですけど。

確かに。スイッチポートセキュリティーはMACアドレスに依存しているので、回避される可能性はあるな。

認証サーバーと連携

スイッチで実施するNACには、IEEE 802.1Xに基づいた方法もある。この方法ならMACアドレスに依存しない。IEEE 802.1Xは有線のスイッチに限らず無線LANアクセスポイントでも利用できる。

IEEE 802.1Xを使用するシステムは、認証される機器が該当する「サプリカント」、認証するスイッチやアクセスポイントが該当する「オーセンティケーター」および「認証サーバー」で構成される（次ページの図5）。

オーセンティケーターと認証サーバーのやりとりにはRADIUS（ラディウス）というプロトコルを使う。このため認証サーバーにはRADIUSサー

▼RADUSサーバーを使用する
認証の対象となるアカウントが少ない場合にはオーセンティケーターに認証に必要な情報を保存できるのでRADIUSサーバーを使わなくてもかまわない。

▼PPP
Point-to-Point Protocolの略。2点間でデータ通信するためのプロトコル。電話線やISDNのダイヤルアップ接続、専用線などで1対1で接続するときに使う。

▼EAP
Extended Authentication Protocolの略。

▼EAPoL
EAP over LANの略。

図5 **IEEE 802.1Xに基づくNACのシステム構成**

「サプリカント」「オーセンティケーター」「認証サーバー」で構成される。 サプリカントとオーセンティケーター間にはEAPoL、オーセンティケーターと認証サーバー間にはRADIUSというプロトコルを使う。

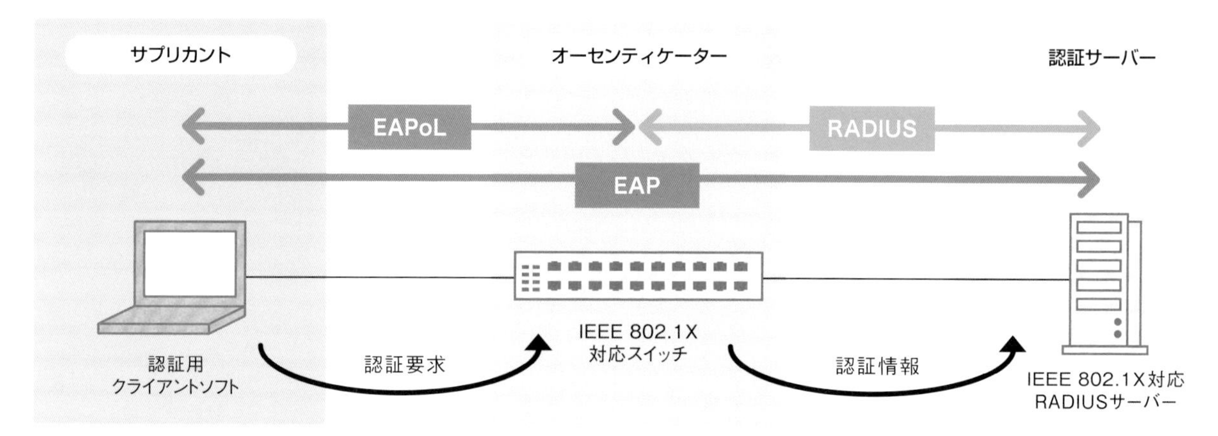

IEEE 802.1Xはレイヤー2での認証の規格です。ユーザー認証より機器認証で使われます。認証が成功しない場合、オーセンティケーターはサプリカントの接続を受け付けません

プロトコルにはPPPを拡張したEAPを使う。サプリカントとオーセンティケーター間はEAPをLANで使用可能にしたEAPoL、オーセンティケーターと認証サーバー間はRADIUSを使用する

EAP：Extensible Authentication Protocol　**EAPoL**：Extensible Authentication Protocol over LAN　**RADIUS**：Remote Authentication Dial In User Service

図6 **EAPの認証方式**

IEEE 802.1Xで使用するEAPにはいくつかの認証方式がある。認証方式によって、サプリカント側のクライアント認証とオーセンティケーター側のサーバー認証に使用する技術が異なる。

認証方式	クライアント認証	サーバー認証
EAP-MD5	IDとパスワード	なし
EAP-TLS	電子証明書	電子証明書
EAP-TTLS	IDとパスワード	電子証明書
PEAP	IDとパスワード	電子証明書

EAPでは利便性やセキュリティーレベルによって認証を使い分けることができるよ。サーバー認証なしのEAP-MD5から、どちらも電子証明書を使うEAP-TLSまであるよ

バーを使用する。

IEEE 802.1XではPPPの認証機能を拡張したEAP（イープ）と呼ばれるプロトコルを使用する。このEAPをLANで使えるようにするプロトコルをEAPoLと呼び、サプリカントとオーセンティケーター間の通信で使う。

IEEE 802.1XのEAPにはいくつかの認証方式がある（図6）。認証方式によって、サプリカント側のクライアント認証とオーセンティケーター側のサーバー認証に使用する技術が異なる。

最も簡易的なのがクライアント認証にIDとパスワードを使い、サーバー認証はしないEAP-MD5である。一方、クライアント認証とサーバー認証に電子証明書を使用するEAP-TLSは手間はかかるがセキュリティーレベルは最も高い。

利便性とセキュリティーレベルはトレードオフだ。導入するシステムでかけられるコストと必要なセキュリティーレベルを考えて、認証方式を選択することになる。

脆弱な機器は検疫して隔離

前述のARPやMACアドレス、IEEE 802.1X認証によるNACは登録されていない機器がネットワークに接続されるのを防ぐのが目的だ。

だがNACには別の役割もある。本記事の冒頭でも解説したように、登録済みであってもセキュリティーに問題がある機器はネット

▼エージェントソフトをインストールしておく
最近ではエージェントソフトを使わずに検疫および隔離を実現できるアプリケーション（ソリューション）もある。
▼VLAN
Virtual Local Area Networkの略。

ワークに接続させないという役割だ。

内部ネットワークに接続する前に機器の状態を調べ、問題があるようなら内部ネットワークに接続させない。空港などで実施する検疫と同じである。実際これに例えて、安全かどうか分からない機器を接続させるサーバーを検疫サーバー、接続させるネットワークを検疫ネットワークなどと呼ぶ。

検疫を実施するためには、機器にエージェントソフトをインストールしておく(図7)。エージェントソフトは機器に常駐して、セキュリティーに関する情報を収集する。ソフトウエアやウイルス定義ファイルのアップデート状況、OSやセキュリティーソフトの設定などが該当する。

機器がネットワークにつなげられると内部ネットワークとは異なる検疫サーバーと同じVLAN（ブイラン）が設定される。そしてエージェントソフトは機器のセキュリティー情報を検疫サーバーに送信する。

セキュリティー情報に問題がなければ、検疫サーバーは機器が接続するポートのVLANを内部ネットワークに変更する。問題がある場合、ソフトウエアのアップデートや設定変更などを実施して問題を解消させるようにする。解消すれば内部ネットワークに接続し、解消できなければ接続させない。

図7 登録された機器でも接続前にチェック

機器のセキュリティー情報をチェックして、問題がある場合には内部ネットワークには接続させないこともNACの一種である。機器にエージェントソフトを常駐させてセキュリティー情報をチェックすることが多い。

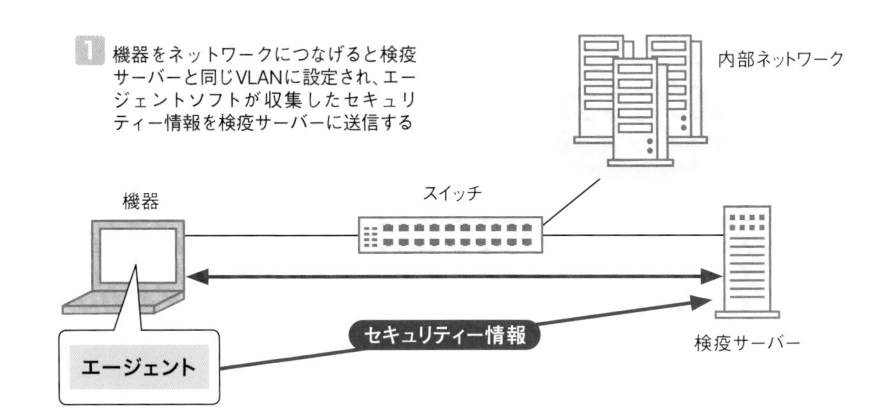

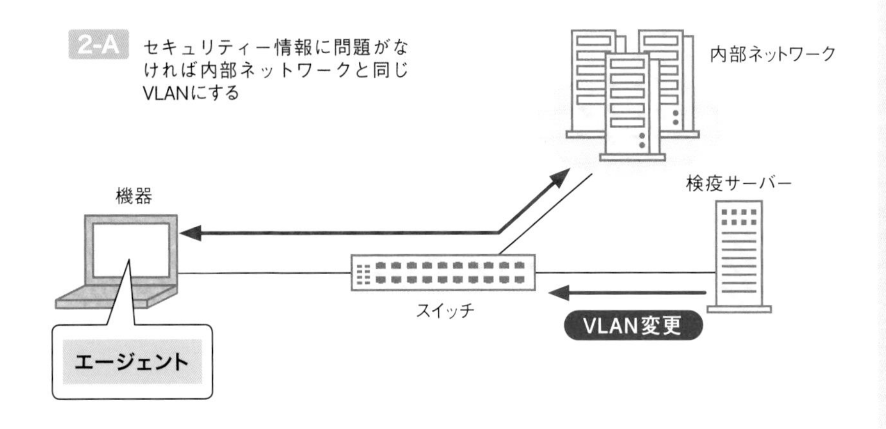

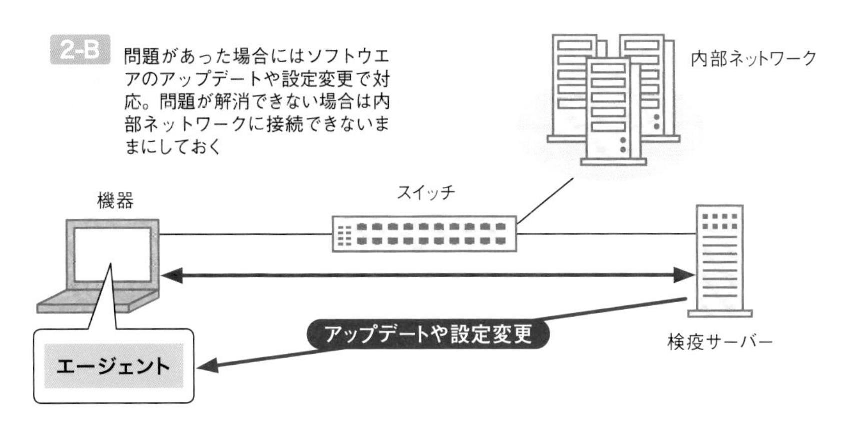

登録済みの機器でもセキュリティーに問題があったら内部ネットワークに接続しちゃまずいよね。そのためセキュリティー情報で「検疫」するんだ

VLAN：Virtual Local Area Network

3章 アクセスコントロールって何だろう？

第
3
回

認証って何ですか？

Webサイトによっては、「このWebサイトは認証が必要です」って表示されますよね。

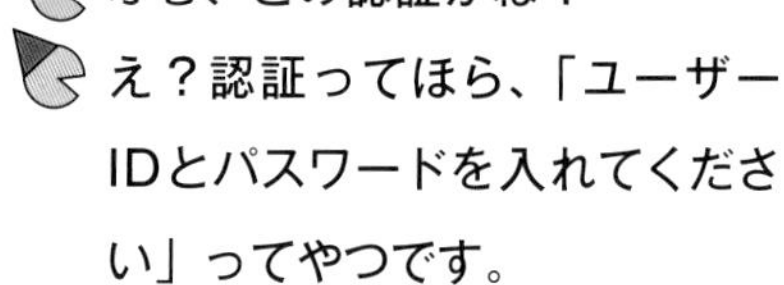

ふむ、どの認証かね？

え？認証ってほら、「ユーザーIDとパスワードを入れてください」ってやつです。

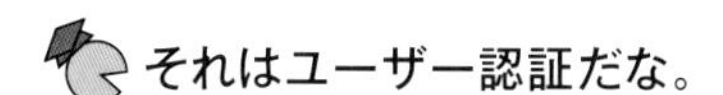

それはユーザー認証だな。

認証とは、対象の正しさを証明する、あるいは確認する行為のことである。英語で、主にAuthentication（オーセンティケーション）と呼ばれる。認証の「対象」になるものはいくつか存在する。

認証の対象で名称が異なる

通常は、認証といわれればユーザーIDとパスワードによるログインを思い浮かべるだろう。これは、やり取り（通信）している相手を対象とする認証なので、「相手認証」と呼ばれる。

相手認証のうち、認証対象が人（ユーザー）の場合、特に「ユーザー認証」あるいは「本人認証」と呼ばれる。ユーザー認証では、認証対象の人物が、ある特定のサービスや機器などの正規ユーザーであることを証明する。

一般的なユーザー認証では、ユーザーが持つ情報（ユーザーIDやパスワードなど）をサーバーに送信（図1）。サーバーではその情報を使って、正規のユーザーかどうかを確認する。正規のユーザーのことは「アカウント」とども呼ばれる。サーバーでは、送られてきた情報とアカウント情報を照合。一致する場合にはログインなどを許可する。

アクセスしてきたユーザーにサービスを提供するサーバーや機器以外にアカウント情報を格納しておくケースもある（図2）。アカウント情報を格納するサーバーは「認証サーバー」と呼ばれる。

ユーザーにアクセスされたサーバーや無線LANアクセスポイントなどは、認証サーバーに正規のユーザーかどうかを問い合わせる。

Webサービスでは、認証サーバーとして一般的なデータベース

図1 アカウント情報と照合して正規のユーザーかどうか確認

正規のユーザーかどうかを確認するユーザー認証（本人認証）の例。ユーザーは認証に必要な情報（IDやパスワードなど）をサーバーに送り、サーバーは登録されているアカウント情報と照合。一致すれば正規のユーザーだと判断する。

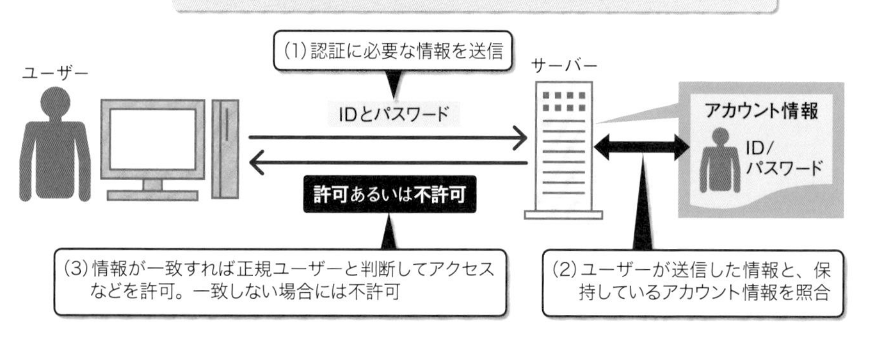

ユーザーが持つ認証のための情報（IDとパスワードなど）をサーバーに送り、サーバーが持つアカウント情報と照合して認証するんだね
（1）認証に必要な情報を送信
ユーザー
サーバー
IDとパスワード
アカウント情報
ID/パスワード
許可あるいは不許可
（3）情報が一致すれば正規ユーザーと判断してアクセスなどを許可。一致しない場合には不許可
（2）ユーザーが送信した情報と、保持しているアカウント情報を照合

▼**RADIUS**
Remote Authentication Dial In User Serviceの略。

▼**HTTPS**
HyperText Transfer Protocol Secureの略。TLS/SSLを使うHTTP。

サーバーを使うことが多い。無線LANなどのユーザー認証で使われる規格IEEE802.1X（アイトリプルイー）では RADIUS（ラディウス）サーバーが、Windowsドメインのサーバーなどではドメインコントローラーが使われる。

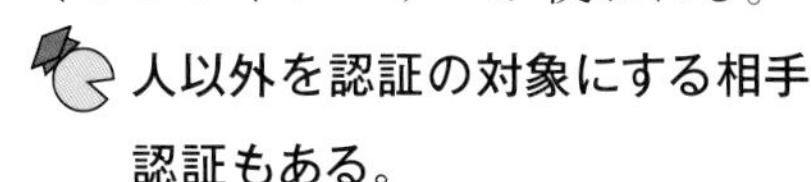

人以外を認証の対象にする相手認証もある。

人以外？ AIとかですかね。

ユーザー認証以外の相手認証としては、「サーバー認証」などがある。サーバー認証では、通信相手が正しいサーバーであることを確認する。なりすましを防ぐためだ（図3）。

サーバー認証も相手認証

例えばWebサーバーにアクセスした際、一見、A社のWebサイトに思えても、実は、本物のWebサイトからコンテンツを丸々コピーした偽サイトかもしれない。

そういった偽サイトには、画面には表示されない形で、ウイルスをダウンロードさせる罠（スクリプト）などが仕込まれている恐れがある。このような場合、見た目だけでは本物のサーバーかどうか判断できない。そこで必要になるのがサーバー認証である。

Webサーバーのサーバー認証では、サーバー証明書を使うことが多い（次ページの**図4**）。ユーザーのWebブラウザーがHTTPSでアクセスすると、Webサーバーはサーバー証明書をユーザーに送信。ユーザー側ではWebブラウザーがサーバー証明書を検証する。検証に成功すれば、通信相手は正しいWebサーバーだと判断して通信を継続する。

図2 認証サーバーを用意して認証プロトコルで連携

ユーザー認証を必要とするシステムでは、アカウント情報を専用のサーバー（認証サーバー）に格納する場合もある。この場合、アクセスされたサーバーと認証サーバー間では、認証プロトコルを使って通信する。

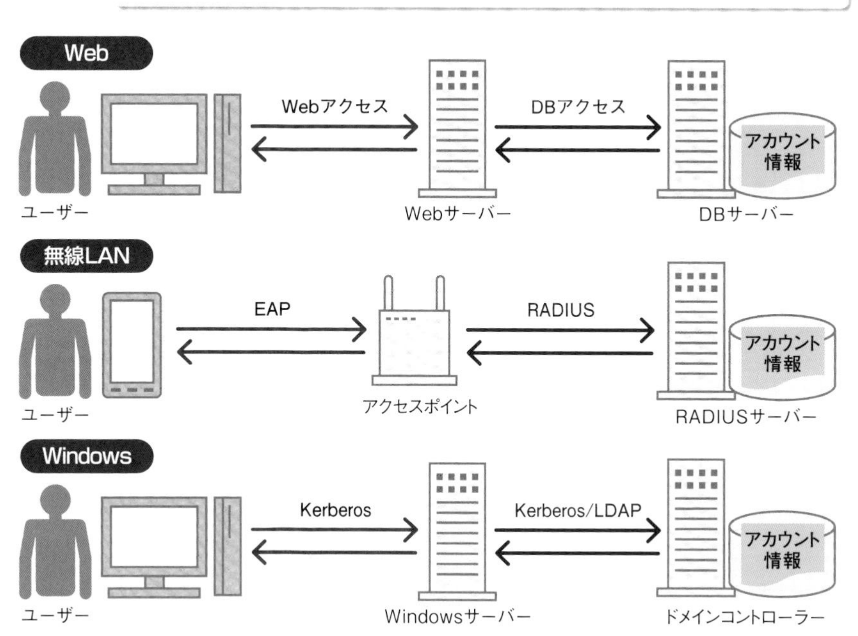

DB：DataBase　**EAP**：Extensible Authentication Protocol　**LDAP**：Lightweight Directory Access Protocol
RADIUS：Remote Authentication Dial in User Service

図3 見た目だけでは偽物かどうかわからない

サーバー上のコンテンツはデジタルデータで容易にコピーできる。このため、見た目だけでは本物のサイトなのか偽サイトなのか区別が難しい。

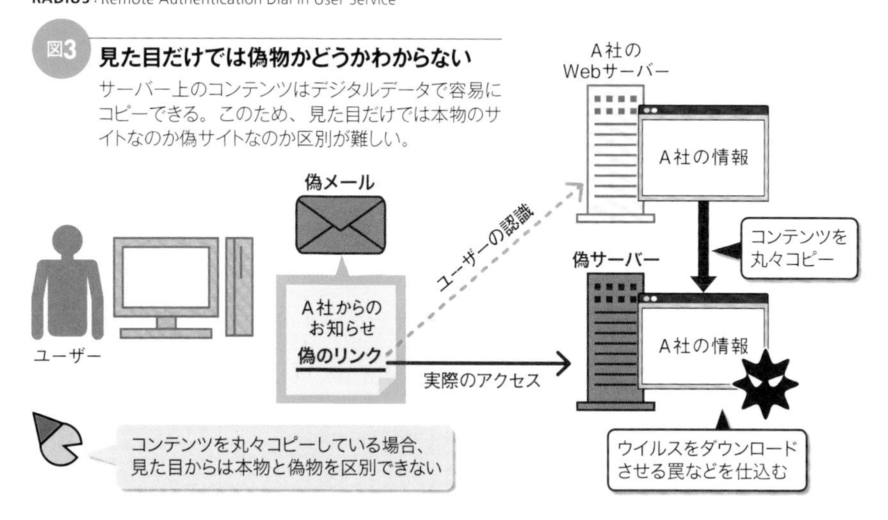

3章 認証って何ですか？

▼デジタル証明書
電子証明書や公開鍵証明書などとも呼ばれる。サーバーが利用するデジタル証明書はサーバー証明書、クライアント(ユーザー)が利用するデジタル証明書はクライアント証明書とも呼ばれる。

▼PKI
Public Key Infrastructureの略。日本語では、公開鍵基盤や公開鍵認証基盤などと呼ばれる。

逆に、偽のサーバー証明書が送られてきたり、サーバー証明書が送られてこなかったりした場合には、Webブラウザーは相手が偽物であると判断し、警告を表示したり、アクセスを中止したりする。

図4 本物のサーバーかどうかを認証

サーバー認証の例。サーバーから送られたサーバー証明書を検証して、相手が正規のWebサーバーかどうか確認する。

例えばHTTPSでは、サーバー証明書を使ってサーバー認証を実施する。サーバーから送られたサーバー証明書を検証し、問題がなければ本物のサーバーにアクセスしていると判断する

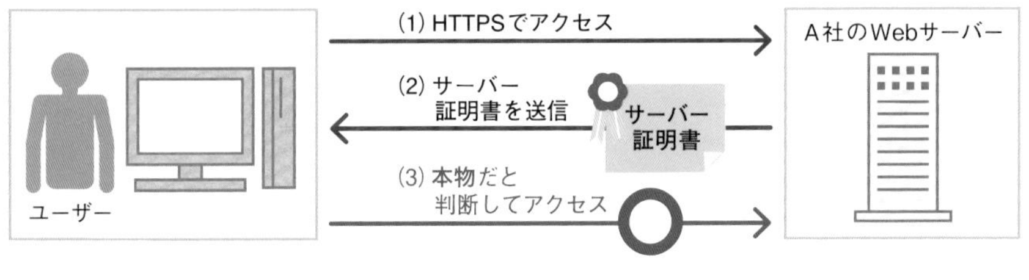

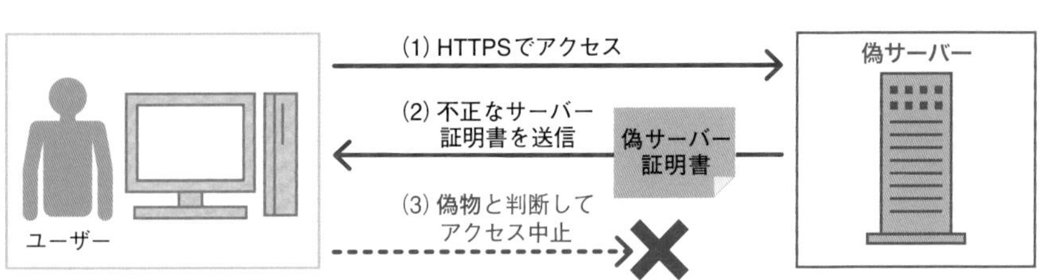

図5 相手認証の方式は「パスワード」か「デジタル署名」

ユーザーやサーバーなどの通信相手を認証する相手認証の方式には、パスワード方式とデジタル署名方式がある。デジタル署名方式のほうが安全性が高いが、バックボーンにPKI(公開鍵基盤)を用意する必要があるためコストがかかる。

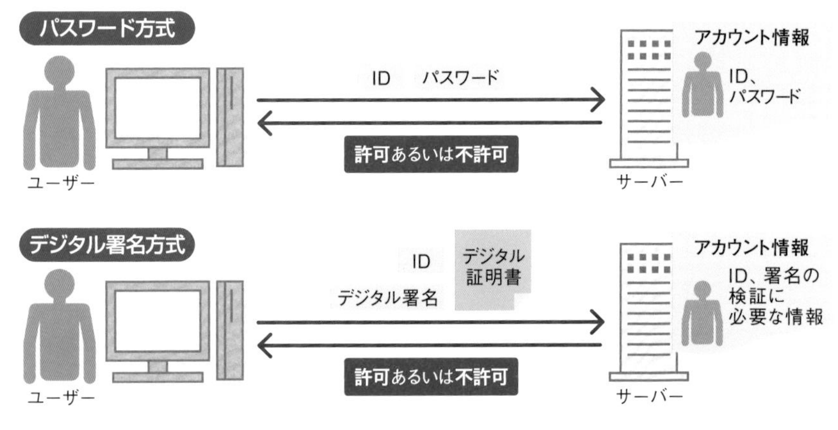

最も手軽な相手認証はパスワード方式だ。認証の際に、パスワードあるいはそれに類するものをサーバーに送る。サーバーでは、保存されているパスワードと照合する

デジタル署名を使う方式もあるよ。ユーザーがデジタル署名を作成してサーバーに送付。サーバー側で署名を検証する。HTTPSでのクライアント認証などで使われているって

相手認証には2方式ある

相手認証で使用する認証方式としては、パスワード方式とデジタル署名方式の2種類が挙げられる(図5)。パスワード方式は、通信する相手とパスワードを共有し、そのパスワードを知っているかどうかで、相手が正しいかどうかを判断する認証方式である。

パスワード方式は、実装や運用が手軽で低コストなので最も広く使われている。だが、パスワードの推測や盗聴などによりなりすまされる危険性が高く、安全に運用するのが難しい。

デジタル署名方式では、デジタル証明書を使って相手を認証する。図4に示したHTTPSを使ったサーバー認証は、まさにこのケースである。なおデジタル署名方式は、サーバーの認証だけではなく、ユーザーの認証(クライアント認証)にも使える。クライアント認証では、ユーザーからデジタル証明書をサーバーに送信する。

デジタル署名方式はパスワード方式よりも安全性が高いが、運用にはPKIが必要であり、コストがかかる。

なるほどなるほど。単なる認証じゃなくて、相手認証なんですね。んー、でも認証って、これぐらいしか思いつかないですよ?

では、ほかの認証も説明しよう。

通信で発生し得る脅威の一つが

▼MAC
Message Authentication Codeの略。
▼ハッシュ関数
厳密には「一方向ハッシュ関数」と呼ばれる。MD5やSHA-1、SHA-2などがある。

前述のなりすましである。それを防ぐために実施するのが、これまで説明した相手認証だ。

メッセージを認証

そのほかの脅威としては、通信途中でのデータの改ざんが挙げられる。改ざんを防ぐには、データ（メッセージ）を対象にした認証が必要だ。それが、メッセージ認証である。

デジタル署名を使えば、相手認証に加えて、メッセージ認証も可能だ。だが、デジタル署名を使うにはPKIが必要なのでハードルが高い。このためメッセージ認証には、比較的容易な「メッセージ認証コード」（MAC）を使うことが多い。

MACとは、ハッシュ関数を使って計算した、送信するデータのハッシュ値である（**図6**）。送信側では、データとそのMACを受信側に送る。受信側では、受信したデータからハッシュ値を計算。MACと照合し、一致すれば、通信経路上での改ざんがなかったと判断する。

MACは単純で使いやすいが、一方で問題もある。受信側が検証できるのはデータの改ざんだけで、通信相手の正しさは検証できないことだ。悪意のある第三者からデータを送られてきた場合でも、データのハッシュ値とMACが一

図6 MACを使ってメッセージ認証

メッセージ認証は、送られてきたデータ（メッセージ）を対象とする認証。通信途中でデータが改ざんされていないかどうかを確認できる。メッセージ認証には複数の方式があるが、メッセージ認証コード（MAC）を使うことが多い。MACは、送信するデータのハッシュ値。一方向ハッシュ関数を使って計算する。データとともに送られてきたMACと、受信したデータから計算したハッシュ値が同じなら、改ざんされていないことになる。

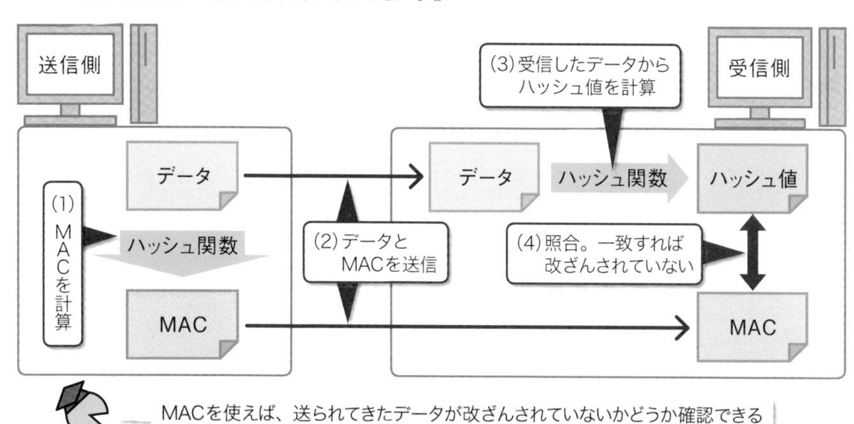

MAC：Message Authentication Code

図7 正しい通信相手からのデータかどうかは検証できない

MACでは、同時に送られてきたデータが改ざんされたかどうかは検証できるが、正しい相手からのデータかどうかまでは確認できない。例えば、通信を盗聴している攻撃者から偽のデータが送られても、MACが正しく計算されていれば、改ざんされていない正しいデータと判断する。

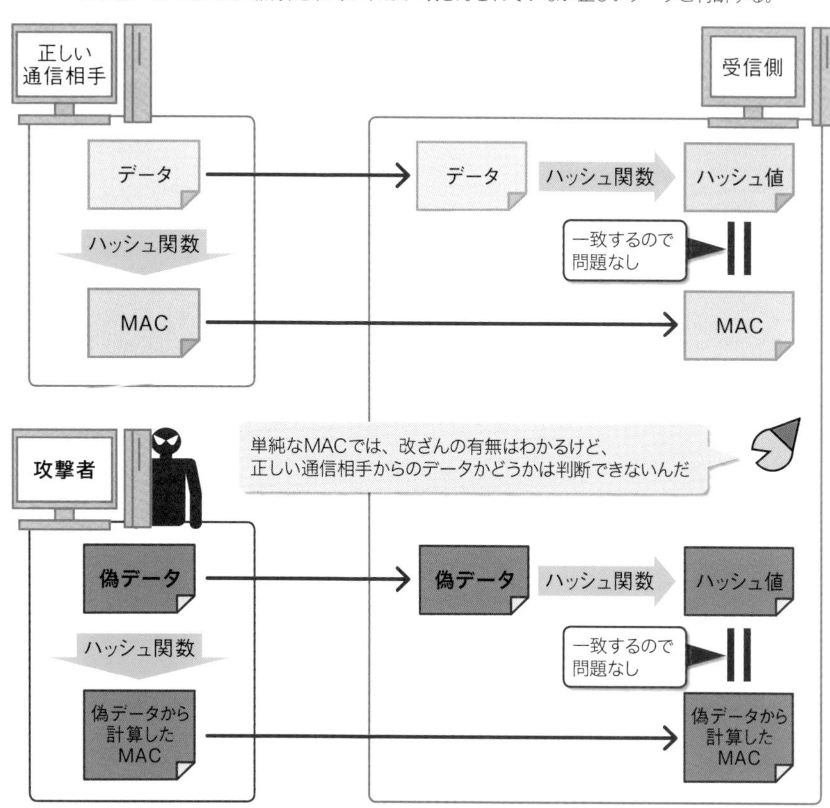

3章 認証って何ですか？

▼**HMAC**
Hash-based Message Authentication Codeの略。
▼**AES**
Advanced Encryption Standardの略。
▼**ブロック暗号**
決まった大きさのデータ（ブロック）の単位で暗号化する暗号アルゴリズム。例えばAESのブロック長は128ビット（16バイト）である。

致すれば、問題のないデータと判断してしまう（前ページの**図7**）。

例えば、正しい通信相手がデータを送った後に、通信を盗聴している攻撃者が「先ほどのデータは誤りです。こちらが本物です」といった偽データを送った場合、受信側がだまされる危険性がある。

秘密鍵を含めてハッシュ値計算

そこで開発されたのが、セキュリティを向上させた「HMAC（エイチマック）」である。HMACでは、送信側と受信側で同じビット列をあらかじめ共有する。このビット列が秘密鍵になる。MACでは送信データからハッシュ値を計算したが、HMACでは、送信するデータに秘密鍵を加えてハッシュ値を計算する（**図8**）。

送信側では、データとHMACを送信する。受信側では、データと秘密鍵からハッシュ値を計算。データとともに送られてきたHMACと照合する。データが改ざんされている場合には、当然、これらは一致しない。さらに、送信側が秘密鍵を知らない場合にも一致しない。つまり、改ざんされているかどうかだけでなく、正しい通信相手から送られてきたかどうかも確認できる。

図8ではハッシュ関数を使ってHMACを計算しているが、AESのようなブロック暗号を使用してセキュリティを高めたMACもある（**図9**）。この場合は、共有する秘密鍵を、暗号化の鍵として使う。送信するデータを秘密鍵で暗号化し、暗号化ブロックの一部をMACにする。

受信側では、共有している秘密鍵で送られてきたデータを暗号化し、暗号化ブロックの一部とMACを照合する。

送られてきたデータが正しいことを証明するのも認証ってことですね。

そういうことだな。ではもう一つ、別の認証を説明しよう。

電子データの時刻を認証

パソコンなどで作成した電子データがいつ存在していたか（既に作成されていたか）、いつ以降修正（改ざん）されていないかなど、データに関する時刻を証明したい場合がある。そのようなときに利用するのが、「時刻認証」である。

パソコンで文書ファイルなどを

図8 「秘密鍵」を使って正しい通信相手かどうかも確認可能に

HMACでは、事前に共有した秘密鍵（秘密情報）を使う。データ（メッセージ）に秘密鍵を追加してハッシュ関数で計算したハッシュ値がHMACである。HMACなら、通信途中での改ざんを検出できるだけではなく、秘密鍵を共有する正しい通信相手から送られてきたことも確認できる。

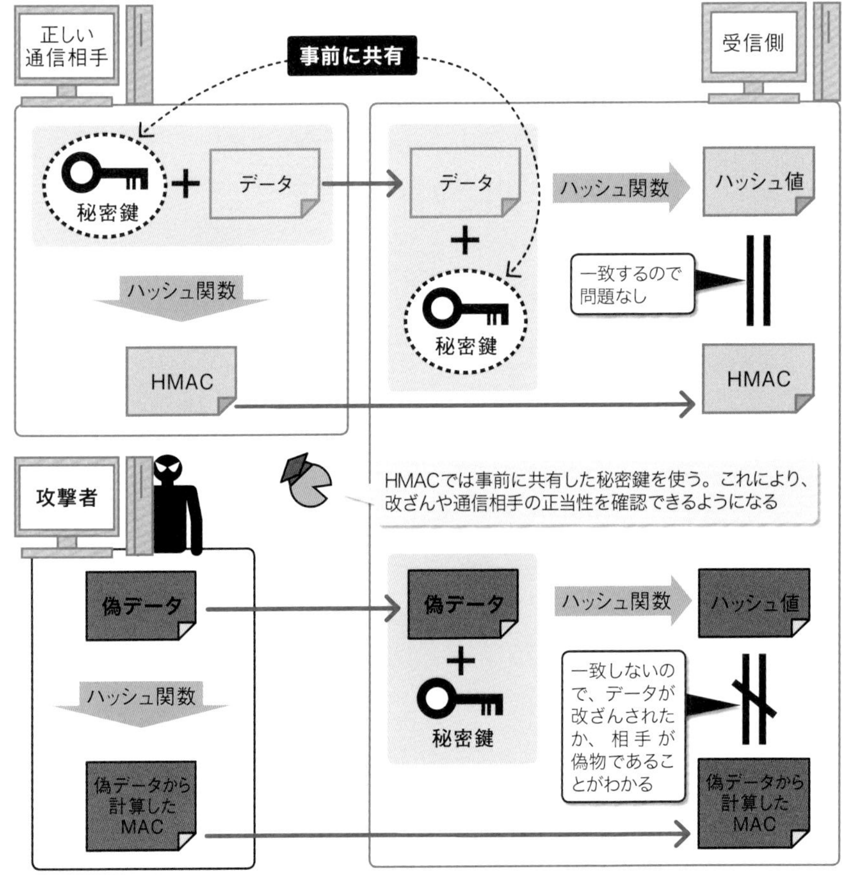

HMAC：Hash-based Message Authentication Code

▼TSA
Time Stamping Authorityの略。

作成すると、作成した時刻がファイルに記録される。だが、この時刻はパソコンのシステムの時刻であり、ユーザーが自由に操作できる。つまり、信用できる時刻ではない。そこで時刻認証では、時刻の正しさを担保する第三者(組織)である「時刻認証局」(TSA)を利用する。

時刻認証には、「電子署名方式」と「時刻認証アーカイビング方式」の2種類がある。

電子署名方式では、ユーザーは認証の対象とするデータ(ファイル)のハッシュ値を計算し、TSAに送る(**図10**)。TSAは、それに時刻情報(時刻トークン)を加え、TSAの秘密鍵で暗号して「時刻署名」と呼ぶデジタル署名を作成する。ユーザー側では、この時刻署名とデータ、TSAのデジタル証明書をまとめて保管する。

そして、データが存在していた時刻や改ざんの有無を調べたい場合には、時刻署名を、デジタル証明書に含まれるTSAの公開鍵で復号する。そうすれば、TSAが時刻認証したときのデータのハッシュ値と時刻情報を確認できる。

もう一つの時刻認証アーカイビング方式では、ユーザーが送付したハッシュ値を、TSAが時刻情報とともに保存する。時刻を確認したいときには、TSAから時刻情報とハッシュ値を受け取る。

図9 暗号を使ってMACを生成
MACは、ハッシュ関数だけではなく、AESのようなブロック暗号を使っても生成できる。共有した秘密鍵を使って暗号化したデータの一部をMACにする。

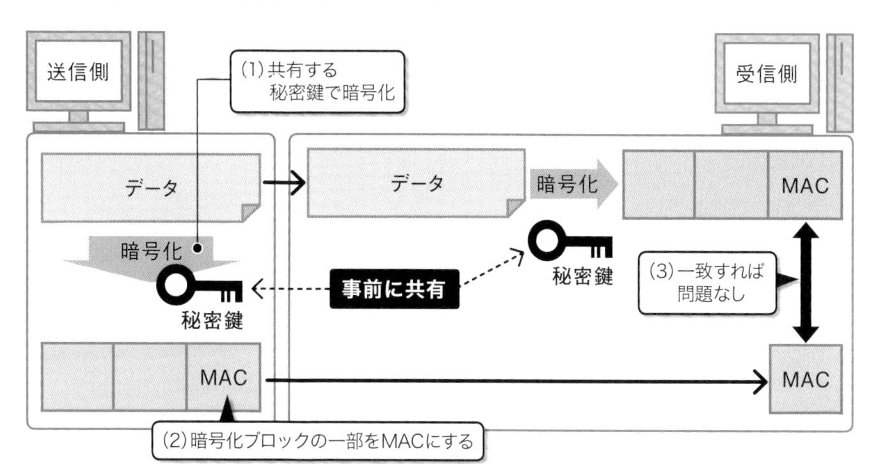

AES:Advanced Encryption Standard

図10 データの作成時刻などを認証する「時刻認証」
時刻認証では、データの作成時刻などを認証する。時刻認証を行うには、時刻認証局(TSA)が必要。TSAに作成したデータのハッシュ値などを送ると、時刻署名を生成して送り返す。

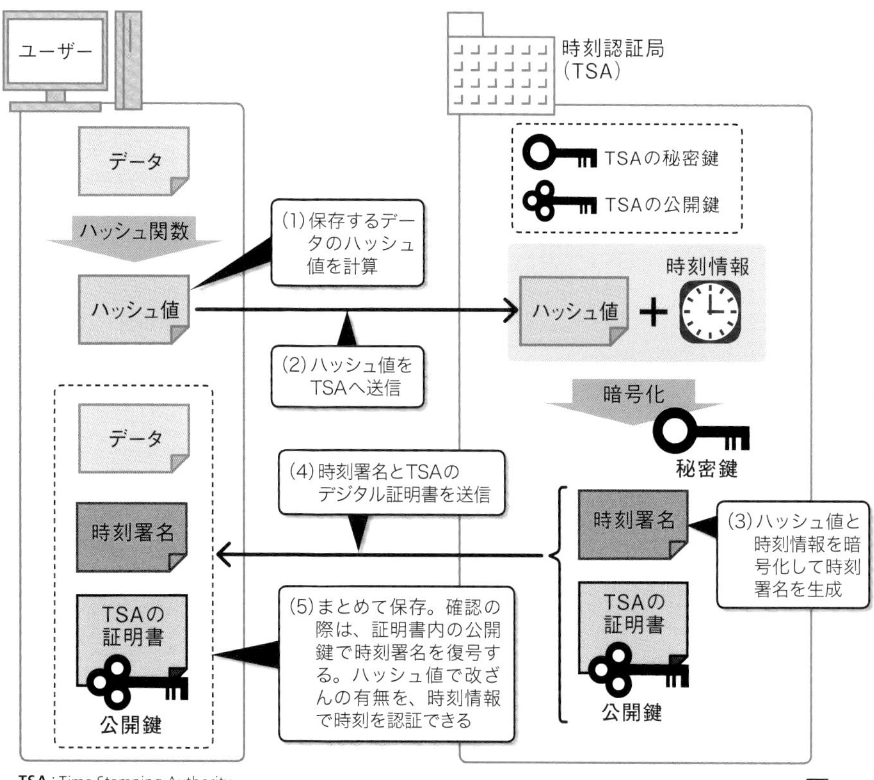

TSA:Time Stamping Authority

3章 認証って何ですか?

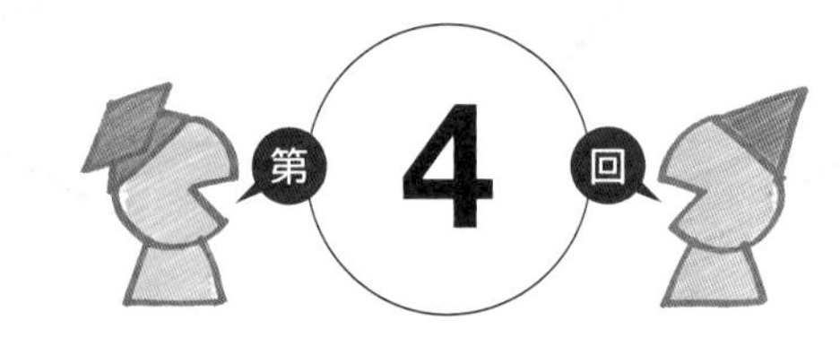

第
4
回

パスワードって何だろう？

あー、このWebサイトのパスワードってなんだったかな？

ふむ、ネット君らしいひねりのない導入のセリフだな。今回のテーマが何なのかすぐにわかる。

なんですか、それ。でも、パスワードってよく忘れちゃいません？

確かにそうだな。

パスワードは、ユーザー認証（本人認証）に用いる、秘匿された文字列のこと。ユーザーIDと、それに対応するパスワードを入力することで、そのユーザーIDの保有者であることを証明する。数あるユーザー認証のなかで、パスワード認証は最も普及している。

認証時の具体的な流れは次の通り（**図1**）。ユーザーはまず、自分に付与されたユーザーIDに対応するパスワードを考え、サービス提供者のサーバーに登録しておく。サービス提供者が初期パスワードを付与し、最初のログイン時にユーザーがパスワードを変更するケースも多い。

該当のサーバーにユーザーがアクセスすると、サーバーはユーザーIDとパスワードの入力を要求。ユーザーは自分のユーザーIDと、それに対応したパスワードを送信する。サーバー側では、送られてきたユーザーID／パスワードを、登録されている情報と照合。一致した場合には正規のユーザーだと判断してログインを許可、一致しない場合には許可しない。

図1　登録情報と照合して正規のユーザーかどうか確認

パスワードを使ったユーザー認証（本人認証）の例。ユーザーは認証に必要な情報（ユーザーIDやパスワード）をサーバーに送り、サーバーは登録されている情報と照合。一致すれば正規のユーザーだと判断する。

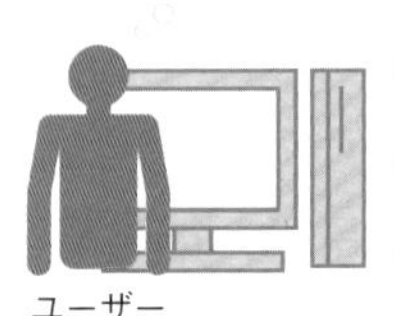

ユーザーの記憶
パスワード
ユーザー
(1) サーバーにアクセス
(2) ユーザーID/パスワードを要求
(3) ユーザーID/パスワードを送信
(5) 一致すればアクセスを許可

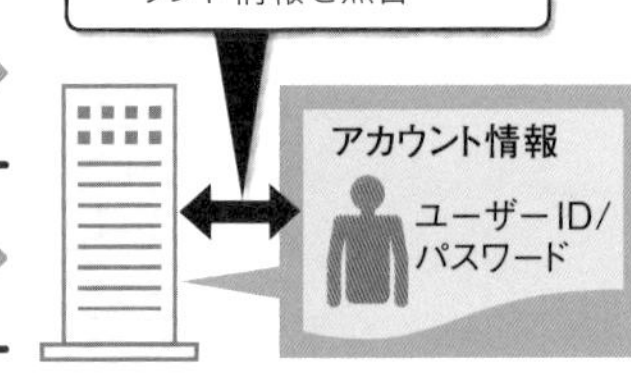

(4) ユーザーが送信した情報と、登録されているアカウント情報を照合
アカウント情報
ユーザーID/パスワード
ユーザー認証が必要なサーバー

パスワードを使ったユーザー認証では、特別な機器やアプリケーションは不要。自分が覚えてさえいればいい。手軽だからユーザー認証で一番使われているね

狙われるパスワード認証

パスワードを使ったユーザー認証は、特別な機器やアプリケーションを必要としないので使いやすい。一方で、ユーザーIDとパスワードが登録情報と一致さえすれば正規のユーザーと認識されるので、攻撃も比較的容易だ。このためパスワード認証を破る攻撃が多数存在する。

代表的な攻撃の一つが、パスワードの可能性がある文字列をすべて試すブルートフォース攻撃である（**図2**）。総当たり攻撃とも呼

▼**パスワード認証を破る攻撃**
パスワード認証を破る攻撃は、パスワードクラックなどとも呼ばれる。
▼**パスワードによく使われる文字列**
具体的には、「123456」「password」「qwerty」「111111」などが挙げられる。

▼**SNS**
Social Networking Serviceの略。

ばれる。この攻撃では、ユーザーIDを固定し、パスワードとして入力する文字列を1文字ずつ変えてログインを試行する。

パスワードによく使われる文字列を収めた専用の辞書を使う攻撃もある。この攻撃は辞書攻撃と呼ばれる。

該当ユーザーの個人情報から、パスワードを推測する攻撃もある。自分の生年月日や電話番号、ペットの名前などをパスワードにする人が多いからだ。最近ではSNSに個人情報を安易に書き込む人が増えているので、この攻撃を受けやすくなっている。

あるWebサイトで漏洩したユーザーIDとパスワードを使って、別のWebサイトへのログインを試

図2 パスワードを破る手法は様々
パスワードを使ったユーザー認証は、パスワードさえ一致していれば本人だと認識される。このため使いやすい半面、攻撃対象になりやすい。

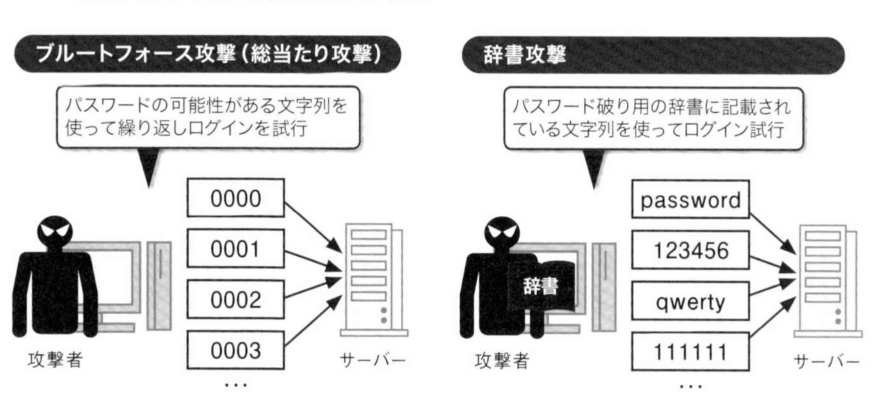

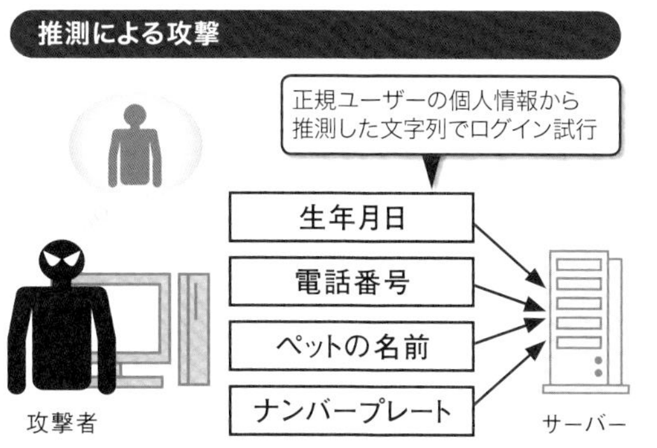

パスワードを使ったユーザー認証は手軽な分だけ、攻撃も容易だ。様々なパスワードクラック(パスワードを破る攻撃)が存在する

図3 別のWebサイトから漏洩したパスワードを使うパスワードリスト攻撃
パスワードリスト攻撃とは、別のWebサイトなどから漏洩したユーザーIDとパスワードを使ってログインを試行する攻撃。パスワードを使い回していると、この攻撃の被害に遭いやすい。

パスワードリスト攻撃は、あるWebサイトから漏洩したユーザーIDやパスワードのリストを入手し、様々なWebサイトで試してみる攻撃だ

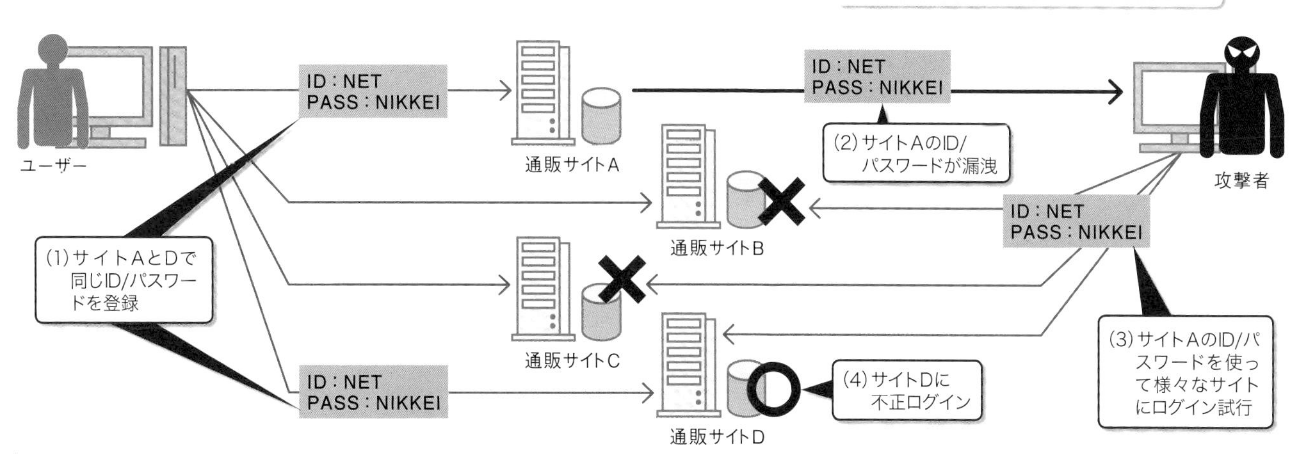

うわぁ。パスワードを覚えるのが面倒だから、同じパスワードを使い回してますよ、僕

パスワードリスト攻撃による被害が頻発したことで、そういう人間が世の中にはかなりいることがわかった

▼**パスワードリスト攻撃**
アカウントリスト攻撃やリスト攻撃、リスト型攻撃などとも呼ばれる。
▼**文字の種類**
パスワードとして使う文字の種類には、アルファベットの大文字、小文字、数字、記号がある。
▼**耐性を高める**
ブルートフォース攻撃では、理論上はいつかはパスワードを破れるが、文字数や文字種類が多い場合には、現実的な時間内に破ることはできない。
▼**辞書に載っているような単語をそのまま使わない**
辞書に載っているような単語であっても、それらを複数組み合わせた文字列なら破られにくい。
▼**ハッシュ関数**
厳密には「一方向ハッシュ関数」と呼ばれる。MD5やSHA-1、SHA-2などがある。
▼**ハッシュ値**
ハッシュ関数により生成された固定長の文字列はダイジェストやメッセージダイジェスト、フィンガープリントなどとも呼ばれる。

行するパスワードリスト攻撃も盛んになっている(前ページの図3)。ユーザーIDとパスワードを使い回しているユーザーは、この攻撃の被害に遭いやすい。

以上のような攻撃の対策としては、「強いパスワード」を使うことが挙げられる。パスワードとして使う文字列の文字数を多くするとともに、文字の種類を多くする。これにより、ブルートフォース攻撃への耐性を高める。一定回数以上ログインに失敗すると、ログイン試行をできなくするロックアウトも対策として有効だ。

辞書攻撃や推測による攻撃を防ぐためには、パスワードに使われそうな文字列は使わない、自分の個人情報を基にした文字列は使わない、辞書に載っているような単語をそのまま使わない——といったことが重要である。

パスワードリスト攻撃の対策としては、パスワードを複数のWebサイトで使い回さないことが最も有効だ。Webサイトごとに異なる強いパスワードを設定するのが望ましい。

以上のように、パスワードを使ったユーザー認証を安全に運用するのは容易ではない。

そうそう、そうですよ。パスワードは大変ですよ。

ネット君の大変さは置いておくとしても、パスワードによるユーザー認証は、安全に運用しようとすると負荷が大きい。

それなのに、なんでパスワードが一番使われているんですかねー。

それはもちろん、手軽だからだ。

図4 パスワードは暗号化ではなくハッシュ値にして保存
サーバー側では、パスワードは暗号化するのではなく、ハッシュ値にして保存する。上図のように暗号化して保存した場合、暗号化したパスワードと同時に暗号鍵も漏洩する恐れがあるからだ。このため通常は、下図のようにパスワードのハッシュ値を保存する。

暗号化して保存する場合

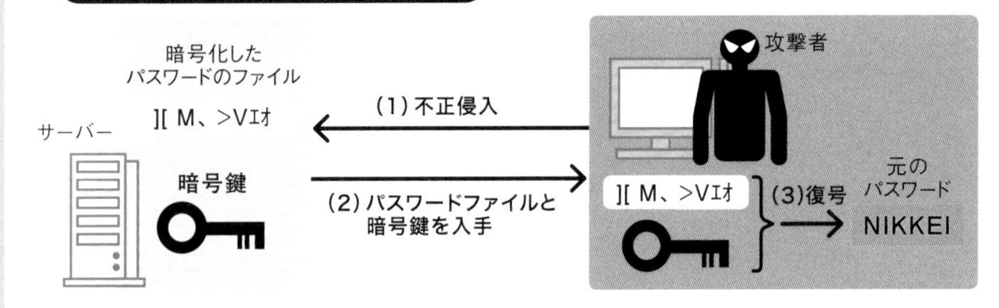

ハッシュ値を保存する場合

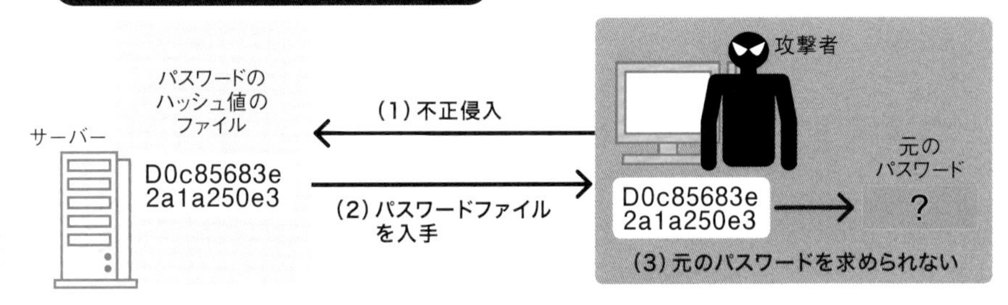

情報の秘匿といえば暗号化だけど、暗号鍵も同時に漏洩してしまったら、いくら暗号化しても意味がないよね

ハッシュ値で保存しておけば、パスワードファイルを盗まれても元に戻せないので、パスワードは漏洩しない

パスワードのハッシュ値を保存

次に、サーバー側(認証する側)がパスワードをどのように保存しているかについて説明しよう。もちろん、そのままの状態では保存していない。不正侵入された場合に備えて“変換”している。変換といっても暗号化ではない。暗号化では、パスワードのファイルとともに暗号鍵も盗まれる恐れがあるからだ(図4)。

このため通常は、ハッシュ関数を使って変換したパスワードのハッシュ値を保存しておく。ハッシュ関数は不可逆の変換なので、サーバーに保存されたパスワードのハッシュ値からパスワードを復元することはできない。

ただし、ハッシュ値からパスワードを復元されなくても、パス

▼ソルト
英語で塩（salt）のこと。

ワードを知られる危険性はある。攻撃者側で、パスワードに使われそうな単語のハッシュ値をあらかじめ計算しておいて、入手したパスワードファイルと比較するのだ（図5）。ハッシュ値が一致した場合、変換元の単語がパスワードということになる。文字列とハッシュ値をまとめた表はレインボーテーブルと呼ばれる。

レインボーテーブルを使ったパスワード破りのユーザー側の対策は「レインボーテーブルにはないような長いパスワードを設定する」、サーバー側の対策としては「ハッシュ値を計算する前にソルト▼を付加する」が挙げられる。ここでのソルトとは、ハッシュ値を計算する前にパスワードに付加するランダムな文字列のこと。ソルトを付加することで、パスワードが同じでも、生成されるハッシュ値は別の値になる（図6）。ランダムなソルトまで考慮したレインボーテーブルを用意するのはほぼ不可能なので、パスワードファイルを入手してもパスワードを破ることは困難である。

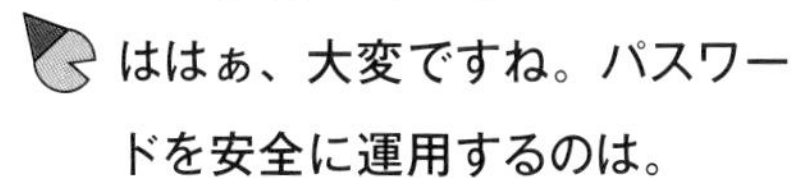

ははぁ、大変ですね。パスワードを安全に運用するのは。

そうだな。手軽な分だけ、セキュリティを維持するのには手間がかかる。

図5 ハッシュ値からパスワードを求めることは可能

ハッシュ値をパスワードに直接復元することはできないが、パスワードを求めることは可能。例えばパスワードとしてよく使われる文字列を事前にハッシュ関数で変換して対応表（レインボーテーブル）を作り、パスワードファイル中のハッシュ値と照合する。一致している場合には、対応する文字列がパスワードだとわかる。

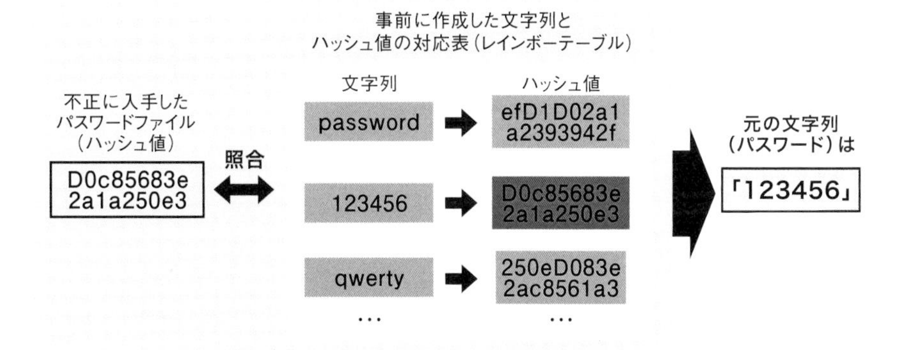

ハッシュ値で保存していても、短いパスワードやありきたりなパスワードだと、事前の計算やレインボーテーブルによってパスワードを破られることがある

図6 ソルトを付加してパスワードを破れにくくする

レインボーテーブルなどを使ったパスワード破りを防ぐサーバー側の対策の一つが、ソルト（salt）を使うこと。ランダムな文字列であるソルトをパスワードに付加すると、パスワードが同じでも異なるハッシュ値が生成される。

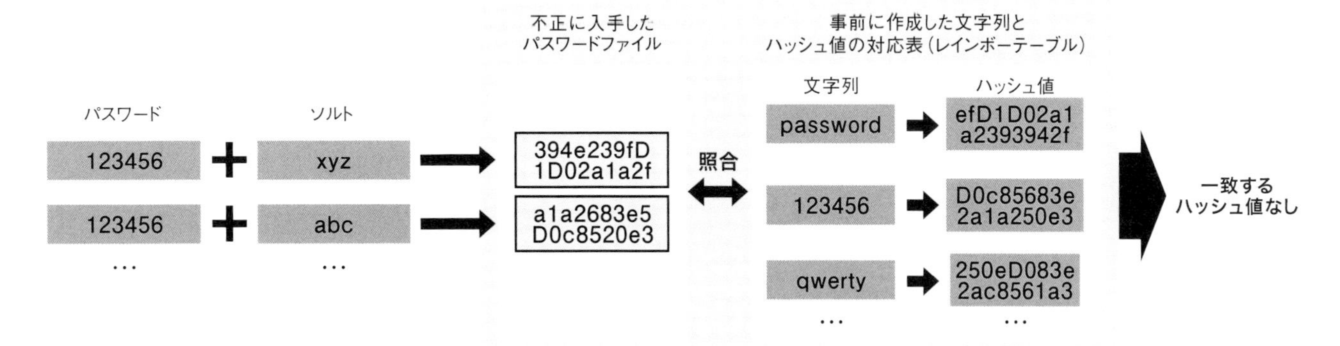

ソルトを付けてハッシュ値を計算するのは簡単だけど、ランダムなソルトが付加されることを前提としたレインボーテーブルは膨大になるので、パスワードを破るのが困難になるよ

▼OTP
One Time Passwordの略。

1回限りのパスワード

パスワードによるユーザー認証が危ないのは、パスワードを盗まれると第三者になりすまされる恐れがあるからだ。このため、毎回異なるパスワードを使うようにすれば、パスワードを盗まれてもなりすまされる危険性はない。だが通常の運用では、1回ログインするたびにユーザーがパスワードを変更する必要があり、現実的ではない。

そこで考え出されたのが、ワンタイムパスワード（OTP✐）という

図7 時刻から計算した使い捨てのパスワードでユーザー認証

時刻同期式ワンタイムパスワード（OTP）の概要。ハードウエアあるいはソフトウエアのトークンが生成するワンタイムパスワードを使って、正規のユーザーかどうか確認する。

あらかじめトークンIDとシードを登録し、サーバーと時刻合わせもしておくよ。ログイン時には、トークンIDとシード、そして時刻から生成した文字列をパスワードとして使うわけだね

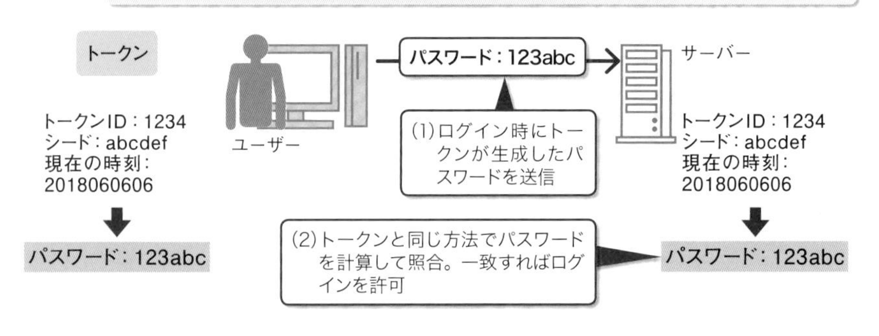

ログインごとに新しいパスワードが生成されるので、パスワードを盗まれても問題ない。サーバー側では、伝送遅延も考慮してパスワードを計算している。ただ、遅延が想定以上に大きいとログインできない可能性がある

OTP：One Time Password

図8 暗号化されたパスワードを使ってなりすますリプレイ攻撃

リプレイ攻撃では、攻撃者は暗号化されたパスワードを盗み、後日、それをサーバーに送ってログインを試みる。パスワードが毎回同じように暗号化されるシステムでは、攻撃者のログインを許可してしまう。

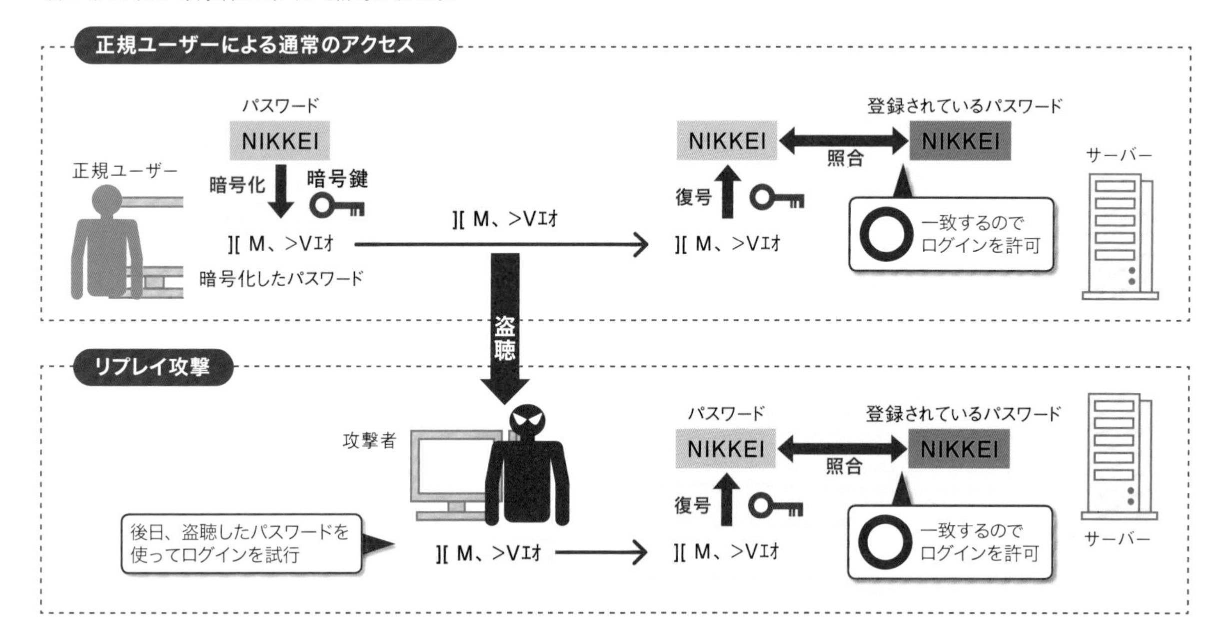

ユーザーとサーバーは同じ暗号鍵を持つ。ユーザーはパスワードを暗号化して送る。サーバーは受信したパスワードを復号し、登録されているパスワードと一致しているか確認する。盗聴されたとしても暗号鍵を持たない攻撃者にはパスワードを復号できないが…

リプレイ攻撃では、暗号化されたパスワードをサーバーにそのまま送ると、サーバー側が復号して、登録してあるパスワードと一致するか確認する。これ、一致するよね。つまり、復号できなくてもそのまま使えば不正ログインできることになるよ

▼シード
英語で種（seed）のこと。ここでのシードとは、ワンタイムパスワードの種（もと）になる情報。

認証方法である。ワンタイムパスワードなら、ユーザーが自分でパスワードを変更する必要はない。ログイン試行時に自動的に毎回新たなパスワードが生成され、ユーザーに通知される。

ワンタイムパスワードのシステムの多くでは、パスワードを生成する機器やソフトウエアを必要とする。そのような機器やソフトウエアはトークンと呼ばれる。ユーザーはこのトークンが生成する使い捨てのパスワードを使ってログインを試行する。

ワンタイムパスワードには複数の方式がある。代表的な方式は時刻同期式である（図7）。銀行のオンラインバンキングなどで広く使われている。時刻同期式では、あらかじめトークンのID（トークンID）とシード✒を、認証するサーバーに登録する。また、トークンとサーバーでは時刻を同期させておく。トークンは、トークンIDやシード、時刻を組み合わせてパスワードを生成する。ユーザーはそのパスワードを使ってログインを試行。ユーザーを認証するサーバーは、トークンと同じ方法でパスワードを生成し、送られてきたパスワードと照合。一致すれば、正規ユーザーだと判断する。

ワンタイムパスワードは安全性が高そうですけど、トークンってのが必要なんですね。

図9 パスワードが同じでも送信データが毎回変わるチャレンジレスポンス方式

チャレンジレスポンス方式なら、ユーザーからサーバーに送られる認証用のデータは毎回異なる。このためリプレイ攻撃を防げる。

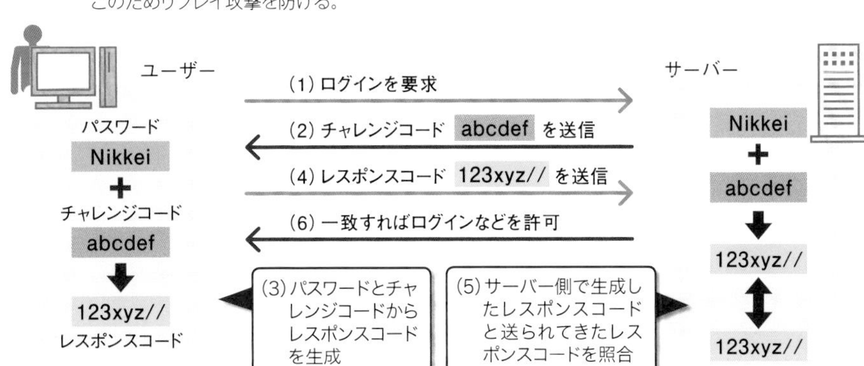

チャレンジレスポンス方式では、ログイン要求に対して、サーバーはランダムな文字列（チャレンジコード）を返す。ユーザーはこのコードとパスワードからレスポンスコードを生成して送り返す。サーバー側で同様に作ったコードと一致すれば認証OKだね

この方式だと、毎回異なるレスポンスコードが生成されるので、リプレイ攻撃は不可能。また、正しいレスポンスコードは、正しいパスワードを知っているユーザーやサーバーしか生成できない

ああ。だが最近では、スマートフォンアプリのトークンが増えているので、導入のハードルは低くなっているな。

暗号化していても悪用される

ワンタイムパスワード以外では、盗聴される危険性を考慮する必要がある。盗聴対策として考えられるのがパスワードの暗号化だ。暗号化していれば、通信を盗聴されてもパスワードは盗まれない。

しかし、暗号化していても安心はできない。リプレイ攻撃が存在するからだ。リプレイ攻撃では、暗号化されたパスワードを盗聴し、それをそのままサーバーに送信する（図8）。受信したサーバーは暗号化されたパスワードを復号し、正しいパスワードかどうかを検証する。当然、登録されているパスワードと一致するため、攻撃者のログインを許可してしまう。

こういった攻撃を防ぐのに有効なのがチャレンジレスポンス方式である（図9）。この方式では、ログイン要求を受けたサーバーは、チャレンジコードと呼ばれるランダムな文字列をユーザーに送る。ユーザーは、このコードとパスワードからレスポンスコードと呼ばれる文字列を生成してサーバーに送信する。チャレンジコードは毎回変わるので、別のやり取りで使われたチャレンジコードを盗聴しても使えない。

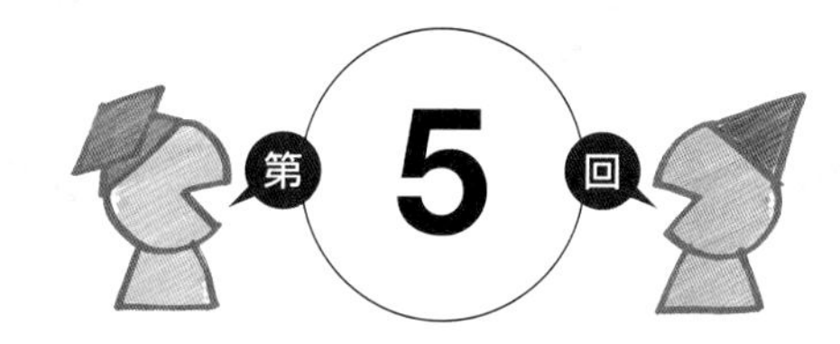

シングルサインオンって何だろう？

う～ん、面倒くさいな。何度もパスワードを入れるの、何とかならないでしょうか？

どうしたのかね？

資料が複数のサーバーに保存されているので、異なるサーバーにアクセスするたびにログオンが必要になるんですよ。それが面倒で面倒で。

シングルサインオン（SSO✒）を導入すれば解決するぞ。

サーバーごとにサインオン

社内ネットワークにはファイルサーバーやデータベースサーバー、グループウエアサーバーなど様々なサーバーが存在する。

通常これらのサーバーにアクセスする際には、そのサーバーを利用する権利があることを証明するユーザー認証が必要になる。

多くの場合、サーバーにアクセスしたいユーザーはユーザーIDとパスワードを入力してサインオン✒（ログオン）を実施。ユーザーIDとパスワードの組み合わせが正しい場合、サーバーは利用を許可する。

それぞれのサーバーが個別にユーザー情報を管理している場合、サーバーごとにサインオンする必要がある（図1）。異なるパスワードを設定している場合には、それらを覚えておく必要もある。

図1 サーバーごとにサインオンが必要

サーバーごとにユーザー情報を管理している環境では、それぞれに登録しているユーザーIDとパスワードを使ってサインオン（ログオン）する必要がある。

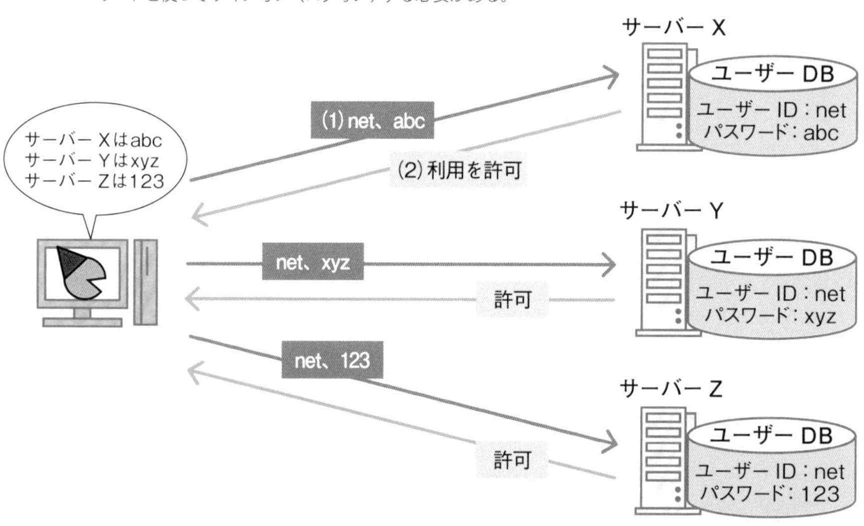

サーバーがそれぞれ個別にユーザーを管理している場合、
それぞれのサーバーのパスワードを覚えておいて一々入力しなきゃいけない。大変だ

DB：データベース

認証サーバーを使っても同じ

認証サーバーを使ってユーザー情報を一元管理している場合でも状況は変わらない。この場合、ユーザーはどのサーバーに対しても同じユーザーIDとパスワードを使える。それぞれのサーバーはユーザーが入力したユーザーIDとパスワードの正当性を認証サー

▼SSO
Single Sign-Onの略。
▼サインオン
特定のサービスを利用する権限があることを証明するための操作。通常はサインインやログイン、ログオンなどと同義。サービスによって呼称が異なる。
▼代表的だ
そのほか「フェデレーション方式」もよく使われている。フェデレーション方式は主にSNSやクラウドで使用されている。ユーザー情報を管理するIDプロバイダーと呼ばれるサーバーと、それと連携するサービスプロバイダーで構成される。サービスプロバイダーはユーザーにサービスを提供するサーバーのこと。ユーザーがIDプロバイダーにサインオンしておけば、それと連携する複数のサービスプロバイダーに対して、サインオンすることなくアクセスできるようになる。
▼リバースプロキシーサーバー
通常のプロキシーサーバーとは逆に、特定のサーバーの代理として外部のクライアントやサーバーからのアクセスに応答するサーバー。
▼Cookie
ドメインやユーザーなどとひも付けられた情報として、Webブラウザーが保持するデータ。

バーに問い合わせて、問題がなければサーバーの利用を許可する。

どのサーバーでも同じパスワードを使えるので、異なるパスワードを覚えておく必要はなくなる。だがそれぞれのサーバーでサインオンが必要になるのは、サーバーごとにユーザー情報を管理している場合と同じである。

この煩雑な作業を1回のサインオンで済ませられるようにするのがSSOである。

1回（シングル）のサインオンでSSOですか。便利そうですね。

そのための環境を構築する必要はあるが、サーバーが多いネットワーク環境ではずいぶんと楽になるぞ。

図2 SSOの基本的な流れ

SSOの実現方式は複数ある。ただし、ユーザー情報を一元管理するSSOサーバーが存在する点と、初回のサインオンに成功した時点でユーザーに認証済みの「証し」を与えて以降のユーザー認証に使用する点は共通している。

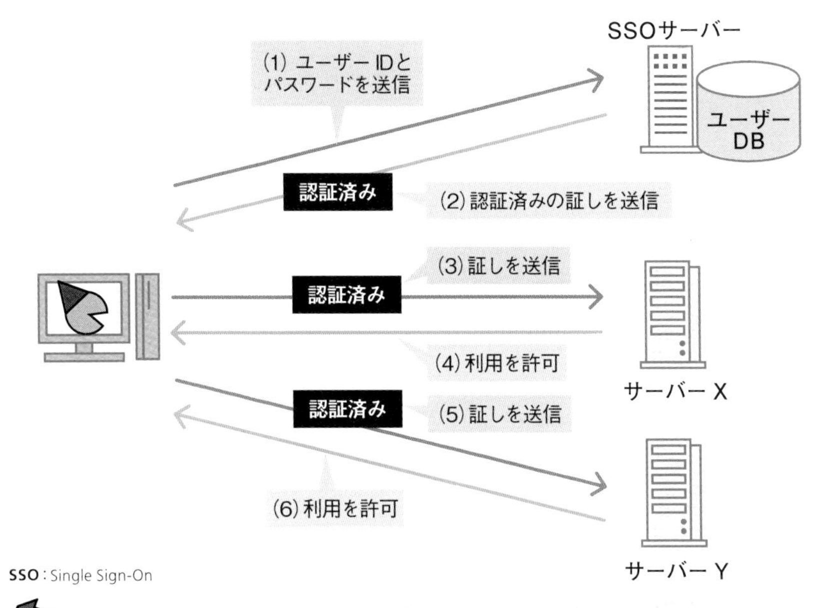

SSO：Single Sign-On

一般的なSSOでは、ユーザーはまずSSOサーバーにサインオンする(1)。ユーザー認証が成功すればSSOサーバーは認証済みの証しとなるデータをユーザーに渡す(2)。証しをサーバーへ送ると(3)、サーバーは認証済みとみなして利用を許可する(4)

実現方式は様々

SSOを実現する方式はいくつかある。いずれも共通しているのは、ユーザー情報を一元管理するSSOサーバーを使う点と、初回のサインオンに成功した時点でユーザーに何らかの「証し」を与える点だ（**図2**）。ユーザーはこの証しをサーバーに送ることで、サインオンすることなくサーバーを利用できるようになる。

SSOの具体的な方式としては「リバースプロキシー方式」「エージェント方式」「Kerberos（ケルベロス）方式」が代表的だ。

リバースプロキシー方式はリバースプロキシーサーバーを使う方式だ。SSOサーバーや各種サーバーへはリバースプロキシーサーバーを介してアクセスする。

最初のサインオンの際、ユーザーはリバースプロキシーサーバーにユーザーIDとパスワードを送る（次ページの**図3**上(1)）。リバースプロキシーサーバーはSSOサーバーにその情報を送り（同(2)）、ユーザー認証に成功すれば対象のサーバーにユーザーの代理としてアクセスする（同(3)）。サーバーからの応答も代理として受け取りユーザーに送信する。この際、認証済みの証しとして

Cookie（クッキー）を送る（同(4)）。

このCookieを使えば、サインオンすることなく別のサーバーへのアクセスが可能になる（次ページの図3下）。

サーバーにエージェントを常駐

エージェント方式ではユーザーが利用するサーバーにSSOエージェントと呼ばれるプログラムをインストールしておく。このエージェントがSSOサーバーと連携してユーザー認証を実施する。

初回のアクセス時には、ユーザーはアクセス要求とともにユーザーIDとパスワードをサーバー

3章 シングルサインオンって何だろう？

図3 リバースプロキシー方式によるSSOの流れ

ユーザーはリバースプロキシーサーバーを経由してサーバーにアクセスする。認証済みの証しにはCookieを使用する。

最初のアクセス

SSOサーバー

ユーザーDB

初回はユーザーIDとパスワードを入力

(1) サーバーXへのアクセスを要求

(2) ユーザー認証

サーバーX

Cookie

(4) 応答とCookieを送信

リバースプロキシーサーバー

(3) ユーザーの代わりにアクセスして応答を受信

サーバーY

ユーザーはリバースプロキシーサーバーに対して認証情報を送ります(1)。ユーザー認証が成功したら(2)、リバースプロキシーサーバーはサーバーにアクセスして応答を返してもらいます(3)。そしてサーバーからの応答と認証済みの証しであるCookieを送ります(4)

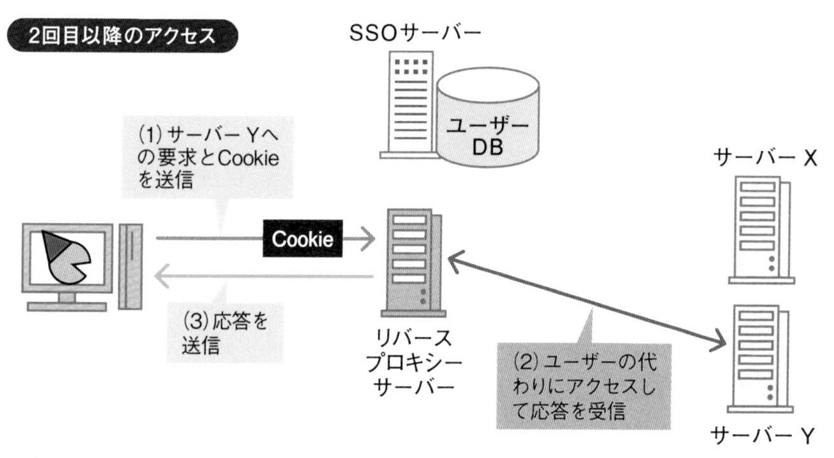

2回目以降あるいは別サーバーへのアクセスは、このCookieを送ればリバースプロキシーサーバーが代理で実施する。SSOサーバーとのやりとりは発生しない

に送信する(**図4**上(1))。サーバーのSSOエージェントはこの情報をSSOサーバーに送信してユーザー認証を実施(同(2))。ユーザー認証に成功すれば、サーバーで稼働するアプリケーションが応答する。認証済みであることを示す情報も返す(同(3))。この情報はトークンなどと呼ばれる。

次回以降は、サーバーへのアクセス要求とともにトークンを送信する(図4下)。するとサーバーで動作するSSOエージェントがSSOサーバーと連携してユーザー認証を実施し、問題がなければアプリケーションが応答を返す。

共通鍵暗号方式を使う

Kerberos方式は、Active Directory環境で使われているユーザー認証のプロトコルであるKerberosを使う方式である。このKerberosにより、パソコンで稼働するWindowsにログオンしただけで、他のWindowsサーバーにもログオンできるようになる。

Kerberosでは共通鍵暗号方式を使って認証を実現する(p.48の**図5**)。ユーザーとサーバーは、同一の鍵(共通鍵)を持つ。一方はその鍵を使ってデータを暗号化し、もう一方に送る。

受信側は自分が持つ鍵を使って復号を試みる。復号できた場合、そのデータを送ってきた相手は、自分と同じ共通鍵を持っていることが分かる。

2本しか鍵のない錠前が付いた箱があるとしよう。錠前の開け閉めには鍵が必要だ。今、錠前は閉まっていて君の持っている鍵で開けられたとする。錠前を閉めたのは誰だろう?

そりゃあ、同じ鍵を持っているもう1人ですよね。なるほど、それが認証になるわけですね。

Kerberosの基本的な考えは以上の通り。ただ、ユーザーとサーバーがやりとりする相手の数だけ

▼KDC
Key Distribution Centerの略。
▼TGT
Ticket Granting Ticketの略。イニシャルチケットとも呼ばれる。

鍵を保管するのは問題がある。数が多くて管理が大変であり、漏洩する恐れもある。鍵を安全に配送して共有することも難しい。

KDCが鍵を管理

そこでKerberosでは、キー配布センター(KDC)と呼ばれるサーバーを使用する。Active DirectoryではドメインコントローラーがこのKDCに相当する。ユーザーとサーバーはそれぞれこのKDCと鍵を交換して認証する。

まずユーザーとサーバーはそれぞれ鍵を生成してKDCと共有する。KDCも鍵を生成するが、自分だけで保管し共有しない(次ページの図6(1))。サーバーにサインオンしたいユーザーはKDCに認証を要求する(同(2))。

それに対してKDCは一時的な鍵であるセッション鍵を生成し、KDCの鍵で暗号化する。KDCの鍵で暗号化したセッション鍵は、サービス交付チケット(TGT)と呼ばれる。さらにユーザーの鍵でもセッション鍵を暗号化する。

KDCはユーザーの鍵で暗号化したセッション鍵とTGTを、認証要求に対する応答としてユーザーに送信する(同(3))。

暗号化されたセッション鍵を受け取ったユーザーは、自分の鍵で復号してセッション鍵を取り出す(同(4))。セッション鍵を取り出せるのは、事前に鍵を共有した正規のユーザーだけである。

ここまでで、ユーザーの認証と、KDCおよびユーザーによるセッション鍵の共有が終了する。

図4 エージェント方式によるSSOの流れ

この方式では、ユーザーが利用するサーバーにSSOエージェントをインストールする。SSOエージェントはSSOサーバーと連携してユーザー認証を実施する。認証済みの証しはトークンと呼ばれる。

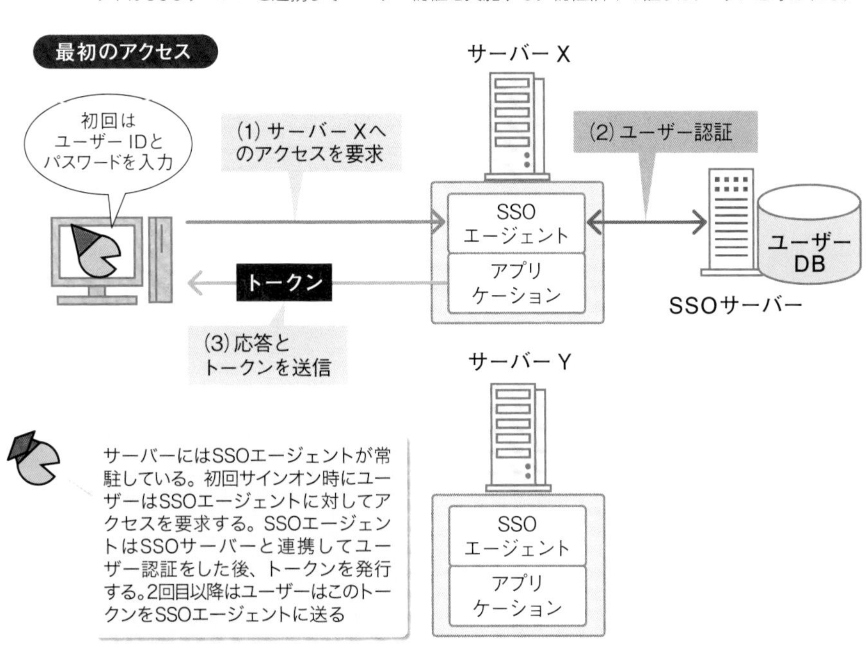

最初のアクセス
初回は ユーザーIDと パスワードを入力
(1) サーバーXへのアクセスを要求
サーバーX
(2) ユーザー認証
SSO エージェント
アプリ ケーション
ユーザー DB
SSOサーバー
トークン
(3) 応答と トークンを送信
サーバーY
サーバーにはSSOエージェントが常駐している。初回サインオン時にユーザーはSSOエージェントに対してアクセスを要求する。SSOエージェントはSSOサーバーと連携してユーザー認証をした後、トークンを発行する。2回目以降はユーザーはこのトークンをSSOエージェントに送る

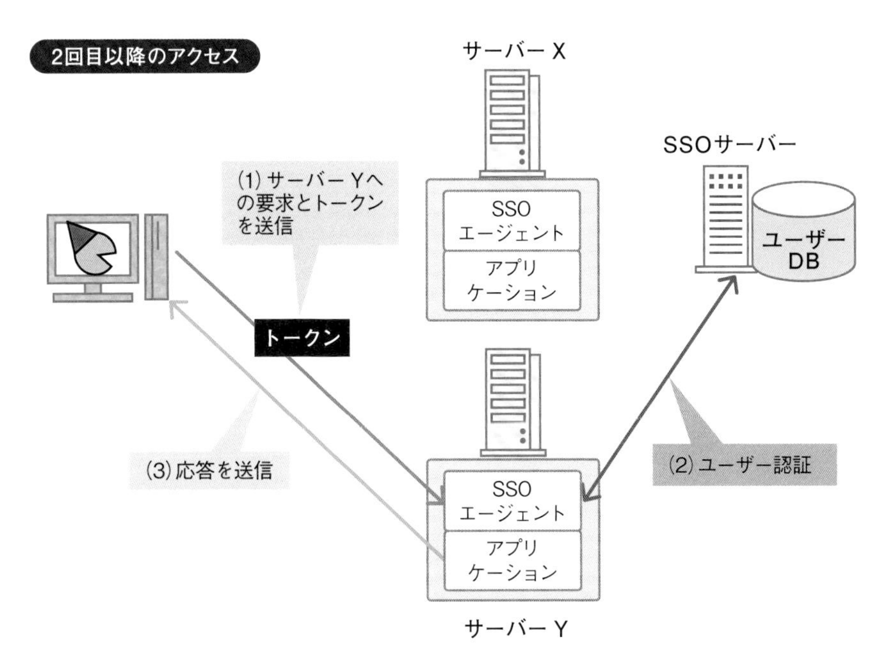

2回目以降のアクセス
サーバーX
SSOサーバー
(1) サーバーYへの要求とトークンを送信
SSO エージェント
アプリ ケーション
ユーザー DB
トークン
(3) 応答を送信
(2) ユーザー認証
サーバーY

サーバーへの接続を要求

次にユーザーはサーバーにアク

セスするための要求をKDCに送る。具体的には、サーバーへのアクセス要求をセッション鍵で暗号化したデータとTGTを送信する（図7（1））。

KDCはTGTを自分の鍵で復号。それで得られたセッション鍵でサービス要求を復号する（同（2））。以上が問題なく終了すれば、やりとりしている相手が正しいTGTやセッション鍵を持つ正規のユーザーであると確認できる。

それからKDCはサービス鍵と呼ばれる鍵を生成。セッション鍵

図5 **共通鍵暗号方式でユーザー認証を実現**

Kerberosでは共通鍵暗号方式を使ってユーザーを認証する。相手が送ってきた暗号文を復号できた場合、相手は自分と同じ鍵を持っている正当なユーザーだと判断できる。

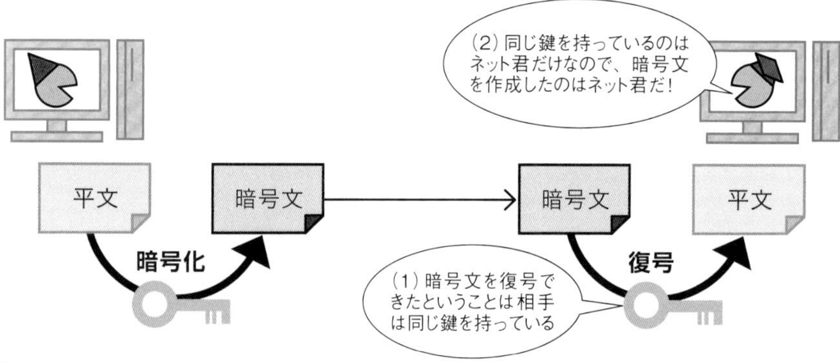
(2) 同じ鍵を持っているのはネット君だけなので、暗号文を作成したのはネット君だ！
平文
暗号文
暗号文
平文
暗号化
復号
(1) 暗号文を復号できたということは相手は同じ鍵を持っている
共通鍵暗号方式は、暗号化と復号に同じ鍵を使う暗号方式です。それ以外の鍵では復号できません。復号できたなら、相手は同じ鍵で暗号化したと考えます
Kerberosはこの共通鍵暗号方式を使ってデータの作成者（送信元）を認証する。つまり、暗号文を復号できたなら、同じ鍵の所有者がそのデータを暗号化した（作成した）と考える

図6 **Kerberosでセッション鍵を共有するまでの流れ**

ユーザーおよびサーバーは事前に生成した鍵をKDCと共有する。KDCはユーザーの鍵を使って一時的なセッション鍵を暗号化し、ユーザー認証と安全な鍵配送を実現する。

ユ ユーザーが生成した鍵
K KDCが生成した鍵
サ サーバーが生成した鍵
セ セッション鍵

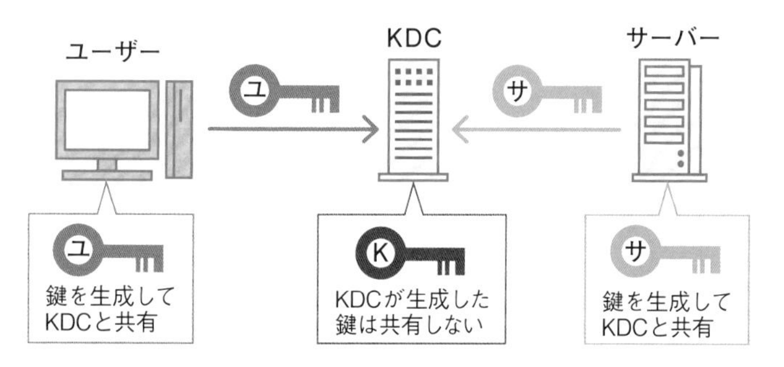
(1) 事前に鍵を生成して共有
ユーザー
KDC
サーバー
鍵を生成してKDCと共有
KDCが生成した鍵は共有しない
鍵を生成してKDCと共有

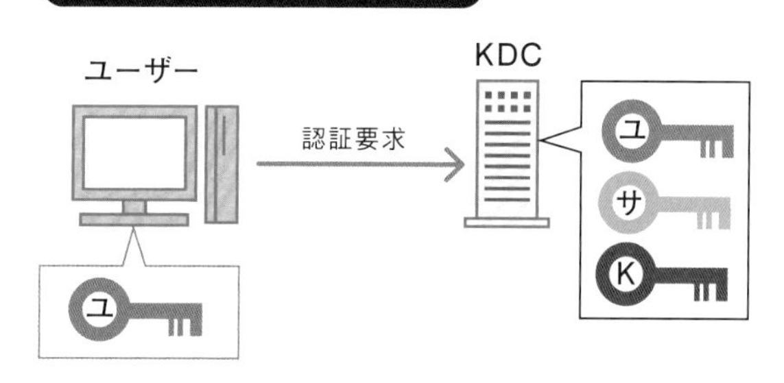
(2) ユーザーが認証要求を送信
ユーザー
KDC
認証要求

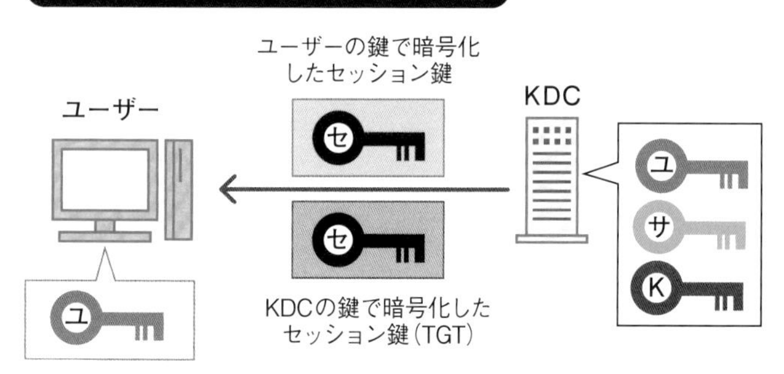
(3) KDCがセッション鍵を暗号化して送信
ユーザーの鍵で暗号化したセッション鍵
ユーザー
KDC
KDCの鍵で暗号化したセッション鍵（TGT）

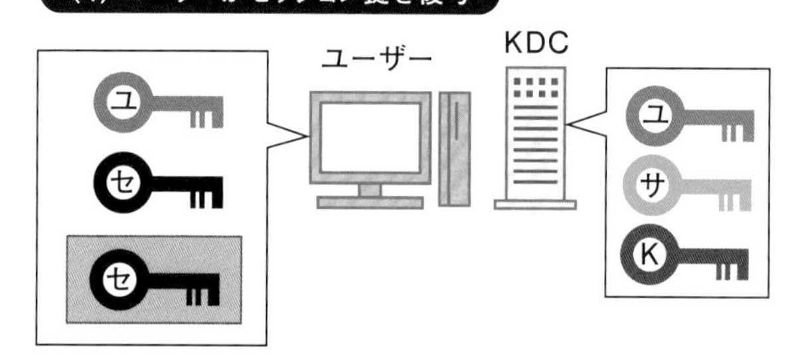
(4) ユーザーがセッション鍵を復号
ユーザー
KDC
ユーザーの鍵で暗号化したセッション鍵はユーザーしか復号できません。これでユーザーを認証できました。TGTはユーザーの鍵では復号できません

KDC：Key Distribution Center　TGT：Ticket Granting Ticket

とサーバーの鍵でサービス鍵をそれぞれ暗号化してユーザーに送信する(同(3))。サーバーの鍵で暗号化したサービス鍵はサービスチケットと呼ばれる。これらの暗号化データを受け取ったユーザーはセッション鍵でサービス鍵を復号する(同(4))。

サービス鍵とサービスチケットを入手したユーザーは、サーバーへのアクセス要求をサービス鍵で暗号化し、それとともにサービスチケットを送る(同(5))。

これらを受け取ったサーバーはサービスチケットを自分の鍵で復号する(同(6))。これにより、サービス鍵はKDCが作成した正規の鍵であることが分かる。さらにそのサービス鍵でアクセス要求を復号することで、正規のアクセス要求であることを確認する。

図7 Kerberosでユーザーがサーバーにアクセスするまでの流れ

サーバーに接続したいユーザーは暗号化したアクセス要求とTGTをKDCに送信する。KDCはアクセス要求を復号することで、やりとりしている相手が正規のユーザーであることを確認。サーバーへのアクセスに必要なサービス鍵を暗号化してユーザーに送信する。ユーザーはそれらを使ってサーバーにアクセスする。

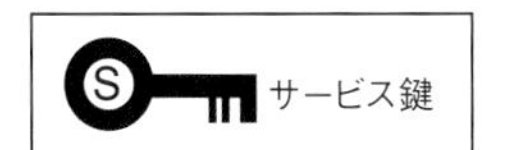

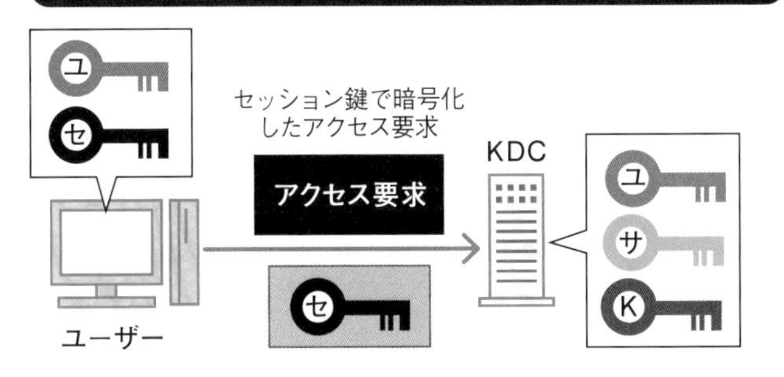

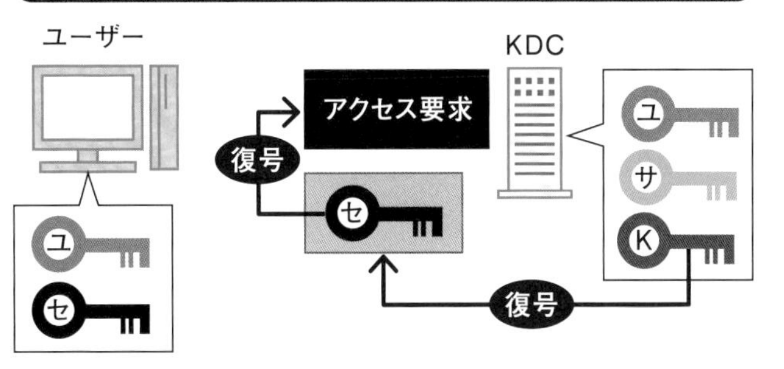

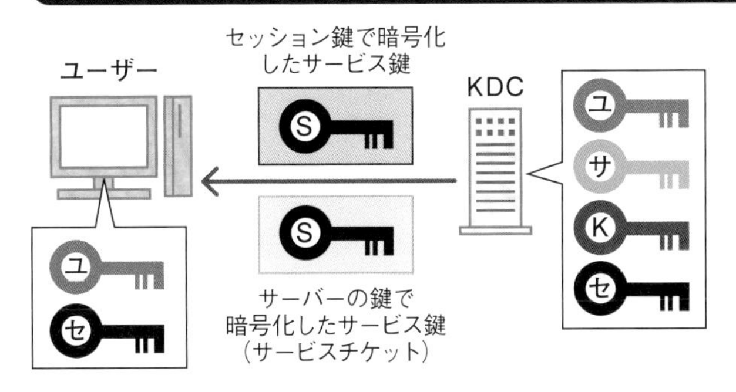

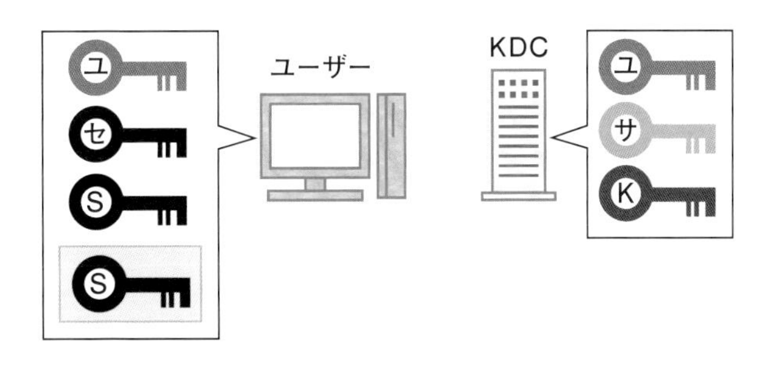

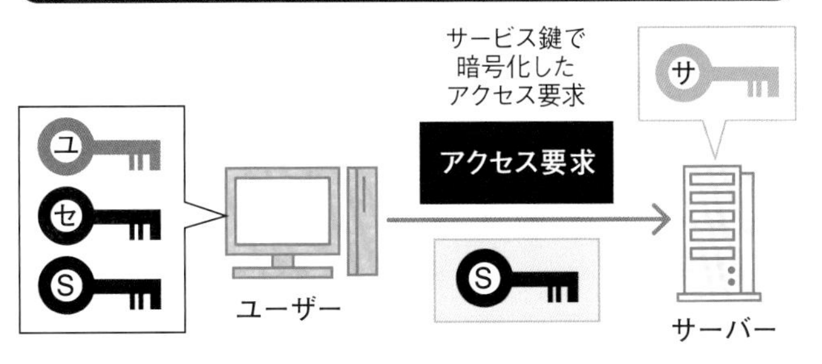

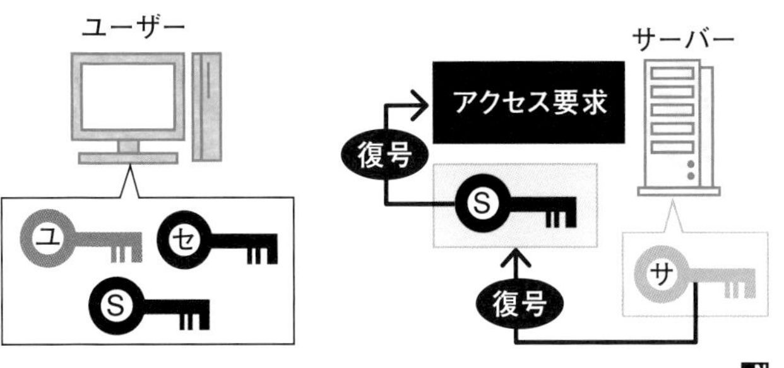

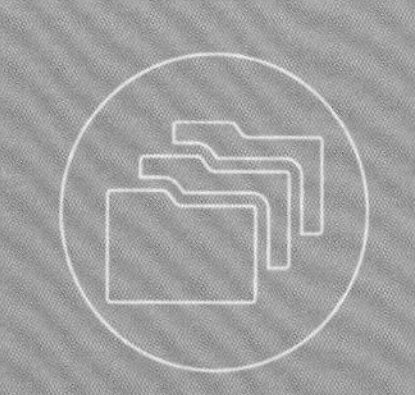

4章

通信傍受を防ぐ暗号化

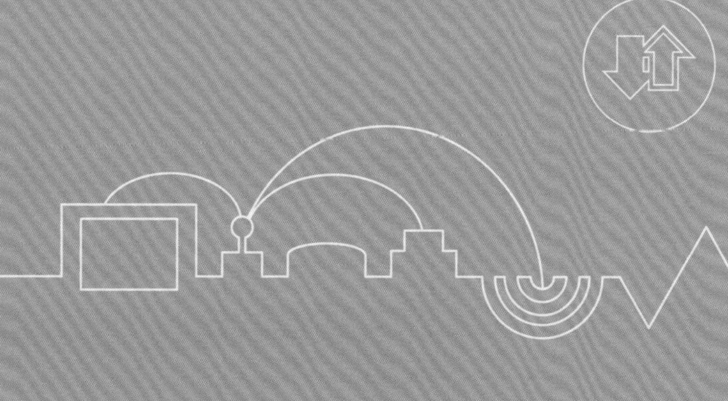

HTTPSってどんなの？

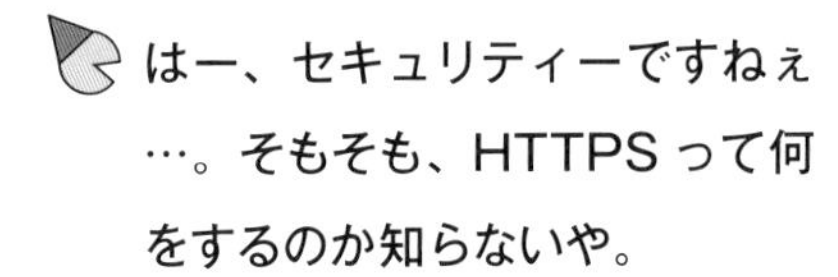

あー、ウチの大学のホームページにアクセスしたら、「保護されていない通信」とか出てますよ？

まだHTTPS✒に対応していないからな。HTTPS非対応のWebサイトにアクセスすると、Google Chrome（クローム）ではそう表示されるんだよ。

はー、セキュリティーですねぇ…。そもそも、HTTPSって何をするのか知らないや。

Webサービスを実現するためのプロトコルとして、HTTP✒が長年にわたって使われている。HTTPを使ったWebサービスはREST（レスト）✒に基づいたアーキテクチャーで優れたシステムではあるものの、主にセキュリティー面で問題がある。

1つ目は、データを暗号化する仕組みがないこと（**図1**）。送受信するデータは暗号化されていない状態、つまり平文でネットワークを流れるため、盗聴される危険性がある。個人情報やクレジットカード情報など、重要なデータを送受信する際に大きな問題となる。

2つ目は、通信相手を認証しないことである（**図2**）。認証には、サーバーを認証するサーバー認証と、クライアントを認証するクライアント認証の2種類がある。

HTTPを使ったWebサービスではサーバーを認証しないために、偽のWebサーバーに誘導されて、個人情報を盗まれる危険性がある。いわゆるフィッシング詐欺である。

また、クライアントも認証しないので、Webサーバー側でも通信相手を確認できない。

HTTPを使うことの問題の3つ目は、改ざんを検出する機能がないこと（**図3**）。データが送られている途中で改ざんされても分からない。

ははぁ、結構な問題ですね。何というか、HTTPは無防備に近いんじゃないんですか？

まぁ、昔のプロトコルは大体が無防備だがな。ともかく、HTTPのセキュリティーを強化するために生まれたのが、TLS✒を組み込んだHTTPSだ。

ネットスケープが開発

TLSの前身であるSSL✒は、米ネットスケープコミュニケーションズ✒が開発したトランスポート

図1 データを暗号化しないので盗聴されやすい
HTTPを使う場合の問題点の1つ。HTTPにはデータを暗号化する機能がないので、通信途中のデータを盗聴される危険性がある。

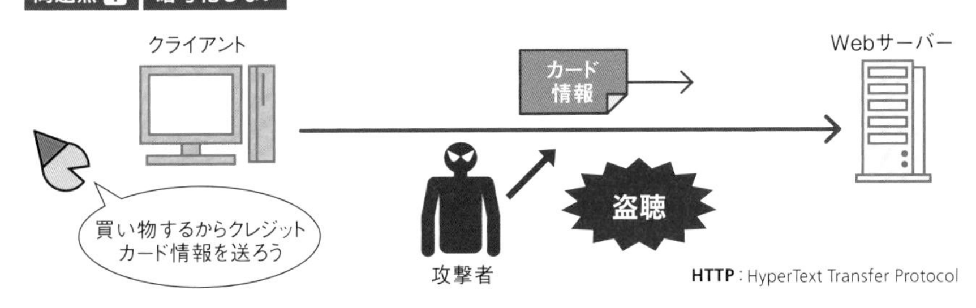

▼HTTPS
HyperText Transfer Protocol Secureの略。TLSを使うHTTP。
▼HTTP
HyperText Transfer Protocolの略。
▼REST
REpresentational State Transferの略。具体的には、HTTPのGETやPUTなどのメソッドを使って、URLで指定したリソースを操作するといった考え方。
▼TLS
Transport Layer Securityの略。トランスポート層のセキュリティープロトコル。SSLの後継。セキュリティー上の問題があるため、SSLは使われていない。
▼SSL
Secure Sockets Layerの略。
▼米ネットスケープコミュニケーションズ
インターネットの黎明期に、WebブラウザーNetscape NavigatorやWebサーバーソフトを開発し、一世を風靡した。
▼IETF
Internet Engineering Task Forceの略。インターネット技術の標準化を推進する任意団体。
▼1999年1月に標準化された
TLS 1.0のRFCは、RFC 2246。

層のセキュリティープロトコルである。SSLは業界標準になって様々な製品に組み込まれたものの、IETFが定めたインターネット標準にはなっていない。SSLの最終バージョンはSSL 3.0。

その後、SSL 3.0をベースに開発されたのがTLSである。TLS 1.0は、1996年11月からIETFが標準化作業を開始。1999年1月に標準化された。その後、SSLにはセキュリティーの問題が見つかったため、使用が禁止された。

TLSは大きく2つのプロトコルから成り立っている。1つは認証や暗号化のためのネゴシエーションを行うハンドシェークプロトコル。もう1つは、実際にメッセージをやりとりするレコードプロトコルである（次ページの図4）。

ハンドシェークプロトコルでは、クライアントから利用可能なTLSのバージョン、暗号や認証の方式を送る。このメッセージはClientHelloと呼ばれる。

利用可能な暗号や認証の方式は、暗号スイートと呼ばれる文字列で指定する。暗号スイートでは、利用可能な鍵交換、認証、暗号化、ハッシュ関数の順で、暗号アルゴリズムの略称を並べる（149ページの図5）。つまりクライアントは、ClientHelloメッセージで利用可能な暗号スイートを送信する。

それを受けてサーバー側では、通信に使用する暗号スイートを決めて、ServerHelloというメッセージでクライアントに送る。ここで決めた暗号スイートを、ハンドシェークプロトコルの一部とレコードプロトコルで使用する。

ClientHelloでは、暗号スイートに加えてTLSのバージョンや

図2 通信相手を認証しないのでなりすまされる
HTTPは通信相手を認証しないので、なりすまされる危険性がある。

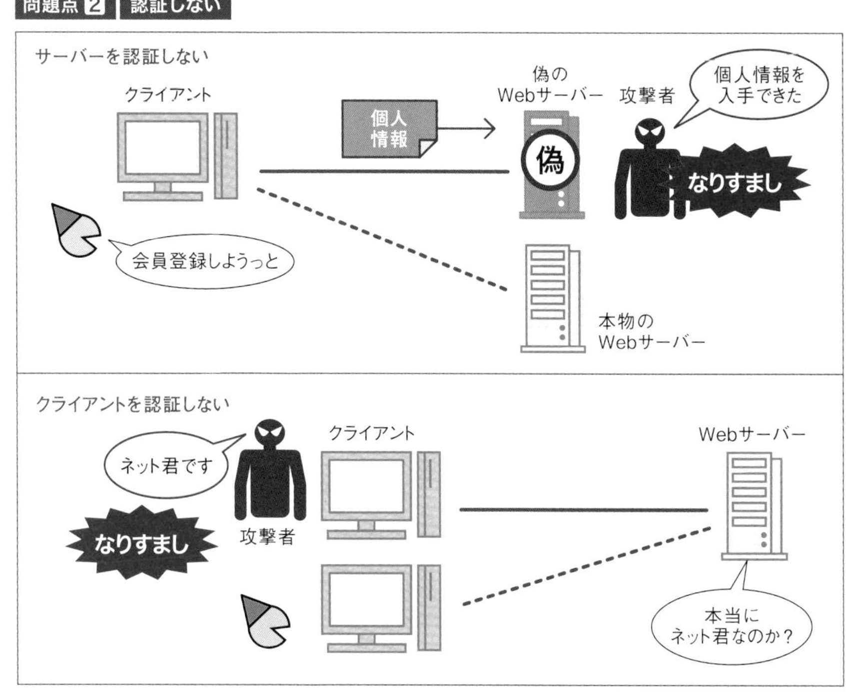

図3 通信データの改ざんを検出しない
HTTPには改ざんを検出する機能がないので、通信途中のデータを勝手に書き換えられる危険性がある。

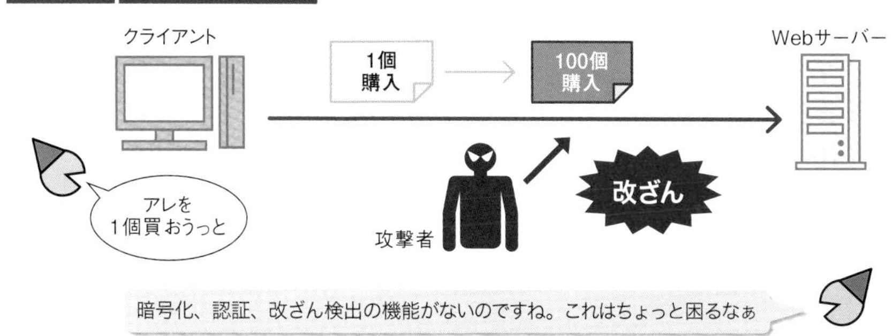

暗号化、認証、改ざん検出の機能がないのですね。これはちょっと困るなぁ

レスポンスの良さやリソースの有効活用を優先させたためなので、仕方のないところでもある。そこで必要になったセキュリティ拡張がHTTPSだ

HTTPS：HyperText Transfer Protocol Secure

▼使用が禁止された
SSL 3.0は、2015年6月発行のRFC 7568で使用禁止とされた。
▼TLSのバージョン
TLSのバージョンは、実際のバージョンに2.1を加えたものになる。TLS 1.2なら「3.3」になる。これは、前身であるSSLのバージョンと区別するためだ。
▼CA
Certificate Authorityの略。
▼登録されているかを調べる
Windowsの場合、「インターネットオプション」の「コンテンツ」タブ→「証明書」ボタン→「信頼されたルート証明機関」で、登録されているルート証明機関を確認できる。また、「Microsoft管理コンソール」でも調べられる。Windowsのスタートメニューなどから「Microsoft管理コンソール」あるいは「MMC」を起動→「ファイル」メニューの「スナップインの追加と削除」で、「コンピューターアカウント」の「証明書」スナップインを追加する。

ランダムなデータ（乱数）なども送信する。

ServerHelloでも、決定した暗号スイートに加えて、乱数をクライアントに送信する。クライアントとサーバーそれぞれが送った乱数から、暗号化鍵などのもとになるマスターシークレットを生成する（詳細は後述）。

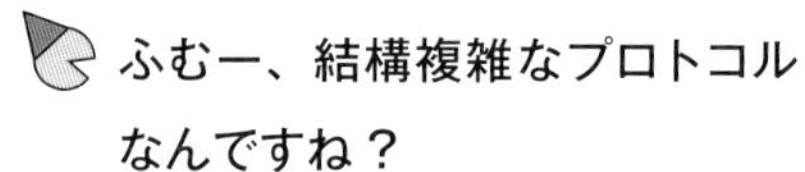

ふむー、結構複雑なプロトコルなんですね？

それぞれのやりとりで何をしているのか見ていけば、それほど難しくはないぞ。

ClientHelloとServerHelloが終わったら、ServerCertificateというメッセージを使って、Webサーバーからクライアントにサーバー証明書を送信する。このサーバー証明書を使って、クライアント（Webブラウザー）はサーバーを認証する。

Webブラウザーでは、まずサーバー証明書のサブジェクト（所有者）のCN（コモンネーム）が、アクセスしているWebサイトのドメイン名と一致しているかどうか調べる（図6）。一致していない場合にはサーバー認証に失敗し、警告を表示したり、接続を中止したりする。

次に、その証明書が信頼できるものかどうか確認する。言い方を変えると、その証明書を発行した認証局（CA）が信頼できるかどうかチェックする。具体的には、その証明書の最も上位の認証局（証明書パスの最上位の認証局）が、WebブラウザーやOSにルート証明機関として登録されているかを調べる。

SSLと同様に、TLSではサーバーがクライアントを認証するこ

図4 TLSはハンドシェークとレコードに分けられる

TLSのメッセージのやりとりは、ハンドシェークプロトコルとレコードプロトコルの2つに分けられる。ハンドシェークプロトコルで利用する暗号方式（暗号スイート）などを決め、レコードプロトコルで暗号化したデータをやりとりする。

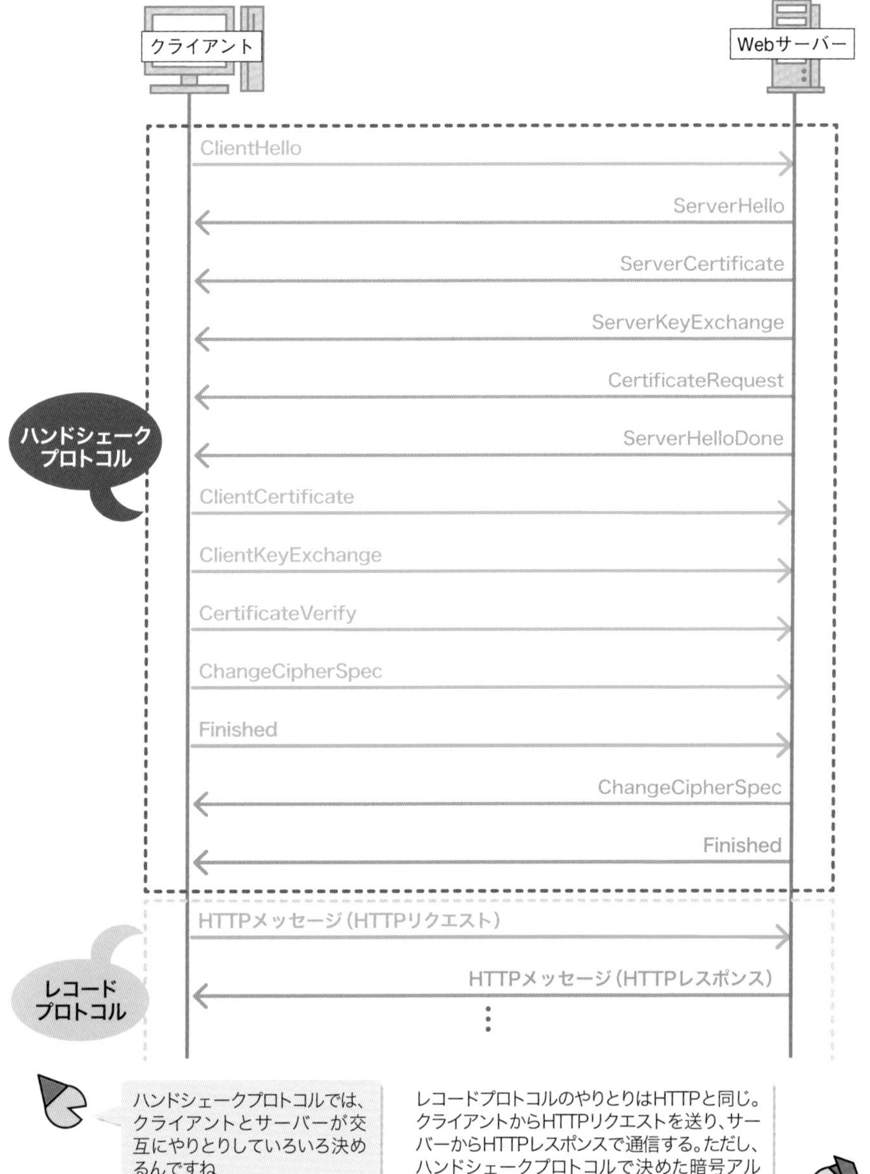

図5 暗号方式をセットで指定する「暗号スイート」

TLSを使うためのライブラリーソフトOpenSSLが対応している暗号スイートの例。

暗号スイートは「TLS_鍵交換_認証_暗号化_ハッシュ関数」で表記する

暗号スイート	鍵交換	認証	暗号化(共通鍵暗号)	ハッシュ関数
TLS_DH_DSS_WITH_AES_256_GCM_SHA384	DH	DSS	256ビットAESのGCMモード	SHA-384
TLS_DH_RSA_WITH_AES_256_GCM_SHA384		RSA		
TLS_DHE_DSS_WITH_AES_256_GCM_SHA384	DHE	DSS		
TLS_DHE_RSA_WITH_AES_256_GCM_SHA384		RSA		
TLS_ECDHE_ECDSA_WITH_AES_256_GCM_SHA384	ECDHE	ECDSA		
TLS_ECDHE_ECDSA_WITH_AES_256_SHA384			256ビットAES	
TLS_ECDHE_RSA_WITH_AES_256_GCM_SHA384		RSA	256ビットAESのGCMモード	
TLS_ECDHE_RSA_WITH_AES_256_SHA384			256ビットAES	

AES：Advanced Encryption Standard　**DH**：Diffie-Hellman（ディフィー・ヘルマン）　**DHE**：Ephemeral Diffie-Hellman　**DSS**：Digital Signature Standard　**ECDHE**：Ephemeral Elliptic Curve Diffie-Hellman　**ECDSA**：Elliptic Curve Digital Signature Algorithm　**GCM**：Galois/Counter Mode

とも可能である。クライアントを認証したい場合、サーバーはCertificateRequestを送信する。それに対してクライアントは、証明書をClientCertificateメッセージとして、必要な認証情報はCertificateVerifyメッセージとして送信する。ただしHTTPSでは、クライアント認証を実施することは少ない。

鍵のもとを送る

Webサーバーからの通信が一段落したことを伝えるServerHelloDoneメッセージが送られると、今度はクライアントからの送信が始まる。ここで重要なのは、データの暗号化などに使う鍵情報の送付である。

クライアントからの鍵は、ClientKeyExchangeメッセージで送られる。ここでは、鍵そのものは送らない。鍵の生成に使う情報であるプリマスターシークレットを送る（次ページの**図7**（1））。プリマスターシークレットは、サー

図6 送られてきたサーバー証明書を使ってサーバーを認証

Webサーバーは ServerCertificateメッセージで自分のサーバー証明書を送付。それを使ってクライアント（Webブラウザー）は、正しい相手に接続しているかどうか、証明書が正しいかどうかを判断する。

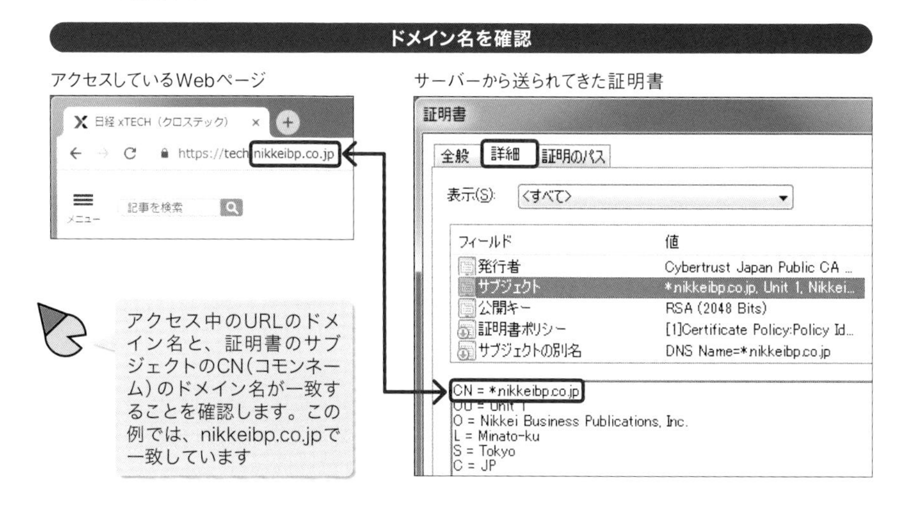

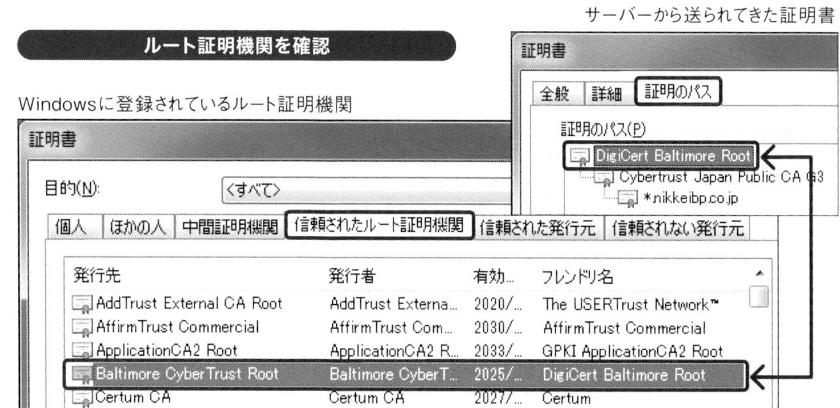

証明のパスの最上位が、OSやWebブラウザーのルート証明機関として登録されているか確認する。この例のDigiCert Baltimore Root（Baltimore Cyber Trust Root）は、ルート証明機関としてWindowsに登録されていることが分かる

▼初期化ベクトル
同じ平文を同じ鍵で暗号化しても同じ暗号文にならないようにするためのデータ。
▼暗号化IV
IVはInitialization Vectorの略。

バー証明書に含まれている公開鍵で暗号化して送る。

サーバーは、送信されたプリマスターシークレットを自身の秘密鍵で復号する。これで、プリマスターシークレットがサーバーとクライアントで共有される。

このプリマスターシークレットと、前述したServerHelloとClientHelloで共有される2種類の乱数の計3つを使って、マスターシークレットと呼ばれる鍵のもとを生成する(図7(2))。

マスターシークレットからは、サーバー用およびクライアント用の暗号化鍵、暗号化の初期化ベクトル(暗号化IV)、メッセージ認証用の鍵(MAC鍵)の3種類がそれぞれ作られる。つまり合計で6つの鍵が作られる(同(3))。

その後、ChangeCipherSpecメッセージをクライアントが送信。以降の通信は、マスターシークレットから生成した暗号化鍵と暗号化IVを使って暗号化することを通知する。

そして、ハンドシェークプロトコルにおいてクライアントからの通信が終了したことを伝えるFinishedが送信される。FinishedはChangeCipherSpecの後に送信されるので、メッセージは暗号化されている。

また、Finishedには、クライアントが送った全メッセージのハッシュ値が含まれている。これにより、メッセージの改ざんを検出できるようにしている。

そしてサーバー側からも、暗号化通信の開始を通知するChangeCipherSpec、サーバー側からの通信が終了することを知らせるFinishedが送信される。

サーバー側のFinishedも暗号化される。また、サーバーが送ったすべてのメッセージのハッシュ値が含まれる。

なるほど。これでハンドシェークが終わって、暗号化メッセージのやりとりが始まる、と。

そう、レコードプロトコルの出番となるわけだな。

図7 3種類のデータから鍵のもとを作成

ハンドシェークプロトコルのClientHelloとServerHelloで共有された乱数、およびクライアントがClientKeyExchangeで送信するプリマスターシークレットの3種類のデータから、マスターシークレットを作成する。そしてマスターシークレットから、暗号化や認証などに使う6種類の鍵を生成する。

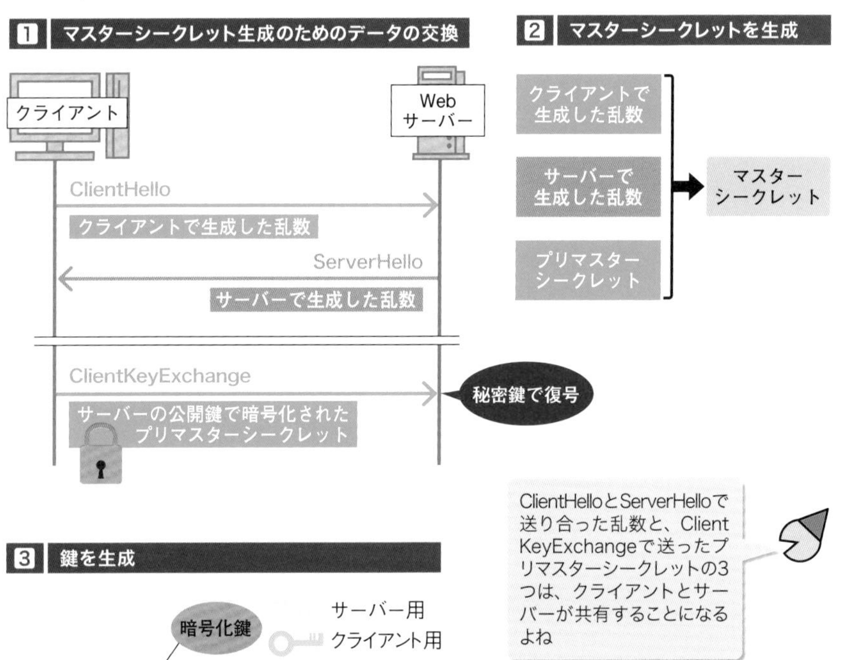

IV：Initialization Vector

暗号化メッセージをやりとり

サーバーとクライアントのそれぞれがChangeCipherSpecとFinishedを送るとハンドシェークプロトコルは終了する。そして、HTTPでメッセージをやりとりす

▼AES
Advanced Encryption Standardの略。
▼MAC
Message Authentication Codeの略。
▼GCMモード
GCMはGalois/Counter Modeの略。

図8 レコードプロトコルでは暗号化と改ざん検出を実施

クライアントからWebサーバーへHTTPSメッセージを送信する場合の例。マスターシークレットから生成した暗号化鍵、暗号化IV、MAC鍵を使って、メッセージの暗号化と改ざん検出を実施する。

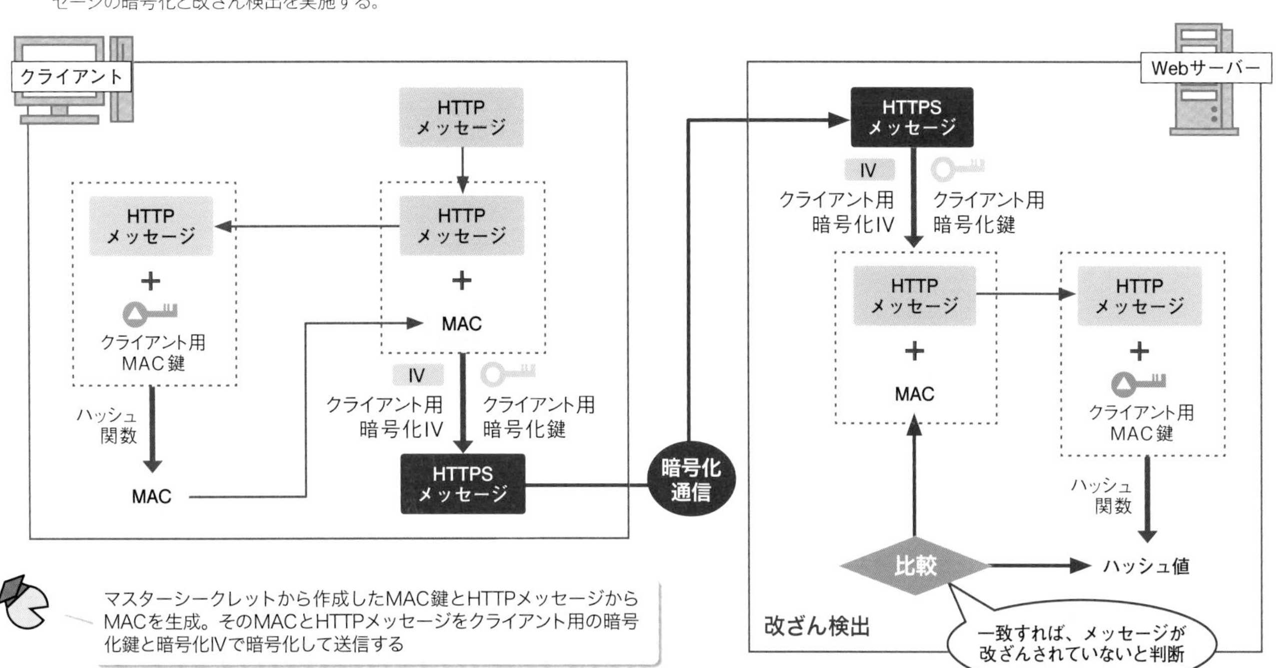

マスターシークレットから作成したMAC鍵とHTTPメッセージからMACを生成。そのMACとHTTPメッセージをクライアント用の暗号化鍵と暗号化IVで暗号化して送信する

HTTPSメッセージを受け取ったサーバーは、暗号化鍵と暗号化IVを使って復号してHTTPメッセージを取り出す。それとMAC鍵から計算したハッシュ値とMACを比較すれば、改ざんの有無が分かるね

るレコードプロトコルが始まる。

レコードプロトコルでは、ハンドシェークプロトコルで共有した暗号化鍵を使ってメッセージを暗号化する。暗号アルゴリズムには、暗号スイートで指定された共通鍵暗号方式を使う。現状ではAESを使用することが多い。

またレコードプロトコルでは、やりとりするメッセージに、改ざんを検出するためのMACが付けられる（図8）。

以下、クライアントからWebサーバーにHTTPメッセージ（HTTPリクエスト）を送る場合を考える。まず、マスターシークレットから生成したクライアント用MAC鍵をメッセージに付け、そのハッシュ値を計算する。これがMACになる。計算には、暗号スイートで指定したハッシュ関数を使用する。なお、暗号化にAES GCMモードを使う場合には、暗号化自体にメッセージ認証が付いているため、MACは不要だ。

メッセージとMACを組み合わせて、クライアント用暗号化鍵および暗号化IVを使って暗号化したものが、HTTPSメッセージになる。このメッセージをHTTPで送信するのが、HTTPSのレコードプロトコルである。

HTTPSメッセージを受信したサーバーは、共有しているクライアント用暗号化鍵および暗号化IVを使って復号。取り出したメッセージとクライアント用MAC鍵を使ってハッシュ値を計算し、HTTPSメッセージ中のMACと比較する。これらが一致していれば、通信途中で改ざんされていないと判断できる。

サーバーからクライアントへメッセージを送る場合には、上記と逆の流れになる。暗号化や認証には、マスターシークレットから計算したサーバー用の暗号化鍵などを使用する。

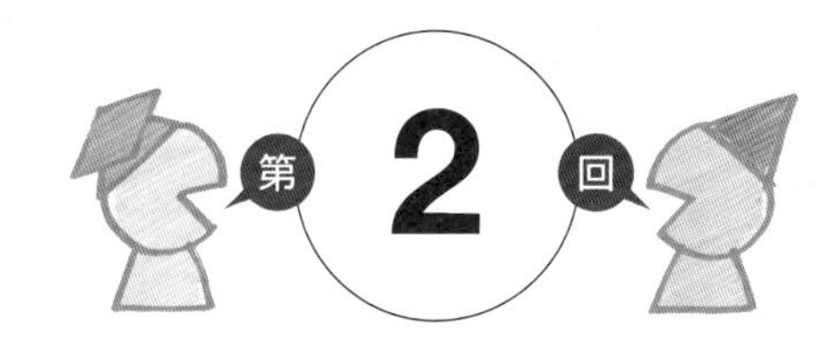

PKIって何だろう？

**さて、今回はPKIだ。**

あー、公開鍵基盤ですね。

**うむ、知っていたか。では説明は省くとしよう。**

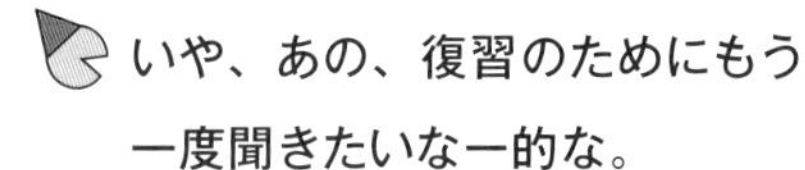**いや、あの、復習のためにもう一度聞きたいなー的な。**

PKIとは、「公開鍵暗号方式を利用した暗号化および認証の枠組み(基盤)」といえる。PKIでは様々な技術が使われている。専門用語も多い。このためPKIを理解するには、暗号化や公開鍵暗号方式、署名、電子証明書といった暗号技術に関する知識が必要だ。これらについて順に説明していこう。

まずは暗号化についてである。

暗号化とは、特定の利用者や機器以外には元のデータがわからないように変換すること(**図1**)。暗号化する前の元のデータは平文、平文を暗号文に変換する手順は、暗号化アルゴリズムと呼ぶ。

図1　暗号化と復号のイメージ

暗号化とは、特定の利用者や機器以外には元のデータ(平文)がわからないように変換すること。復号は、暗号化されたデータを元に戻すこと。暗号化および復号に使うデータ(ビット列、パラメーター)が暗号化鍵である。

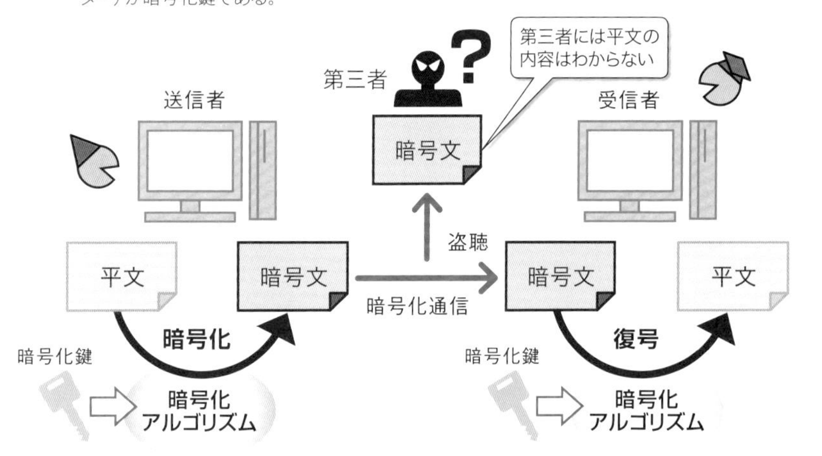

暗号化する前のデータが「平文」、暗号化したデータが「暗号文」になります。そして、平文を暗号文にするのが「暗号化」、暗号文を平文に戻すのが「復号」ですね

暗号化には「化」が付くが、復号「化」とは言わないので注意だな。暗号化や復号に使用する、秘匿されたパラメーター(ビット列)は「暗号化鍵」という

暗号方式は2種類 共通鍵暗号と公開鍵暗号

暗号化の方式には、共通鍵暗号方式と公開鍵暗号方式がある。共通鍵暗号方式では、暗号化と復号に同じ鍵を使う。この鍵は、共通鍵と呼ばれる。

一般的な暗号方式では、暗号化アルゴリズムは公開されている。このため暗号化鍵を秘匿することで、暗号文の安全性を担保する。暗号化アルゴリズムが同じ場合、暗号化鍵のビット数が多いほうが安全性が高い。

シンプルでわかりやすい共通鍵暗号方式だが問題点がある。一つは、どのようにして暗号化鍵を相手に渡すかだ(**図2**)。共通鍵暗号

▼PKI
Public Key Infrastructureの略。日本語では、公開鍵基盤や公開鍵認証基盤などと呼ばれる。

▼共通鍵暗号方式
代表的な暗号化アルゴリズムとしては、DES（Data Encryption Standard）やAES（Advanced Encryption Standard）が挙げられる。

方式では事前に共通鍵を共有する必要がある。そもそも送信者と受信者との間の通信路が信頼できないので暗号化通信したいのだから、その通信路を使用して共通鍵を渡すのは難しい。共通鍵が盗聴された場合には、第三者に平文の内容を知られてしまう。

もう一つの問題点が、鍵の管理が大変なこと。共通鍵暗号方式では、やり取りする相手の数だけ鍵が必要になる。

暗号化というと、共通鍵暗号方式をイメージしますよね。

まぁそうだな。「鍵をかけてデータを送る」という、暗号のイメージそのものだからな。

で、ロックした鍵で元に戻す、と。公開鍵暗号方式はそうじゃないんですよね。

図2 「共通鍵暗号方式」の問題点

暗号化の方式には、共通鍵暗号方式と公開鍵暗号方式がある。共通鍵暗号方式はシンプルでわかりやすいが、(1) 第三者に盗まれないように共通鍵を相手に渡す必要がある、(2) データをやり取りする相手の数だけ異なる共通鍵が必要になる、といった問題点がある。

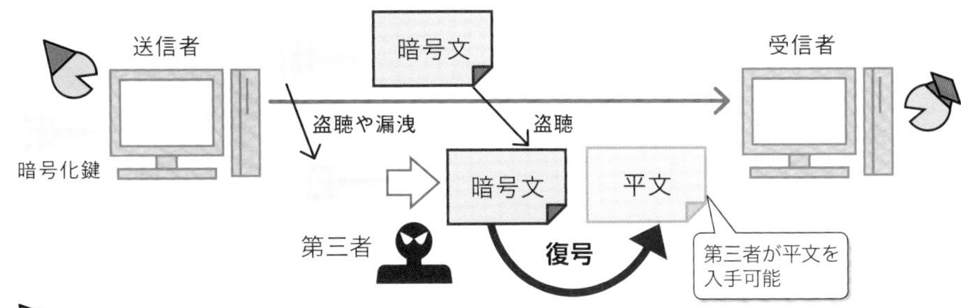

暗号化鍵を安全に相手に渡すことができないと、暗号化していてもダメですね

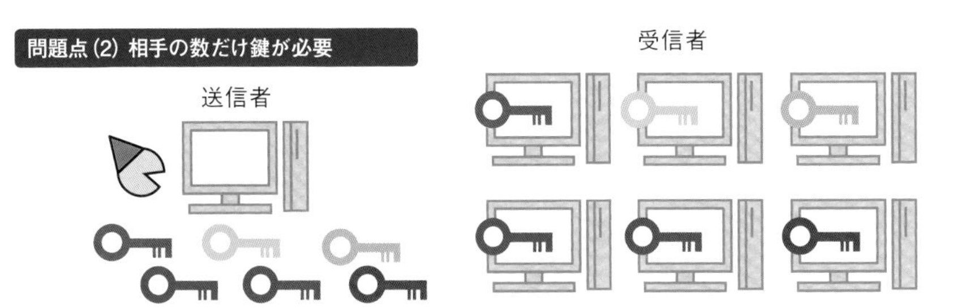

複数の相手と安全に通信するためには、相手の数だけ暗号化鍵を保持しなければならない。もちろん、それらを安全に管理することも重要だ

図3 「公開鍵暗号方式」なら鍵配送の問題がない

公開鍵暗号方式では、公開鍵と秘密鍵のペアを使う。送信者は事前に受信者の公開鍵を入手し、それを使って平文を暗号化する。受信側はペアとなる秘密鍵で復号する。公開鍵で暗号化されたデータを復号できるのは秘密鍵だけ。公開鍵では復号できない。

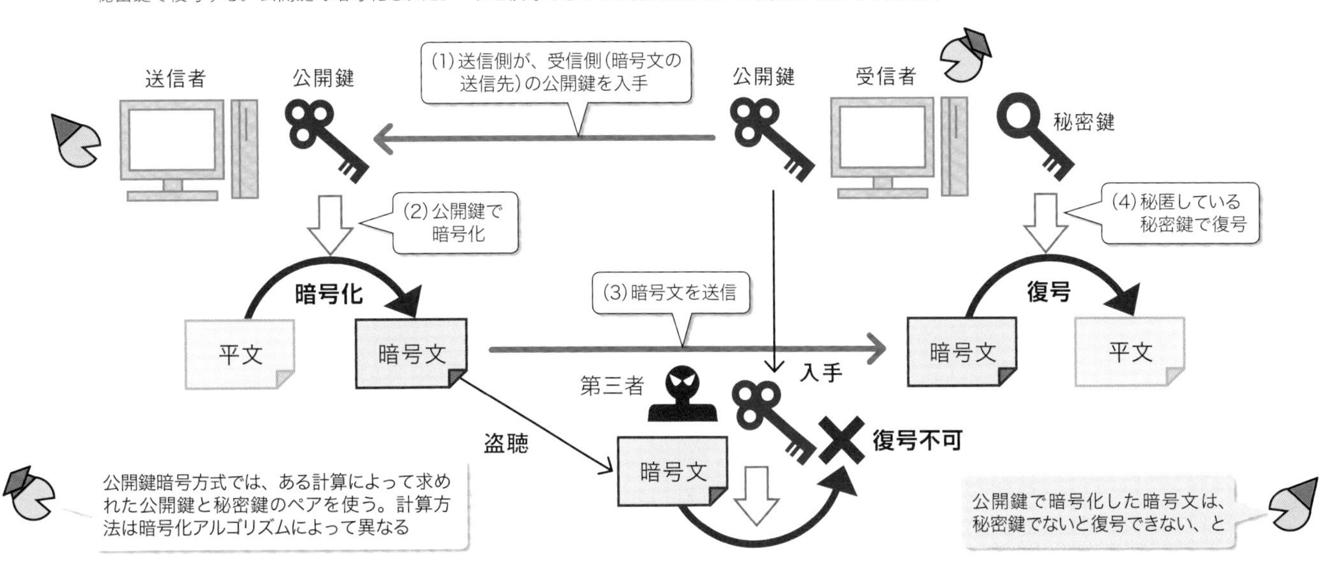

▼鍵のビット数
鍵長とも呼ばれる。

▼RSA
公開鍵暗号方式の暗号化アルゴリズムの一つ。1977年に開発された。開発者であるロナルド・リベスト(Ronald Rivest)氏、アディ・シャミア(Adi Shamir)氏、レオナルド・エーデルマン(Leonard Adleman)氏の頭文字からRSAと名付けられた。

▼一部の暗号化アルゴリズム
RSA以外には、DSA(Digital Signature Algorithm)やECDSA(Elliptic Curve Digital Signature Algorithm)などが該当する。

▼ハッシュ関数
厳密には「一方向ハッシュ関数」と呼ばれる。MD5やSHA-1、SHA-2などがある。

▼固定長のデータ
例えばMD5なら128ビット、SHA-1は160ビット、SHA-2は224/256/384/512ビットのいずれかに変換する。

▼ダイジェスト
フィンガープリントやメッセージダイジェストなどとも呼ばれる。

一方の公開鍵暗号方式では、公開鍵と秘密鍵と呼ばれる2種類の鍵を使用する。秘密鍵は秘匿する必要があるが、公開鍵は公開できる。秘密鍵と公開鍵はペアになっていて、ある計算によって同時に求める。計算方法は暗号化アルゴリズムによって異なる。秘密鍵と公開鍵には特定の数学的な関係があるが、公開鍵から秘密鍵を計算するのは事実上不可能だ。

公開鍵暗号方式では、暗号文の送信者は、受信者の公開鍵を入手する(前ページの図3)。送信者は公開鍵でデータを暗号化し、受信者に送信。受信者は、公開鍵とペアの秘密鍵で復号する。

鍵を共有する必要なし

公開鍵で暗号化したデータは、公開鍵では復号できない。そのため、公開鍵を公開しても安全性は損なわれない。つまり、同じ暗号化鍵を送信者と受信者で共有しなくても暗号化通信が可能だ。

また、やり取りする相手が何人いようが、用意するのは1組の公開鍵と秘密鍵だけでよい。

ただ、以上のようなメリットがある半面、共通鍵暗号方式と比べると計算量が増えるため、処理に時間がかかる。鍵のビット数も大きくする必要がある。

公開鍵暗号方式の代表的な暗号化アルゴリズムとしてはRSAが挙げられる。RSAは、公開鍵と秘密鍵の役割を逆にしても機能するという特徴がある。

役割を逆にする?ってことは秘密鍵で暗号化して、公開鍵で復号するってこと?

その通り。

でも、公開された鍵で復号できちゃったら誰でも復号できるから、意味なくないですか?

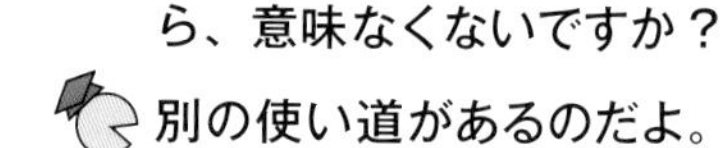

別の使い道があるのだよ。

図4 任意のデータから固定長のビット列を生成

暗号技術「ハッシュ関数」の概要。任意の長さのデータから固定長のビット列(ダイジェスト)を生成する。MD5やSHA-1、SHA-2などがある。

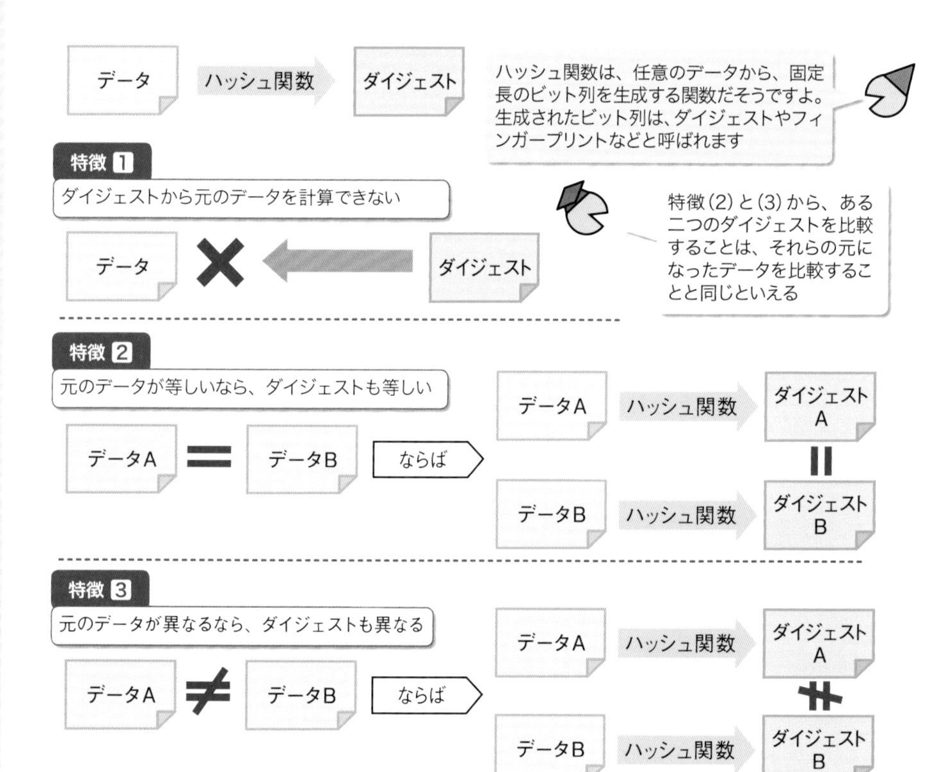

改ざんと送信者を署名で検証

RSAなどの一部の暗号化アルゴリズムでは、秘密鍵で暗号化し、公開鍵で復号できる。この性質を利用すれば、暗号文の送信者を検証する署名が可能になる。

まずは、署名に不可欠な暗号技術であるハッシュ関数を説明しよう。ハッシュ関数は、任意の長さのデータから固定長のデータ(ビット列)を生成する関数のこと(図4)。生成されたビット列をダイジェストと呼ぶ。

このハッシュ関数と公開鍵暗号

▼改ざんされていない
厳密には、ダイジェストは固定長なので、異なるデータから同じダイジェストが生成されることもある。これは「衝突」と呼ばれる。ただし、ダイジェストが一致する異なるデータを作成するのは事実上不可能。

図5 「署名」で改ざんと送信者を検証

署名の作成と検証の流れ。公開鍵暗号方式とハッシュ関数を使って、署名の作成および検証を実施する。署名を検証することで、送信されたデータが改ざんされていないことと、秘密鍵の所有者がデータを送ったことを確認できる。

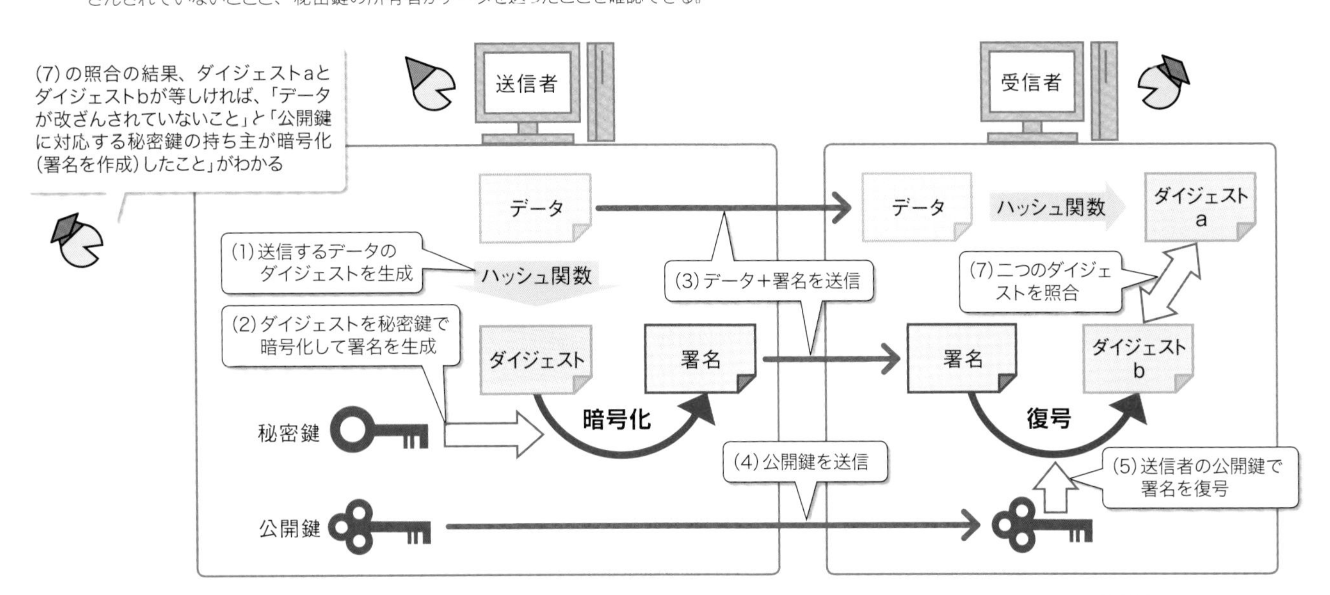

図6 公開鍵には名前がない

公開鍵には所有者に関する情報が含まれていないので、なりすましが可能だ。署名の検証でわかるのは、「データの送信者は、送られてきた公開鍵に対応する秘密鍵を持っている」ということだけ。誰から送られてきたのかはわからない。

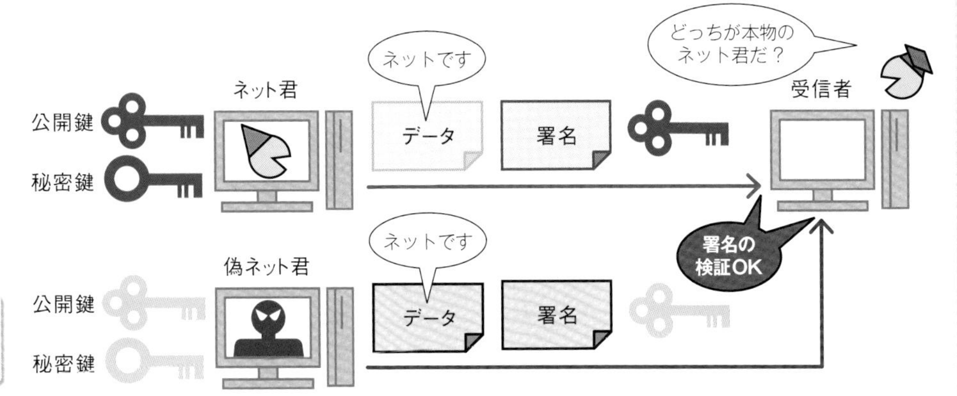

方式を組み合わせれば、改ざんと送信者を検証できる(図5)。送信者は、送信するデータのダイジェストを作成して、自分が秘匿する秘密鍵で暗号化する。これが署名になる。受信者は、送信者の公開鍵で署名を復号する。適切に復号できたら、送信者は、その公開鍵とペアになる秘密鍵を持っている人物だとわかる。

そして、復号したダイジェストと、受信したデータから生成したダイジェストを照合。一致すれば、改ざんされていない✐とわかる。

はー、署名を使えば改ざんを検出できて、暗号化した人もわかる、と。

そうだ。書類にサインをしたり、はんこを押したりするのと同じことが署名でできるわけだな。

便利ですね。

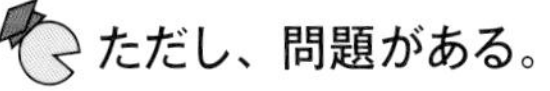

ただし、問題がある。

鍵の持ち主を確認できない

公開鍵暗号方式による暗号化と署名の問題点は、所有者に関する情報が公開鍵に含まれないこと。このため、なりすまされても、受信者には調べるすべがない(図6)。なりすましを防ぐためには、「公開

▼電子証明書
デジタル証明書や公開鍵証明書などとも呼ばれる。
▼信頼できる第三者
英語では、Trusted Third PartyあるいはTTPと呼ばれる。
▼CA
Certificate AuthorityあるいはCertification Authorityの略。

鍵とその所有者のひも付け」と「ひも付けが正しいという保証」が必要となる。

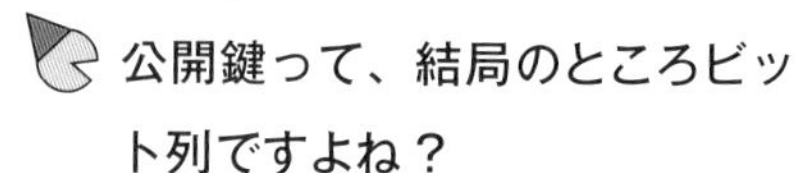
公開鍵って、結局のところビット列ですよね？

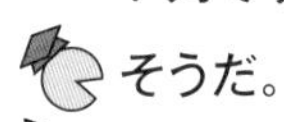
そうだ。

ビット列と所有者のひも付けってどうやってやるんです？

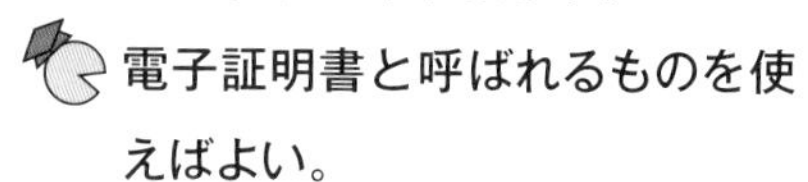
電子証明書と呼ばれるものを使えばよい。

公開鍵と所有者のひも付けには、電子証明書▼を使用する。電子証明書には、公開鍵と所有者の情報を記載する。

電子証明書で鍵と所有者をひも付け

ただし電子証明書はデータなので、誰でも偽物を作れてしまう。そこで信頼できる第三者▼が電子証明書を発行し、その内容が正しいことを保証する。この信頼できる第三者（企業や組織）を「認証局」（CA▼）と呼ぶ。

CAは、秘密鍵の所有者の申請により、その公開鍵と所有者の情報が記載された電子証明書を発行する（図7）。さらに、改ざんされていないこと、そのCAが発行したことを証明する署名を付加する。

送信者は、データや署名とともに、この電子証明書を送付する。受信者は、電子証明書に含まれる公開鍵を使って、送信者の署名を復号して検証する。

CAの署名は、CAの電子証明書を使って検証する（図8）。CAの電子証明書には、CA自身の署名

図7 電子証明書で公開鍵と所有者をひも付ける

電子証明書は、公開鍵にその所有者の情報を付加したデータ。電子証明書は認証局（CA）が発行する。電子証明書にはCAの署名を付加して、「そのCAによって発行された電子証明書であること」「電子証明書の内容（公開鍵など）が改ざんされていないこと」を保証する。電子証明書を検証すれば、公開鍵のなりすましを見抜ける。図のような、電子証明書を使った認証や暗号化が可能な枠組み（基盤）がPKIである。

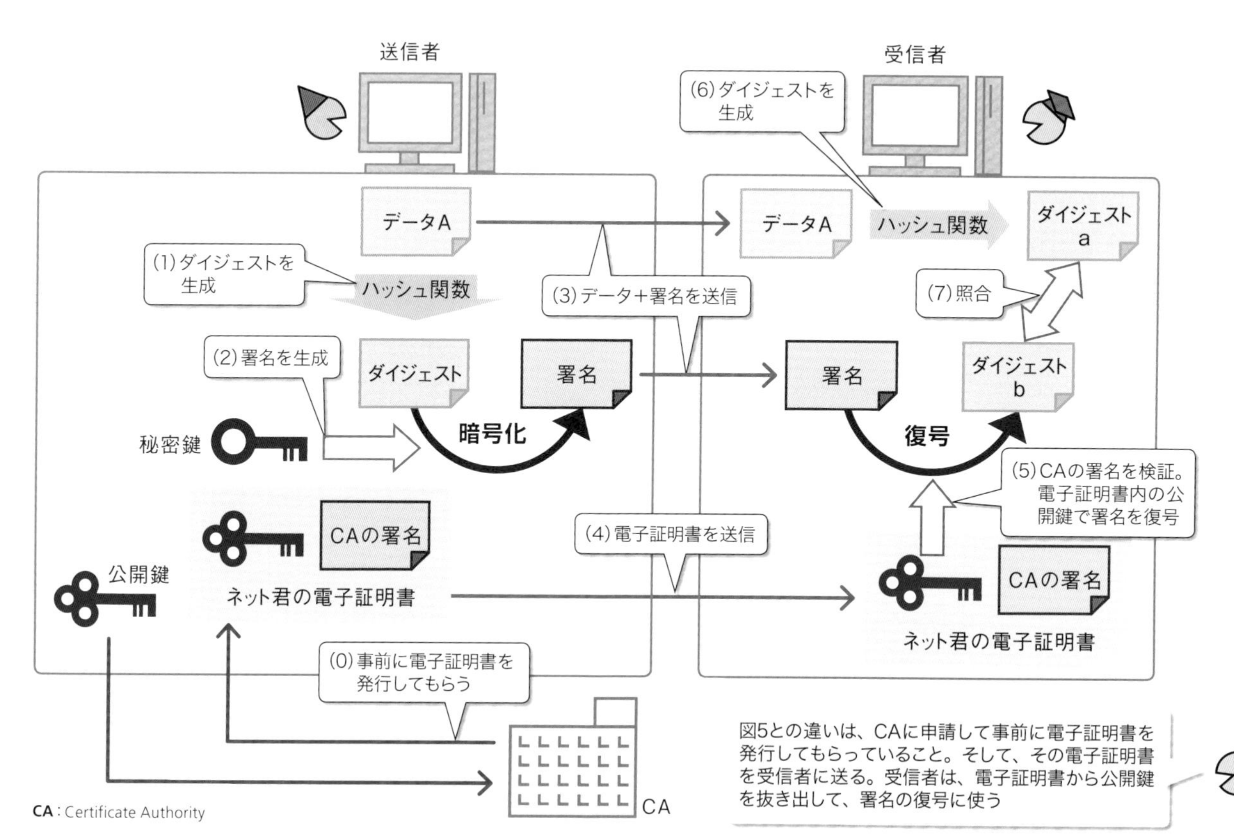

が含まれる。そのような電子証明書は自己署名証明書と呼ばれる。

自己署名証明書の信頼性は、第三者によって担保されていない。このため利用者は、自己署名証明書を発行した認証局を、無条件で信用することになる。自己署名証明書を発行した認証局はトラストアンカーやルートCAと呼ばれる。電子証明書の受信者は、トラストアンカーが発行した電子証明書や、トラストアンカーにつながる電子証明書は信頼できるとして受け入れる（**図9**）。

一般的には、利用者が自己署名証明書を自分で入手することはない。ベンダーによって、OSやWebブラウザーなどにあらかじめインストールされている。

このようにCAによって公開鍵が保証されているので、信頼性のある暗号化や認証を実現できる。つまり、CAなどの後ろ盾がなければダメ、ということだな。

ははぁ、だから公開鍵「基盤」でPKI、ということですね！

そういうことだな。信頼できる暗号化や認証のためには、CAなどが整備されたインフラが必要だ。それがPKIということだ。

図8 電子証明書は「CAの電子証明書」で検証する

電子証明書には、改ざんの検知や発行したCAの確認のために、CAの署名が付けられている。この署名の検証には、CAの電子証明書を使用する。

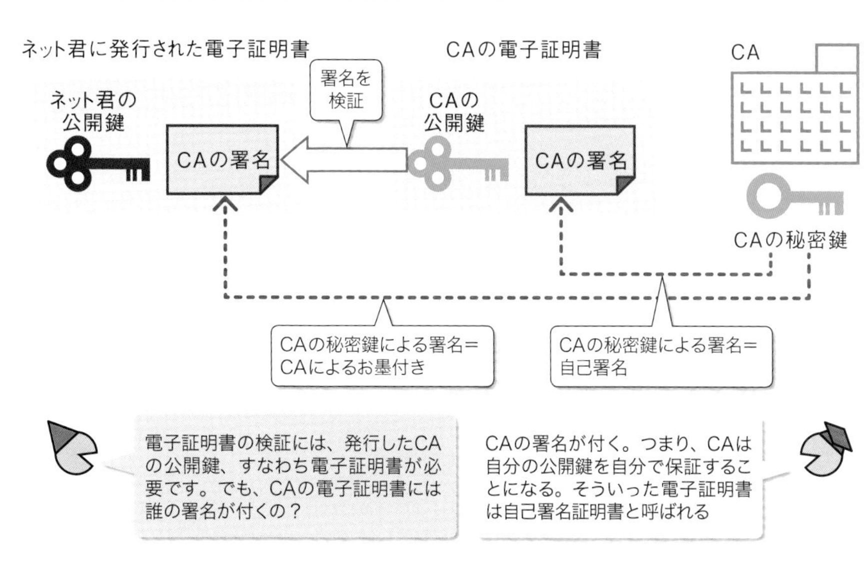

図9 トラストアンカーが“信頼の源”

利用者が信頼できるとしているCAを、トラストアンカーやルートCAと呼ぶ。利用者が持っている自己署名証明書を発行したCAがトラストアンカーになる。トラストアンカーが発行した電子証明書や、トラストアンカーにつながる電子証明書は信頼できるとして受け入れる。

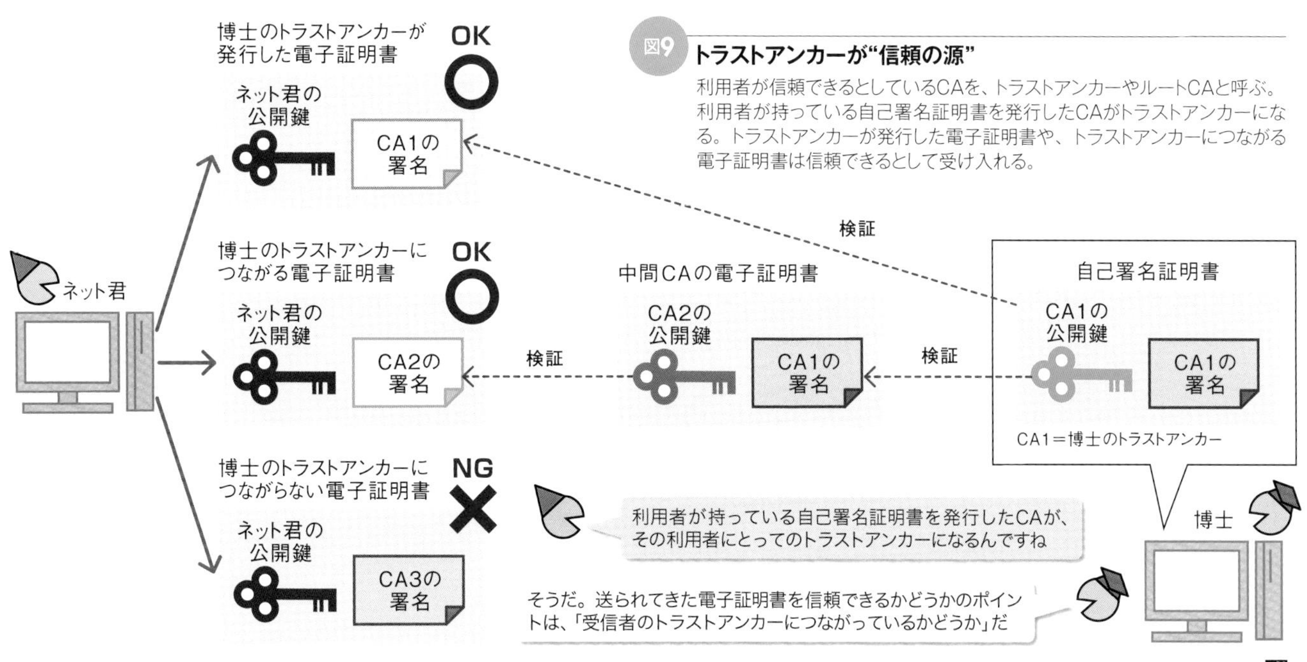

4章 PKIって何だろう？

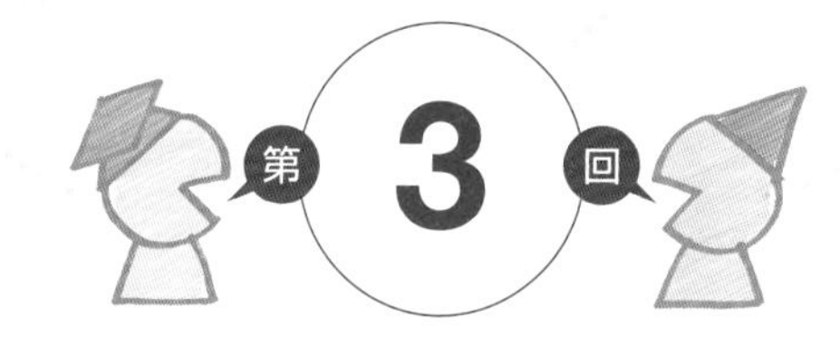

VPNって何なの？

今日はVPNについて話そう。ネット君、VPNは知っているかね？

知ってますよー。あれでしょ？拠点間をつなぐやつ。

ふむ、それは専用線による拠点間接続とどう違うのかね？

それはあれですよ、バーチャルなんですよ、バーチャル。

地理的に離れた拠点を複数持つ企業や組織は、拠点内だけではなく、拠点同士もネットワークでつないでいる（図1）。

拠点同士をつなぐ方法はいろいろある。その一つが、自前で回線を敷設して拠点をつなぐ「私設網」である。ただ、一般の企業が自前で長距離の回線を敷設し運用することは現実的ではない。

専用線で拠点を接続

このため、通信事業者の「専用線」を使うのが一般的だった。専用線は、その利用者「専用」の回線で、他者と共用しない。このため私設網と同等に安全だといえる。

ただし回線を占有するので料金は高い。拠点数が多い場合には相当な額になる（図2）。拠点同士をそれぞれつなごうとすると、多数の回線が必要になる。本社ビルなどを中心にそれぞれの拠点を結べば回線数は抑えられるが、本社ビルで障害が発生すると、拠点同士も通信できなくなる。

なるほど。専用線を使うとお値段お高め、と。

そうだな。費用を抑えるために、どうしても最小限の構成になりがちだ。そうなると耐障害性な

図1 拠点間を接続してネットワークを拡大

同じ拠点の部署同士だけではなく、拠点間を接続してネットワーク化すれば、効率的にデータを活用できる。拠点間の接続には、専用線を用いるのが一般的だった。

拠点内をネットワーク化

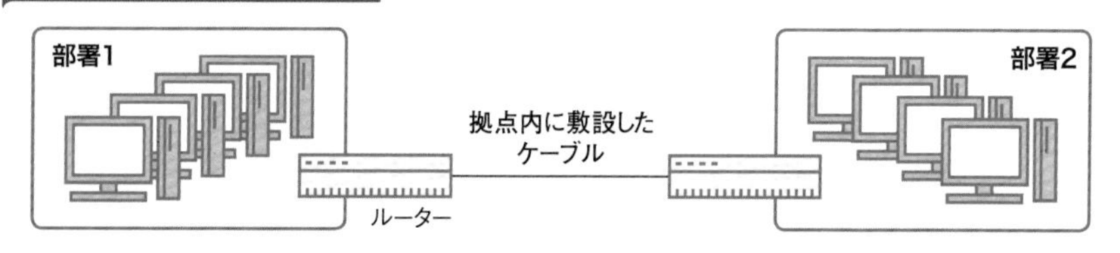

部署同士をルーターで接続すると便利です！！

複数の拠点をネットワーク化

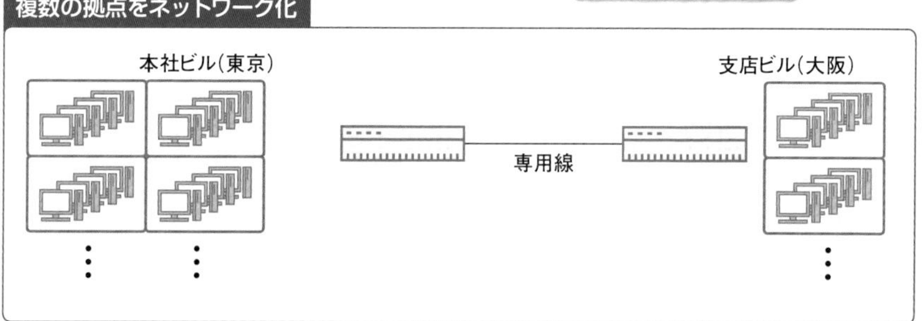

拠点同士でそれができれば、さらに便利なのは自明の理だな。拠点同士の接続には「専用線」を借りることが多かった

▼VPN
Virtual Private Networkの略。仮想プライベートネットワークや仮想私設網、仮想専用線などと呼ぶ場合もある。

▼私設網
プライベートネットワークともいう。

▼多数の回線
拠点同士をすべてつなげようとすると、拠点数nに対してn×(n-1)÷2本の回線が必要になる。

▼公衆網
ここでは、複数の利用者で共用するネットワークを指す。インターネットや通信事業者のネットワーク(閉域網)が該当する。閉域網とは、通信事業者が自社のサービスとして構築した、インターネットから分離された閉じたネットワークのこと。

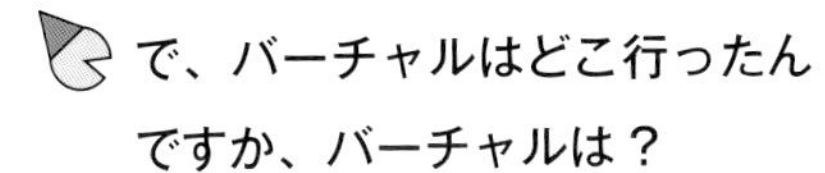

どが低下してしまう。

で、バーチャルはどこ行ったんですか、バーチャルは？

だがネットワーク技術の進歩により、低コストで安全に拠点間をつなげるようになった。それがVPNである。VPNは、仮想的(バーチャル)な私設網(プライベートネットワーク)である。セキュリティが担保されない公衆網の中に仮想の私設網を構築し、安全な通信を実現する(**図3**)。

図2 専用線で接続するとコストがかかる

専用線は回線を占有するため料金が高い。このため、接続する拠点数が増えると多大なコストがかかる。

拠点同士をすべてつなぐ

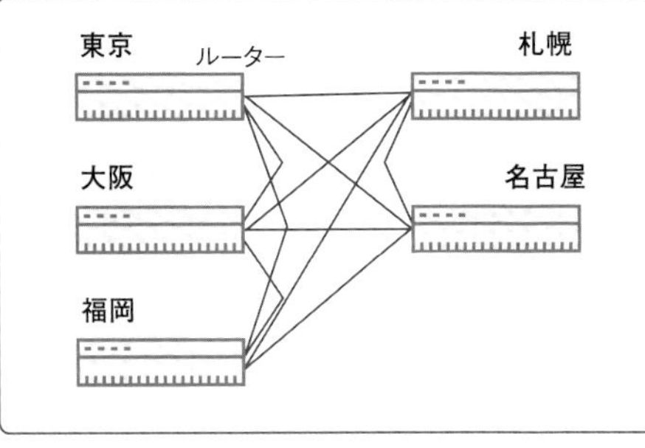

東京
ルーター
札幌
大阪
名古屋
福岡

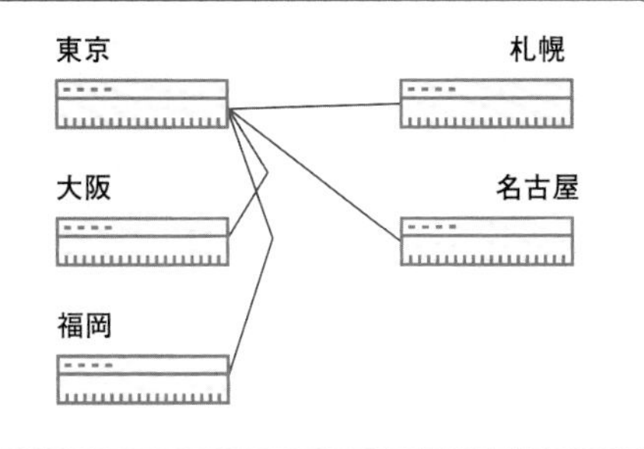

特定の拠点を中心につなぐ
東京
札幌
大阪
名古屋
福岡

1本でもお高い専用線がたくさん必要になるんですね

専用線で拠点同士をすべてつなげようとすると、拠点数nに対してn×(n-1)÷2本の回線が必要になる。拠点数が多くなると、多数の専用線を借りなければならない

東京の本社ビルと各拠点だけをつなぐ手もあるが、これでも拠点数が増えると費用がかかる。また、本社ビルで障害が発生すると、ほかの拠点同士がつながらなくなる

図3 高セキュリティと低コストを実現するVPN

専用線は高セキュリティだがコストがかかる。インターネットなどの公衆網は低コストだがセキュリティが心配。公衆網を使って安全な通信を実現するのがVPNである。

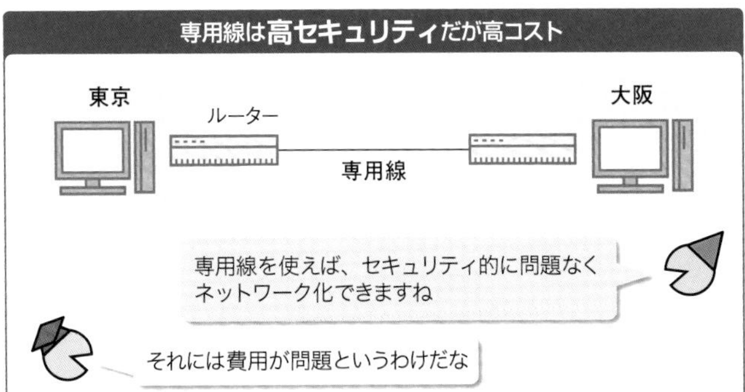

専用線は高セキュリティだが高コスト
東京
ルーター
大阪
専用線
専用線を使えば、セキュリティ的に問題なくネットワーク化できますね
それには費用が問題というわけだな

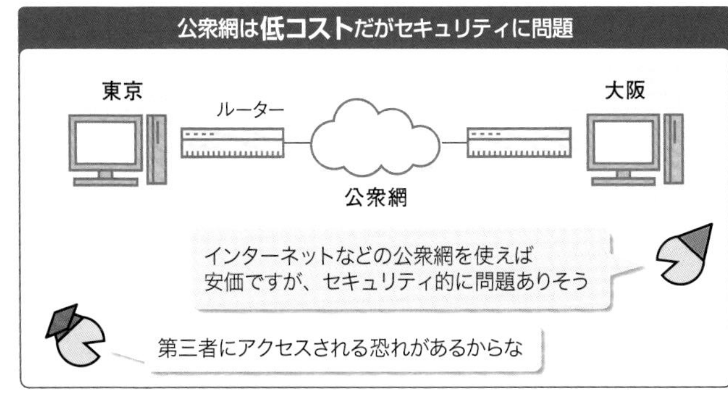

公衆網は低コストだがセキュリティに問題
東京
ルーター
大阪
公衆網
インターネットなどの公衆網を使えば安価ですが、セキュリティ的に問題ありそう
第三者にアクセスされる恐れがあるからな

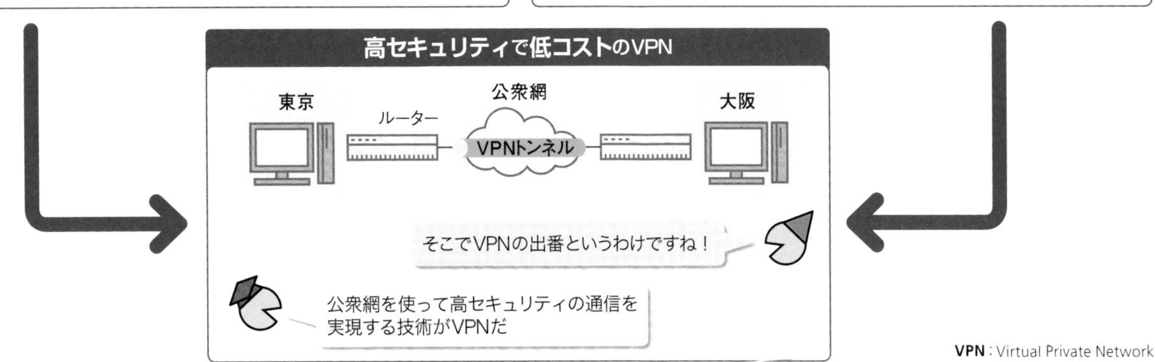

高セキュリティで低コストのVPN
東京
公衆網
ルーター
大阪
VPNトンネル
そこでVPNの出番というわけですね！
公衆網を使って高セキュリティの通信を実現する技術がVPNだ

VPN：Virtual Private Network

図4 インターネットVPNとIP-VPN

VPNには、インターネットVPNとIP-VPNの2種類がある。インターネットVPNではインターネットを、IP-VPNでは通信事業者のネットワーク（閉域網）を使用する。セキュリティを維持するために、インターネットVPNはトンネリング、IP-VPNはラベルスイッチングという技術を利用している。

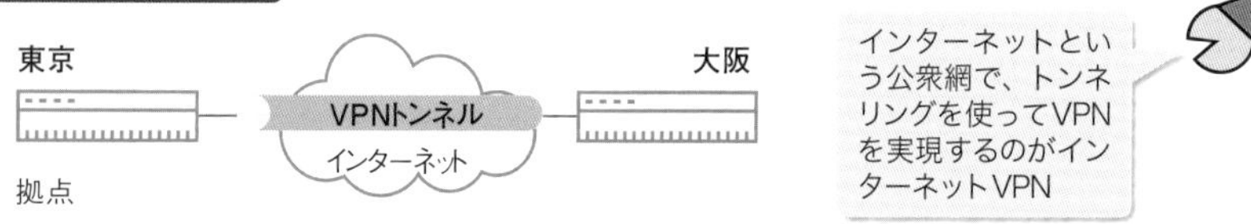
インターネットVPN
東京
大阪
VPNトンネル
インターネット
拠点
インターネットという公衆網で、トンネリングを使ってVPNを実現するのがインターネットVPN

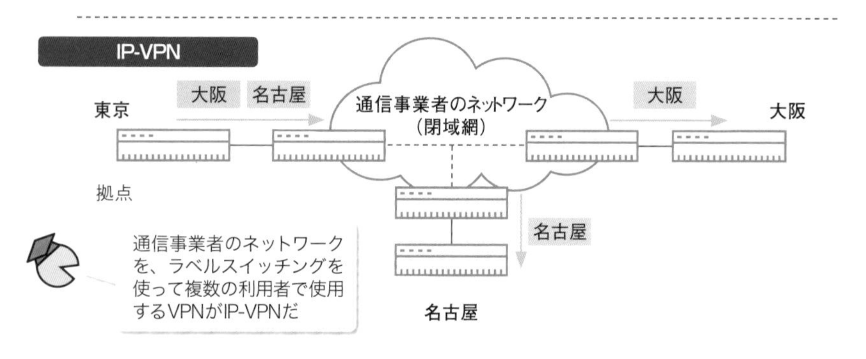
IP-VPN
東京
大阪
名古屋
通信事業者のネットワーク
（閉域網）
大阪
大阪
拠点
名古屋
名古屋
通信事業者のネットワークを、ラベルスイッチングを使って複数の利用者で使用するVPNがIP-VPNだ

図5 インターネットVPNではセキュリティゲートウエイが必要

インターネットVPNでは、トンネリングプロトコルと呼ばれるプロトコルで通信する。そのため、トンネリングプロトコルで通信できるセキュリティゲートウエイが必要。通常のインターネットアクセスとは異なり、通信データはファイアウオールを経由しない（上）。ただしセキュリティゲートウエイとファイアウオールの機能を併せ持つUTMを使っている場合には、通常の通信もVPNの通信もUTMを経由する（下）。

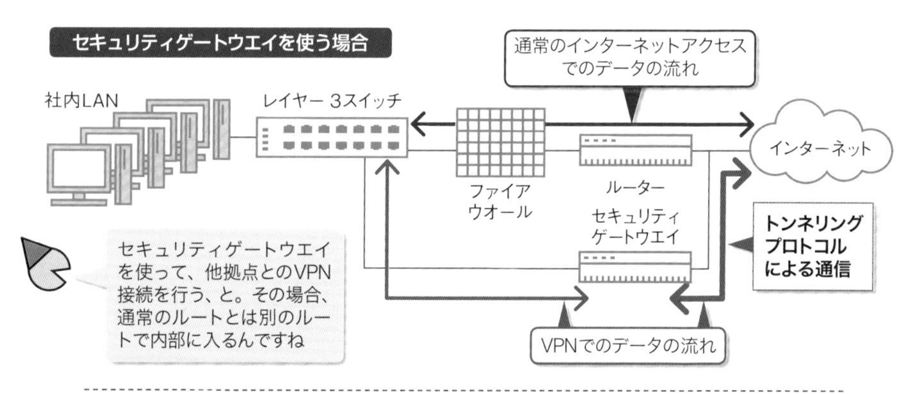
セキュリティゲートウエイを使う場合
通常のインターネットアクセスでのデータの流れ
社内LAN
レイヤー 3スイッチ
インターネット
ファイア
ウオール
ルーター
セキュリティ
ゲートウエイ
トンネリング
プロトコル
による通信
セキュリティゲートウエイを使って、他拠点とのVPN接続を行う、と。その場合、通常のルートとは別のルートで内部に入るんですね
VPNでのデータの流れ

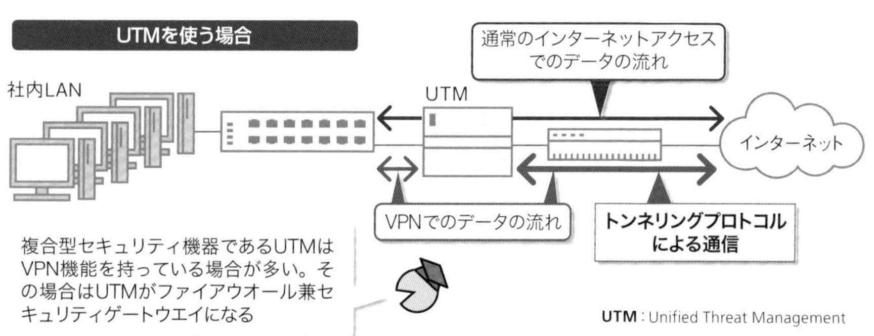
UTMを使う場合
通常のインターネットアクセスでのデータの流れ
社内LAN
UTM
インターネット
VPNでのデータの流れ
トンネリングプロトコルによる通信
複合型セキュリティ機器であるUTMはVPN機能を持っている場合が多い。その場合はUTMがファイアウオール兼セキュリティゲートウエイになる

UTM：Unified Threat Management

VPNの実現方法は2種類ある。一つはインターネットでトンネリングという技術を使って実現する「インターネットVPN」、もう一つは閉域網でラベルスイッチングを使う「IP-VPN」である（図4）。

インターネットVPNとIP-VPNの2種類

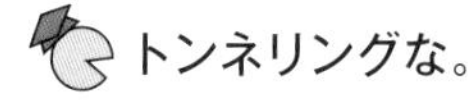

へー、VPNって2種類あるんですか。バーチャルですね。

何がどうバーチャルなのかはわからんが、実現方法がそれぞれ異なる、ということだな。

えーっと、なんでしたっけ、ポンデリン…。

トンネリングな。

インターネットVPNの特徴は、構築しやすいことと、低コストで実現できること。インターネット接続環境を持つ拠点ならすぐに導入できる。また、インターネット接続回線は比較的安価なので運用コストを抑えられる。

仮想的なトンネルを作る

トンネリングとは、公衆網などの中に仮想的な別の回線（トンネル）を作って通信すること、あるいはそのための技術。

トンネリングを実現するには、その手順を定めたトンネリングプロトコルと、トンネリングプロトコルで通信するセキュリティゲー

▼セキュリティゲートウエイ
VPNゲートウエイやVPNルーターとも呼ばれる。

▼UTM
Unified Threat Managementの略。複数のセキュリティ機能を持つネットワーク機器。

▼IPsec
security architecture for Internet Protocolの略。

▼改ざん検出
IPsecではデータ認証と呼ばれる。

▼IPsecトンネリングモード
IPsecには、トランスポートモードとトンネリングモードという二つのモードがある。拠点同士をつなぐインターネットVPNではトンネリングモードを使う。トランスポートモードは、パソコンなどの端末(ホスト)同士の暗号化通信などに使われる。

▼ペイロード
パケットのヘッダーやトレーラといった付加情報を取り除いたデータ本体のこと。

トウエイ✒が必要だ。セキュリティゲートウエイの通信は、通常のインターネットアクセスとは異なる経路をたどる(**図5**上)。ただし、セキュリティゲートウエイの機能を備えたUTM✒を使う場合には同じ経路になる(同下)。

トンネリングプロトコルはいくつかある。代表的なのはIPsec✒だ。IPパケットの暗号化と改ざん検出✒により、第三者が盗聴できないようにする。これにより、第三者がアクセスできない仮想的なトンネルを通っているのと同等の状況を作り出す。

IPsecトンネリングモード✒では、送信側のセキュリティゲートウエイでIPヘッダーを含めたIPパケット全体を暗号化し、それをペイロード✒にするIPパケットを新たに作り送信する(**図6**)。

図6 IPsecトンネリングモードを使ったVPN

IPsecトンネリングモードでは、別拠点に送信するパケットをセキュリティゲートウエイで丸ごと暗号化し、IPヘッダーを付け替えて別拠点のセキュリティゲートウエイに送信する。別拠点のセキュリティゲートウエイでは暗号化パケットを復号し、もともとの宛先IPアドレスに送信する。

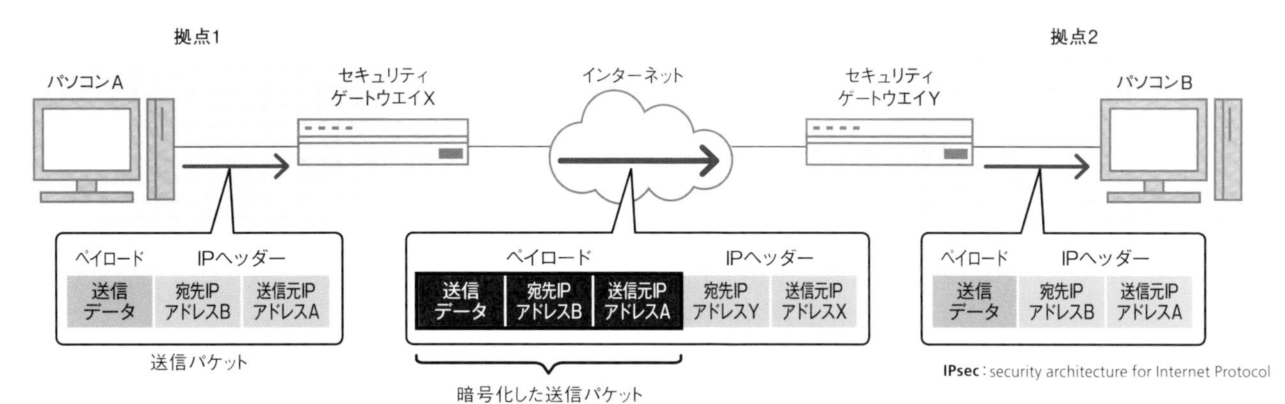

IPsec: security architecture for Internet Protocol

社内LANのパソコンAから別拠点のパソコンBに送られたIPパケットは、セキュリティゲートウエイXにおいて、IPヘッダーを含めて暗号化されてカプセル化される。そして別拠点のセキュリティゲートウエイYで復号されてからパソコンBに送られる

インターネットを通っているけれど、その中身(ペイロード)は暗号化されているので、対向のセキュリティゲートウエイでしか見ることができない。インターネットの中にある専用の「トンネル」を通って届けられているようなもの、ってことですね

図7 IP-VPNの構成

IP-VPNでは、通信事業者のネットワーク(閉域網)を経由して安全な通信を実現する。自社の拠点から閉域網までは、専用線やインターネットアクセス回線を契約してつなぐ。

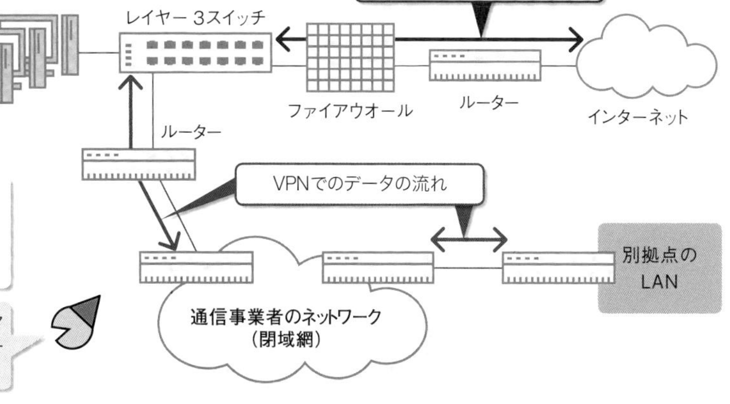

IP-VPNを利用する場合、通信事業者のルーター(エッジルーター)と社内LANをつなぐためのルーターとアクセス回線が必要になる。閉域網がどのようにつながっているかは、利用者は考えなくてよい

レイヤー 3スイッチを使って、インターネットへのデータはファイアウオールへ、別拠点へのデータは閉域網につながるルーターへルーティングするんですね。利用者側ではそれだけやればOKと

普通はデータを運ぶIPパケットで、暗号化したIPパケットをデータとして運ぶわけですね。うまいこと考えますね。

それによって安全な通信を実現するのがトンネリング、ということだな。

インターネットに作った仮想的なトンネルってことですね。

インターネットVPNは構築の容易さやコストの面では優れているが、通信速度が安定しないという短所がある。インターネットは通信速度が保証されないネットワークだからだ。

図8

MPLSを使ったラベルスイッチング

MPLSでは、ラベルと呼ぶ識別子を使ってパケットを転送する。MPLSを利用する通信回線（MPLS網）での転送先情報が記載されたラベルをIPパケットの先頭に付加し、ラベルの情報を基にパケットを転送する。

(1) MPLSを実行しているルーターは、ルーティングテーブルを基に、そのルートの「ラベル」を決めます。ラベルテーブルの「OUTの8/B」は、「ラベルを8にしてインタフェースBから送信」を意味します

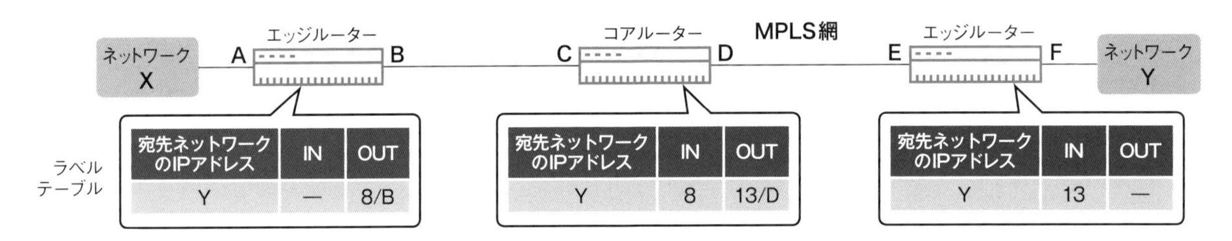

(2) ネットワークXからネットワークY宛てに送信されたパケットは、MPLS網のエッジルーターに届くと、宛先IPアドレスYに対応したOUTラベルの8を付加され、指定されたインタフェースから送信される

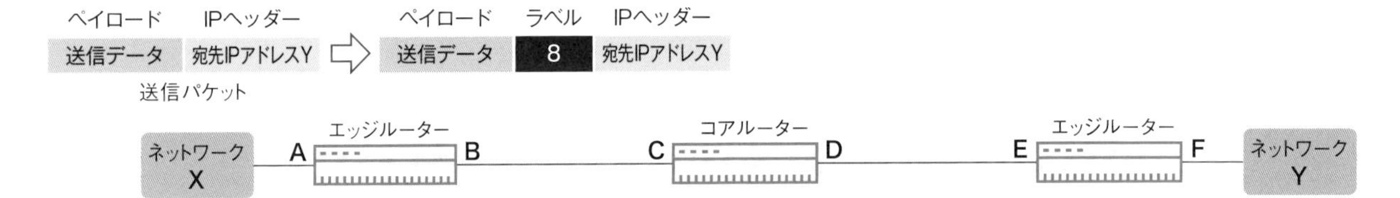

(3) コアルーターはラベルテーブルを参照して、ラベル8に対応するOUTのインタフェースDからパケットを送信します。このとき、OUTのラベルも対応する値に書き換えます。コアルーターはラベルしか見ていないのがポイントね

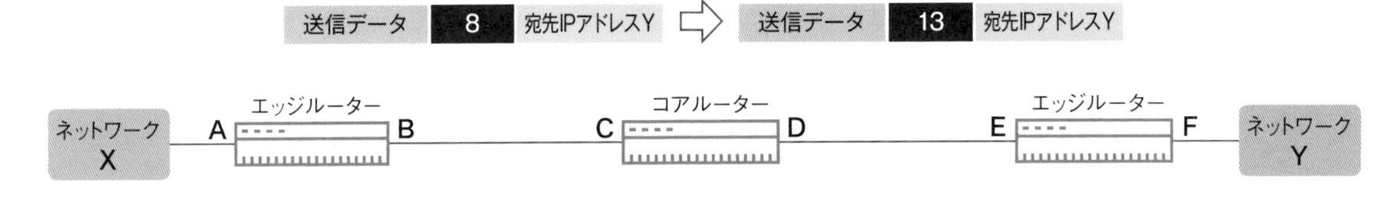

(4) 宛先ネットワーク側のエッジルーターは、ラベルを取って宛先に送信する

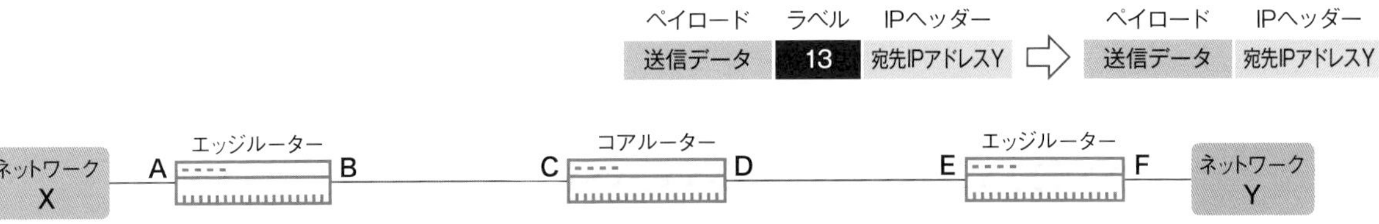

MPLS：MultiProtocol Label Switching

▼**MPLS**
MultiProtocol Label Switchingの略。

▼**ルーティングテーブル**
ルーティングするためにルーターが内蔵している表。ある宛先にパケットを送りたい場合、次にどのルーターに転送すればいいかを設定する。経路表や経路制御表ともいう。

▼**数字を決める**
宛先ネットワークのIPアドレスとラベルの対応表は、ラベルテーブルと呼ばれる。

図9 **同じIPアドレスを使っていても問題なし**
MPLS網では、ラベルだけをチェックしてパケットを転送する。このため、異なる利用者が同じIPアドレスを使っていてもパケットは正しい宛先ネットワークに送られる。

異なる利用者が同じIPアドレスを使っていても、異なるラベルが割り振られる。これにより、MPLS網のコアルーターは適切にパケットを転送できる

中央のコアルーターで見ると、A社ならラベル8で入ってくるから13にしてDから送信。B社ならラベル4で入ってくるから21にしてJから送信。IPアドレスではなくラベルで判断しているから重複しても大丈夫ですね！！

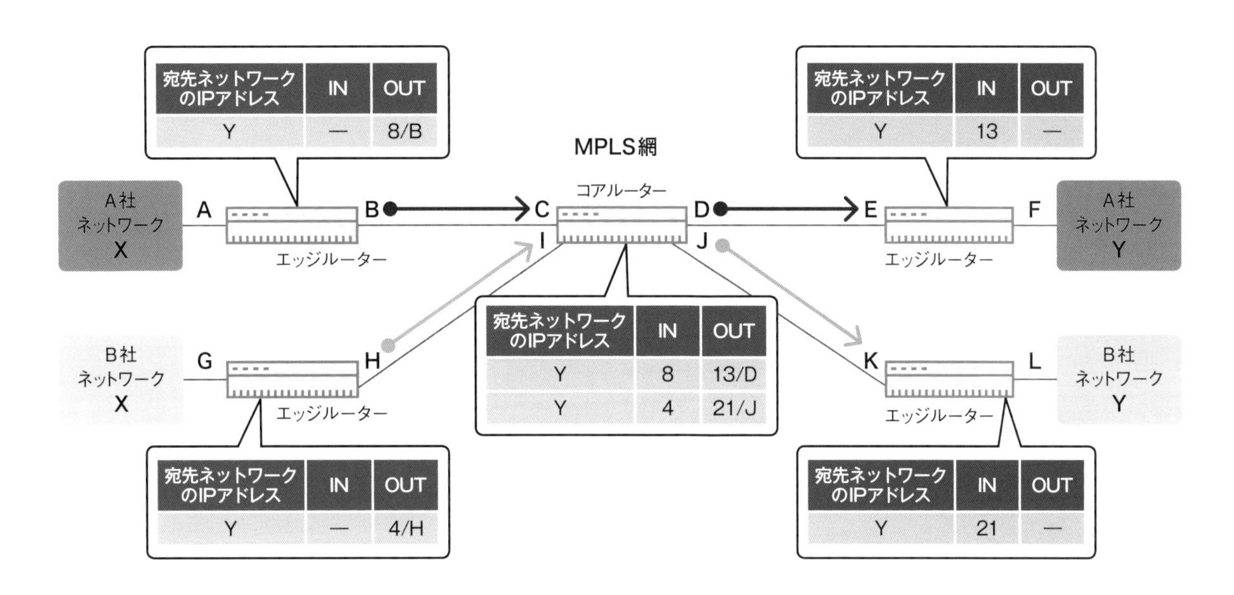

宛先ネットワークのIPアドレス	IN	OUT
Y	—	8/B

宛先ネットワークのIPアドレス	IN	OUT
Y	13	—

宛先ネットワークのIPアドレス	IN	OUT
Y	8	13/D
Y	4	21/J

宛先ネットワークのIPアドレス	IN	OUT
Y	—	4/H

宛先ネットワークのIPアドレス	IN	OUT
Y	21	—

また、セキュリティゲートウエイでの暗号化と復号の処理に時間がかかる場合がある。

えーっと、もう一つがIP-VPNでしたっけ？

そう、通信事業者のネットワークを使ったVPNだな。

IP-VPNでは閉域網を使う（161ページの図7）。閉域網はインターネットと直接つながっていないので安全性が高く遅延が発生しにくい。また、専用線より安価で利用できる。

だが複数の利用者が使用しているため、ある利用者の拠点からのデータが、別の利用者の拠点に送られる恐れがある。

ラベルで宛先を判断

それを防ぐために、ラベルスイッチングという技術が使われている。ラベルスイッチングとは、IPパケットに付与した識別子（ラベル）を使って、ルーターの転送先を決める技術。MPLS▼が代表的なプロトコルだ。MPLSでは、ルーティングテーブル▼を基に、宛先ネットワークごとにラベルと呼ばれる数字を決める▼。

パケットを受け取ったMPLS対応ルーターは、宛先IPアドレスに対応したラベルをパケットに付与し、指定のインタフェースから送り出す（図8）。ラベルが付いたパケットを受け取ったルーターは、ラベルだけを見て対応するインタフェースから転送する。

パケット転送に宛先ネットワークのIPアドレスを使わないため、異なる利用者の拠点が同じIPアドレスを使っていても問題ない（図9）。もともとはパケット転送の高速化のために開発されたが、現在では、IP-VPNのようなIPアドレスが重複する環境でのセキュリティ確保のために使われている。

なんか、不思議な技術ですね。要は、先に面倒なルーティングだけ先にやっておいて、あとはそのとき付けたラベルを見てね、ってこと？

悪くない要約だな。

IPsecってなんだろう？

IPsec(アイピーセック)って、あるじゃないですか。何の略なんですかねぇ。

Security Architecture for the Internet Protocolの略だ。

え？アーキテクチャーなんですか。プロトコルじゃないんですか？

プロトコルじゃないな。

IPsecは、IP✎通信そのものをセキュア化するための構造あるいは仕組みのことである。ここでのセキュア化とは、サイバー攻撃といった脅威から、システムやネットワークを保護するために実施する作業を指す。

IPsecでのセキュア化は、「データの暗号化」「宛先の認証」「データの改ざん検出」の3つに分類される。これらにより、IPで送られるデータに対する盗聴やなりすまし、改ざんなどを防ぐ。

通信をセキュア化する仕組みとしてはTLS✎もある。TLSとIPsecの違いは、セキュア化の範囲である。TLSは、TCP/IP✎の4階層モデル✎ではアプリケーション層とトランスポート層の間✎に位置し、TCPを使うアプリケーション層のプロトコルをセキュア化する(**図1**)。具体的には、HTTP✎やSMTP✎などが対象になる。UDP✎を使うDHCP✎などのプロトコルはセキュア化しない。

また、TLSを使用するアプリケーションプロトコルは、使用しないプロトコルとは異なるプロトコル名にして、そのことを明示する必要がある。例えばTLSを使ったHTTPはHTTPS✎になる。利用するポート番号も、HTTPがTCP 80番であるのに対して、HTTPSではTCP 443番になる。

図1 TLSとIPsecによるセキュア化の違い

TLSではTCPを使うアプリケーション層のプロトコルしかセキュア化できない。一方、IPsecはIPを使うすべてのプロトコルをセキュア化する。

TLSによるセキュア化の範囲

層		
アプリケーション層	HTTP、SMTP、FTPなど	DNS、DHCP SNMPなど
	TLS	
トランスポート層	TCP	UDP
ネットワーク層	IP	

IPSecによるセキュア化の範囲

層		
アプリケーション層	HTTP、SMTP、FTPなど	DNS、DHCP SNMPなど
トランスポート層	TCP	UDP
ネットワーク層	IP	
	IPSec	

TLSでは、セキュア化する対象はTCPを使うアプリケーションプロトコルだけ。セキュア化されるのもアプリケーションプロトコルのデータ部分だけで、TCPヘッダーなどはセキュア化されないんだね

IPsecはIPをセキュア化する仕組みなので、IPを使うものすべてが対象になる

DHCP：Dynamic Host Configuration Protocol
DNS：Domain Name System
FTP：File Transfer Protocol
HTTP：HyperText Transfer Protocol
IP：Internet Protocol
IPsec：Security Architecture for the Internet Protocol
SMTP：Simple Mail Transfer Protocol
SNMP：Simple Network Management Protocol
TCP：Transmission Control Protocol
TLS：Tranport Layer Security
UDP：User Datagram Protocol

▼IP
Internet Protocolの略。
▼TLS
Tranport Layer Securityの略。同様の仕組みとしてSSL (Secure Sockets Layer)もあるが、現在では事実上使用禁止なので、記事ではTLSだけを取り上げる。

▼TCP/IP
TCPはTransmission Control Protocolの略。
▼4階層モデル
下から、物理層、ネットワーク層、トランスポート層、アプリケーション層の4階層で構成される。

▼アプリケーション層とトランスポート層の間
アプリケーション層に含まれるとする場合もある。
▼HTTP
HyperText Transfer Protocolの略。

▼SMTP
Simple Mail Transfer Protocolの略。
▼UDP
User Datagram Protocolの略。
▼DHCP
Dynamic Host Configuration Protocolの略。

一方、IPsecはIPをセキュア化するため、IPを使うすべてのプロトコルが対象になる。さらにTLSとは異なり、IPsecを使うことをアプリケーションプロトコルで明示する必要がない。

なるほど。IP通信そのものをセキュア化するってことですね。じゃあ、ほとんどすべての通信が対象になるってことですか。

そうだな、例外はARP（アープ）ぐらいかな。

なるほど。で、IPsecはプロトコルじゃないって話ですけど、どういうことですか？

4種類の技術から成る

IPsecは1つのプロトコルではない。4種類の技術から成る、IPをセキュア化する仕組みである。具体的には、「セキュリティープロトコル」「鍵管理」「セキュリティーアルゴリズム」「セキュリティーアソシエーション(SA)」の4種類である。これらの技術を組み合わせてIPをセキュア化する(**図2**)。

セキュリティープロトコルは、IPデータグラムをセキュア化するプロトコルで、IP認証ヘッダー(AH)とIP暗号化ペイロード(ESP)の2種類がある。

鍵管理は、セキュア化に使用する暗号化鍵や認証鍵の管理方法である。手動による静的な設定と、インターネット鍵交換(IKE)を使った動的な設定がある。

セキュリティーアルゴリズムはセキュア化に使用する暗号化および認証のアルゴリズムである。

最後のSAは、IPsecを使用する2台の機器間で確立する仮想通信路(コネクション)のことである。SAを確立することで、安全な通

図2 IPsecの構造

IPsecは1つのプロトコルではない。4種類の技術から成る、IPをセキュア化する仕組みである。IPsec自体はRFC 4301で規定されている。

IPsecを構成する技術		RFCの番号
セキュリティープロトコル	IP認証ヘッダー(AH)	RFC 4302
	IP暗号化ペイロード(ESP)	RFC 4303
鍵管理	インターネット鍵交換(IKE)	RFC 5996
セキュリティーアルゴリズム(認証・暗号化アルゴリズム)		RFC 4835など
セキュリティーアソシエーション(SA)		RFC 4301

IPsecはSecurity Architecture for the Internet Protocolの略です。1つのプロトコルじゃないんですね

セキュリティープロトコル、鍵管理、セキュリティーアルゴリズム、セキュリティーアソシエーション(SA)による「IPセキュア化の仕組み」がIPsecだ

AH：Authentication Header　ESP：Encapsulated Security Payload　IKE：Internet Key Exchage
RFC：Request For Comments　SA：Security Association

図3 安全な通信路を確立する

IPsecでは、通信する機器同士がパラメーターをネゴシエーション（交渉）し、合意（アソシエーション）したパラメーターを使って仮想的な通信路を確立する。この通信路のことをセキュリティーアソシエーション（SA）と呼ぶ。

1 セキュア化のパラメーターを交渉

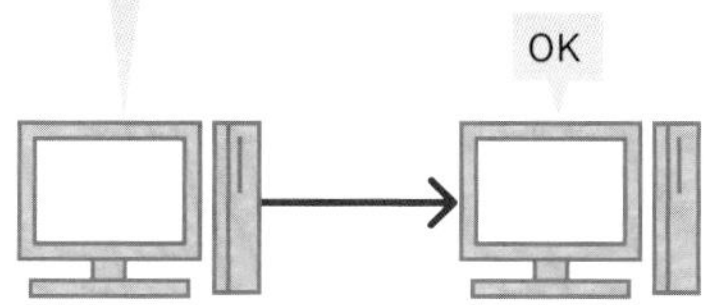
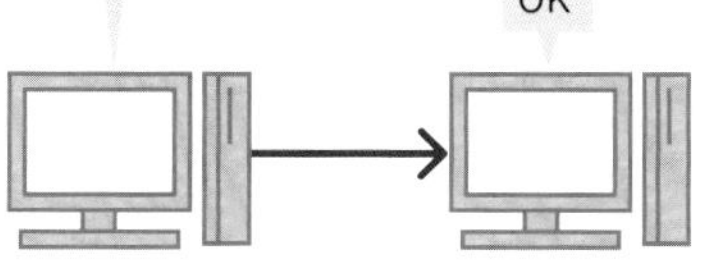
暗号化アルゴリズムは「AES192-CBC」、暗号化鍵は「1234abc」で通信しましょう
OK

2 合意したパラメーターを使って通信

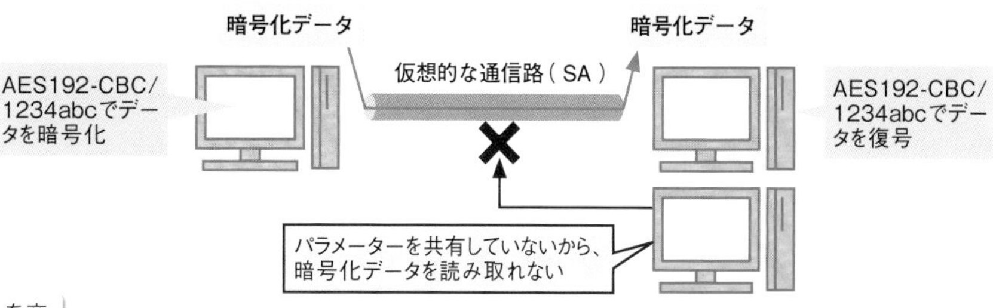
暗号化データ
暗号化データ
仮想的な通信路（SA）
AES192-CBC/1234abcでデータを暗号化
AES192-CBC/1234abcでデータを復号
パラメーターを共有していないから、暗号化データを読み取れない

機器同士でセキュア化のパラメーターを交渉（ネゴシエーション）し、それを使ってセキュア化したIPデータグラムをやりとりする

パラメーターを交渉して合意（アソシエーション）することで、2台の機器間に、セキュア化したデータをやりとりする通信路ができたともいえるよね。それがSAだよ

AES：Advanced Encryption Standard　CBC：Cipher Block Chaining

▼HTTPS
HyperText Transfer Protocol Secureの略。
▼ARP
Address Resolution Protocolの略。
▼SA
Security Associationの略。

▼IPデータグラム
IPで送受信されるデータの単位。IPパケットとも呼ばれるが、パケットはTCP/IPのように信頼性が担保された通信でのデータの単位に使われることが多い。ここではUDPなども含むので、IPデータグラムと記述する。

▼AH
Authentication Headerの略。
▼ESP
Encapsulated Security Payloadの略。
▼IKE
Internet Key Exchageの略。

▼SPD
Security Policy Databaseの略。
▼SAD
Security Association Databaseの略。

信を行うためのパラメーターが決定される。このパラメーターには、使用する暗号化や認証のアルゴリズム、暗号化鍵や認証鍵、セキュリティープロトコル、モード、オプションなどが含まれる。

IPsecで通信をする機器同士は、同じパラメーターを使用する必要がある。このため、通信前にパラメーターをネゴシエーション（交渉）する（前ページの**図3**）。そして、合意（アソシエーション）したパラメーターを使ってIPデータグラムをセキュア化する。パラメーターには暗号化鍵なども含まれるので、パラメーターを共有していない機器は、セキュア化されたIPデータグラムを読み取れない。つまり、パラメーターを交渉して合意した2台の機器間には、セキュア化したデータをやりとりするための通信路ができるイメージだ。

なお、SAは一方通行の通信路である。このため2台の機器が双方向でIPsec通信をする場合には、上りと下りの2つのSAを確立する必要がある。

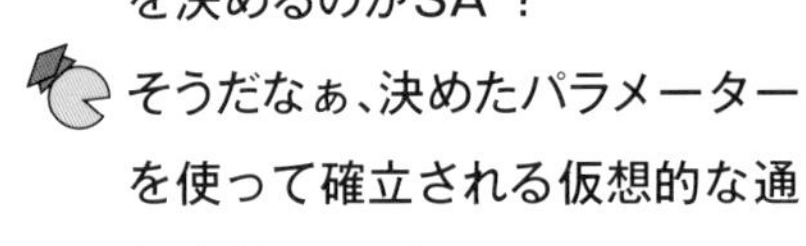

2台の機器が使うパラメーターを決めるのがSA？

そうだなぁ、決めたパラメーターを使って確立される仮想的な通信路がSAかな。

ポリシーに従って処理する

IPsecを使用する機器には、受け取ったIPデータグラムをどのように処理するのかを定めたSPDが設定されている。文字通り、セキュリティーポリシーのデータベースである。送られてきたIPデータグラムの宛先／送信先IPアドレスなどを見て、そのIPデータグラムに対する処理を決める。処理を決める条件となる宛先／送信先IPアドレスなどはセレクターと呼ばれる。つまり、SPDはセレクターと処理の対応表になる（**図4**）。受信したIPデータグラムのセレクターを見て、それに対応する処理を実施する。

処理には、「PROTECT」「BYPASS」「DISCARD」の3種類がある。PROTECTはIPsecによるセキュア化、BYPASSは通常の処理（セキュア化なし）、DISCARDは破棄を意味する。処理がPROTECTだった場合、セキュア化パラメーターのデータベースであるSADを参照して、暗号化や復号を実施する。

図4 セキュリティーポリシーで処理を決める
IPsecでは、あらかじめ設定されたセキュリティーポリシーに従って、受信したIPデータグラムの処理を決める。PROTECT（セキュア化）の場合、セキュア化のパラメーターのデータベースであるSADを参照して、使用するパラメーターを決める。

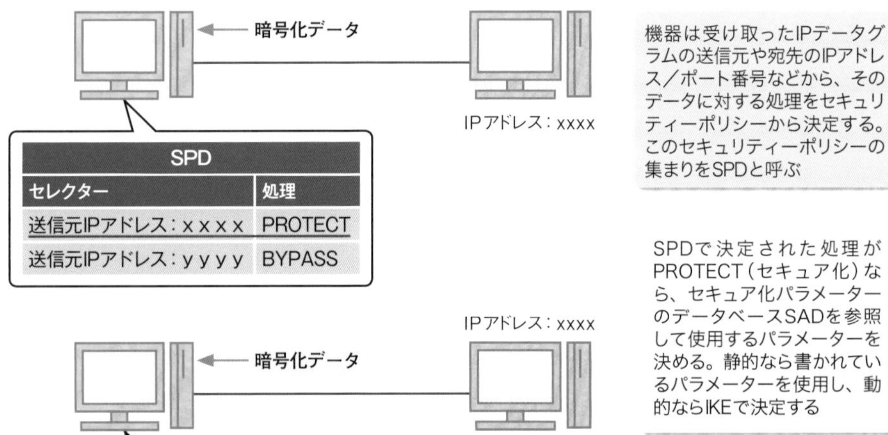

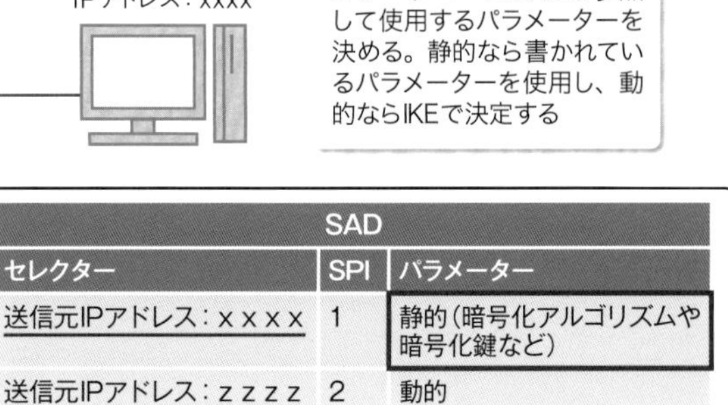

SAD：Security Association Database
SPD：Security Policy Database
SPI：Security Parameter Index

▼PSK
Pre-Shared Keyの略。

図4のケースでは、IPアドレス「xxxx」からIPデータグラムを受信した場合、SPDを参照してPROTECTを実施する。そのために必要なパラメーターは、SADを参照して決定する。手動で静的に設定されている場合にはそのパラメーターを使ってセキュア化する。動的としている場合には、IKEを使って決める。

パラメーターを動的に決める

IKEは、2台の機器でIPsec通信を行う際に、セキュア化のパラメーターを動的に設定するためのプロトコルである。パラメーターが手動で設定されていない場合に使用する。

IKEでは、「IKE用のパラメーター合意」「相手認証」「IPsec用のパラメーター合意」の3つを順に実施する（**図5**）。IKEのためのパラメーター合意とは、IKE用のSAを確立するために行う。このSAはIPsecのためのSAではなく、IKEで使われるSAである。IKE用のSAはIKE_SAと呼ばれる。

IKEのパラメーター合意はIKE_SA_INITと呼ぶ。IKE_SA_INITが終わると、機器間にはIKE_SAという仮想通信路が確立される。

次に、IKE_SAを通じて通信相手が正当かどうか認証する。この手続きはIKE_AUTHと呼ばれる。このときの認証には、鍵となる情報をあらかじめ共有しておく事前鍵共有方式（PSK方式）や、電子証明書によるデジタル署名方式が用いられる。

正当な相手であることが認証できたら、次にIPsec用のパラメーター合意を実施する。これにより、IPsec通信のためのSAを確立する。このSAはCHILD_SAと呼ぶ。また、CHILD_SAのためのパラメーター合意はCREATE_CHILD_SAと呼ばれる。

図5 IKEで動的にパラメーターを決める

セキュア化のパラメーターを静的に設定していない場合には、IKEで動的に決定する。IKEでは、(1) IKE用のパラメーター合意（IKE_SA_INIT）、(2) 相手認証（IKE_AUTH）、(3) IPsec用のパラメーター合意（CREATE_CHILD_SA）を実施。(1) でIKE用のSA（IKE_SA）を確立し、(2) で相手の認証、(3) でIPsec通信のためのパラメーターを共有する。

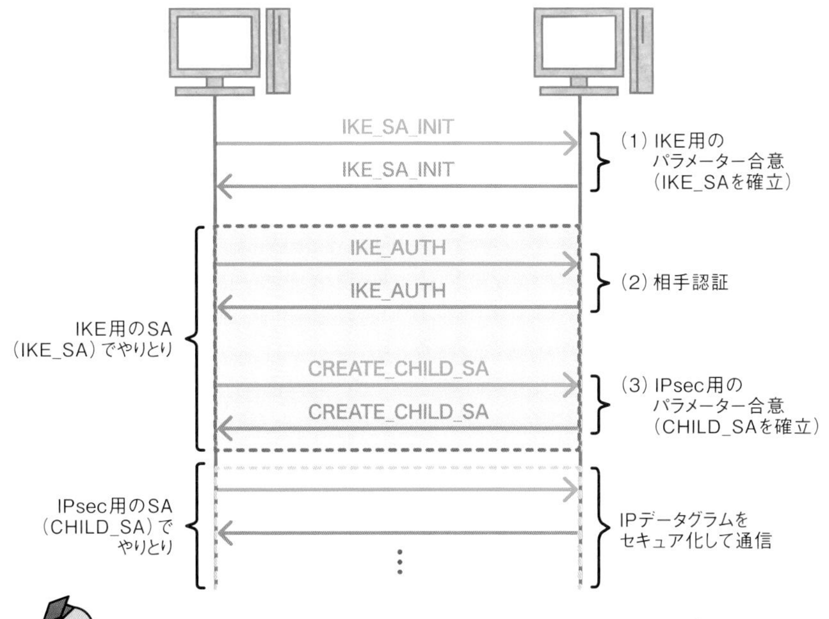

図6 AHとESPでは役割が異なる

IPsecの技術の1つであるセキュリティープロトコルには、IP認証ヘッダー（AH）とIP暗号化ペイロード（ESP）の2種類がある。主にAHは改ざん検出、ESPは暗号化の機能を担う。

機能	AH	ESP
送信元IPアドレスの改ざん検出	○	×
データ（ペイロード）の改ざん検出	○	△
送信元認証	○	○
アクセス制御	○	○
リプレイ防止	○	○
データ（ペイロード）の暗号化	×	○

ESPのデータの改ざん検出機能はオプションです

メッセージ認証のAHと、データ暗号化のESP。VPNの構築にはESPが使われるので、ESPのほうが使われているといえるだろう

▼AH
Authentication Headerの略。
▼ESP
Encapsulated Security Payloadの略。
▼ペイロード
送信されるデータ全体のうち、送信処理に必要な情報(ヘッダーやメタデータなど)を除いた正味のデータのこと。
▼VPN
Virtual Private Networkの略。

CHILD_SAで使用する鍵などのパラメーターは、セキュア化された通信路であるIKE_SAを使ってやりとりされるので、盗聴や改ざんを防げる。

以降は、CHILD_SAを通じてIPデータグラムをやりとりする。言い換えると、CREATE_CHILD_SAで合意したパラメーターを使用してIPデータグラムをセキュア化する。

以上のようにIKEでは、(1) IKE用のパラメーター合意(IKE_SA_INIT)、(2) 相手認証(IKE_AUTH)、(3) IPsec用のパラメーター合意(CREATE_CHILD_SA)の3段階を実施して、IKE用のSAであるIKE_SAとIPsec用のSAであるCHILD_SAを確立する。

AHで認証、ESPで暗号化

IPデータグラムそのものをセキュア化する役割は、セキュリティープロトコルが担う。セキュリティープロトコルには、IP認証ヘッダー(AH)とIP暗号化ペイロード(ESP)の2つがある。

AHは主にメッセージ認証、つまり改ざん検出のために使用される。一方、ESPはデータ(ペイロード)を暗号化するために使う(前ページの**図6**)。なおESPでもオプションで改ざん検出が可能である。

AHとESPのどちらを使うかは、セキュア化のパラメーターに含まれ、SAを構築する際に合意される。一般的にVPNを構築する際にはESPを使う。両方を使用することも可能である。

セキュリティープロトコルであるAHとESPは、2つのモードで動作する。トランスポートモードと、トンネルモードである(**図7**)。

トランスポートモードは、2台の機器でセキュア化通信をする場合に使う。トランスポートモードでは、AHあるいはESPのヘッダーをIPヘッダーの後ろに挿入して

図7 トランスポートモードとトンネルモード

IPsecのセキュリティープロトコルAHとEPSには、トランスポートモードとトンネルモードがある。トランスポートモードは機器同士がセキュアなやりとりをしたい場合、トンネルモードはセキュリティーゲートウエイ(VPNルーターなど)同士が安全な通信路を確立したい場合に使用する。なおEPSではヘッダー以外も追加される。

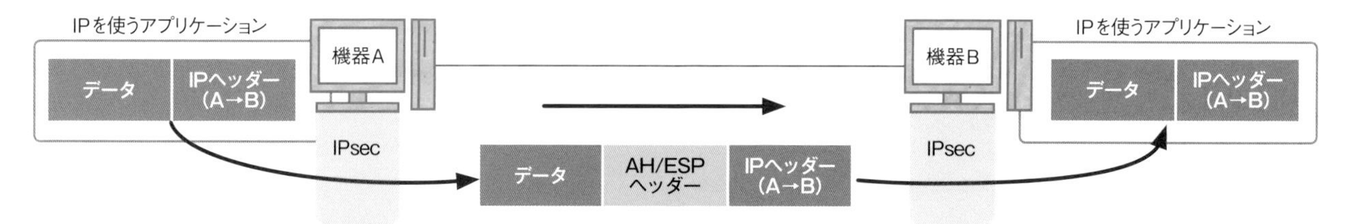

トランスポートモードはIPsecを使う2台の機器間でデータを送受信するときに使われるモード。データをセキュア化する。主に2台の機器間でのセキュアなやりとりで使うよ
トンネルモードはインターネットVPNなどで使われるモード。VPNルーターなどのセキュリティーゲートウエイが使うモードだな。IPヘッダーを追加して、元のIPパケット全体をセキュア化する

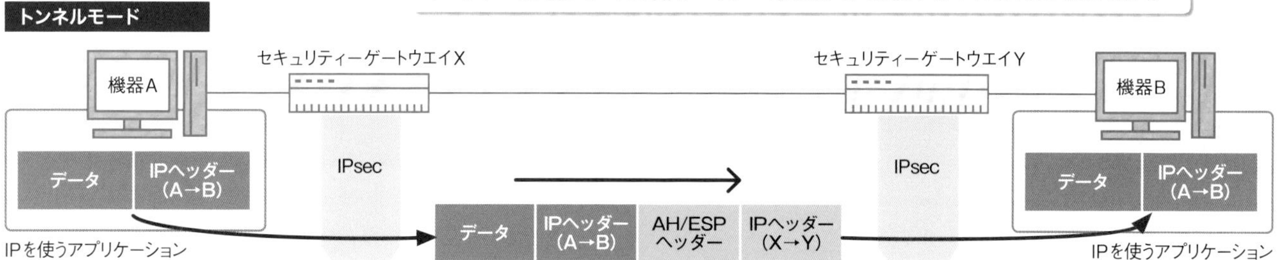

▼UTM
Unified Threat Managementの略。

図8 **AHのセキュア化の範囲**

AHのトランスポートモードではAHヘッダーが追加され、トンネルモードではAHヘッダーと新しいIPヘッダーが追加される。セキュア化(メッセージ認証)の範囲は、IPデータグラム全体になる。

AHではAHヘッダーが追加される。メッセージ認証の範囲はIPデータグラム全体だ。IPヘッダーの改ざんも検出できる

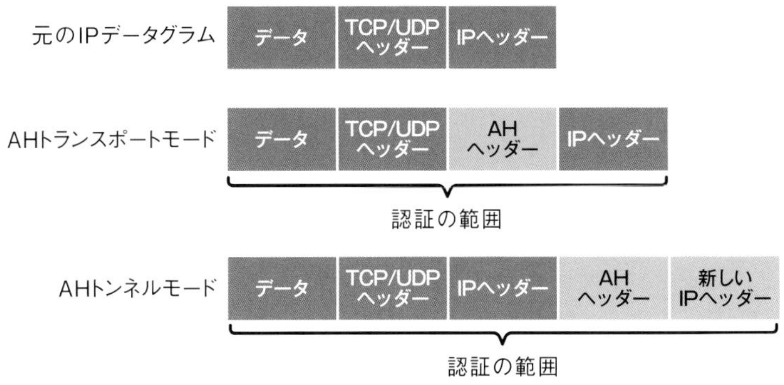

元のIPデータグラム	データ	TCP/UDPヘッダー	IPヘッダー		
AHトランスポートモード	データ	TCP/UDPヘッダー	AHヘッダー	IPヘッダー	
AHトンネルモード	データ	TCP/UDPヘッダー	IPヘッダー	AHヘッダー	新しいIPヘッダー

AHトランスポートモード:認証の範囲(データ〜IPヘッダー)
AHトンネルモード:認証の範囲(データ〜新しいIPヘッダー)

図9 **ESPのセキュア化の範囲**

ESPではESPヘッダーとESPトレーラーが追加される。認証機能を有効にした場合にはESP認証データも追加される。ただしAHとは異なり、IPヘッダーは認証の範囲外なので改ざんを検出できない。

ESPでは暗号化と改ざん検出のメッセージ認証が可能です。暗号化に必要な初期化ベクター(IV)などはESPトレーラーに、メッセージ認証のデータはESP認証にあります

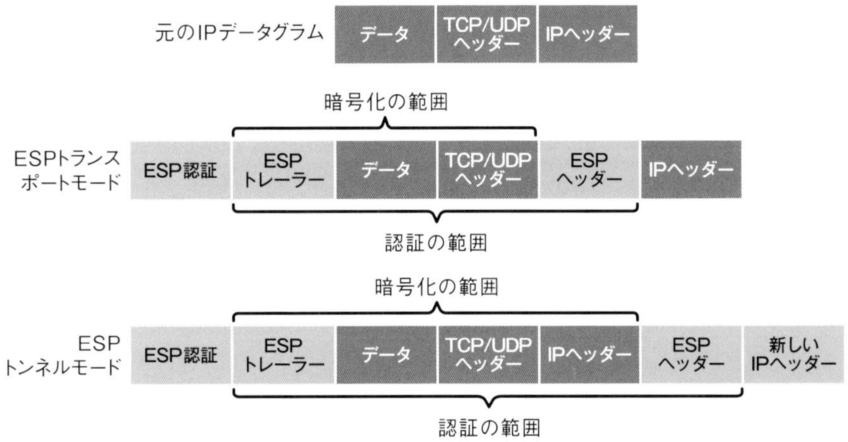

元のIPデータグラム			データ	TCP/UDPヘッダー	IPヘッダー		
ESPトランスポートモード	ESP認証	ESPトレーラー	データ	TCP/UDPヘッダー	ESPヘッダー	IPヘッダー	
ESPトンネルモード	ESP認証	ESPトレーラー	データ	TCP/UDPヘッダー	IPヘッダー	ESPヘッダー	新しいIPヘッダー

ESPトランスポートモード:暗号化の範囲(ESPトレーラー〜TCP/UDPヘッダー)、認証の範囲(ESPトレーラー〜ESPヘッダー)
ESPトンネルモード:暗号化の範囲(ESPトレーラー〜IPヘッダー)、認証の範囲(ESPトレーラー〜ESPヘッダー)

データをセキュア化する。AHなら改ざん防止の認証情報を追加し、ESPならデータを暗号化する。受信側では、その認証情報を使って改ざん検出したり、データを復号したりする。

つまりトランスポートモードは、データに対して、認証や暗号化を実施する。

もう1つのトンネルモードは主にVPNを構築するセキュリティーゲートウエイ同士が使用する。ここでのセキュリティーゲートウエイとは、IPsecの機能を搭載した中継機器を指す。VPNルーターやUTM▼などが該当する。

トンネルモードでは、セキュリティーゲートウエイ間でIPデータグラム全体をセキュア化する。

セキュリティープロトコルはAHとESPの2種類、モードはトランスポートモードとトンネルモードの2種類がある。このためIPsecでセキュア化されたIPデータグラムには、AH/トランスポート、AH/トンネル、ESP/トランスポート、ESP/トンネルの計4パターンが存在する。

この4パターンそれぞれのセキュア化の範囲を確認しよう。AHでは、元のIPデータグラムのIPヘッダーの後ろにAHヘッダーが追加される(**図8**)。それに加えてトンネルモードでは、宛先を対向のセキュリティーゲートウエイのIPアドレスにしたIPヘッダーが追加される。

ESPでは、ESPヘッダーとESPトレーラーを追加する(**図9**)。AHと同様に、トンネルモードではIPヘッダーも追加される。

オプションの認証機能を有効にした場合には、そのための情報であるESP認証も追加される。ただ、ESPが備える認証機能では、AHとは異なりIPヘッダーは対象外。このためIPヘッダーの改ざんは検出できない。

5章

ネットのさまざまなサービス

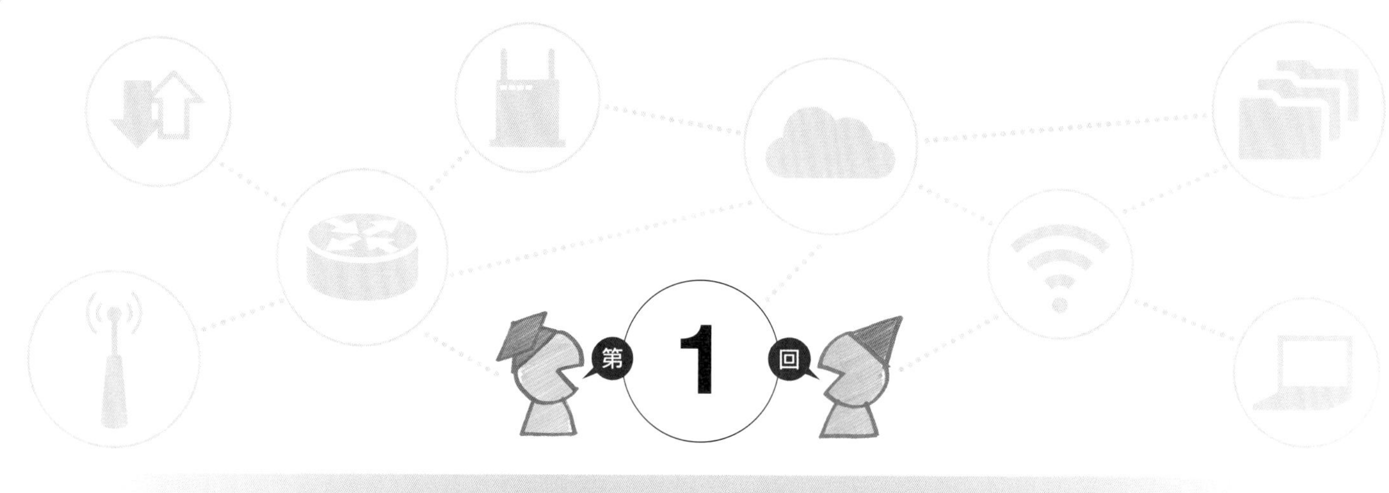

Webアクセスってどんなの？

最近なんでもWebでできますよね。ショッピングに限らず、チケットやホテルの予約とかもできるし。

「なんでも」と言われると反論したくなるが、ひと昔前に比べると確かに多いな。

人気のWebサイトを見ていると、「サーバーとかパンクしちゃうんじゃないか」的なことを思ったりもしますよ。

うむ。そこでサーバーを思い浮かべるとは進化したな、ネット君。

Webアクセスで使うプロトコルはHTTPである。HTTPはクライアントサーバーシステムのプロトコル。サーバー側のWebサーバーソフトとクライアント側のWebクライアント間で通信を行う。

Webサーバーソフトとしては、Apache（アパッチ） HTTP ServerやNginx（エンジンエックス）などが代表的だ。

一般的に使われているWebクライアントはWebブラウザーである。Chrome（クローム）やFirefox（ファイヤーフォックス）、Safari（サファリ）などが広く使われている。

図1 Webでは「HTTPメッセージ」をやり取りする

HTTPは、Webクライアント（Webブラウザー）とWebサーバー（Webサーバーソフト）のやり取りで使用するプロトコル。リクエストとレスポンスのそれぞれで送られるHTTPメッセージは、「開始行」「メッセージヘッダー」「ボディ」で構成される。

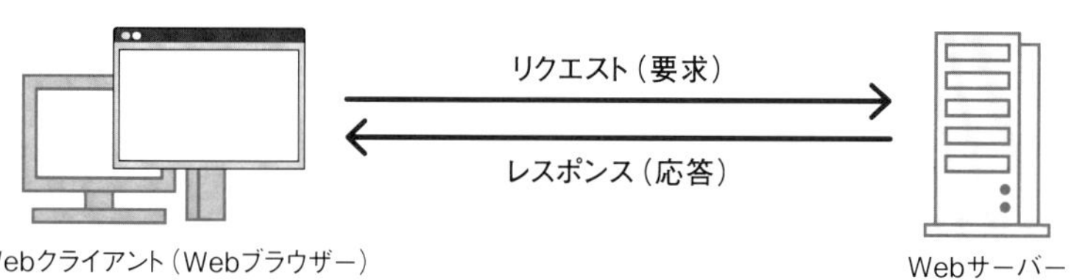

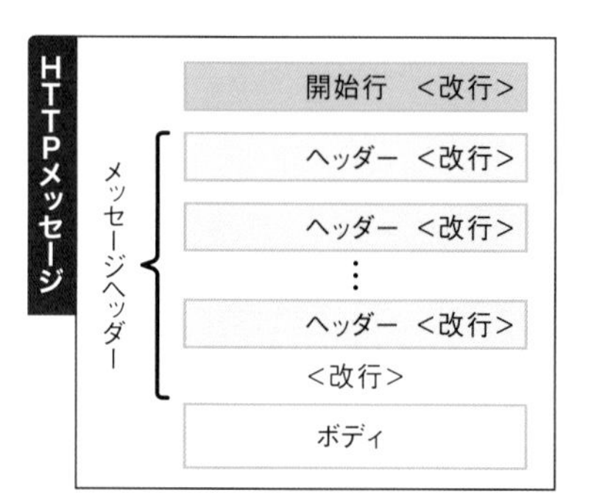

HTTPメッセージは、開始行、メッセージヘッダー、ボディで構成される。メッセージヘッダーには、ヘッダーがいくつも含まれるんですね

開始行とヘッダーはそれぞれ「1行」。改行コードでその終了を示す。メッセージヘッダーの最後、つまり、最後のヘッダーを入力した後には、改行を続けて2回入力する

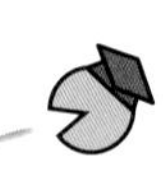

HTTP：HyperText Transfer Protocol

HTTPメッセージは3部構成

HTTPでやり取りされるメッセージはHTTPメッセージと呼ばれる。HTTPメッセージには、リクエスト（要求）とレスポンス（応答）がある。WebクライアントからWebサーバーにはリクエストが送られ、その応答として、WebサーバーからWebクライアントへレスポンスが送られる（**図1**）。

リクエストとレスポンスのいずれも、HTTPメッセージの基本的な構造は同じ。開始行、メッセージヘッダー、ボディから成る。

メッセージヘッダーは複数のヘッダーで構成される。開始行とヘッダーはそれぞれ1行で表現される。つまり、改行までが一つの

▼HTTP
HyperText Transfer Protocolの略。Webで使われる。

▼クライアントサーバーシステム
サービスを提供するコンピュータのサーバーと、ユーザーが操作するコンピュータのクライアントで構成されるコンピュータシステム。

▼Webサーバーソフト
Webサーバーアプリケーションとも呼ばれるが、本記事ではWebサーバーソフトとする。

▼リクエスト
HTTPリクエストとも呼ばれる。

▼レスポンス
HTTPレスポンスとも呼ばれる。

▼ボディ
メッセージボディとも呼ばれる。

▼リクエストの開始行
リクエスト行とも呼ばれる。

▼URI
Uniform Resource Identifierの略。インターネット上のリソース(資源)を指定する識別子。Webブラウザーなどに入力するURL(Uniform Resource Locater)はURIの一種で、インターネット上のリソースの位置を指定する識別子。URL以外のURIとしては、URN(Uniform Resource Name)がある。URNは、グローバルで一意に決まっている名前情報などを指す識別子。

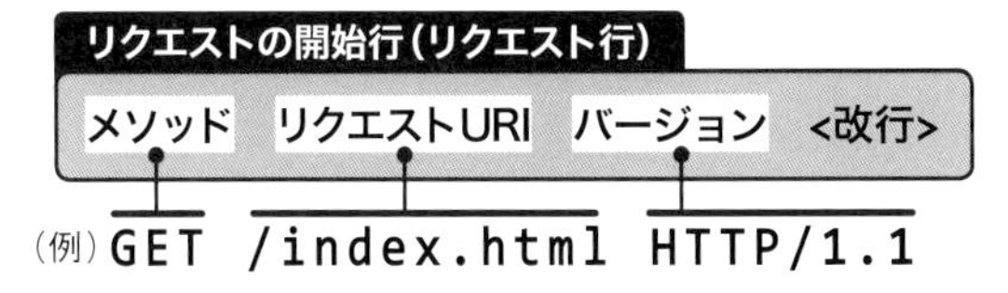

メソッドの例

メソッド	意味
DELETE	データを削除
GET	データ送信を要求
HEAD	メッセージヘッダーを要求
POST	サーバーにデータ送信
PUT	ファイルをアップロード

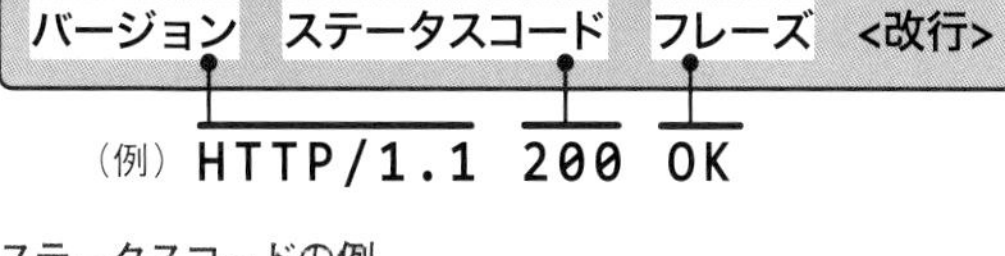

ステータスコードの例

種類	ステータスコード(フレーズ)	意味
200番台:成功	200 (OK)	リクエストの処理に成功
300番台:転送	301 (Moved Permanently)	データが別の場所に移動
400番台:クライアントエラー	403 (Forbidden)	データにアクセスできない
	404 (Not Found)	データが見つからない
500番台:サーバーエラー	500 (Internal Server Error)	サーバー内部のエラー

URI : Uniform Resource Identifier

ヘッダーの例

ヘッダー名	意味
Host	ホスト名
Last-Modified	データの最終更新日
Content-Length	ボディのデータ長
Referer	リンク元のURL
User-Agent	Webブラウザーの種類

開始行は、リクエストとレスポンスで内容が違うんですね

ヘッダーの内容は「ヘッダー名」「コロン」「ヘッダー内容」「改行」で、一つの内容につき1行で構成される

図2 開始行とヘッダーの構成
HTTPメッセージの基本的な構造はリクエストもレスポンスも同じだが、開始行の内容は異なる。リクエストの開始行(リクエスト行)にはメソッド、レスポンスの開始行(レスポンス行)にはステータスコードが含まれる。ヘッダーは、ヘッダー名とヘッダー内容で構成される。

開始行およびヘッダーとなる。

メッセージヘッダーとボディの間には改行が入る。このため、ヘッダーの次に改行が2回入力されると、それ以降がボディになる。

開始行の内容は、リクエストとレスポンスで異なる(図2)。リクエストの開始行は、メソッド、リクエストURI、バージョンで構成される。

メソッドは、Webクライアントから Webサーバーに要求する操作(処理)のこと。リクエストURIは、操作の対象となるデータの場所を指す。バージョンは、使用するHTTPのバージョン情報のこと。

メソッドとしては、Webサーバーにデータの送信を要求するGETや、Webサーバーにデータを送信するPOSTがよく使われる。

WebサーバーからWebクライアントに送るレスポンスの開始行は、バージョン、ステータスコード、フレーズで構成される。

バージョンはHTTPのバージョン、ステータスコードはリクエストで要求された操作の処理結果を示す3桁の数字である。100の位の数字が処理結果の種類を表す。例えば、200番台は成功、400番台はWebクライアント側でエラーが発生したことを表す。フレーズは、レスポンスの簡単な説明。例えば、要求された操作に成功した場合のステータスコードは「200」で、フレーズは「OK」だ。要求されたファイル(コンテンツ)が見つからなかったときのステータスコードは「404」、フレーズは「Not Found」になる。

ヘッダーには、リクエストやレスポンスに関する情報や、やり取りする情報を交渉(ネゴシエーション)するための情報などが含まれる。例えば、ホスト名を送るためのHostや、データの最終更新日を伝えるためのLast-Modifiedなどがある。

▼レスポンスの開始行
レスポンス行とも呼ばれる。

▼フレーズ
ステータスコードの簡単な説明。応答フレーズや結果フレーズ、レスポンスフレーズなどとも呼ばれる。

図3 HTTPはステートレスなプロトコル

ステートレスとは、接続相手の情報や状態を保持しないこと。HTTPのようなステートレスなプロトコルは、それぞれのやり取りが1回で完結する。このため、続けて送られた二つのリクエストが、同じ相手からの連続したリクエストなのか、異なる相手からのリクエストなのか判断できない。一方、SMTPのようなステートフルなプロトコルは接続状態を保持し、同じ相手からの通信であることを認識する。

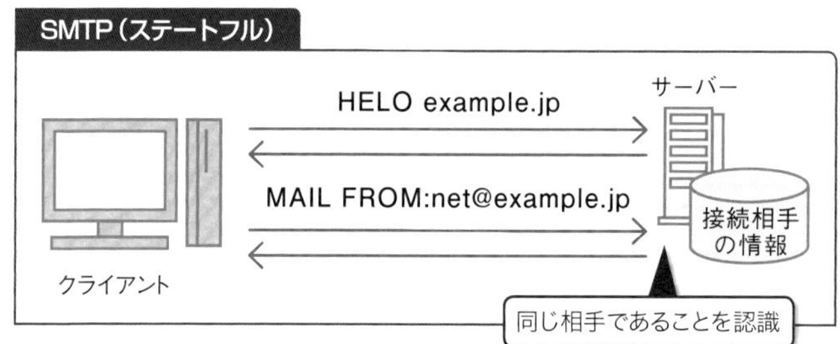

HTTPでは、リクエストとレスポンスのやり取りはそれぞれで完結していて、サーバーはそれぞれの情報を持たない。よって、最初のリクエスト（GET index.html）と次のリクエスト（GET title.png）の送信者が同じかどうかはわからない

SMTPでは接続相手の情報を持っていて、最初のHELOの送信者と次のMAIL FROMの送信者は同一だって認識しているんだね

SMTP：Simple Mail Transfer Protocol

図4 ステートレスでは買い物できない

HTTPなどのステートレスなプロトコルでは、サーバー側で接続情報を保持しない。このため、ショッピングサイトのように、接続相手を認識しなければならない処理には、そのままでは使えない。

商品Bをカートに入れたいんだけど、商品Aを入れたユーザーと商品Bを入れるユーザーが同じかどうかわからないよ

情報を保持しないので、ショッピングサイトのような連続した情報を使う処理には向いていない

クライアントは要求を出して、サーバーはそれに対して応答する。開始行やヘッダーの内容もあんまり難しくないですよね？

そうだ、それこそがHTTPの特徴だ。

簡単なことが？

うむ。そのメリットを話す前に、まずはデメリットについて触れておこう。

HTTPでは、1回のリクエストと、それに対する1回のレスポンスでやり取りが完結する。例えば、クライアントが一つのファイルをリクエストし、それに対してサーバーが該当のファイルを送信すると、やり取りは終了する。

HTTPはシンプル 接続相手を覚えない

つまり、HTTPでは接続相手の情報や状態を保持しない。送られてきたリクエストに対して、レスポンスを返すだけだ。このため、リクエストが連続して送られてきた場合、それらが同一の相手から送られてきたのか、それとも異なる相手から送られてきたものなのかわからない。

HTTPのように、相手の情報や状態を保持しないことはステートレスと呼ばれる（**図3**）。

一方、SMTP▼やPOP（ポップ）▼といっ

▼SMTP
Simple Mail Transfer Protocolの略。メール送信用のプロトコル。

▼POP
Post Office Protocolの略。メール受信用のプロトコル。

▼クライアントを特定するための情報など
Webサーバーのドメインや使用期限などの情報も含まれる。該当ドメインにアクセスする場合のみ、そのCookieが送信される。使用期限は、クライアントがCookieデータを保存する時間。使用期限がゼロとされているCookieはセッションCookieと呼ばれ、Webクライアント(Webブラウザー)を終了すると消去されて保存されない。

たプロトコルは、接続状態を保持し、同じ相手からの通信であることを認識してやり取りを続ける。こういったプロトコルはステートフルと呼ばれる。

買い物には向かない

ステートレスなプロトコルの弱点は、接続相手を認識しなければならない処理には向かないこと。その代表例がショッピングサイトだ。例えば、商品Aを購入するリクエストと、商品Bを購入するリクエストが送られてきた場合、同一ユーザーによるリクエストなのか、別ユーザーによるリクエストなのかがわからない(**図4**)。

この問題を解決するために使われるのが、Cookie(クッキー)と呼ばれる仕組みである。Cookieでやり取りするデータもCookieと呼ばれる。Cookieを使えば、HTTPを疑似的なステートフルにできる。

Cookieは、サーバーが発行する会員証といえる(**図5**)。Cookieを使うサーバーは、クライアントからアクセスがあると、Set-Cookieというヘッダーの情報としてCookieを送信する(図5(1))。Cookieには、クライアントを特定するための情報など✎が含まれる。

Cookieを受け取ったクライアントは、そのサーバーにアクセスする際には、リクエストのヘッ

図5 Cookieという「会員証」で疑似ステートフルに

Cookieという仕組み(データ)を使えば、HTTPを疑似的なステートフルにできる。Cookieはいわばサーバーが発行する会員証。クライアントでは、サーバーから送られたCookieを保持。その後、サーバーにアクセスするたびにそのCookieを送信する。これによりサーバーは、同一ユーザーからのアクセスであることがわかる。

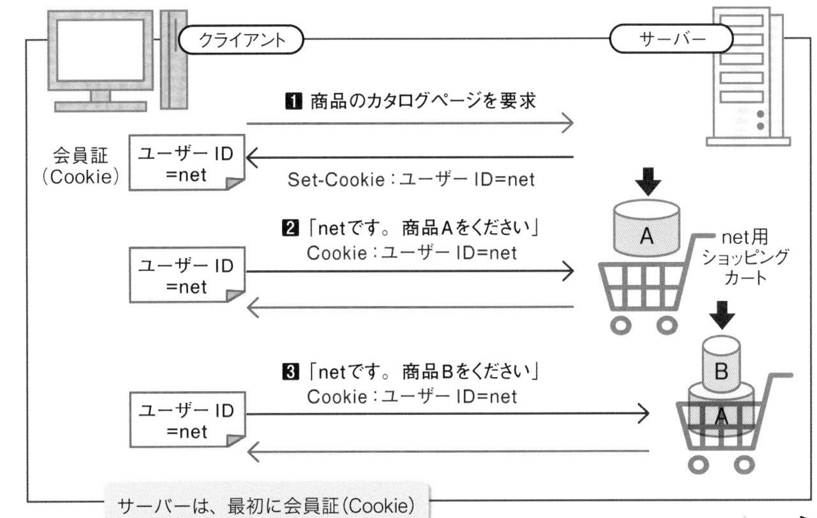

サーバーは、最初に会員証(Cookie)のユーザー IDを伝える。以後、クライアントはそのユーザー IDをリクエストと一緒に送るので、サーバーは商品をどのカートに入れればよいのかがわかる、と。なるほど!

ステートフルのプロトコルではサーバーが保持する情報を、Cookieではクライアントが保持し、サーバーに毎回送ることで疑似的なステートフルを実現しているわけだな

図6 ステートレスはサーバーの負荷が低い

ステートフルなプロトコルでは、アクセスごとに接続の状態を保持する必要がある。このため、大量の同時アクセスを処理するのには向かない。一方ステートレスなプロトコルは状態を保持する必要がないので、同時アクセス数が多くなるWebのようなサービス(アプリケーション)に向いている。

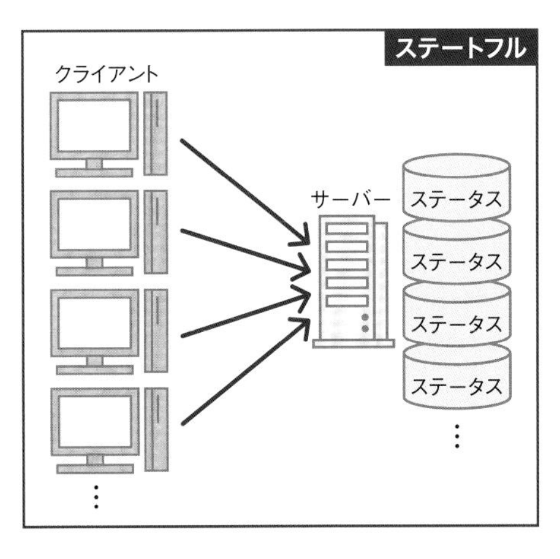

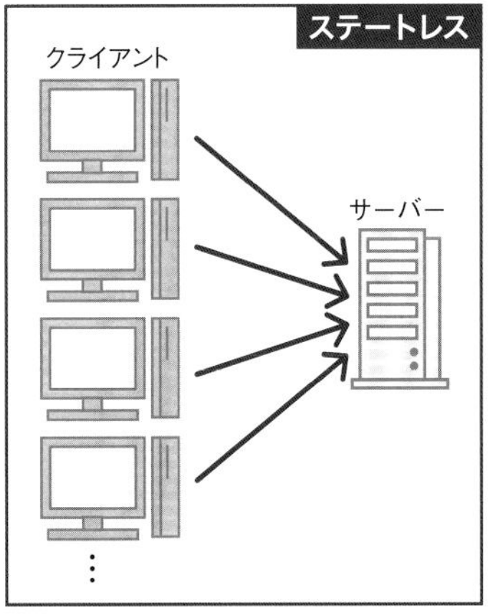

ステートフルなプロトコルのサーバーは、アクセスがあるたびにそれらの状態を保持する必要があるから、大量の同時アクセスを処理するのは苦手だよね

ステートレスでは状態を保持しない。それぞれのリクエストに対するレスポンスを返すだけでよい。Webのような同時アクセス数が多い場合に最適なわけだな

ダーにそのCookieを含めて送信する(同(2))。サーバーに対して自分の会員証を提示するイメージだ。これにより、サーバーは同じ相手からのアクセスであることを認識する(同(3))。

前述のように、ステートフルのプロトコルではサーバーが接続相手の情報を保持する。一方Cookieでは、クライアントが接続情報を保持し、サーバーにアクセスするたびにその情報を送ることで疑似的なステートフルを実現している。

なるほど、Cookie。動作はわかりました。でもこんなことをするくらいなら、相手の情報をサーバーが持っていればいいじゃないですか。

まぁ、確かにその通り。

ですよね。

だが、この情報を持たないことがHTTPの大きな利点なのだよ。

SMTPなどのステートフルなプロトコルのサーバーは、アクセスがあるたびにそれらの状態を保持する必要がある。このため、大量の同時アクセスを処理する必要があるWebのようなサービス(アプリケーション)には向いていない(前ページの図6)。

だが、HTTPはステートレスなので、サーバー側では接続相手の情報を保持しない。多数のクライアントからリクエストを受けたとしても、サーバーの負荷が低くて済む。このためWebのようなサービスには最適だ。

へー。シンプルで情報を保持しないから、サーバーが多くのリクエストを受けられる、と。

そうだ。

確かに、Webサーバーによってはアクセスがめちゃくちゃ集中したりしますからねぇ。

図7 処理によってサーバーを変えて負荷を分散

HTTPはステートレスなので、あるクライアントからの処理を特定のサーバーが担当する必要はない。処理によってサーバーを変えて、負荷分散することが可能だ。例えば負荷分散装置(ロードバランサー)を利用して、クライアントからのリクエストURIに応じてアクセス先のサーバーを変える方法がある。

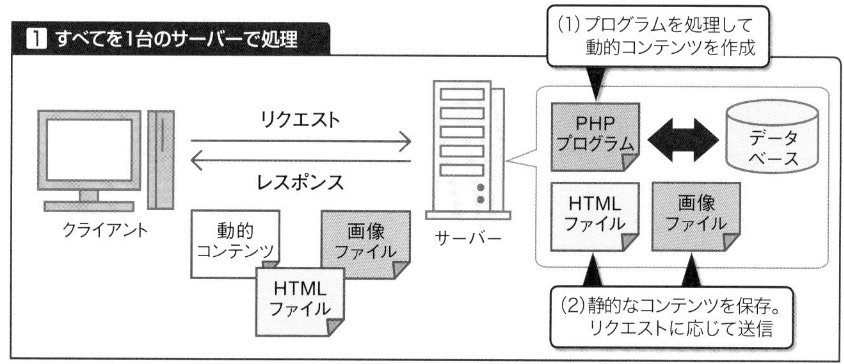

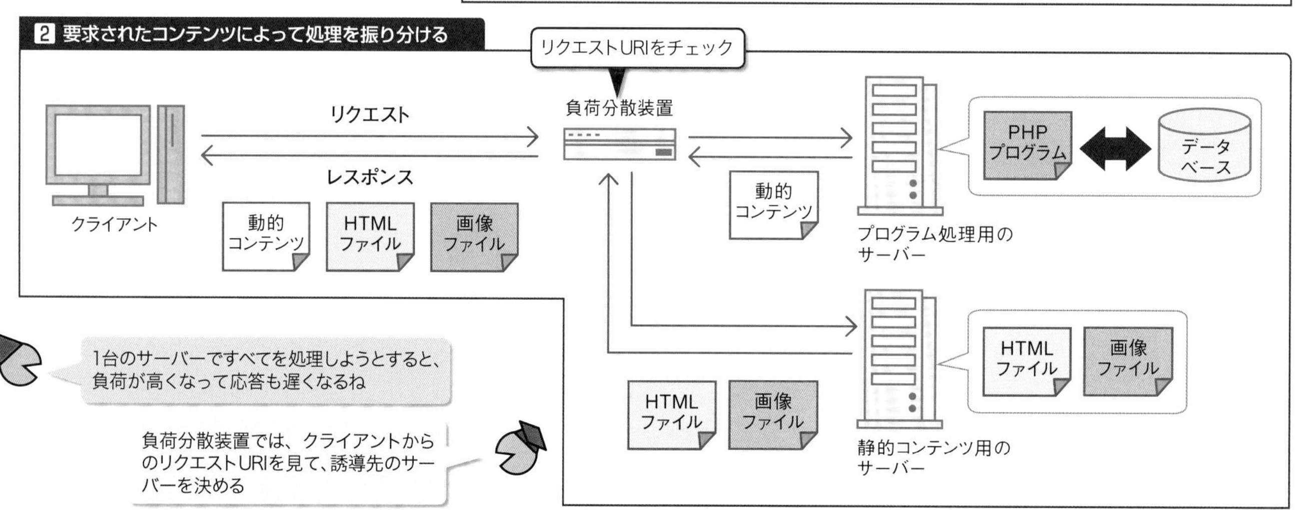

▼HTML
HyperText Markup Languageの略。
▼負荷分散装置
ロードバランサーとも呼ばれる。
▼SNMP
Simple Network Management Protocolの略。

複数のサーバーに負荷を分散

ステートフルのプロトコルでは、サーバー側で接続情報を保持するので、やり取りするサーバーを途中で変更できない。

だがステートレスのプロトコルでは、あるクライアントからの処理を、特定のサーバーが継続して担当する必要はない。処理によってサーバーを変えても問題はない。

例えば、あるWebページがHTML▼ファイルと画像ファイルで構成される場合、HTMLファイルを返すサーバーと、画像ファイルを返すサーバーが別でも問題はない。この特徴を生かして、大量のアクセスを処理するWebサイトでは、複数のサーバーによる負荷分散を実施している。

負荷分散の一例としては、Webページのコンテンツのうち、静的なHTMLファイルや画像ファイルなどを受け持つサーバーと、プログラムで処理する動的なコンテンツを受け持つサーバーを分ける方法がある（**図7**（2））。この場合、サーバーの手前に設置した負荷分散装置▼でクライアントから送られたリクエスト中のリクエストURIをチェック。動的コンテンツのURIだったらプログラム処理用のサーバーへ、静的コンテンツのURIだったら静的コンテンツ用のサーバーに振り分ける。

アクセス順に単純に振り分けていく方法もある（**図8**（1））。この方法はラウンドロビン方式と呼ばれる。この方法では、例えばサーバー1、サーバー2、サーバー3があった場合、サーバー1→サーバー2→サーバー3→サーバー1→サーバー2というように、アクセスを順に振り分ける。つまり、各サーバーへ振り分ける回数は均等になる。

ただし、サーバーの負荷を考慮していないので、一部のユーザーが重い処理を実行するとサーバーの負荷に偏りが生じる。

それを防ぐために、負荷の低いサーバーに振り分ける方法もある（同（2））。この方法では、SNMP▼などを利用して、負荷分散装置がサーバーのCPU利用率やメモリー使用量、アクセス数などを監視し、負荷が低いサーバーにアクセスを振り分ける。

図8 アクセス先の振り分け方法
リクエストURIで判断する方法以外にも、アクセス先の振り分け方法は複数ある。例えば、（1）順番で振り分ける方法（ラウンドロビン方式）や、（2）負荷が低いサーバーに振り分ける方法がある。

順番に振り分けていく単純な方法。これはラウンドロビン方式って呼ばれてます

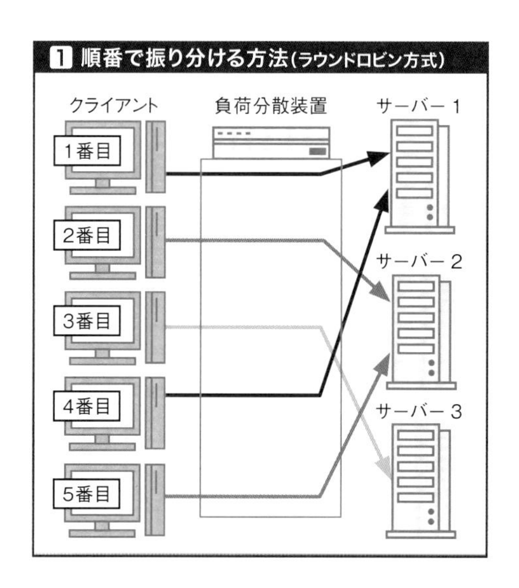

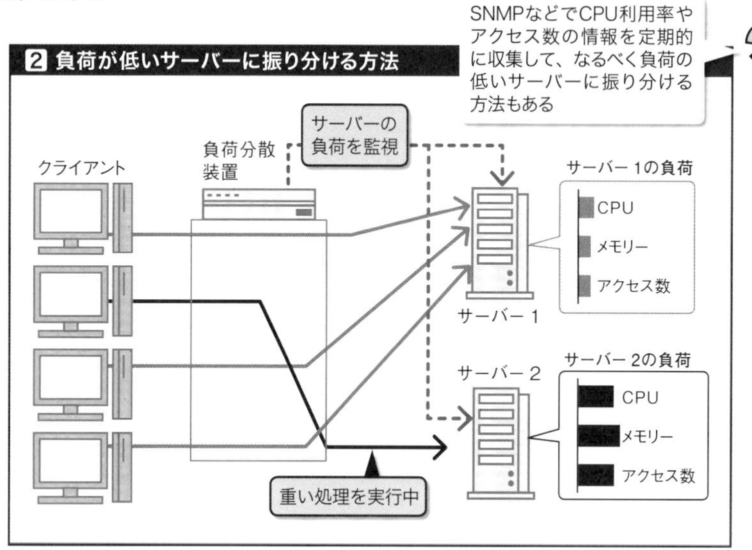

SNMP：Simple Network Mangement Protocol

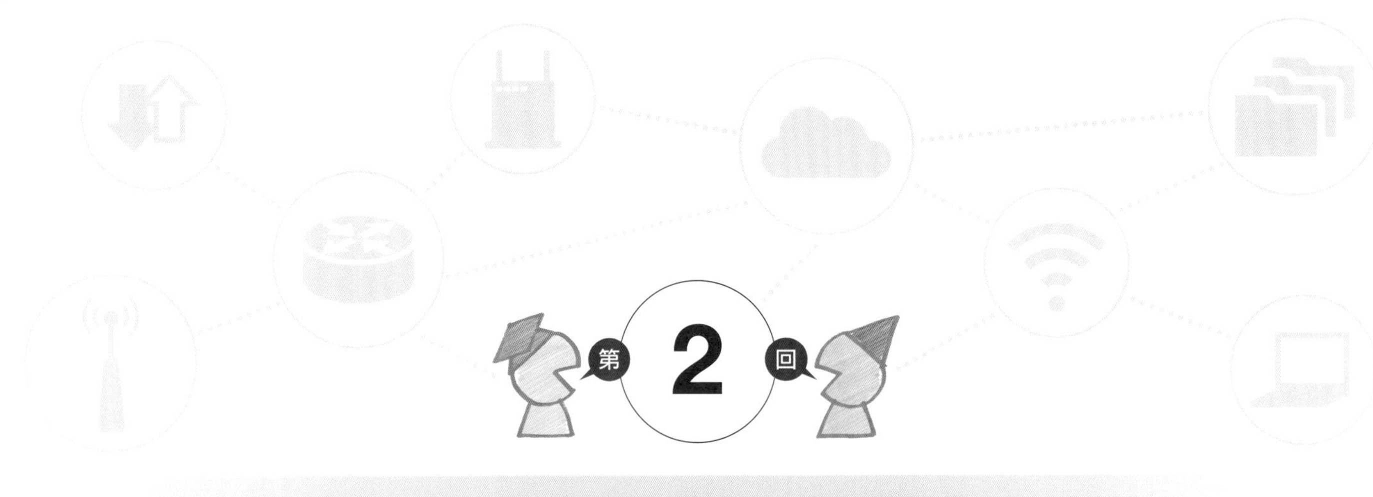

メールはどうやって届くの？

博士、電子メールですか？なんというか古風ですね。

古風か？確かに、コミュニケーションツールとしてはスマートフォンのチャット系アプリが全盛だが、ビジネスツールとしてはメールの代わりにならんよ。

そんなもんですかね。

たぶん…。自信ないが。

電子メール（以下、メール）の基本的な仕組みは、現実の郵便と同じだ。郵便では次の手順で手紙が届けられる（**図1**）。(1) 送信者がポストに手紙を入れる、(2) 郵便配達人がポストから受信者の郵便受けに手紙を運ぶ、(3) 郵便受けの手紙を受信者が取りに行く。

一方メールでは、(1) 送信者の機器から送信者側メールサーバーにメールを送る、(2) 送信者側メールサーバーから受信者側メールサーバーにメールを送る、(3) 受信者の機器が受信者側メールサーバーにメールを取りに行く――になる。ここでのメールを「送る」動作はSMTP、「取りに行く」動作はPOP（ポップ）あるいはIMAP（アイマップ）というプロトコルに従う。

送信と受信でプロトコルが異なる

ん？「送る」と「取りに行く」で違うんですか？

そうだ。それぞれ動きが違うからな。だから、それぞれを受け持つサーバーも別だ。

へー、なんか変な感じですね。どっちもメールのやり取りなの

図1　郵便と電子メールの仕組み

電子メール（メール）は、郵便の仕組みを電子化したもの。基本的な仕組みは郵便と同じ。「ポストに手紙を入れる」と「ポストから郵便受けまで手紙を運ぶ」はSMTPによる通信、「郵便受けに届いた手紙を取りに行く」という動作はPOPあるいはIMAPによる通信に対応する。

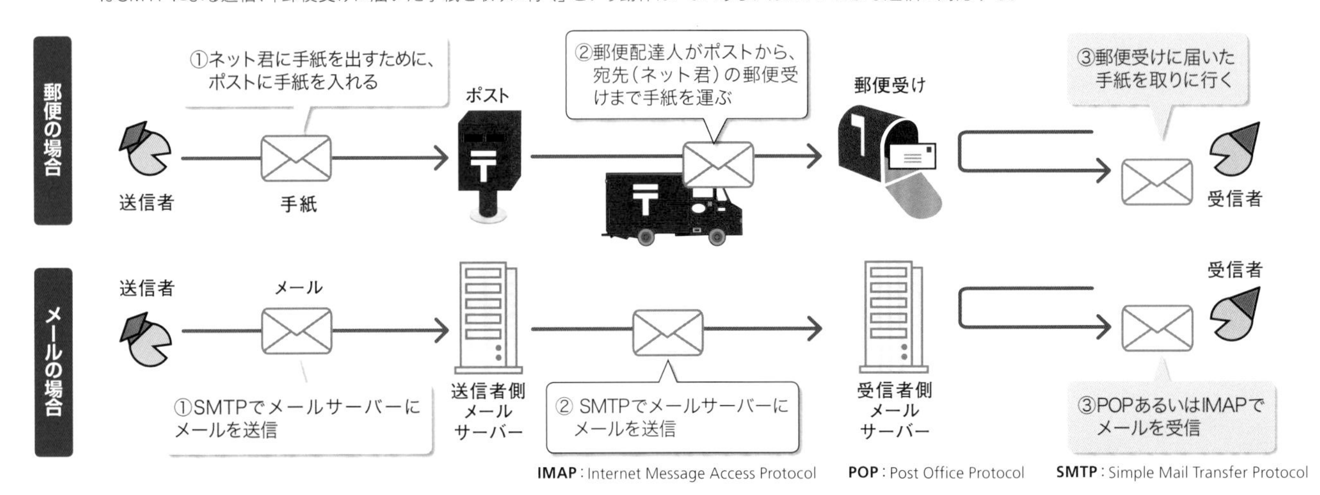

▼SMTP
Simple Mail Transfer Protocolの略。

▼POP
Post Office Protocolの略。

▼IMAP
Internet Message Access Protocolの略。

▼MUA
Mail User Agentの略。一般的なメールソフトやメールアプリが該当する。送信メールの作成や、アドレス帳の管理、メールサーバーへのメール送信、メールサーバーからのメールの受信、メールの保存などを受け持つ。

▼MTA
Mail Transfer Agentの略。メール転送エージェントとも呼ばれる。一般的にメールサーバーソフトというと、MTAを指すことが多い。MTAとMDAの両方の機能を備えているメールサーバーソフトも多い。

▼MDA
Mail Delivery Agentの略。メール配送エージェントとも呼ばれる。

に、プロトコルやサーバーが違うのは。

メールシステムでは4種類のソフトが使われる(図2)。ユーザーがメールを送受信するために使うソフトはMUAと呼ばれる。

MTAはメールを配送するソフト。MUAから送信されたメールを受け取り、別のMTAに転送する。別のMTAから送られたメールをさらに別のMTAに転送したり、MDAに渡したりする場合も

図2 メールシステムで使われるソフトウエア

メールシステムでは、MUA、MTA、MDA、MRAの4種類のソフトウエアが使われる。MUAは、メールの送受信者が利用するメールソフト(メールアプリ)。残りの3種類は、いずれもメールサーバーで使われるソフトウエアである。MTAはメールの配送を受け持つソフトウエア、MDAはメールボックスにメールを格納するソフトウエア、MRAはメールボックスのメールをMUAに渡すソフトウエアを指す。

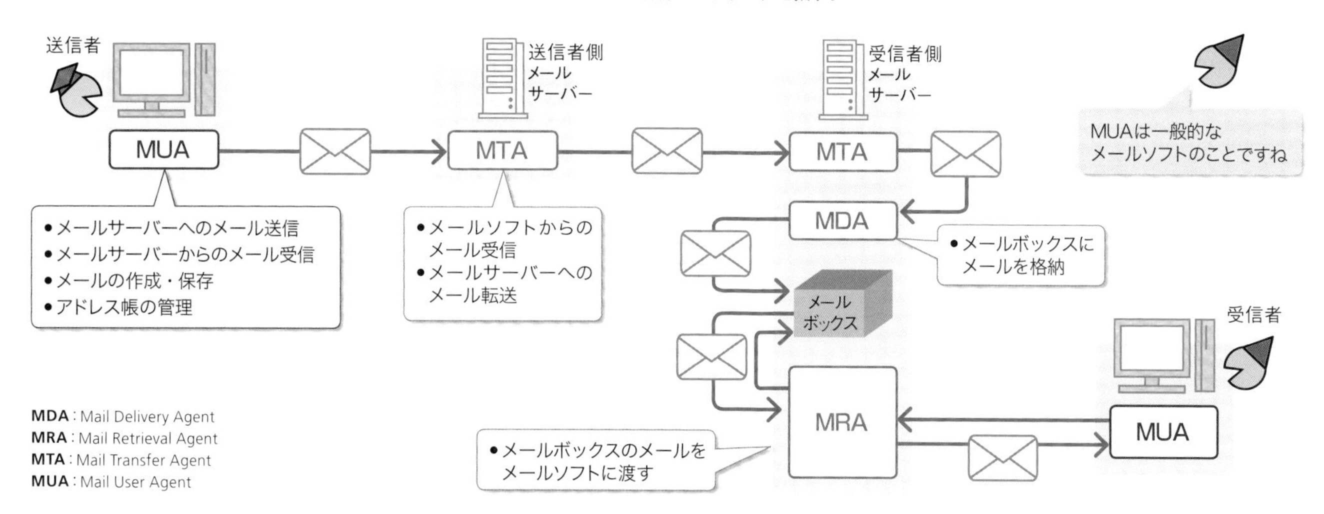

図3 SMTPを使った基本的なやり取り

SMTPの基本的なコマンドは、HELO、MAIL FROM、RCPT TO、DATA、QUITの5種類。やり取りする情報は、メールの送信に必要な情報である「エンベロープ」と、メール本文の「メッセージ」に大別できる。エンベロープ(envelope)は封筒の意味。封筒の表書きに該当する。メッセージは、封筒に入れて送る便せんの内容といえる。

HELOコマンドからRCPT TOコマンド、QUITコマンドで送る情報は「エンベロープ」と呼ばれる。DATAコマンドで送る情報は「メッセージ」だ

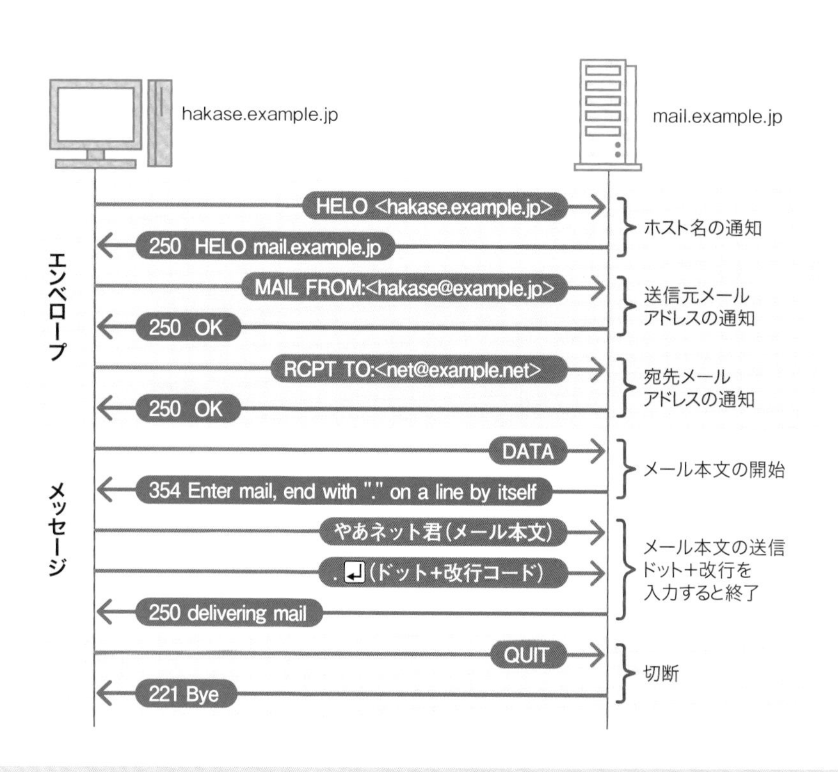

▼メールボックス
メールサーバー上にユーザーごとに用意された、メール用の記憶領域。

▼メールを格納する
別のMTAにメールを転送する場合もある。

▼MRA
Mail Retrieval Agentの略。

▼MTAからMTA
MDAからMTAにメールが送られる場合もSMTPが使われる。

▼エンベロープ
エンベロープ（envelope）は、英語で封筒のこと。封筒に書く宛先や送信元の情報と考えるとわかりやすい。

▼「メッセージ」と呼ばれる
メッセージの入力が終了したら、「.」（ピリオド）を入力して改行コードを送る。

ある。

MDAは、メールボックスにメールを格納するソフト。そしてMRAが、メールボックスに格納されたメールをMUAに渡す。

MUAからMTA、あるいはMTAからMTAにメールを「送る」際にはSMTPを使う。SMTPは、単純なコマンドとレスポンス（応答）を繰り返すことでメールを送信する（前ページの図3）。

SMTPでは、まずは送信側がHELOコマンドで接続。接続できたら、MAIL FROMで送信元メールアドレス、RCPT TOで宛先メールアドレスを通知する。ここまではメールを送るために通知する情報で、メールの本文には含まれない。ここで送られる情報は「エンベロープ」と呼ばれる。

その後、DATAコマンドでメールの本文などを送る。DATAで送る情報は「メッセージ」と呼ばれる。最後にQUITを送ってSMTPのセッションを終了する。

さっき、メールを「取りに行く」プロトコルはPOPあるいはIMAPって言ってましたけど、なんで二つあるんですか？

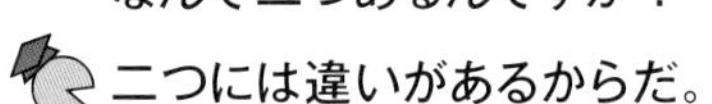
二つには違いがあるからだ。

違い？メールの受信に違いがあるように思えないけどなぁ。

受信の方法ではなくて、メールボックスの扱いに違いがあるのだよ。

図4 メールボックスから受信ボックスにメールを移動するPOP

POPは、メール受信のプロトコルの一つ。メールボックスから、MUAの受信ボックスにメールを取り出す（移動する）。メールボックスにあるメールの一覧をLISTコマンドで入手し、一覧にあるメールをRETRコマンドで順番に取得。最後にQUITコマンドで取得済みのメールを消去する。

❶ メールボックスにあるメールの一覧を入手

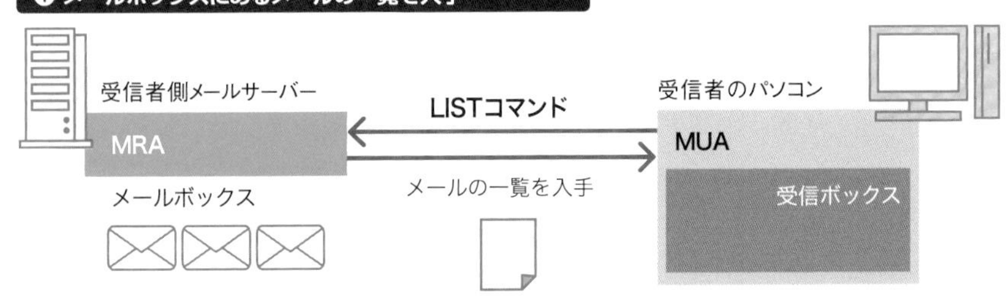

❷ 番号を指定してメールを1通ずつ取得

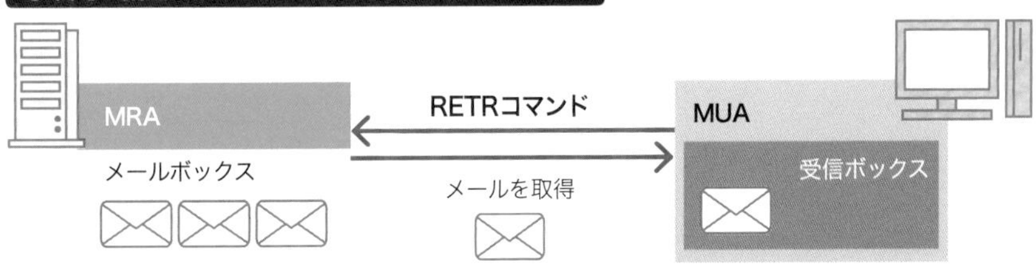

POPでは、メールボックスにあるメールの一覧をLISTコマンドで入手し、一覧にあるメールを1通ずつRETRコマンドで取得する

❸ すべて取得したらメールボックスのメールを消去

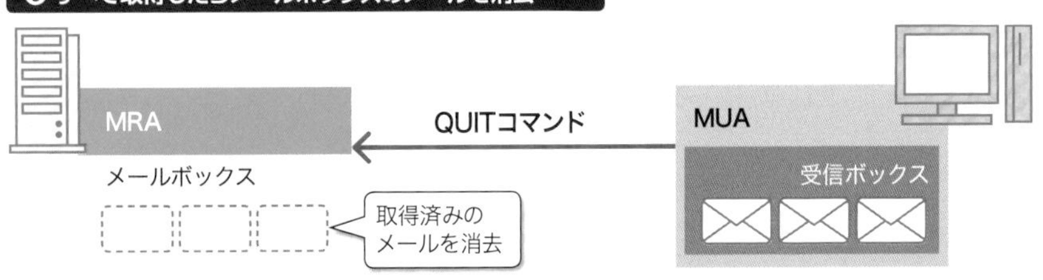

QUITコマンドで終了すると、MUAが取得したメールはメールボックスから消しちゃいます。これで、メールボックスのメールを、受信ボックスにすべて移動したことになります

POPは移動 IMAPは同期

MTAが受信したメールは、MDAによって受信者（宛先ユーザー）のメールボックスに格納される。そしてMRAが、このメールを受信者のMUAに渡す。このMRAにメールを「取りに行く」プロトコルが、POPあるいはIMAPである。

POPを使用する場合、ユーザーが利用するMUAには、受信メー

▼受信ボックス
「受信トレイ」などとも呼ばれる。MUAによって呼び名が異なる。
▼メールの一覧
一覧には、メールボックスに格納されているメールの番号が記載されている。
▼1通ずつ取得する
メールボックスに格納されているメールを一度に取得するコマンドはPOPにはない。
▼メールを消去する
MUAの設定によっては、取得したメールのコピーをメールボックスに残せる。

図5 **メールボックスとMUAを同期するIMAP**

メール受信のプロトコルのIMAPは、メールボックスとMUAの内容を同期することで、メールの参照や操作を可能にする。

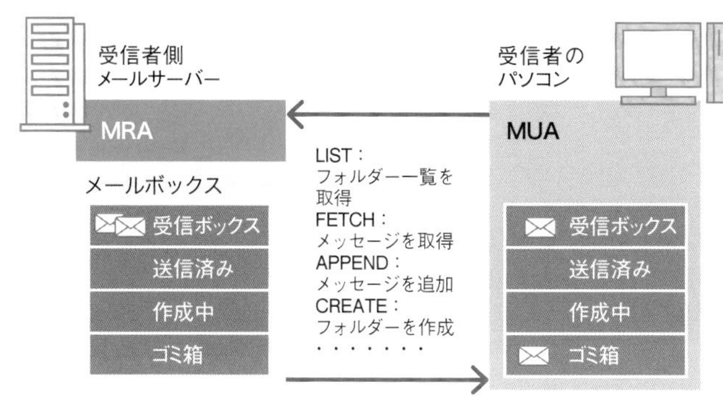

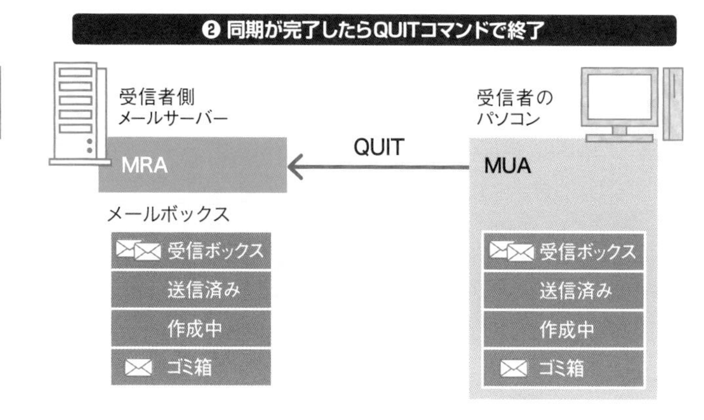

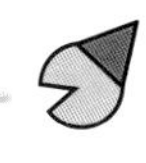

メールボックスとMUAの内容が同じになるようにするんですね。
これで事実上、MUA上でメールボックスの内容を参照したり、
操作できたりするようになる、というわけだ

ルを入れるための「受信ボックス✎」フォルダーが用意される。POPの機能は、メールボックスに格納された受信メールを、MUAの受信ボックスに「移動する」ことである（図4）。

受信者のMUAは、POPのLISTコマンドを使ってメールの一覧✎を入手。RETRコマンドを使い、一覧に記載されているメールを1通ずつ取得する✎。すべてのメールを取得したら、最後にQUITコマンドを送信して、メールボックスのメールを消去する✎。以上により、メールボックスのメールが、受信ボックスに移動したことになる。

POPの機能が「受信メールの移動」であるのに対して、IMAPの機能は、「メールボックスの同期」である（図5）。

図6 **POPの特徴**

POPの長所は、プロトコルがシンプルでメールサーバーの負荷が小さいこと。メールサーバーにメールを残さないので、必要とする容量も小さい。一方で、メールを機器にダウンロードしてしまうので、ほかの機器では参照できなくなる。

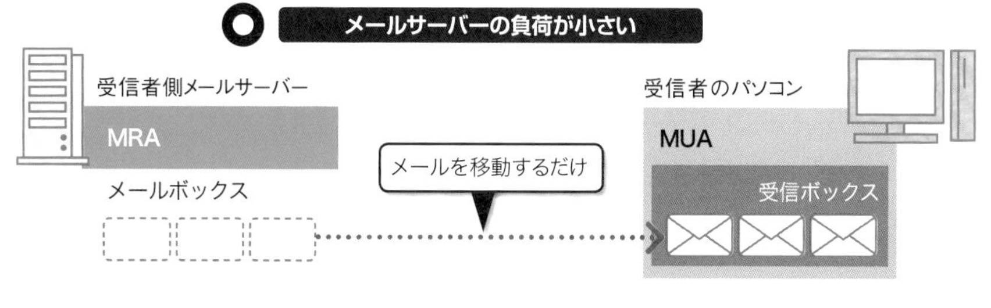

POPでのメール取得は移動するだけだし、移動したあとは
メールボックスは空になるので、サーバーの負荷が小さいですね

✕ 複数の機器からメールを参照できない

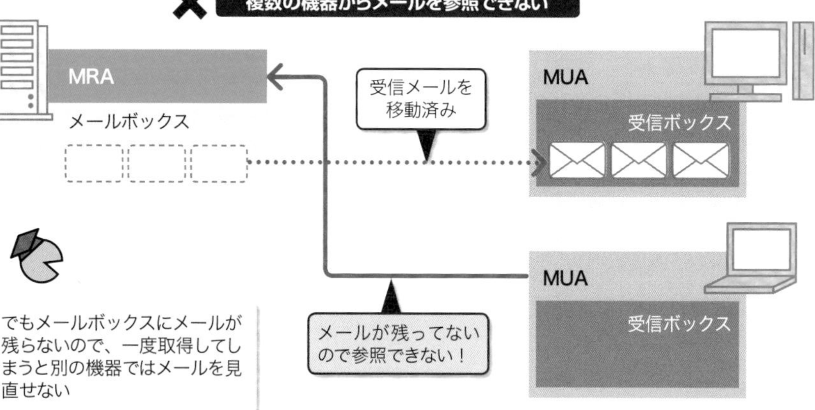

▼**作成中**
「下書き」フォルダーと呼ばれることもある。
▼**四つのフォルダー**
ユーザーが作成すれば、任意の数のフォルダーを置ける。
▼**相性がよい**
MUAをWeb化したWebメールでもIMAPが使われる。
▼**メールサーバーが付与**
具体的には、Receivedヘッダーなどが該当する。

IMAPの場合、メールサーバーのメールボックスには、少なくとも「受信ボックス」「送信済み」「作成中」「ゴミ箱」の四つのフォルダーが存在する。

MUAにもメールボックスと同じフォルダーを作成しておく。そして、IMAPのコマンドを使ってその内容を同期する。これにより、受信メールの閲覧が可能になる。

MUA側で実施した操作も、メールボックスと同期する。例えば、MUA側でフォルダーを新規作成するとメールボックスにも作成される。MUAでのメールの削除や移動も、メールボックスに反映される。

へぇ、同期かぁ。IMAPのほうが使いやすそうですね。

使いやすいというか、便利ではあるな。

じゃあ、POPはいらなくないですか？

そこは役割が違うと考えたまえ。

POPとIMAPには、それぞれ長所と短所がある。POPの長所はシンプルなこと（前ページの図6）。メールサーバーのメールボックスにためたメールをMUAに移動し、メールボックスにはメールを残さない。複雑な操作をさせないので、メールサーバーの負荷は小さい。また、メールを残さないので、ストレージの容量も小さくてすむ。

だが、メールをサーバーに残さないことは短所にもなる。POPで受信メールを確認した機器にメールがダウンロードされてしまうので、ほかの機器では読み返せない。

一方IMAPでは、受信メールはすべてメールサーバーに保存されている。それぞれの機器はサーバーと同期して、ローカルに同じメール環境を作成する。このため、どの機器でも過去のメールを参照できる（図7）。複数の機器で同じメールサーバーを利用するモバイル環境と相性がよい。

ただし、複数の機器と絶えず同期を取るため、メールサーバーの処理の負荷は大きい。さらに、メールを保存しておくために大容量のストレージが必要になる。

メールを送ったり受け取ったりするのはわかりましたけど、中身はどうなってるんです？

中身とは？

ほら、添付ファイルとか、そういうのの仕組みですよ。

メールの中身、つまりメールメッセージは、メールヘッダーとメールボディで構成される（図8）。メールヘッダーは、メール本文の前に付けられる。件名や送信者、受信者、送信日時などが記述される。メールヘッダーの多くは、送信時にMUAが付与するが、メールを転送したメールサーバーが付与する場合もある。

図7 IMAPの特徴
IMAPではすべてのメールをサーバーに残し、それぞれの機器と同期する。このため最新の情報がメールサーバーに存在する。メールサーバーの負荷は大きいが、モバイル機器を使用している環境に適している。

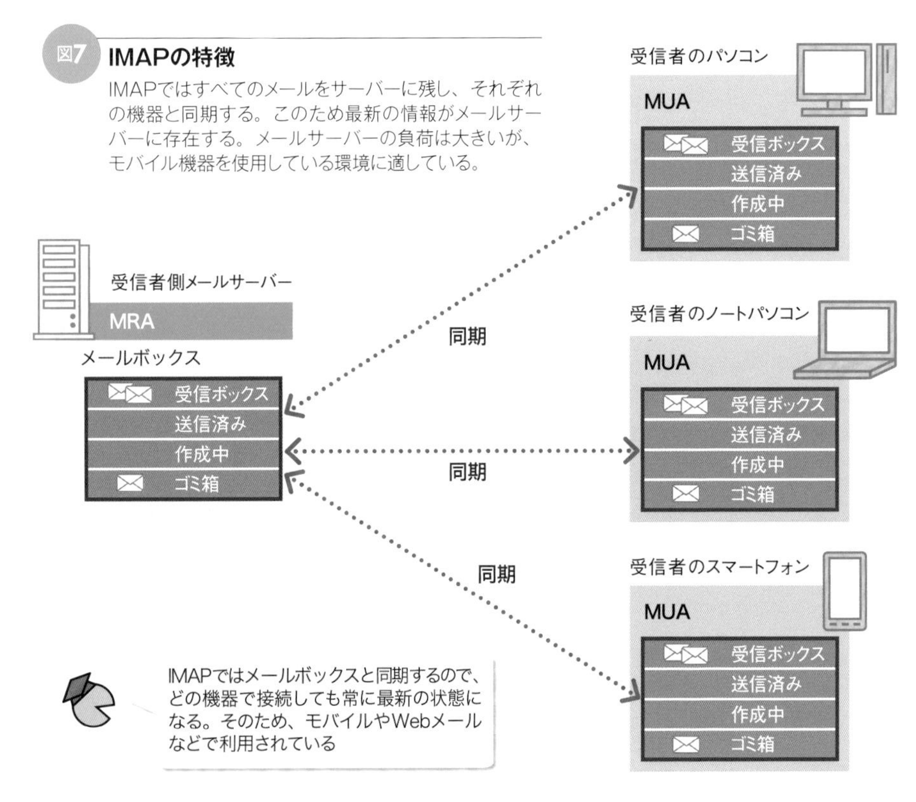

▼**MIME**
Multipurpose Internet Mail Extensionsの略。
▼**複数のパートに分割する機能**
この機能はマルチパートと呼ばれる。
▼**変換する**
Base64による変換では、データ量が元の4/3倍(約1.33倍)になる。

メールボディには、メールの本文や添付ファイルなどが含まれる。メールヘッダーとメールボディのいずれにもテキストデータしか使えない。ASCIIなどの7ビット文字コードを使用する。

7ビット文字コードですか。日本語は大丈夫なんですか？

ISO-2022-JPという日本語7ビット文字コードがある。

あぁ、じゃあ安心…。でも添付ファイルとかは？

メールでバイナリデータを送るには別のプロトコルを使用する。

バイナリを7ビットに変換

添付ファイルを送るためには、MIME(マイム)✒というプロトコルを使用する。MIMEには大きく二つの機能がある。一つは、メールボディを複数のパートに分割する機能✒。この機能により、一つのメールボディに、複数の添付ファイルやメール本文のパートを含められる。それぞれのパートの冒頭には、MIMEヘッダーと呼ばれるヘッダーを記述する。

もう一つは、7ビットデータ以外のデータを、7ビットデータに変換する機能。これにより、バイナリデータをメールで送れるようになる。

7ビットデータへの変換にはBase64と呼ばれるエンコード方式が使われる(**図9**)。Base64を使えば、任意のビット列を7ビットのASCIIコードに変換できる。

具体的には、元のビット列を6ビットのブロックに分割し、それぞれを10進数に変換する。こうすると、それぞれブロックは、0から63までの数字で表せる。Base64の変換表を使って、それぞれの数字に対応する64種類の英数字に変換する✒。

図8 メールヘッダーとメールボディ
SMTPのDATAコマンドで送信するメールメッセージは、メールヘッダーとメールボディで構成される。メールヘッダーには、送信元/宛先アドレスや件名、送信日時などが含まれる。メールボディには、本文や添付ファイルが含まれる。

メールメッセージ
メールヘッダー
メールヘッダー
メールヘッダー
メールヘッダー
メールボディ
メールヘッダーはいくらでも付けられる。送信元/宛先アドレス、件名、メールサーバーの受信情報などだ。メールの属性情報という感じだな
メールボディがメールの本文ですね。添付ファイルもここに入ります

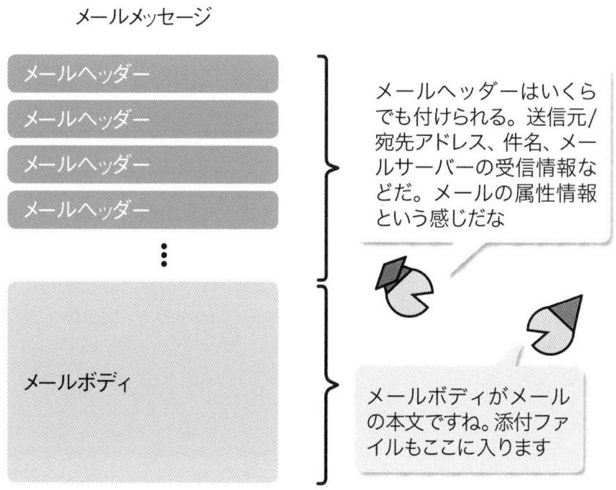

図9 バイナリデータなどを64種の文字に変換する「Base64」
7ビット文字コード以外のデータをメールで送る場合には、Base64と呼ばれるエンコード方式で64種類の印字可能な英数字に変換してから、メールメッセージに含める。ここでは、Shift-JISコードの「日経」という漢字をBase64で変換する手順を示した。

❶ 元データをビットで表記する

(例) Shift-JISコードの「日経」

➡ 93FA 8C6F (16進数)
➡ 10010011 11111010 10001100 01101111

❷ 3オクテット(24ビット)のブロックに区切る

10010011 11111010 10001100 | 01101111
24ビット

❸ 各ブロックを6ビットずつに分割し、それぞれを10進数に変換する。6ビットにならない箇所は0を付け足して6ビットにする

10010011 11111010 10001100 | 011011110000
36 63 42 12 27 48

❹ Base64の変換表を使って、それぞれのブロックの数字(0～63)を文字に変換する

k/qMbw

5章 メールはどうやって届くの？

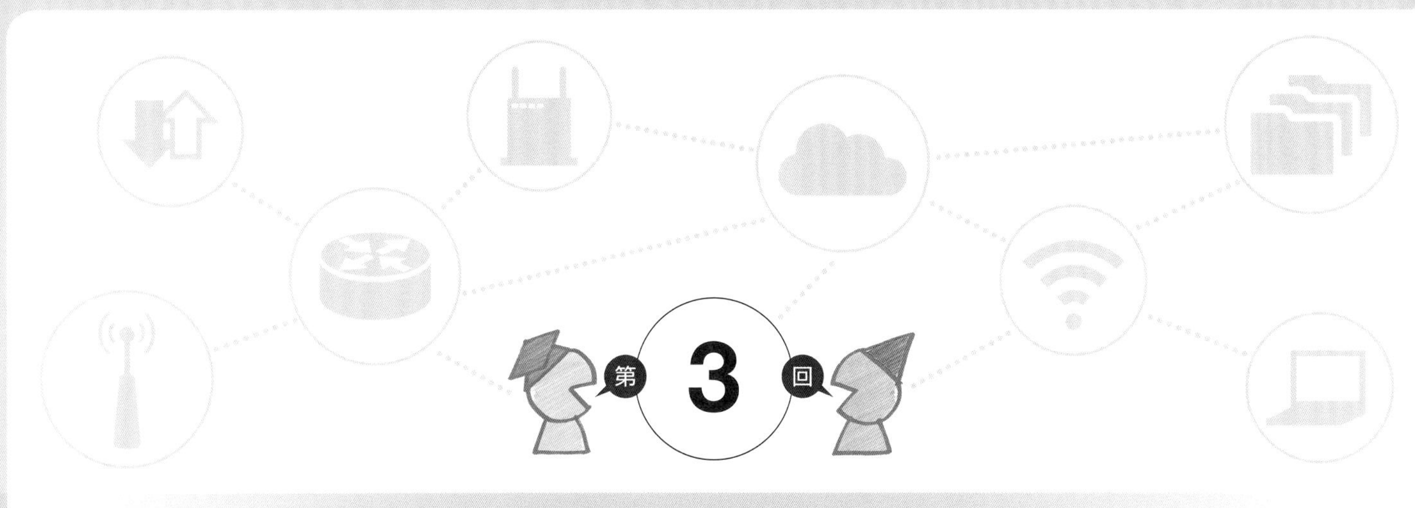

時刻合わせってどうやるの？

今日は時間の話をしようか。

ははぁー、哲学的なお話ですか。

いやいや、ネットワークでの時刻合わせの話だよ。

パソコンやスマートフォンといった端末やサーバー、ルーターのようなネットワーク機器などは、それぞれ時を刻んでいる。そして、機器が何らかのアクションを起こした場合、その時刻とともにアクション内容が記録される。これがログである。

ログの項目は機器やアプリケーションの設定によって様々だが、時刻は必ず記載される。それぞれのログを突き合わせるために、時刻は不可欠だからだ。

例えば、データベースの操作が必要なリクエストをWebサーバーへ送信した場合、そのリクエストに対応する操作がどれなのかを調べる際には、時刻で突き合わせることになる（**図1**）。

図1　システムでは時刻合わせが重要

それぞれのシステムの時刻がずれていると、ログを突き合わせる際などに問題が発生する。現時点でのシステムの時刻のずれを基に推測することは可能だが、システムの時刻は少しずつずれる。このため、現時点での時刻のずれと、ログが記録された時点でのずれが同じとは限らない。

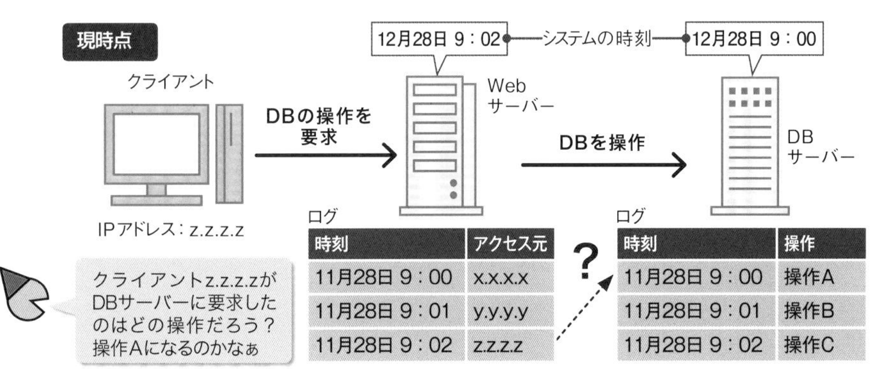

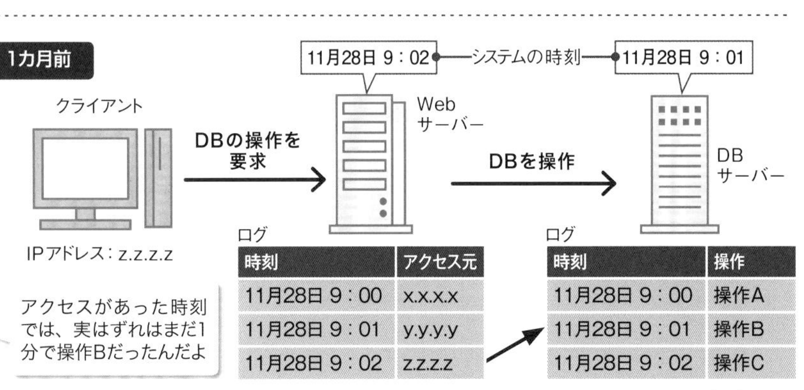

DB：データベース

このため、それぞれの機器は同じ時を刻んでいなければならない。つまり、同期している必要がある。

じゃあ、それぞれの機器の時刻が正確でなくても、同じようにずれていれば問題ない？

問題ないことはないが、それぞれの機器の時刻がバラバラよりもましだな。

なるほどー。とにかく、それぞれの機器の時刻を合わせる仕組みがいるわけですね。

そういうことだ。

▼NTP
Network Time Protocolの略。
▼UDP
User Datagram Protocolの略。
▼stratum
英語で層や地層の意味。

コンピュータの時計は精度が低く、時間の経過とともに時刻にずれが発生する。このため、機器の初回起動時に時刻を合わせるだけでは不十分だ。定期的に時刻を合わせる必要がある。そのためのプロトコルがNTPである（図2）。NTPはサーバークライアントモデルのプロトコルで、時刻を要求するコンピュータがNTPクライアント、時刻を返すコンピュータがNTPサーバーになる。通常NTPサーバーは、UDPの123番ポートでNTPクライアントからのリクエストを待ち受ける。

NTPでは、サーバーは階層構造をとる（図3）。この階層構造はstratum（ストレイタム）と呼ばれる。上位のサーバーの時刻に下位のサーバーが合わせることで正確な時刻が伝播さ

図2 時刻合わせにはNTPを使う

コンピュータの時刻合わせには、NTPと呼ばれるプロトコルを使用する。NTPで時刻を要求するコンピュータはNTPクライアント、時刻を応答するコンピュータはNTPサーバーと呼ばれる。UDPの123番ポートを使う。

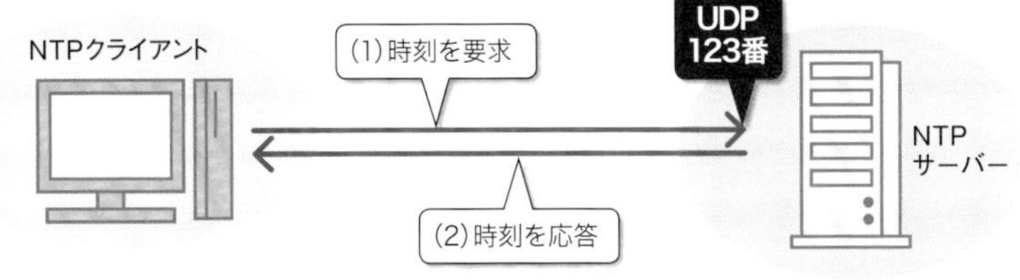

NTP：Network Time Protocol　**UDP**：User Datagram Protocol

図3 NTPサーバーは階層構造を持つ

NTPサーバーは「stratum」と呼ばれる階層構造を持つ。階層の深さはstratum 1やstratum 2などと表す。原子時計またはGPSなどの正確な時計（時刻源）はstratum 0、それらを持つ最上位のサーバーはstratum 1になる。

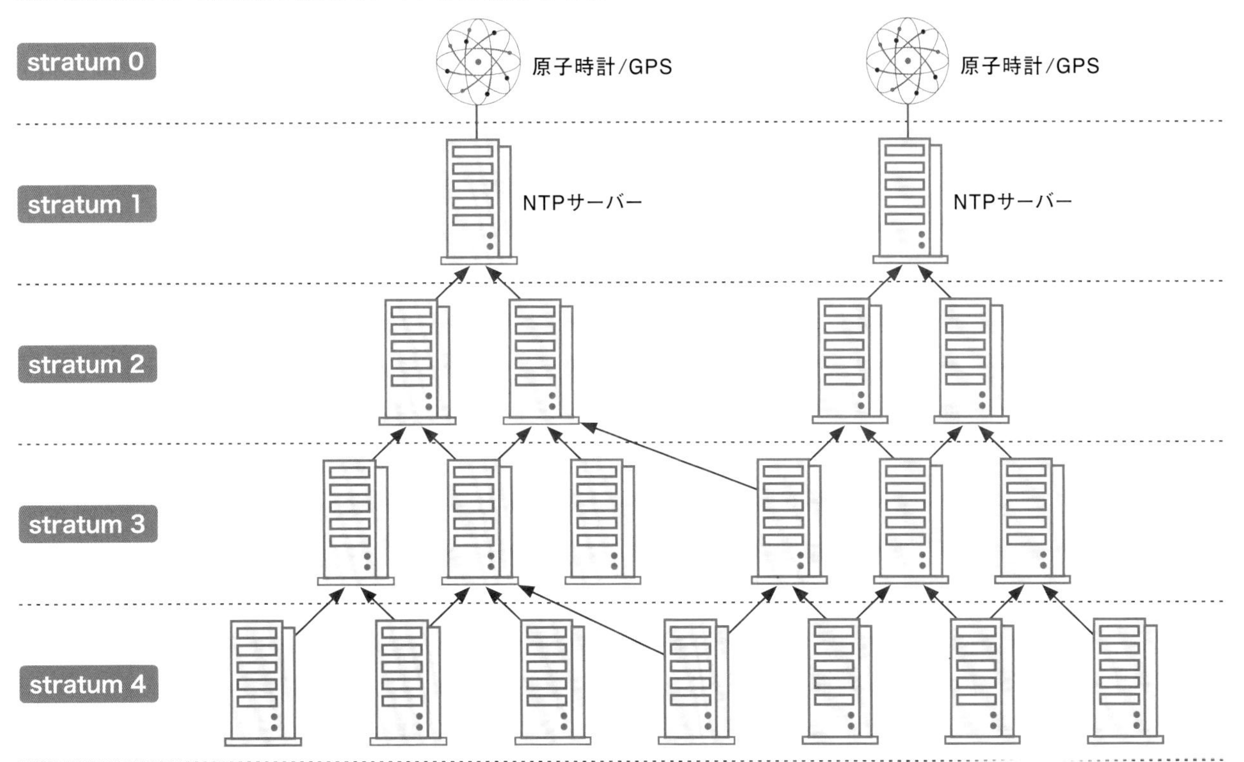

原子時計などの精度の高い時刻源を持つNTPサーバーが最上位のstratum 1。下位のNTPサーバーは上位のNTPサーバーにアクセスして順繰りに同期する階層構造なんだね

stratum 1のサーバーをプライマリ、それ以降のサーバーをセカンダリと呼ぶこともある。セカンダリは複数の上位サーバーと同期して精度を高められる。4台以上と同期することが推奨される

GPS：Global Positioning System

5章 時刻合わせってどうやるの？

▼GPS
Global Positioning Systemの略。

れ、各サーバーが正確な時刻を取得することになる。

stratumにおいてサーバーの階層は数字で表す。最上位の時刻サーバーは、原子時計またはGPSなどの正確な時計（時刻源）を持つ。時刻源はstratum 0、時刻源と同期する最上位のサーバーはstratum 1と呼ばれる。

NTPは階層構造 時刻源はstratum 0

stratum 1よりも下位のサーバーは、自身が時刻同期した上位のサーバーのstratumに1を加えた（stratum+1）の階層のサーバーになる。例えば、stratum 1に同期するサーバーはstratum 2になる。

企業でのNTPの運用としては、自社のネットワークにNTPサーバーを用意し、インターネットで公開されているstratum 1からstratum 4程度のNTPサーバーと同期するのが一般的である（**図4**）。社内ネットワークのNTPクライアントは、社内のNTPサーバーと同期するようにする。社内のすべてのNTPクライアントがインターネット上のNTPサーバーと直接同期しようとすると、インターネット接続回線やNTPサーバーに過度の負荷をかける恐れがあるからだ。

国内で公開されているstratum 1のNTPサーバーとしては、情報通信研究機構（NICT）の日本標準時プロジェクトで公開されているサーバーが広く知られている。NICTのNTPサーバーと高精度で同期する、インターネットマルチフィードが公開するNTPサーバーはstratum 2として有名である。

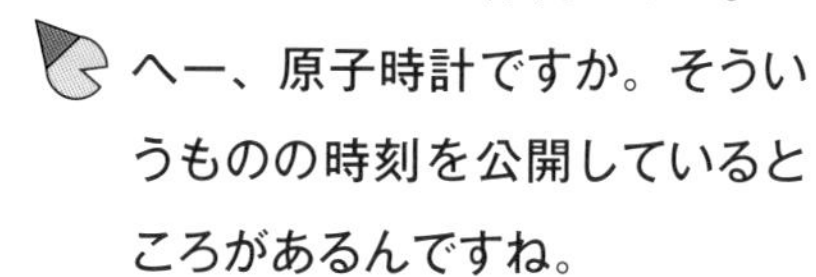
へー、原子時計ですか。そういうものの時刻を公開しているところがあるんですね。

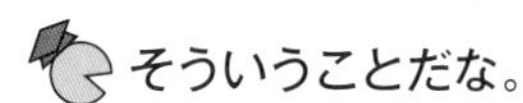
そういうことだな。

パケットの形式は共通

NTPでやり取りするパケット（NTPパケット）のフォーマットは、NTPクライアントからNTPサーバーへ送られる要求パケットと、その逆の応答パケットとも同じである（**図5**）。パケット中のModeフィールドの値で、どちらのパケットであるかを判断する。

NTPパケットのポイントは、時刻を知らせるタイムスタンプのフィールドが複数あることである。要求を受けた時点でのNTPサー

図4 社内ネットワーク用のNTPサーバーを用意する

企業では、個々のNTPクライアント（パソコンやサーバー）が、インターネット上のNTPサーバーに直接アクセスすると、インターネット接続回線が混雑したり、NTPサーバーに大きな負荷を与えたりする。このため社内にNTPサーバーを用意し、社内のNTPクライアントはそのNTPサーバーにアクセスする。

それぞれのクライアントがインターネット上のサーバーと同期

社内ネットワーク

NTP
NTPサーバー
NTPクライアント
stratum 1

社内のすべてのNTPクライアントを、インターネットで公開されているNTPサーバーと同期させるのはよくないですよ。インターネット接続回線やNTPサーバーに負荷をかけすぎてしまいます

社内に設置したサーバーと同期

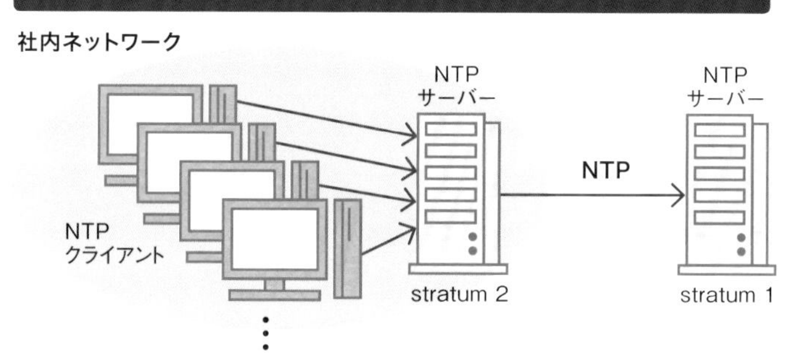

社内にNTPサーバーを構築し、公開されているNTPサーバーと同期する。社内のNTPクライアントは、社内のNTPサーバーと同期するようにする

バーの時刻をNTPクライアントに返すだけでは不十分だからだ。

NTPサーバーからNTPクライアントに時刻が伝わるまでには伝送遅延が存在する。この伝送遅延も考慮しないと、正しい時刻は伝わらない。NTPサーバーが時刻を送信した時刻に、応答が届くまでの時間を加える必要があるのだ。そこでNTPでは4種類の時刻を使用して伝送遅延を計算し、正確な時刻を算出する(図6)。

伝送遅延を算出 4種類の時刻を使う

4種類の時刻をそれぞれT1、T2、T3、T4とする。T1、T2、T3は、応答のNTPパケットにおけるOrigin Timestampフィールド、Receive Timestampフィールド、Transmit Timestampフィー

図5 NTPパケットのフォーマット

NTPでやり取りされるパケット(メッセージ)のフォーマットは、要求と応答とも同じ。どちらであるかはModeの値で指定する。Modeが3は要求(クライアント)、4は応答(サーバー)を表す。

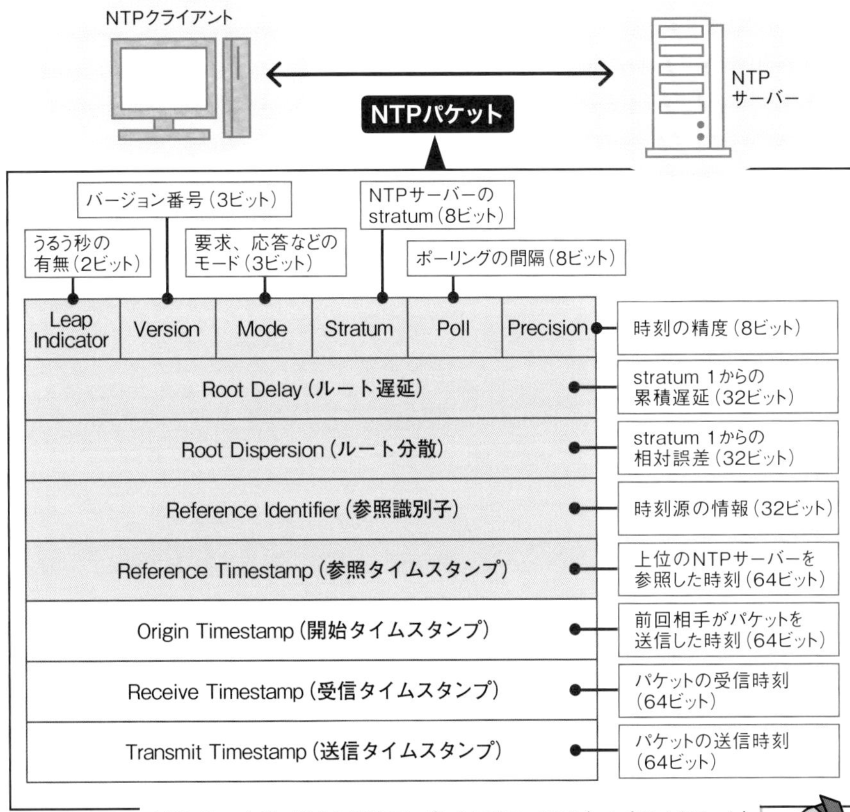

図6 伝送遅延を考慮して時刻を計算する

NTPパケットを受け取ったNTPクライアントがNTPサーバーの時刻情報をそのまま使うと、クライアントの時計はネットワークの遅延時間分だけずれてしまう。そこでNTPは、時刻情報を送信するたびに変わるネットワークの伝送遅延を補正する仕組みを備えている。

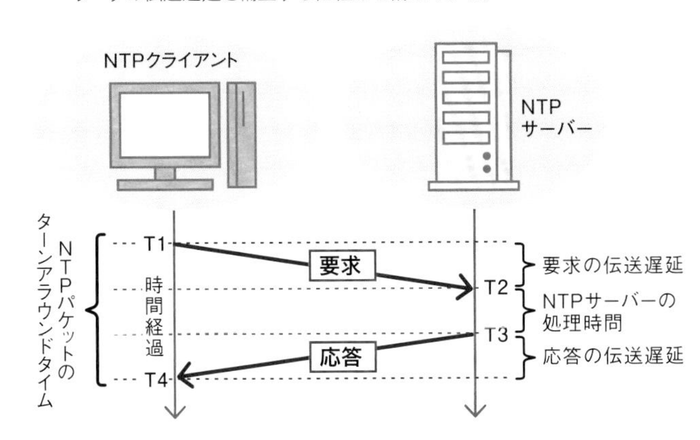

〔要求と応答の伝送遅延〕=〔ターンアラウンドタイム〕
　　　　　　　　　　　　−〔NTPサーバーの処理時間〕
　　　　　　　　　　　　=(T4−T1)−(T3−T2)

〔応答の伝送遅延〕=〔要求と応答の伝送遅延〕/2

$$= \frac{(T4-T1)-(T3-T2)}{2}$$

〔NTPサーバーの現在時刻〕= T3+〔応答の伝送遅延〕

〔NTPクライアントでの時刻の補正量〕=〔NTPサーバーの現在時刻〕
　　　　　　　　　　　　−〔NTPクライアントの現在時刻〕
　　　　　　　　　　　　=(T3+〔応答の伝送遅延〕)−T4

ターンアラウンドタイムとNTPサーバーの処理時間から伝送遅延を計算し、それを考慮して時刻を計算するわけだね

▼ターンアラウンドタイム
システムに処理要求を送ってから、結果の出力が終了するまでの時間。データやコマンドの入力が終了してから、処理結果の出力が終わって次の要求の受け入れが可能になるまでの時間のこと。

▼UTC
協定世界時。

▼1900年1月1日0時0秒を基準
Linuxは1970年1月1日0時0秒を基準としている。

▼2036年2月6日6：28：15になる
UTCの時刻で、うるう秒は考慮していない。

図7 三つのタイムスタンプで時刻を補正

図6の時刻の補正には、NTPパケット中の三つのタイムスタンプである「Origin Timestamp」「Receive Timestamp」「Transmit Timestamp」を使う。応答パケット中のこれらの時刻が、それぞれT1、T2、T3に該当する。応答パケットを受信したNTPクライアントの時刻がT4になる。

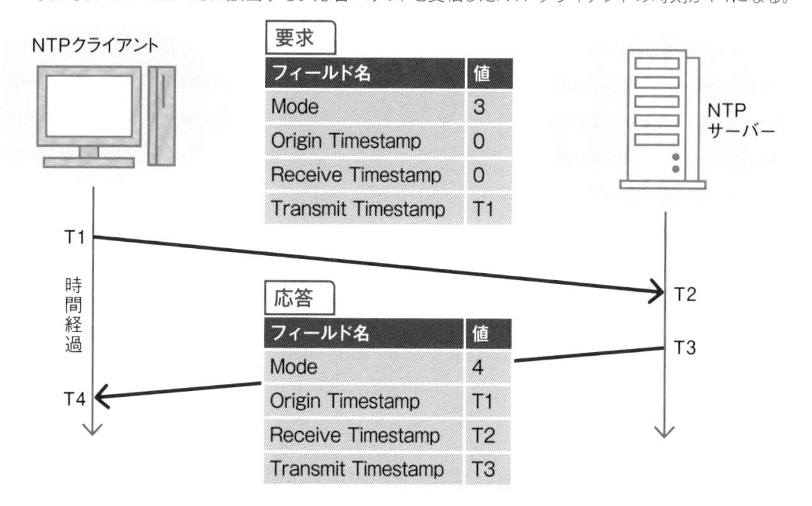

要求

フィールド名	値
Mode	3
Origin Timestamp	0
Receive Timestamp	0
Transmit Timestamp	T1

応答

フィールド名	値
Mode	4
Origin Timestamp	T1
Receive Timestamp	T2
Transmit Timestamp	T3

NTPパケットの三つのタイムスタンプのフィールドを使ってT1、T2、T3を伝え合って時刻を同期する

ルドにそれぞれ該当する（図7）。

T1は、クライアントがサーバーに要求を送信した時刻、T4はサーバーから応答を受信した時刻である。つまり（T4－T1）は、要求の送信から応答の受信までのクライアント側の待ち時間（ターンアラウンドタイム）である。

一方、T2はサーバーがクライアントから要求を受け取った時刻、T3がサーバーからクライアントに応答を送信した時刻である。このため、（T3－T2）がサーバーの処理時間となる。

以上から、要求と応答の伝送遅延は（T4－T1）－（T3－T2）、これを2で割ったものが片道分の伝送遅延になると考えられる。

あれ、でもこの計算式で求めてるのはあくまで往復の遅延時間で、その半分を片道分としてますよね。

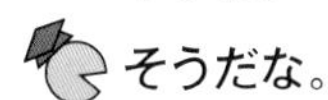
そうだな。

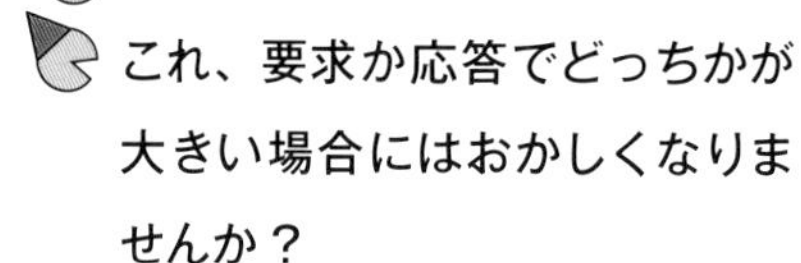
これ、要求か応答でどっちかが大きい場合にはおかしくなりませんか？

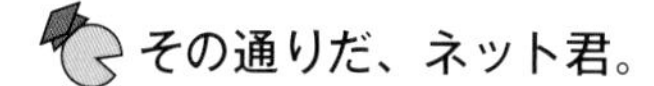
その通りだ、ネット君。

例えば、要求と応答がともに1秒の遅延だった場合、平均の遅延は1秒になるので問題はない（図8）。

だが、要求に1秒、応答に3秒の遅延があった場合、片道分の遅延として求められるのは、（1＋3）/2の2秒である。よってNTPクライアントでは、サーバーの時刻に2秒を加えた値を使用する。正確な時刻は応答から3秒遅延なので、1秒ずれてしまう。

ただ、応答だけの遅延を算出する方法がないため、この誤差はどうしようもない。stratumの下位になればなるほど、こういった誤差が蓄積されていき、stratum 1との差が大きくなる。このためNTPでは、仕様上、stratum 15までしか使えないとしている。

2036年から1900年に戻る？

最後に、NTPに存在する「2036年問題」について説明する。NTPで使用する時刻は、UTCの1900年1月1日0時0秒を基準とし、そこからの経過時間をミリ秒単位で保持している。

NTPでは、それぞれのタイムスタンプは64ビット。上位32ビットが基準時刻からの経過時刻をミリ秒で保持し、下位32ビットはマイクロ秒以下の時刻を持つ（図9）。イメージ的には小数点が32ビットと33ビットの間にあると考えるとよいだろう。

このため、1900年1月1日0時0秒からの経過時刻は32ビット分しか持てない。これが最大値になる時刻は、2036年2月6日6：28：15になる。この時刻を過ぎると、オーバーフローし、時刻が1900年1月1日に戻ってしまう。これが2036年問題である。

要求と応答の遅延に差があると精度が低くなる

遅延時間の計算式は、要求と応答の伝送遅延が等しいと仮定している。このため、両者の遅延がほぼ等しい環境なら精度が高いが（左）、伝送遅延の差が大きい場合には精度が低くなる（右）。

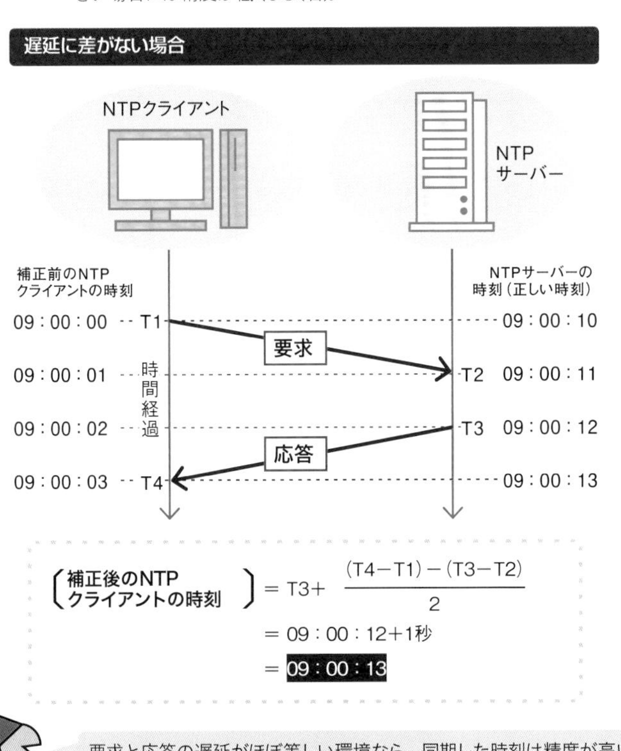

要求と応答の遅延がほぼ等しい環境なら、同期した時刻は精度が高いよね

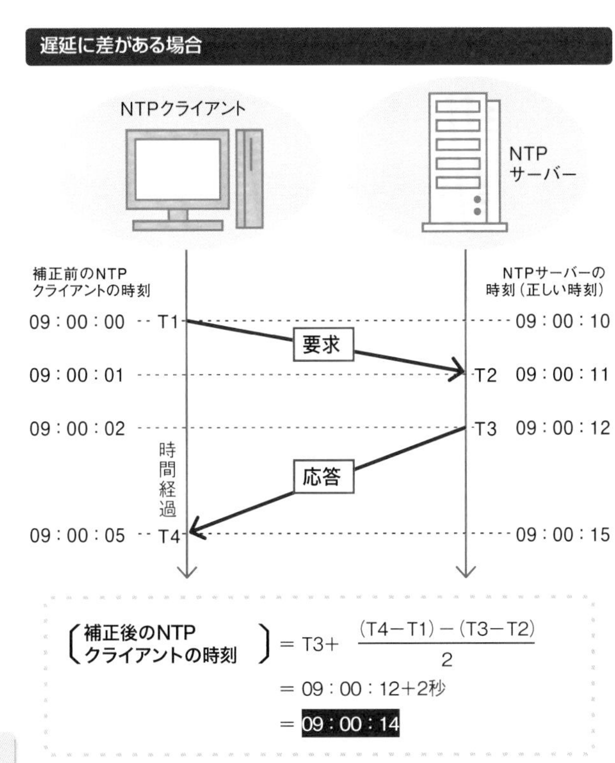

要求と応答の平均で計算しているので、要求と応答で伝送遅延の差が大きいとずれが生じてしまう。この例だと、T4の正しい時刻は09：00：15だが、NTPクライアントでは09：00：14になってしまう

NTPの2036年問題

NTPのタイムスタンプは64ビット。上位32ビットがミリ秒単位で1900年1月1日からの経過時間をカウントしている。このため32ビットがすべて1になる2036年2月6日になると、すべてのビットが1になり、1900年1月1日に戻ってしまう。これを2036年問題という。

NTPタイムスタンプ（64ビット）

32ビット	32ビット
ミリ秒単位	マイクロ秒以下の単位

NTPのタイムスタンプは、1900年1月1日0時0秒からの経過時間を64ビットでカウントしている。上位32ビットがミリ秒単位、下位32ビットはマイクロ秒以下の経過時間を表している。このため、32ビットの最大値である42億9496万7295ミリ秒までしかカウントできないんだって

2036年2月6日 06：28：15：9999999999

1900年1月1日 00：00：00：000000000

11111111 11111111 11111111 11111111	11111111 11111111 11111111 11111111

すべてのビットが1

00000000 00000000 00000000 00000000	00000000 00000000 00000000 00000000

すべてのビットが0

基準時刻の1900年1月1日00：00：00から42億9496万7295ミリ秒経過した2036年2月6日を超えると、オーバーフローして基準時刻に戻ってしまう

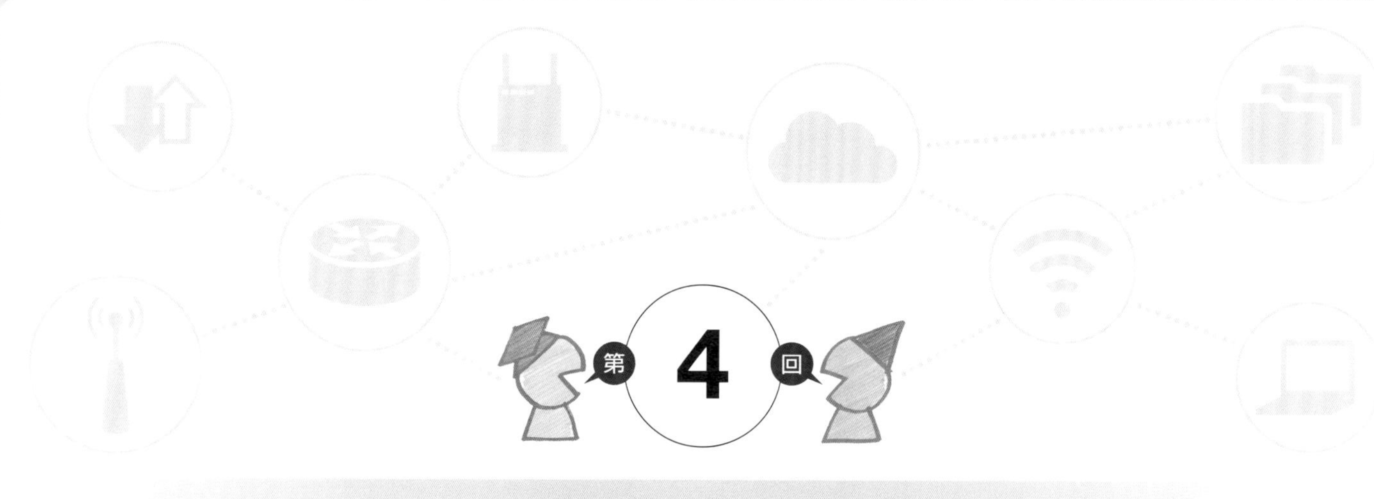

リモート接続って何だろう？

博士、ノートパソコンで何してるんですか？

うむ、サーバーの設定を見直しているのだよ。

へぇ、そのパソコンがサーバーですか？

いやいや、リモート接続しているのだよ。

リモート接続を解説する前に、まずは昔話をしよう。かつてコンピュータといえば、一つの部屋を占領するほど大型だった。そのような大型のコンピュータは、ホストコンピュータや汎用機、メインフレームなどと呼ばれる。

ユーザーは大型コンピュータを直接操作するのではなく、それにつながったモニターやキーボードなどの入力機器を使って操作する。このモニターと入力機器のセットは、端末（ターミナル）と呼ばれる。大型コンピュータには複数の端末を接続し、それぞれのユーザーは端末を操作する（図1）。この端末はローカルあるいはローカルホスト、大型コンピュータはリモートあるいはリモートホストと呼ばれる。基本的に、端末自体には処理能力をほとんど持たせない。入出力以外の主な処理は大型コンピュータで実施する。「端末でデー

図1 端末を使って大型コンピュータに接続

大型コンピュータ（汎用機など）の時代は、一つの大型コンピュータにモニターや入力機器（キーボードなど）をセットにした端末が複数接続していた。

大型コンピュータに複数の端末がぶら下がっているというか、複数のモニターと入力機器が離れてつながっているイメージかな

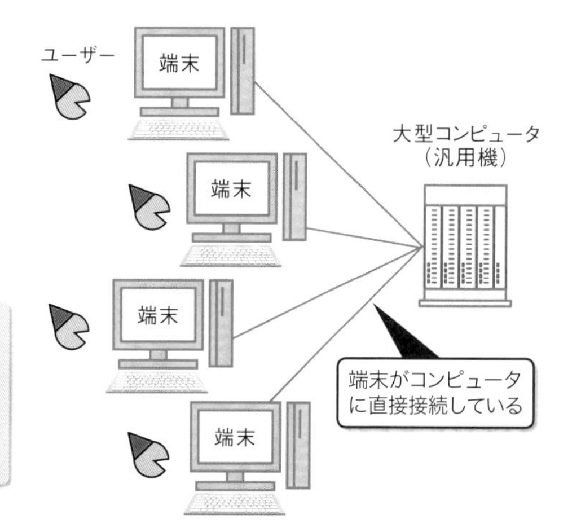

図2 端末は入出力だけを担当、処理は大型コンピュータに任せる

端末がローカル（ローカルホスト）、処理をするコンピュータがリモート（リモートホスト）になる。端末にはデータの通信や入出力の機能だけを持たせる。演算などの処理はコンピュータが実施する。

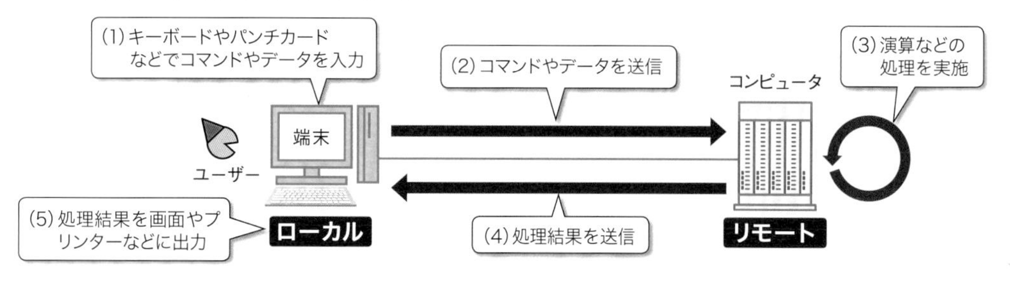

使用するユーザーの視点で、端末がローカル（ローカルホスト）、コンピュータがリモート（リモートホスト）と呼ぶ。処理はコンピュータが受け持つ。端末は通信と入出力の機能しか持たないことがほとんどだ

▼TCP/IP
TCPはTransmission Control Protocol、IPはInternet Protocolの略。
▼TELNET
リモート接続で使用するプロトコルの一つ。TCPの23番ポートを使用する。
▼NVT
Network Virtual Terminalの略。
▼問題なく通信できる
言い換えると、NVTを使うことで、クライアントとサーバーの差異を吸収する。
▼ネゴシエーション(交渉)を実施
ネゴシエーションは、クライアントとサーバーのいずれからも要求できる。

タとコマンドを入力し、コンピュータで処理させて、結果を端末で受け取る」という流れになる(図2)。

このように大型コンピュータの時代は、コンピュータと端末は専用のケーブルで直接接続していた。だが現在では、ネットワーク経由で接続するのが一般的になっている。このような接続形態をリモート接続と呼ぶ。リモート接続により、物理的に離れた場所にあるコンピュータを利用できるようになる(図3)。

ネットワーク経由でリモート接続する方法(プロトコル)は複数ある。そのうち、インターネットのようなTCP/IP✐ネットワークで実現するのがTELNET(テルネット)✐である。TELNETはクライアントサーバー型のプロトコル。データを処理するコンピュータがTELNETサーバー、処理を依頼するコンピュータがTELNETクライアントになる。

TELNETではネットワーク仮想端末(NVT✐)を用いる。NVTとは、リモート接続用の仮想的な端末である。TELNETのクライアントソフトやサーバーソフトの中に存在し、それらが独自の仕様に基づいて通信するイメージだ(図4)。

ははぁ、NVTですか。これで何ができるんですか?

見ての通り、遠隔のサーバーを操作できるようになるのだよ。

TELNETクライアントとTELNETサーバーはNVTを通じてやり取りする。このためOSやアプリケーションが異なるマシン同士でも問題なく通信できる✐。

TELNETでは、様々な種類のNVTを利用できる。通信の前にはクライアントのNVTとサーバーのNVTの間でネゴシエーション(交渉)を実施✐し、使用する機能や通信の設定などを決める。

1文字ごとに送信

TELNETでは、コマンドをテキスト(文字)ベースで送信する。

図3 ネットワーク経由で操作するのがリモート接続

大型コンピュータの時代は、処理をするコンピュータと端末が専用ケーブルで直接接続されていた。リモート接続では、ネットワーク経由でサーバーとクライアントが接続する。

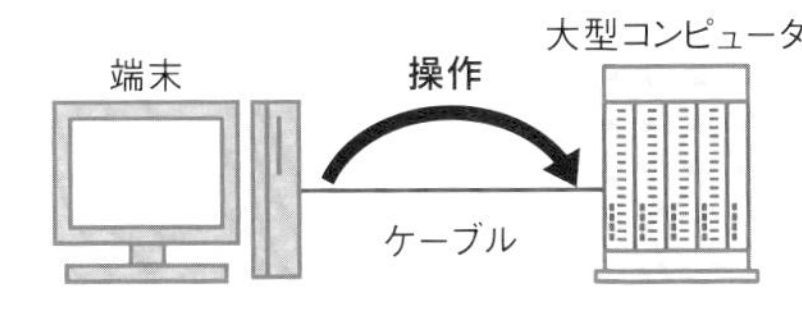

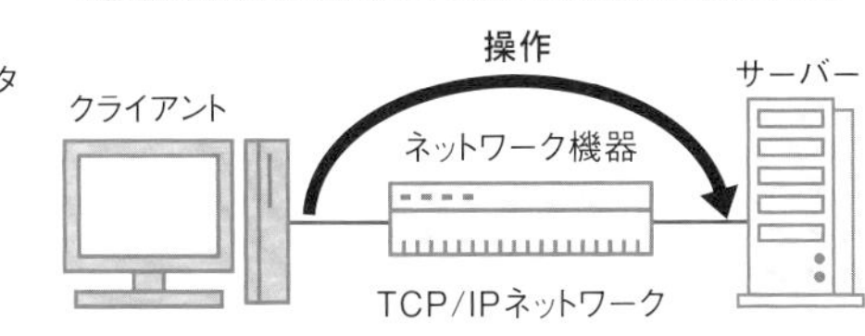

ケーブルでつながれたコンピュータと端末の関係をネットワーク経由で実現するのがリモート接続だ。TCP/IPネットワークではTELNETなどが使われる

図4 仮想的な端末同士が通信する

TELNETによる通信のイメージ。TELNETでは、ネットワーク仮想端末(NVT)を通じて、クライアントとサーバーが通信する。これにより、OSやアプリケーションが異なる機器同士でも問題なく通信できる。

TELNETでは端末の仕様をエミュレートするネットワーク仮想端末(NVT)を使ってOSの違いなどを吸収するので、例えばWindowsクライアントとLinuxサーバーでやり取りすることも可能だよ

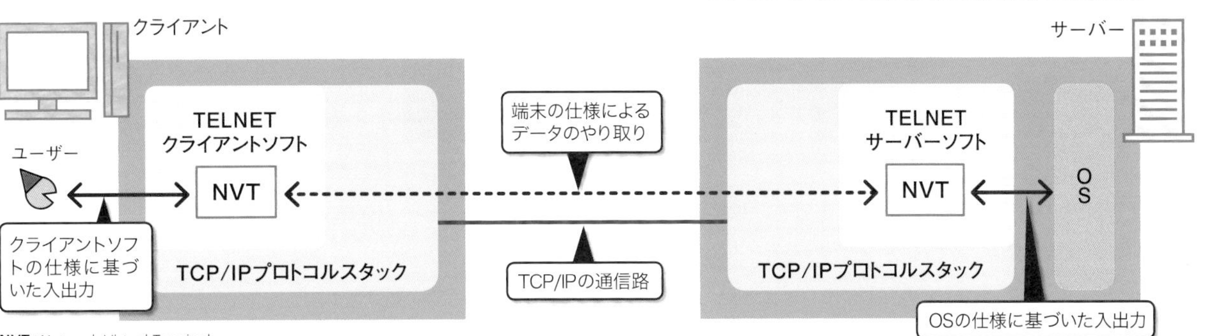

NVT: Network Virtual Terminal

5章 リモート接続って何だろう?

▼SMTP
Simple Mail Transfer Protocolの略。

クライアントは、ユーザーがキーボードで1文字入力するたびに、その1文字分のデータを送信する。

文字データを受信したサーバーは、その文字データをそのまま送り返す。この機能はエコーと呼ばれる。サーバーから送るエコーは、リモートエコーとも呼ばれる。

図5 1文字ずつ送信、送信した文字はエコーで画面に表示

TELNETでは、クライアントからサーバーに1文字ずつ送信する。文字を受信したサーバーはその文字をクライアントに送信。受信したクライアントは画面に表示する。この機能はエコー（リモートエコー）と呼ばれる。エコーを返さないサーバーと通信する場合には、キー入力と同時にクライアントの画面に文字を表示するローカルエコーを使う。

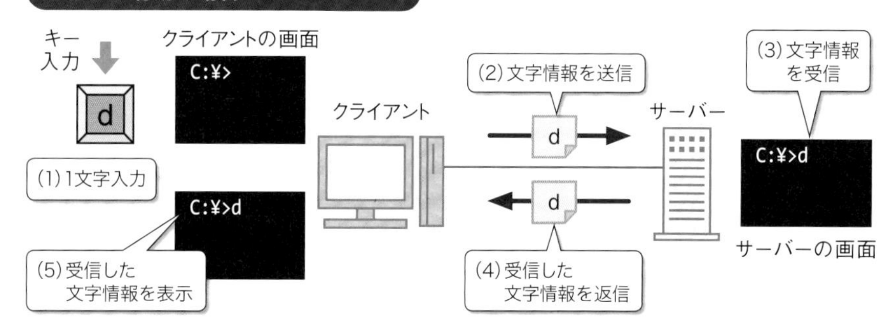

TELNETでは、キーを押すと、そのキーのデータだけが送られます。データを受信したサーバーは、それと同じデータを送り返します。クライアントはこのデータを画面に表示するんだって。これをエコーといいます

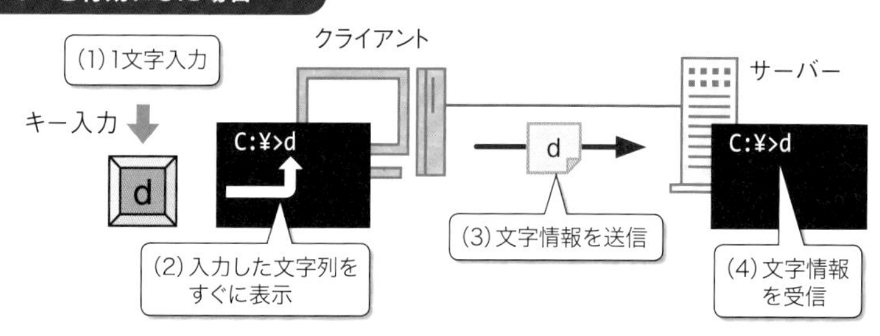

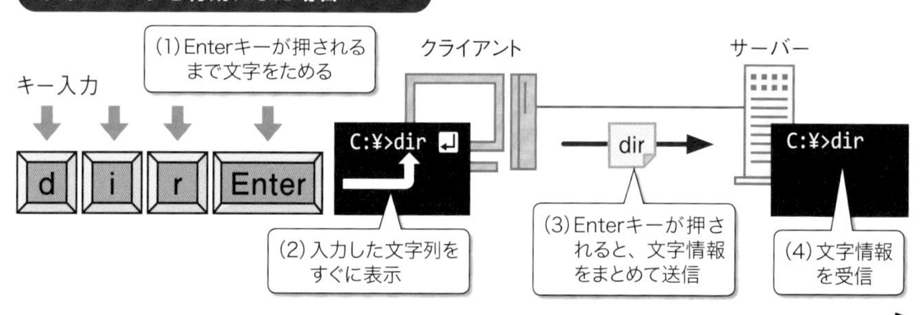

文字入力と同時にその文字をクライアントの画面に表示させるにはローカエルエコーを使う。この場合、通常はサーバーはエコーを返さない。また、1行分の文字をまとめて送信するラインモードもある

エコーによる文字データを受信したクライアントは、画面上にその文字を表示する。これにより、ユーザーはクライアントに入力した文字を確認できる（**図5**）。

通常、TELNETサーバーはエコーを返す設定になっているが、それ以外のサーバーの場合はエコーを返さないことがある。その場合はローカルエコーを有効にして、キー入力を確認できるようにする。ローカルエコーとは、クライアント（ローカル）に入力された文字を、クライアントにそのまま表示する機能のこと。

また1文字ずつ送るだけでなく、1行分が作成された時点で送信するラインモードを設定できる。ラインモードでは、文字を入力しただけでは送信されない。Enterキーを押すと、それまで入力した文字がまとめて送信される。

行削除や文字削除、割り込みなどの特殊な制御文字を送ることも可能だ。こうした特殊な制御文字はNVT制御文字と呼ばれる。

メールも送れる

前述のように、TELNETはテキストベースでコマンドを送信してサーバーを操作する。このためテキストベースでコマンドを送信するプロトコルなら、TELNETで代用できる。

その一例がSMTPである。

▼HTTP
HyperText Transfer Protocolの略。

▼古いプロトコル
TELNETに関する最初のRFCは1971年8月に公開されたRFC 215。仕様は1983年5月に公開されたRFC 854にまとめられている。

▼メッセージ認証
データ（メッセージ）を対象にした認証のこと。改ざんを検出する。

▼SSH
Secure SHellの略。

▼RFC
Request for Commentsの略。

メールソフト（SMTPクライアント）を使わなくても、メールサーバー（SMTPサーバー）に対してHELO、MAIL、RCPTといったSMTPのコマンドを送って動作を確認できる（**図6**）。メールサーバーが返すステータスコードなどもわかるので、メールソフトを使った場合よりも動作を詳しく確認できる。

Webで使われるHTTP✒も同様だ。GETなどのコマンドをTELNETで送信することで、Webサーバー（HTTPサーバー）の稼働状況を確認できる。

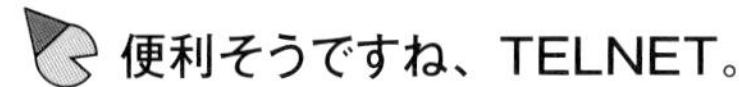

便利そうですね、TELNET。

うむ。遠隔地のサーバーを管理するにはとても有用なのだが…

なのだが？

セキュリティに問題があるのだよ。

TELNETはTCP/IPの黎明期に誕生した古いプロトコル✒だ。このためセキュリティがほとんど考慮されていない。パスワードによるユーザー認証機能を備えているものの、通信を暗号化しないため、通信内容やパスワードを盗聴される危険性がある。また、メッセージ認証✒を行わないので、通信内容を改ざんされる恐れもある。このため、インターネットのように安全性を確保できないネットワークを経由したリモート接続には使われなくなっている。

図6 TELNETクライアントでメールも送れる

TELNETではテキストベースでコマンドを送信するので、ほかのプロトコルでも利用できる。例えばメールサーバー（SMTPサーバー）にSMTPのコマンドを送信すれば、メールサーバーの動作確認やメールの送信が可能だ。

SMTPでメールを送るには、HELOやRCPTなどのコマンドを送り、DATAコマンドで本文を送ります。HELOの部分はこんな感じ

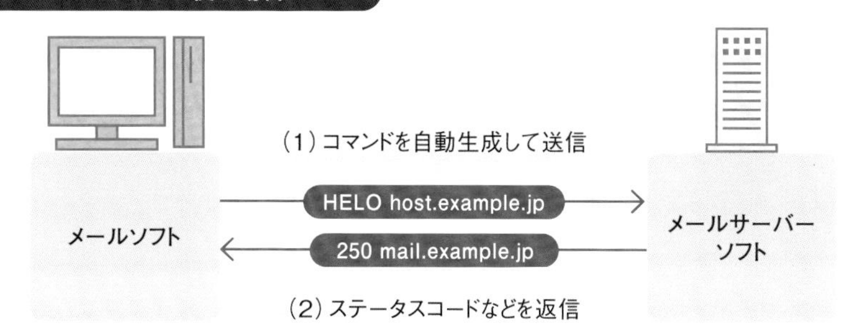

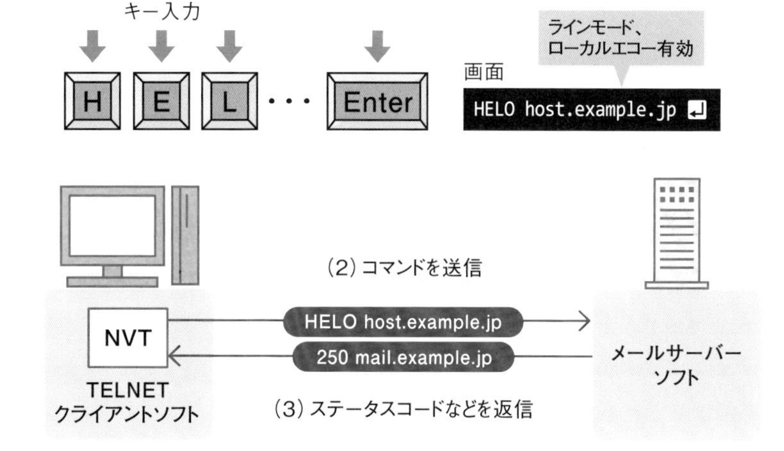

（4）ステータスコードなどを表示

```
HELO host.nikkei.jp ↵
250 mail.nikkei.jp
```

SMTPはテキストベースのコマンドを使う。このためTELNETクライアントでコマンドを入力して送っても、メールサーバーソフトは同じように扱う。メールソフトがなくても簡単にサーバーの動作を確認できるので便利だな

SMTP：Simple Mail Transfer Protocol

そこで登場したのがSSH✒である。SSHの仕様は、2006年1月に公開されたRFC✒ 4250～4256にまとめられ、現在ではリモート接続のプロトコルとして広く使われている。SSHの特徴は安全性が高いこと。TELNETとは異なり、すべての通信を暗号化する（次ページの**図7**）。

さらに、通信の暗号化に加えて、サーバーとクライアントの認証やメッセージ認証なども実施し、盗

▼**MAC**
Message Authentication Codeの略。メッセージ認証コードなどとも呼ばれる。

▼**Diffie-Hellman鍵交換方式**
DH鍵交換方式とも呼ばれる。二つの機器間で暗号鍵を共有するためのプロトコルの一つ。暗号鍵を共有する過程で通信内容を盗聴されても、暗号鍵自体は漏洩しないのが特徴。

聴や改ざん、なりすましを防ぐ。そのために、共通鍵暗号化方式や公開鍵暗号化方式、ハッシュ関数、鍵交換アルゴリズム、メッセージ認証コード（MAC（マック）✒）などを使用している。

なんだか、聞いたことのあるセキュリティ機能の全部乗せって感じですね。

そうだな。暗号化、ハッシュ、鍵交換、MACは他のセキュリティプロトコルでも使われる、セキュリティの基本技術だからな。

SSHでは、サーバー認証を実施する。これにより、サーバーのなりすましを防ぐことができる。これには公開鍵暗号方式を利用する（**図8**）。クライアントがサーバーに接続要求すると（図8（1））、サーバーは自分の公開鍵を送信する（同（2））。クライアントではこの公開鍵を確認し、問題がなければ受け入れる（同（3））。

クライアントは、ランダムなデータを生成し、この公開鍵で暗号化する。そしてその暗号化データをサーバーへ送信（同（4））。サーバーでは、クライアントに送信した公開鍵とペアになる秘密鍵で復号する（同（5））。その後サーバーは、復号したデータのハッシュ値を計算し（同（6））、クライアントに送信（同（7））。クライアントでは、サーバーから送られてきたハッシュ値と、自分で計算したハッシュ値を比較（同（8））。これらが一致すれば、通信相手は正当なサーバーであると確認できる。

クライアントの認証には、サーバー認証と同じように公開鍵暗号方式を利用できる。加えてパスワードも利用できる。複数の認証方式を利用できることもSSHの特徴だ。クライアント認証にパスワードを使う場合でも、TELNETとは異なり暗号化するので、盗聴される危険性は小さい。

通信データの改ざんを検出するためのメッセージ認証では、鍵付きMACと呼ばれる方法を利用する（**図9**）。鍵付きMACでは、クライアントとサーバーであらかじめ共有した共通鍵を使用する。共通鍵の共有には、Diffie-Hellman（ディッヒ ヘルマン）鍵交換方式✒や公開鍵暗号方式を利用する。

クライアントでは、送信する

図7　TELNETはセキュリティに問題、安全性の高いSSHがデファクトに

TELNETは古いプロトコルなので、セキュリティがほとんど考慮されていない。すべてのデータは平文で送られ、改ざん検知の仕組みもない。その後登場したSSHは、暗号化や認証などの機能を備えていてセキュリティが強固。このため現在では、SSHがリモート接続のデファクトスタンダードとして広く使われている。

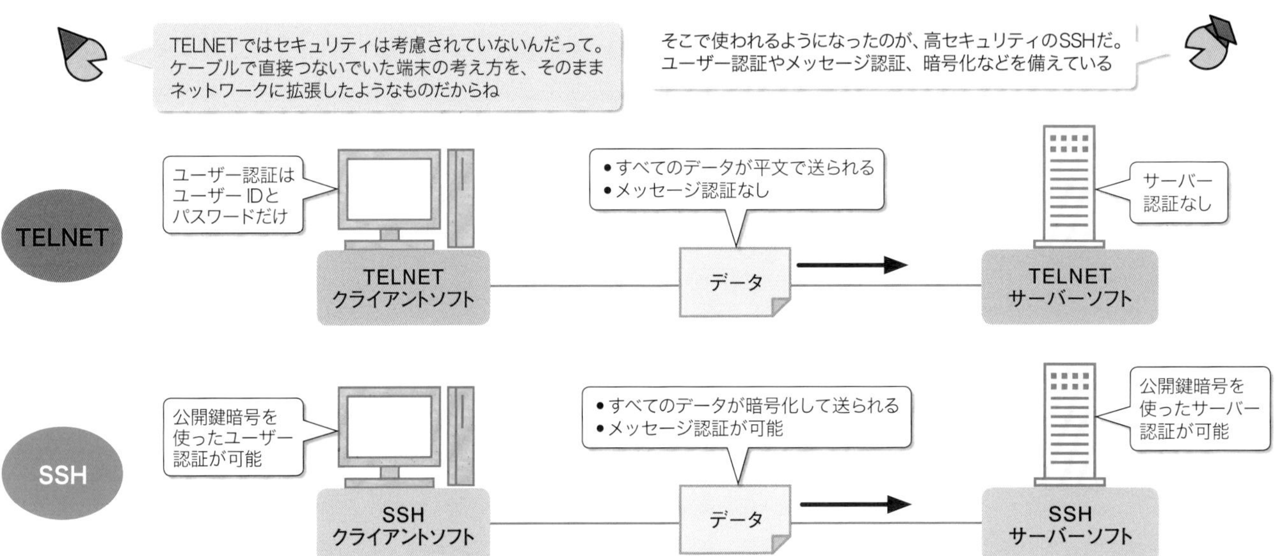

SSH：Secure SHell

図8 公開鍵を使ってサーバーを認証

SSHのサーバー認証の流れ。クライアントはサーバーから送られた公開鍵を使ってサーバーを認証する。

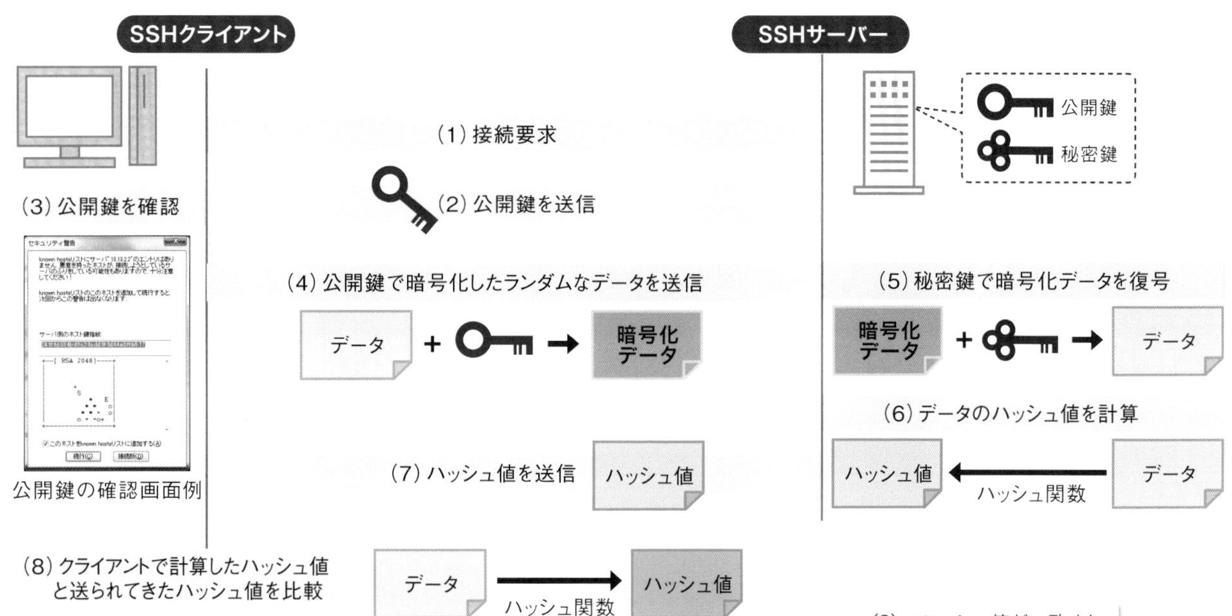

データと共通鍵を組み合わせてからハッシュ関数で計算してMACを生成する（図9（1））。これが鍵付きMACになる。そして、データとMACをサーバーに送信する（同（2））。

サーバーでは、受信したデータと共通鍵を組み合わせてMACを生成（同（3））。このMACとクライアントから送られてきたMACを比較し、一致していれば改ざんがなかったこと、および通信相手が正当なクライアントであると判断する（同（4））。データが改ざんされていないことに加えて、通信相手が正しい共通鍵を持っていないと、これらのMACは一致しないからだ。

図9 MACを使ってデータの改ざんを検知

SSHのメッセージ認証の流れ。事前に共有した共通鍵とデータを組み合わせて生成する鍵付きMAC（メッセージ認証コード）を使って改ざんを検知する。

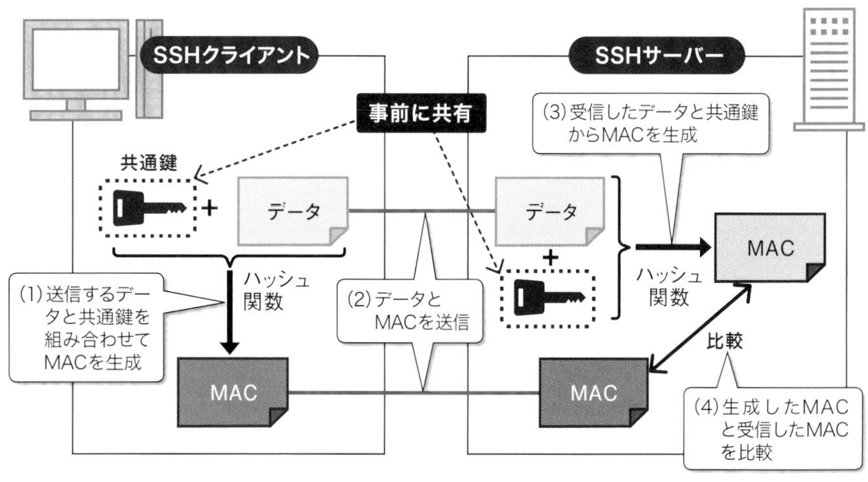

(4) でMACが一致するなら改ざんはないと判断できるよ。
同じ共通鍵を持っている正しい通信相手であることも確認できるね

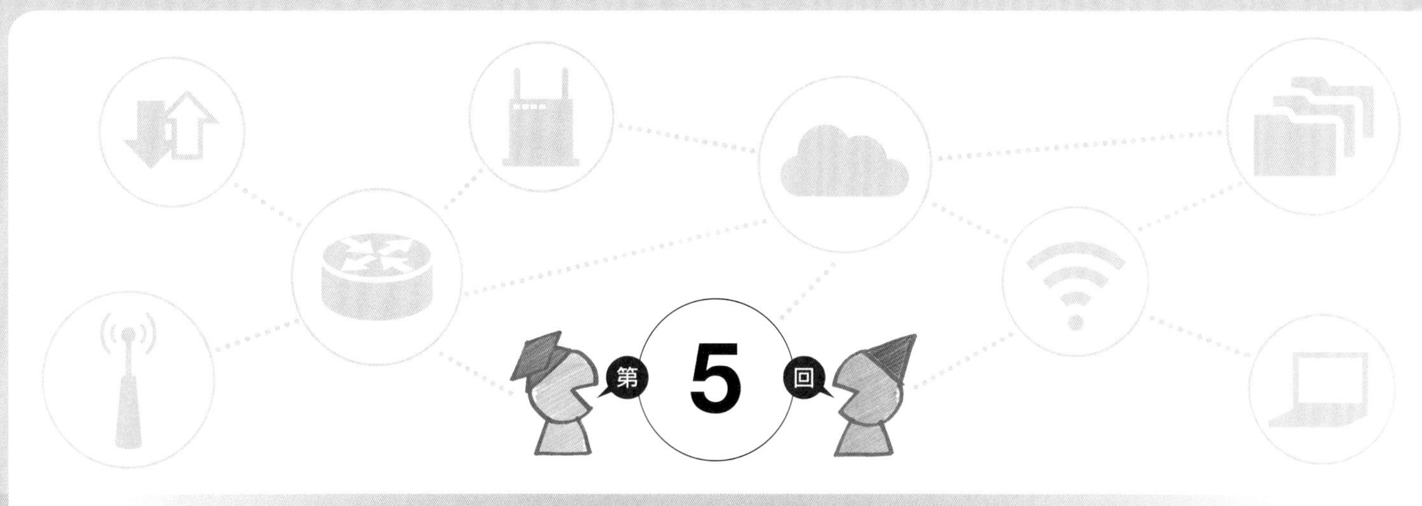

ディレクトリーサービスって何だろう？

今回は「ディレクトリーサービス」の話をしよう。

ディレクトリー？ Linuxで言うところのフォルダーですよね。フォルダーサービス？

ふむ、近いような遠いような。

ディレクトリー（directory）は「登録簿」や「住所録」といった意味であり、情報をまとめた記録といえる。

Linuxなどでは、ディレクトリーはファイルシステムの用語である。ハードディスクなどに保存されたファイルのサイズや名前、保存場所、IDなどを記録した特殊なファイルをディレクトリーと呼ぶ。複数のファイルや別のディレクトリーをグループ化するのに使われている。Windowsのフォルダーと同様に、複数のディレクトリーを入れ子にして階層構造にすることができる。

一方、ネットワークの用語であるディレクトリーサービスは、管

図1 ディレクトリーサービスでネットワーク上の資源（リソース）を管理

例えば、ファイルの保存場所をディレクトリーサーバーに登録しておけば、特定のファイルがどのファイルサーバーにあるのかがすぐに分かる。それぞれのファイルサーバーに問い合わせる必要がない。

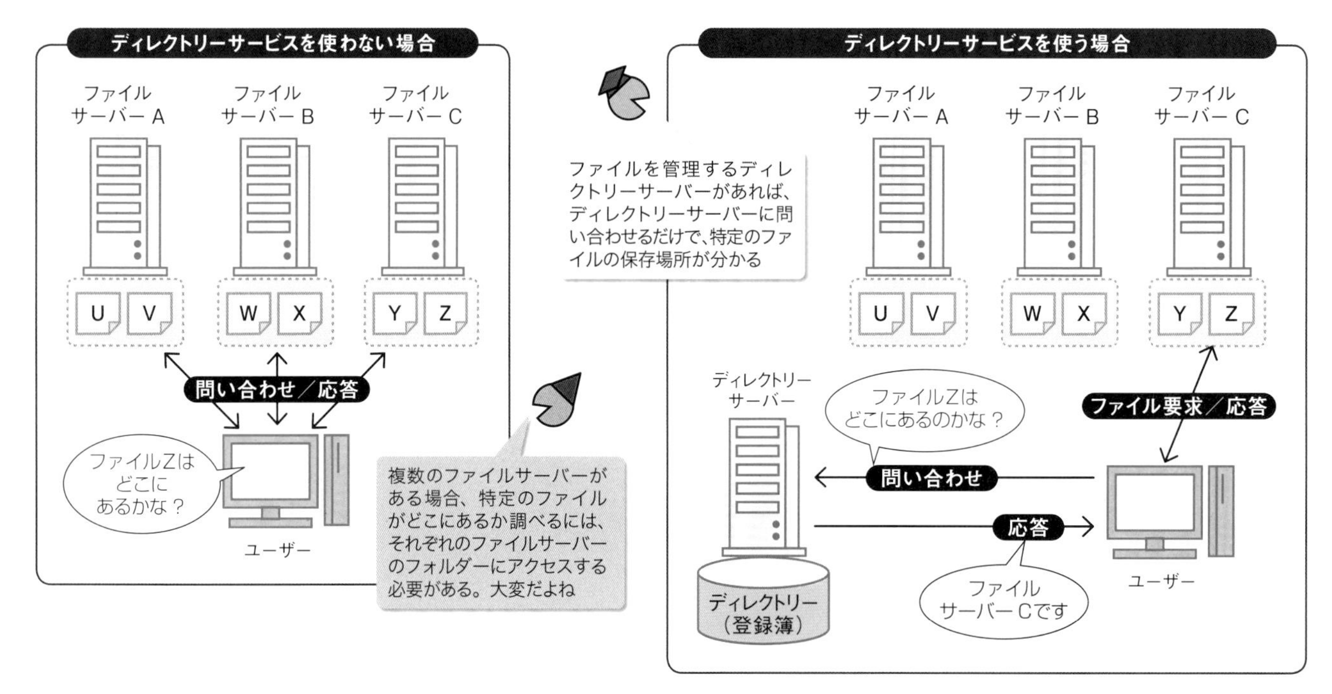

▼**DNS**
Domain Name Systemの略。
▼**ドメイン名前空間**
インターネットの資源（リソース）に付与されたIPアドレスやドメイン名のこと。
▼**X.500**
ディレクトリーサービスの標準規格のシリーズ。ITU-Tが策定した。ITU-Tは、国際連合の専門機関の1つであるITU（国際電気通信連合）の1部門。通信分野の標準策定を担当する電気通信標準化部門である。ITU-TはInternational Telecommunication Union Telecommunication Standardization Sectorの略。
▼**ディレクトリーサービスの構成要素**
DNSをディレクトリーサービスと考えた場合、リゾルバーがクライアント、DNSがディレクトリーアクセスプロトコル、DNSサーバーがディレクトリーサーバーに該当する。

理したい情報をまとめた登録簿（ディレクトリー）を作り、それに対する問い合わせ（検索）、変更、削除を可能にするサービスである。

ネットワーク資源を一元管理

例えば、ネットワークに存在するファイルを一元管理できる（図1）。ネットワークに複数のファイルサーバーがある場合、特定のファイルを探すにはそれぞれのファイルサーバーに問い合わせる必要がある。

だが、ファイルのディレクトリーを作成しておけば、それを調べるだけで特定のファイルの保存場所が分かる。それぞれのファイルサーバーに問い合わせる必要はない。ディレクトリーを管理するサーバーはディレクトリーサーバーと呼ぶ。

ディレクトリーは、特定のデータを収集して管理する。この点ではデータベースと同じだ。ただ、データベースは情報の追加や更新が主な役割であるのに対して、ディレクトリーは検索が主な役割である。

代表的なディレクトリーサービスの1つがDNS✐である（図2）。DNSでは、ドメイン名やIPアドレスといった資源（リソース）を管理する。

DNSにおいてディレクトリーに該当するのがドメイン名前空間✐だ。ディレクトリーサーバーに当たるのがDNSサーバーになる。

図2 DNSもディレクトリーサービスの1つ

名前解決に使用するDNSは代表的なディレクトリーサービスである。ディレクトリーがドメイン名前空間、ディレクトリーサーバーがDNSサーバーに該当する。複数のDNSサーバーが階層構造になって、インターネット全体であるドメイン名前空間を分散管理する。

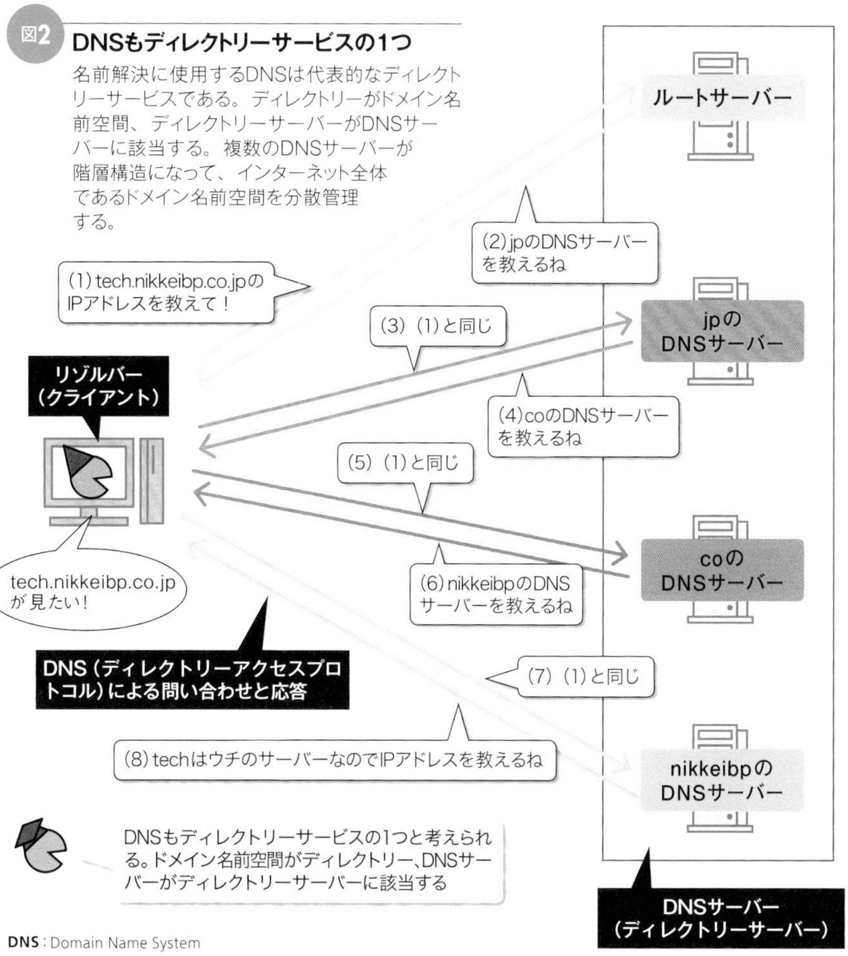

ルートサーバー
(2) jpのDNSサーバーを教えるね
(1) tech.nikkeibp.co.jpのIPアドレスを教えて！
(3) (1)と同じ
jpのDNSサーバー
リゾルバー（クライアント）
(4) coのDNSサーバーを教えるね
(5) (1)と同じ
coのDNSサーバー
tech.nikkeibp.co.jpが見たい！
(6) nikkeibpのDNSサーバーを教えるね
DNS（ディレクトリーアクセスプロトコル）による問い合わせと応答
(7) (1)と同じ
(8) techはウチのサーバーなのでIPアドレスを教えるね
nikkeibpのDNSサーバー
DNSもディレクトリーサービスの1つと考えられる。ドメイン名前空間がディレクトリー、DNSサーバーがディレクトリーサーバーに該当する
DNSサーバー（ディレクトリーサーバー）

DNS：Domain Name System

なじみのあるDNSもディレクトリーサービスの1つだと聞くと、身近に感じますね。

DNSの仕組みを考えると、ディレクトリーサービスを理解しやすいぞ。

ディレクトリーサービスには、X.500✐という標準規格がある。ディレクトリーサービスの構成要素✐としては、ディレクトリー、ディレクトリーサーバー、ディレクトリーサーバーにアクセスして検索などを行うクライアント、クライアントとサーバー間の通信プロトコルが挙げられる。通信プロトコルはディレクトリーアクセスプロトコルと呼ばれる。

木構造で表す

ディレクトリーサービスでは、情報は「木構造（ツリー構造）」で保持される（次ページの図3）。木構造はDNSのドメイン空間でも使われている、親子関係を持つデータの配置方法である。

ディレクトリーサービスの木構

▼**ユーザークラス**
ユーザーの情報を定義するオブジェクトクラスのこと。

図3 ディレクトリーサービスは「木構造」を使う
ディレクトリーサービスでは、情報は「木構造(ツリー構造)」で保持される。DNSのドメイン名前空間と同じである。ディレクトリーサービスの木構造は、大元の「根」となるルート、「節」となるノード、末端の「葉」となるリーフで構成される。

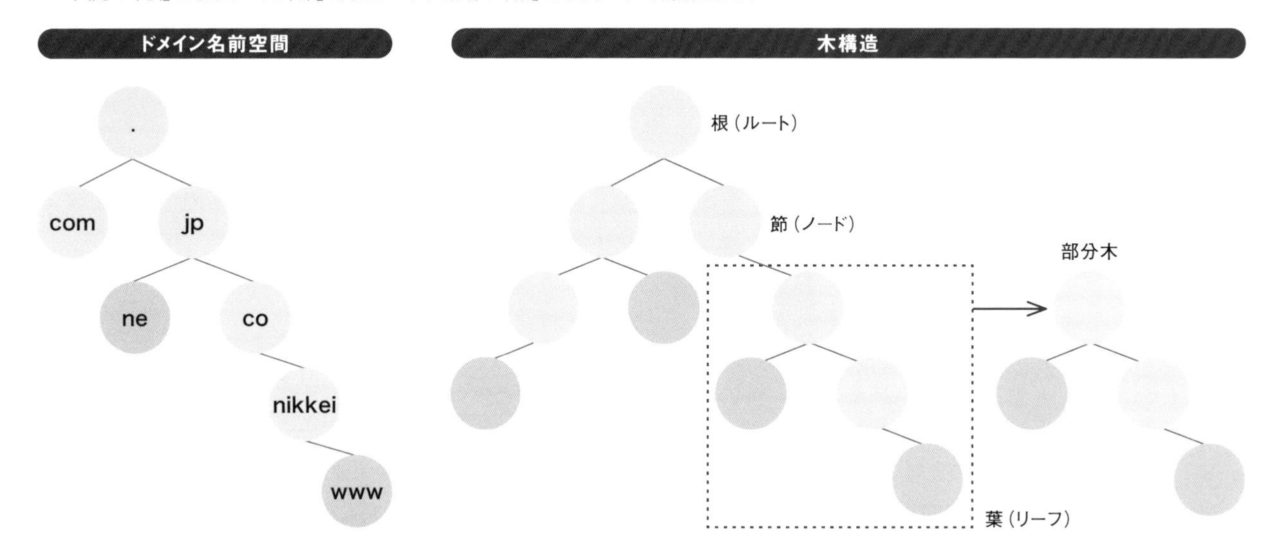

DNSのドメイン名前空間で使われている情報の配置構造を「木構造」と呼びます。ディレクトリーサービスでもこれを使っています

木構造の一部分を取り出して別の木と見なすことを「部分木」と呼ぶ

図4 オブジェクトとエントリー
ディレクトリーサービスで扱う情報の種類は「オブジェクト」と呼び、「オブジェクトクラス」で定義された属性で表現される。属性に実際の値(属性値)を入れた情報が「エントリー」になり、木構造に格納される。

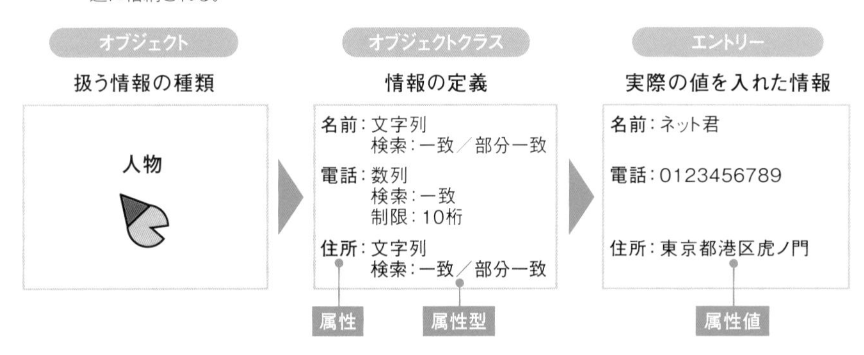

ディレクトリーサービスで使う情報(オブジェクト)はオブジェクトクラスで定義される。オブジェクトクラスの属性に実際の値を入れたものがエントリーになって木構造に格納される

造は、大元の「根」となるルート、「節」となるノード、末端の「葉」となるリーフで構成される。

また、ディレクトリーサービスでは、扱う情報の実体を「オブジェクト」と呼ぶ。実際のファイルやユーザーなどのリソースが該当する。オブジェクトの名前や所在地といった情報は「属性」という。オブジェクトを表すのに必要な属性の種類は「オブジェクトクラス」と呼び、オブジェクトごとに定義される。

オブジェクトクラスの属性に実際の値を入れたものが「エントリー」であり、これが木構造のリーフやノードに格納される。

例えば「人物」というオブジェクトを考える(**図4**)。このオブジェクトをディレクトリーに格納する場合、「名前・電話番号・住所」などを持つユーザークラスを作成し、実際の値を入れる。

これにより、特定の人物を表す「ネット君・0123456789・東京都港区虎ノ門」というエントリーが出来上がる。

属性の取り得る値や検索条件は

▼C
Countryの略。
▼CN
Common Nameの略。
▼O
Organizationの略。
▼OU
Organization Unitの略。
▼RDN
Relative Distinguished Nameの略。
▼DN
Distinguished Nameの略。
▼FQDN
Fully Qualified Domain Nameの略。日本語では「完全に指定されたドメイン名」や「完全に限定されたドメイン名」などと訳される。「絶対ドメイン名」と呼ばれることもある。
▼LDAP
Lightweight Directory Access Protocolの略。ディレクトリーサービスで管理しているリソース情報にアクセスするための標準的なプロトコル。
▼DAP
Directory Access Protocolの略。
▼IETF
Internet Engineering Task Forceの略。インターネット技術の標準化を推進する任意団体。
▼TLS
Transport Layer Securityの略。

「属性型」、属性に当てはめる実際の値は「属性値」と呼ぶ。

よく使われる属性としては、国名を表す「C✒」、一般名を表す「CN✒」、会社・組織名を表す「O✒」、会社・組織単位名を表す「OU✒」がある(図5)。

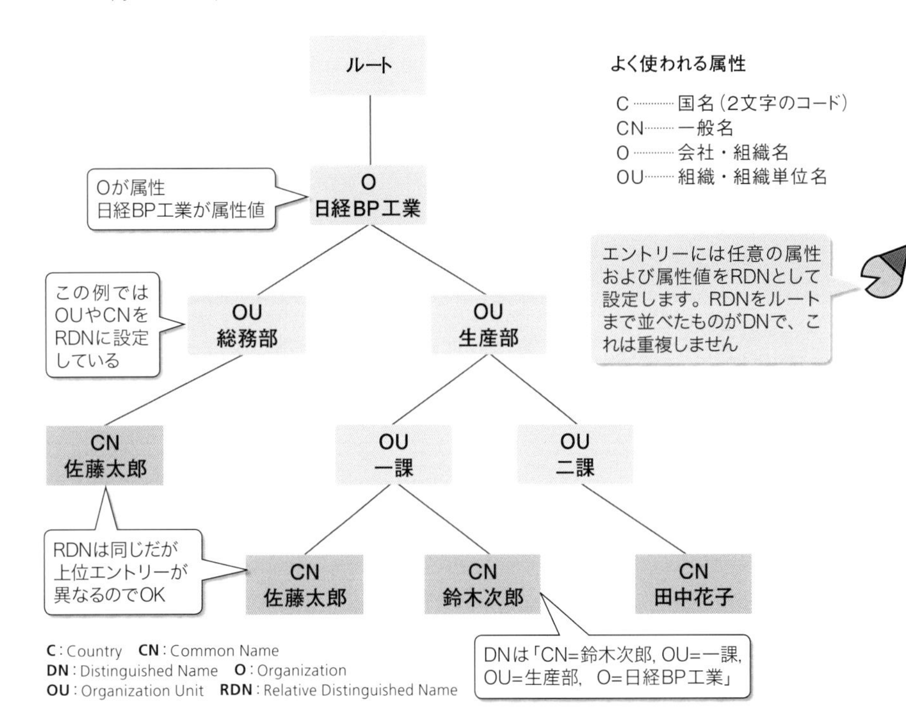

図5 相対識別子(RDN)と識別子(DN)

ディレクトリーサービスの木構造の例。ノードやリーフに格納されるエントリーには1つあるいは複数の属性および属性値(属性=属性値)が含まれる。このうちのどれか1つあるいは組み合わせを相対識別名(RDN)として設定する。RDNをルートまで羅列したものは識別名(DN)と呼ばれ、同一のディレクトリーサービスでは一意となり重複しない。

上位が違えば同じRDNでもOK

前述のようにディレクトリーサービスは木構造で情報を表す。ノードやリーフには、属性および属性値のエントリーが格納される。

エントリーには1つあるいは複数の属性および属性値を識別用の属性として設定する。これを相対識別名(RDN✒)と呼ぶ。

上位のエントリーが同じ場合、同じRDNを付けることはできない。一方、上位のエントリーが異なれば、同じRDNでも問題ない。WindowsのフォルダーやLinuxのディレクトリーと同じイメージである。

そして、この相対識別名をルートからすべてつなげたものを識別名(DN✒)と呼ぶ。DNは同一のディレクトリーでは重複しない一意の値になる。例えば図5では、鈴木次郎さんのDNは「CN=鈴木次郎, OU=一課, OU=生産部, O=日経BP工業」になる。

はー、DNSのドメイン名みたいな感じですね。

そうだな。書き方は違うが、RDNはドメイン名、DNはFQDN✒だな。

TCP/IPではLDAPを使う

DNSもディレクトリーサービスの一種だが、一般的なTCP/IPのディレクトリーサービスでは、LDAP(エルダップ)✒というプロトコルが使われる。

LDAPは、X.500で規定されたディレクトリーアクセスプロトコルのDAP✒などを軽量化したプロトコル。IETF✒で標準化された。

使用するポートはTCPの389番。暗号化や認証が必要な場合はTLS✒を使う。TLSを使うLDAPは、LDAP over TLS(LDAPS)と呼び、TCPポート636番を使う。

LDAPを使えば、ディレクトリーに対して「認証」「検索」「比較」「更新」という4種類の操作が可能になる(次ページの図6)。

認証は、ディレクトリーへのアクセス許可をクライアントがディレクトリーサーバーに求める操作。認証の際、クライアントからはBindというメッセージを使って、ユーザーのDNとパスワードを送る。LDAPではパスワードは暗号化されない。信用できないネットワークを経由する場合にはLDAPSを利用したほうがよい。

図6 **LDAPではディレクトリーに対して4種類の操作が可能**

一般的なディレクトリーアクセスプロトコルであるLDAPを使えば、ディレクトリーサーバーに格納されたディレクトリーに対して、大きく4種類の操作が可能になる。

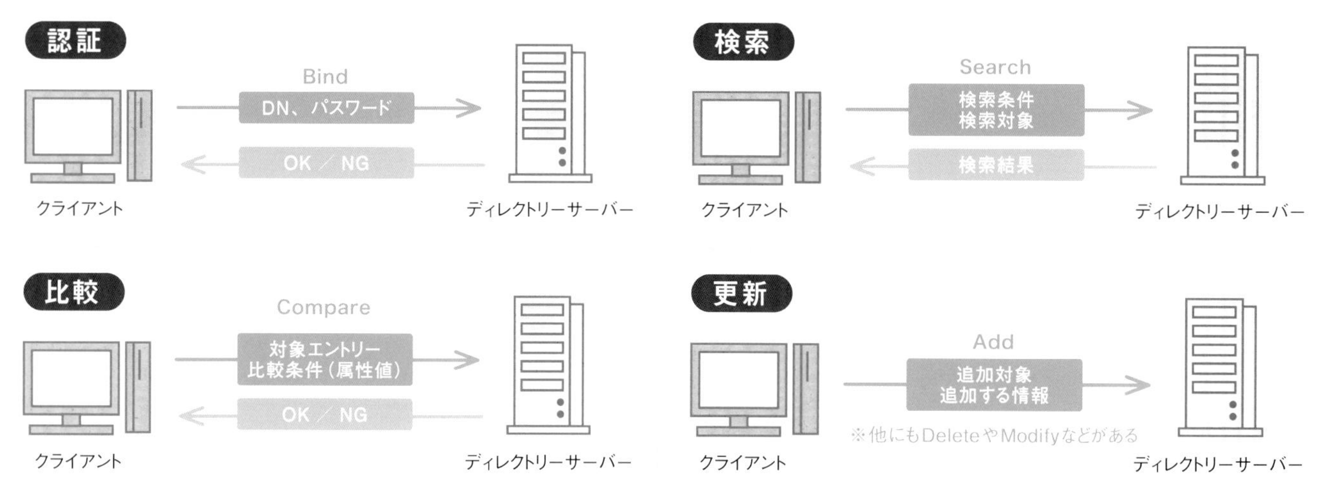

LDAPでは「認証」「検索」「比較」「更新」を実行できる。検索と比較がよく使われる。検索はエントリーが持つ属性や属性値の取得、エントリーの有無の問い合わせなどが可能だ

比較は、あるエントリーが特定の属性値を持つか調べられます。検索でも同様のことは可能ですが、比較は持つかどうかの情報しか返さず、役割が異なります

LDAP：Lightweight Directory Access Protocol

なお、匿名ユーザー（アノニマス）のアクセスをディレクトリーサーバーが許可している場合にはユーザー認証は不要。

検索は、ユーザーが必要とするエントリーをディレクトリーから取り出す操作。Searchメッセージで、検索したい属性と属性値を指定する。ディレクトリーサーバーは検索条件に合致するエントリーを返す。

検索条件を細かく指定することも可能だ。例えば、検索対象とする部分木や一致条件（完全一致、部分一致など）、読み出すエントリーの情報などを指定できる。

比較は、特定のエントリーに条件と一致する属性値があるかどうか調べる操作。Compareメッセージを使う。Searchと異なり、一致するかどうか（OKかNGか）しか返さない。

更新は、ディレクトリーに対して追加、削除、属性変更、DN変更など実施する操作である。例えば追加にはAdd、削除にはDelete、属性変更にはModifyを使う。

ディレクトリーの操作にはLDAPを使う、と。

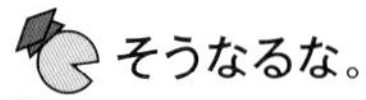

そうなるな。

んー、便利なのは分かりますけど、何に使われているんですか？

Windows環境を管理する

LDAPを使用したディレクトリーサービスで最も使われているのは、Windowsドメインで用いられているActive Directoryだ。

Windowsドメインは、ファイルやパソコン、ユーザーといったリソースをWindowsサーバーで管理する仕組みである。Windowsドメインでは、ディレクトリーサービスにActive Directoryを使用する。

Active Directoryでは、ディレクトリーサーバーをドメインコントローラーと呼ぶ。ドメインコントローラーが管理する範囲をドメインといい、ドメインのリソースに関する情報を収集してディレクトリーに保持する（図7）。

ドメインコントローラーが保持するエントリーの情報を書き換えることで、パソコンに特定の設定を強制したり、アクセス権を変更

図7 Active DirectoryはLDAPでドメインのリソースを管理

Windowsドメインで用いられるActive DirectoryはLDAPを使ったディレクトリーサービス。Windowsドメインは、ファイルやパソコン、ユーザーといったリソースをWindowsサーバーで管理する仕組みである。

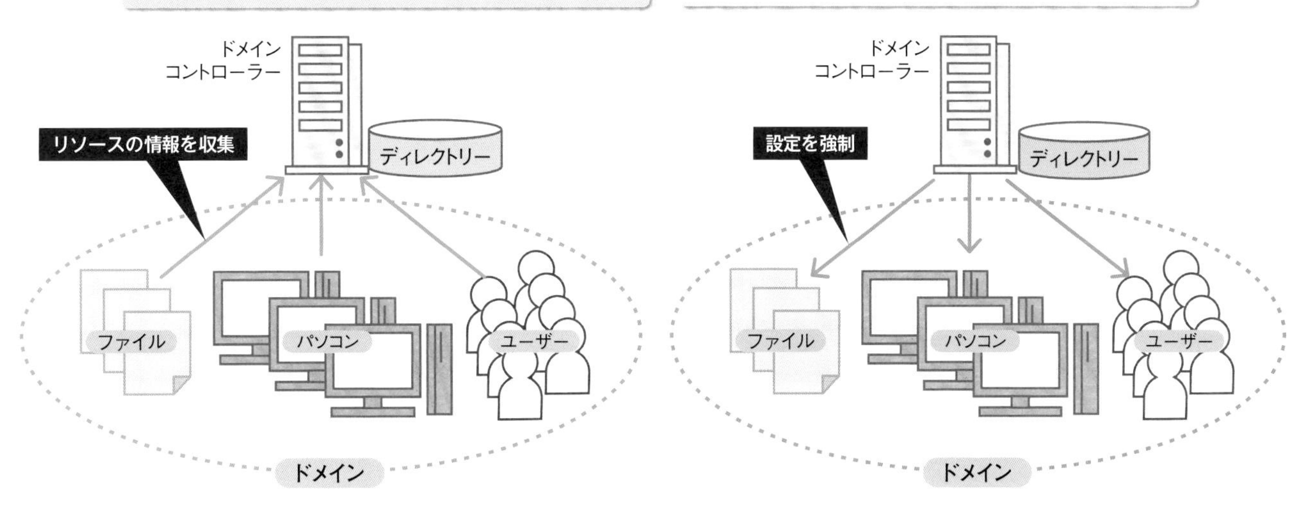

したりすることも可能である。

ドメインコントローラーはWindowsドメインの要といえる。このため通常は、障害に備えて複数台を同時に運用する。それぞれのドメインコントローラーはディレクトリーの内容を同期している。

また、ドメインは親子関係（上下構造）を持つことができる。親子関係を持つドメインの集合体はドメインツリーと呼ばれる（図8）。それぞれの部分木を管理するためにドメインコントローラーを配置する。

複数のドメインツリー同士に信頼関係を持たせて管理する形態はフォレストと呼ぶ。フォレスト内のドメイン同士は、リソースを共有できる。

図8 複数のドメインに親子関係を持たせる

ドメインは親子関係（上下構造）を持つことができる。親子関係を持つドメインの集合体はドメインツリーと呼ぶ。

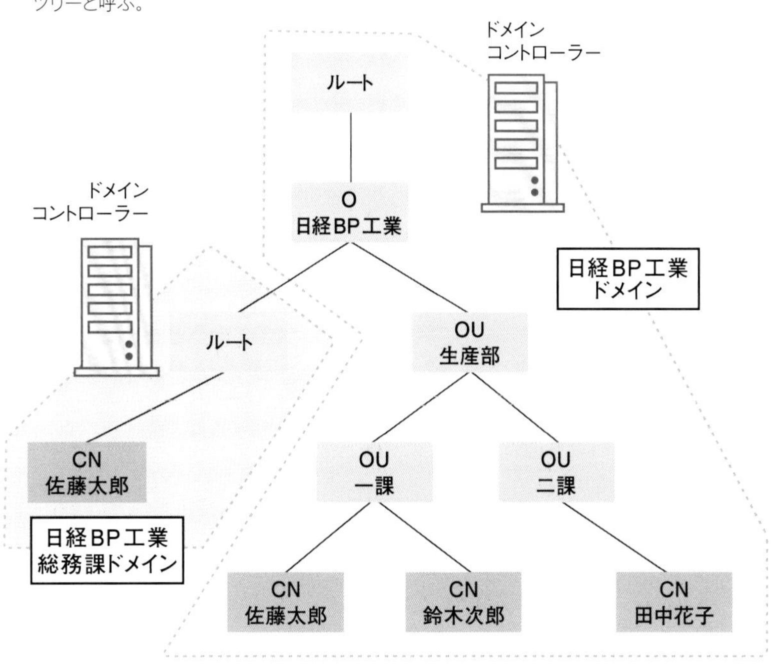

Active Directoryでは、ドメインに親子関係を持たせて運用できる。これをドメインツリーと呼ぶ。ドメインツリー内の各ドメインは、リソースの情報をやりとりできる

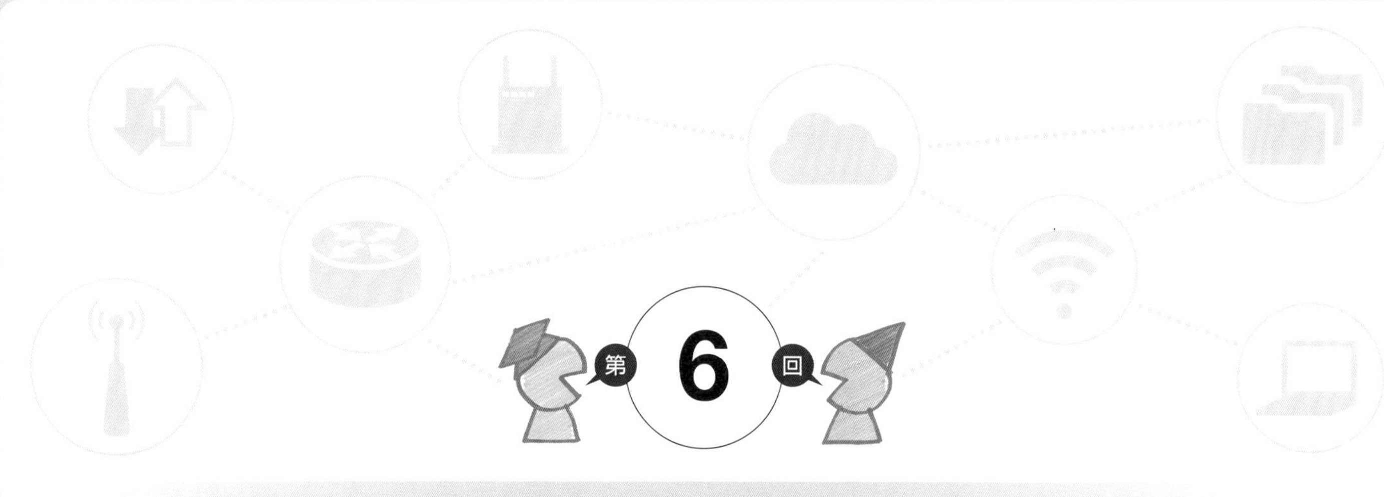

FTPって面白い？

今日はファイル転送のプロトコル「FTP」を解説しよう。

今さらFTPですか？ レガシーというか時代遅れというか。

いやいや。まだ使われているし、面白い特徴があるのでプロトコルの勉強になるぞ。

ネットワークを構築する目的は、物理的に離れているコンピューターがリソース（資源）を共有できるようにすることだ。

リソースの共有方法の1つがリモート接続である。ネットワークを経由して離れた場所にあるコンピューターに接続し、そのコンピューターのCPUやメモリー、周辺機器を利用する。この場合、接続する側はローカル、接続される側はリモートと呼ばれる。

リモート接続のプロトコルとしてはTELNET（テルネット）が挙げられる。TELNETではローカルのコンピューターから送ったコマンドでリモートのコンピューターを操作し、その結果をローカルに表示させる。

ファイル転送もリソース共有の代表例だ。ローカルにあるファイルをリモートに、あるいはリモートにあるファイルをローカルに送信することでファイルを共有する。一般的に前者はアップロード、後者はダウンロードと呼ばれる。ファイル転送の代表的なプロトコルがFTPである。

2本のコネクションを使う

FTPの特徴は、2本のTCPコネクションを使うことだ。1本は制御コネクション、もう1本は

図1 2本のTCPコネクションを同時に使う

FTPの特徴は2本のTCPコネクションを同時に使うこと。そのためにサーバー側で使用するポートを2つ指定している。

2つのポートを指定するプロトコルのほとんどは、クライアントとサーバーそれぞれで使うポートを指定しているよね。目的も異なる。例えばSNMPならUDP 162番はエージェントからのトラップ、UDP 161番はマネジャーからのポーリングに使うよ

FTPはサーバーへの制御コネクションに使うTCP 21番と、クライアントへのデータコネクションに使うTCP 20番の2つが指定されている。他のプロトコルと異なるのは2つともサーバーのポートだってところだな

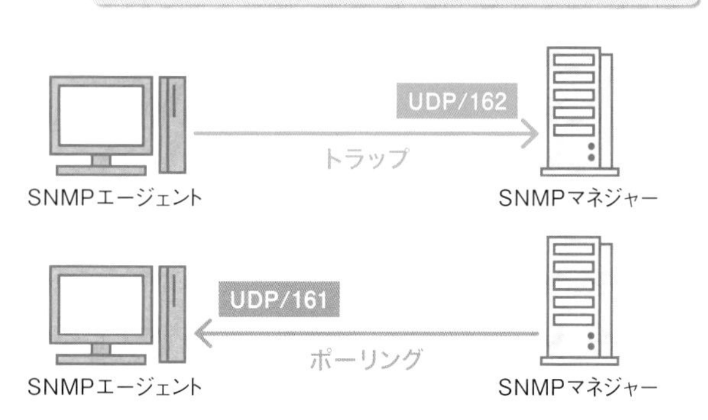

FTP：File Transfer Protocol　**SNMP**：Simple Network Management Protocol
TCP：Transmission Control Protocol　**UDP**：User Datagram Protocol

▼FTP
File Transfer Protocolの略。
▼TELNET
リモート接続のプロトコルの1つ。TCP 23番ポートを使用する。
▼TCPコネクション
TCPはTransmission Control Protocolの略。ここでのコネクションとは、相手と通信が可能であるという状態を指す。通信前にこの状態を確立して維持し、終了時に開放する。
▼制御コネクション
コントロールコネクションとも呼ぶ。
▼SNMP
Simple Network Management Protocolの略。ネットワーク管理に使用するプロトコル。
▼UDP
User Datagram Protocolの略。
▼DHCP
Dynamic Host Configuration Protocolの略。パソコンなどの端末にIPアドレスといった通信に必要な情報を設定するプロトコル。
▼トラップ
SNMPエージェント側の機器類に異常が検出された場合に、自動的にSNMPマネジャーへエラー情報（アラート）を通知する機能。SNMPトラップとも呼ばれる。
▼ポーリング
SNMPマネジャーからSNMPエー

データコネクションである。制御コネクションはTCP 21番ポート、データコネクションはTCP 20番ポートを使用する。

使用するポートを複数指定すること自体は珍しくない。例えばSNMPはUDP 161番とUDP 162番、DHCPはUDP 67番とUDP 68番を使用する。

これらのプロトコルはクライアント（エージェント）とサーバー（マネジャー）のそれぞれで使用するポートを指定している。

SNMPではSNMPマネジャーがUDP 162番ポート、SNMPエージェントがUDP 161番を使う（図1）。SNMPエージェントからSNMPマネジャーにエラー情報を送信するトラップではUDP 162番宛てに情報が送られる。SNMPマネジャーからSNMPエージェントにリクエストを送信するポーリングはUDP 161番を使う。つまりポート番号を変えることで、エージェント宛ての情報か、マネジャー宛てのデータなのかを区別できるようにしている。

DHCPも同様だ。DHCPサーバーはUDP 67番、DHCPクライアントはUDP 68番を使う。DHCPクライアントからDHCPサーバーへのデータはUDP 67番宛て、DHCPサーバーからDHCPクライアントへのデータはUDP 68番宛てに送られる。

図2 **PIとDTPの2つの機能で構成される**

FTPはプロトコルインタープリター（PI）とデータ転送プロセス（DTP）と呼ばれる2種類の機能で構成される。それぞれの機能がTCPコネクションを張るため、FTPでは2本のTCPコネクションが必要になる。

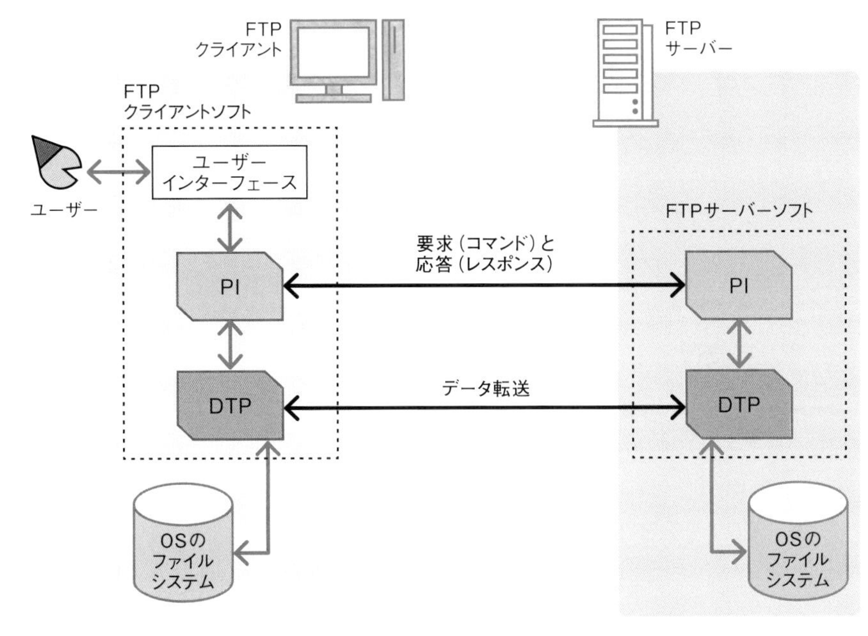

DTP：Data Transfer Process
PI：Protocol Interpreter

FTPはPIとDTPから成り立っているよ。PIはFTPの制御を担い、DTPはデータ転送やファイルアクセスを担っている。FTPクライアント側にはユーザーが操作するインターフェースがあるよ

一方FTPは、サーバー側でTCP 21番ポートとTCP 20番ポートの両方を使用し、2本のTCPコネクションを同時に張る。

このようなプロトコルは、主要なTCP/IPプロトコルではFTPだけである。

2本のTCPコネクションを使うんですか。1本が送信用で、もう1本が受信用ってわけじゃないですよね？

TCPコネクションは双方向なので1本で送受信できるぞ。それぞれ異なる役割を担っているのだ。

PIとDTPから成り立つ

FTPが2本のTCPコネクションを使うことを理解するには、FTPを構成する2つの機能を知る必要がある。FTPはプロトコルインタープリター（PI）とデータ転送プロセス（DTP）と呼ばれる2種類の機能で構成される。

PIはFTPの制御を担う機能である。FTPクライアントとFTPサーバーの間でファイル転送を要求したり応答したりする（図2）。

PIとDTPはいずれもクライアントとサーバーの両方に実装されている。クライアント側のPIは、

ジェントへ定期的に送信する問い合わせのこと。

▼PI
Protocol Interpreterの略。

▼DTP
Data Transfer Processの略。

▼ファイルシステム
記憶装置に保存されたファイルなどのデータを操作するための機能。OSが提供する。

図3 FTPクライアントが送信するコマンドの例

FTPクライアントのPIが送信するコマンド(FTPコマンド)は「認証」「切断・中断」「ファイル転送」「データコネクション」「ディレクトリーリスト」に大別できる。

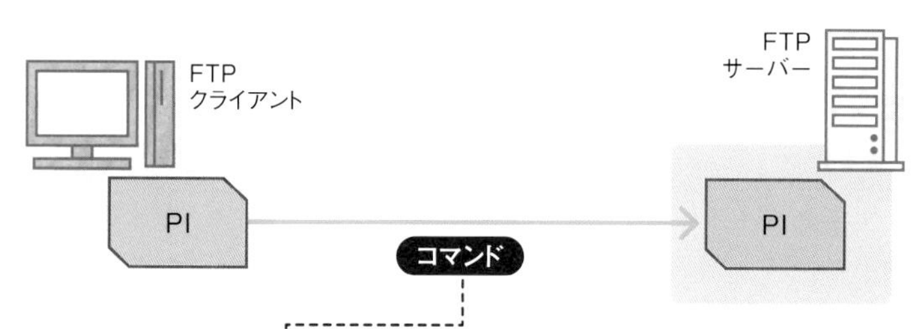

分類	コマンド	内容
認証	USER	ユーザー IDの送信
	PASS	パスワードの送信
切断・中断	QUIT	制御コネクションの切断
	ABOR	ファイル転送の中断
ファイル転送	RETR (ファイル名)	指定したファイルのアップロード
	STOR (ファイル名)	指定したファイルのダウンロード
データ コネクション	PORT (ポート番号)	データ転送のポートの指定
	TYPE (ファイルの種類)	転送するファイルの種類の指定
	PASV	パッシブモードへの移行
ディレクトリー リスト	CWD (ディレクトリー名)	ワーキングディレクトリーの変更
	PWD	ワーキングディレクトリー名の表示
	MKD	ディレクトリーの作成
	LIST	ワーキングディレクトリーにあるファイル一覧の表示

FTPクライアントソフトに入力されたコマンドを要求としてサーバー側のPIに送信。受信したサーバー側のPIはそれに対する応答(レスポンス)を返す。

一方のDTPはOSのファイルシステムにアクセスして、特定のファイルやフォルダーを参照したり、作成・削除・変更したりする機能を備えている。つまりファイルの操作や転送はPIが指示し、実際のファイル操作や転送はDTPが行うことになる。

FTPではクライアントとサーバーのPI同士とDTP同士がそれぞれTCPコネクションを張る。このため2本のTCPコネクションが必要なのだ。PIとDTPのコネクションを張るために使われるサーバーのポートが、それぞれTCP 21番とTCP 20番なのである。

図4 FTPサーバーが送信するレスポンスコードの例

FTPクライアントから送られたコマンドに対して、FTPサーバーのPIはその可否などを3桁のレスポンスコードで返す。レスポンスコードの1桁目と2桁目の数字には意味がある。

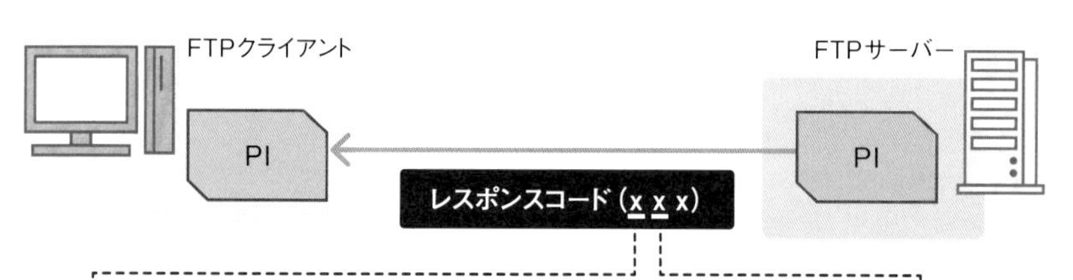

PI同士はコマンドとレスポンスコードをやりとりする。3桁の数字には意味がある。例えばパスワードを要求するレスポンスコードの「331」は、認証・アカウントに関係して、次のコマンドを送る必要があるという意味になる

1桁目	レスポンスの種類	内容
1xx	肯定先行	動作は正常。次のレスポンスを待つ必要がある
2xx	肯定完了	動作は正常に完了
3xx	肯定中間	動作は正常。次のコマンドを送る必要がある
4xx	一時否定完了	コマンド不受理。一時的なエラー
5xx	否定完了	コマンド不受理。恒久的なエラー

2桁目	該当する項目	内容
x0x	構文	コマンドの構文エラーなど
x1x	情報	状態やヘルプなどの情報要求への応答
x2x	コネクション	コネクションに関する応答
x3x	認証・アカウント	ログインとアカウントに関する応答
x5x	ファイルシステム	サーバーのファイルシステムに関する応答

▼平文で送られる
この問題を解消するために、FTPで送受信するデータをTLSで暗号化するFTPS（File Transfer Protocol over SSL/TLS）というプロトコルが開発された。RFC 4217などで標準化されている。

PIとDTPは異なるTCPコネクションを張るため、ファイル転送の途中であっても、コマンドやレスポンスをやりとりできる。

コマンドは多種多様

前述のようにクライアントのPIはサーバーのPIへコマンドを送信する。コマンドは「認証」「切断・中断」「ファイル転送」「データコネクション」「ディレクトリーリスト」に大別できる（**図3**）。

認証はユーザーIDとパスワードでクライアント認証を実施するためのコマンドである。ユーザーIDを送信する「USER」やパスワードを送信する「PASS」が該当する。なおFTPではパスワードが暗号化されず平文で送られる✐ので注意が必要だ。盗聴される恐れがある。

切断・中断のコマンドには、制御コネクションを切断する「QUIT」、ファイル転送を中断する「ABOR」がある。QUITはデータコネクションが確立していたらそれも切断する。このためQUITは制御コネクションの切断というより「FTPの終了」と言ったほうが分かりやすいだろう。

ファイル転送は指定したファイルをダウンロードあるいはアップロードするためのコマンドである。「RETR」や「STOR」などが該当する。これらのコマンドが成功すると、DTP同士がデータコネクションを確立することになる。

データコネクションはその名の通りデータコネクションに関するコマンドだ。データコネクションで使うクライアント側のポートを指定する「PORT」や転送するファイルの種類を指定する「TYPE」などがある。

ディレクトリーリストはディレクトリーの操作に関するコマンド

図5 制御コネクションの確立から切断までの流れ

FTPでは最初に制御コネクションを確立する。データ転送が要求されるとデータコネクションが別に張られてデータを転送。データ転送が終了するとレスポンスコード226を送信する。

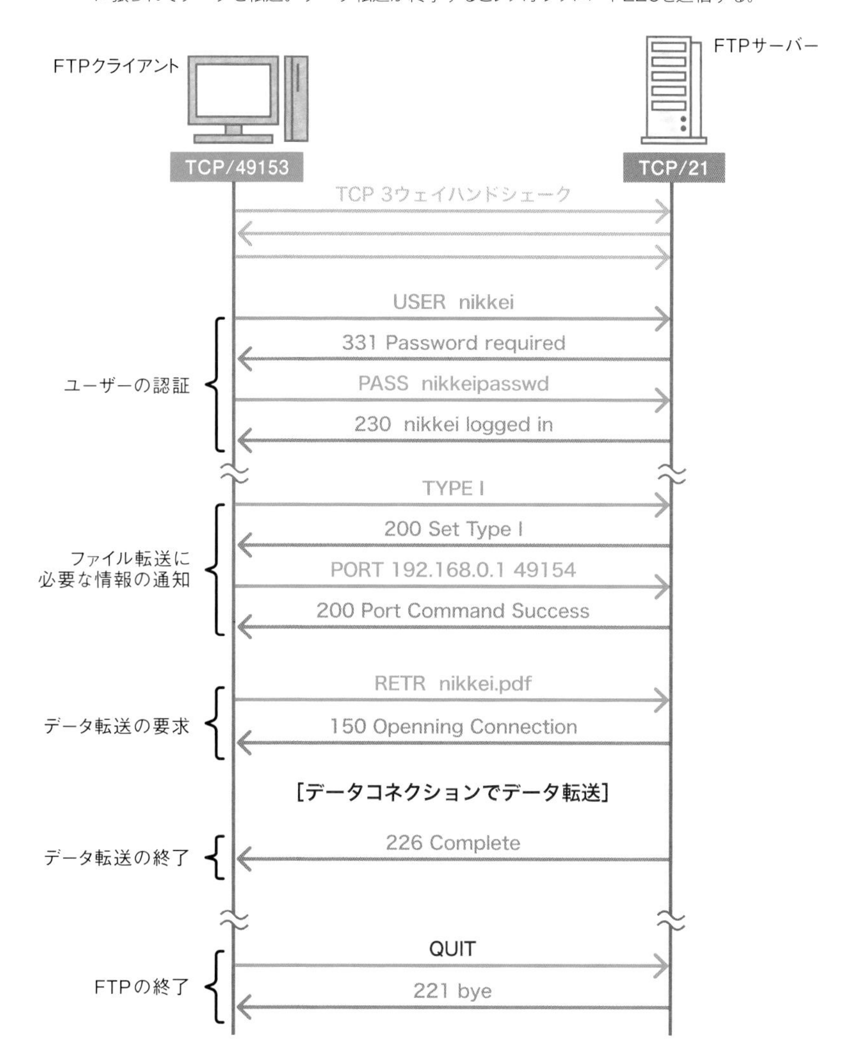

FTPはクライアントからサーバーのTCP 21番ポートへの3ウェイハンドシェークから始まるよ。クライアントのポート番号は任意だよ。その後、USERとPASSコマンドでユーザーIDとパスワードを送信して認証する。これらは暗号化されていないので注意が必要だよ

FTPを終了するときはQUITコマンドを送信する。なおレスポンスコードの後ろの文字列は単なる識別用でFTPサーバーによって異なる

▼ワーキングディレクトリー
カレントディレクトリーとも呼ぶ。
▼レスポンスコードだけ
レスポンスコードの意味を説明する文字列も送られるが補助的なものであり、FTPサーバーによって異なる。
▼3ウェイハンドシェーク
TCPなどにおいてコネクションを確立するために送信側と受信側で行われる3回のやりとりのこと。

群である。現在のディレクトリー(ワーキングディレクトリー✐)を変更する「CWD」やワーキングディレクトリーを表示する「PWD」、ディレクトリーを作成する「MKD」、ディレクトリーに存在するファイルのリストを要求する「LIST」などがある。なお、ファイルのリストはデータコネクションで送られるので、ファイル転送のコマンドと同様にデータコネクションを確立する。

一方、コマンドを送られたサーバーのPIはその応答としてレスポンスコードと呼ばれる3桁の数字を返す。データはDTPでやりとりするので、サーバーのPIはレスポンスコードだけ✐を送信する。

レスポンスコードの1桁目と2桁目の数字には意味がある(p.56の**図4**)。1桁目はレスポンスの種類を表す。この数字でコマンドが正常に処理されたのかエラーになったのか、次の動作をどうするかなどが分かる。2桁目はどの項目についての応答なのかを表す。

例えばクライアントにパスワードを要求する「331」は、認証・アカウントに関係し、次のコマンドを要求するレスポンスコードであることが数字から分かる。

また、クライアントから送られたQUITコマンドに対して返す「221」はコネクションに関係し、正常に完了したことを表す。

図6 データコネクションの確立から切断までの流れ

制御コネクションでファイルやリストの転送が要求されるとデータコネクションが別に張られてデータを転送。データ転送が終了すると制御コネクションでデータ転送の終了(レスポンスコード226)を送信する。

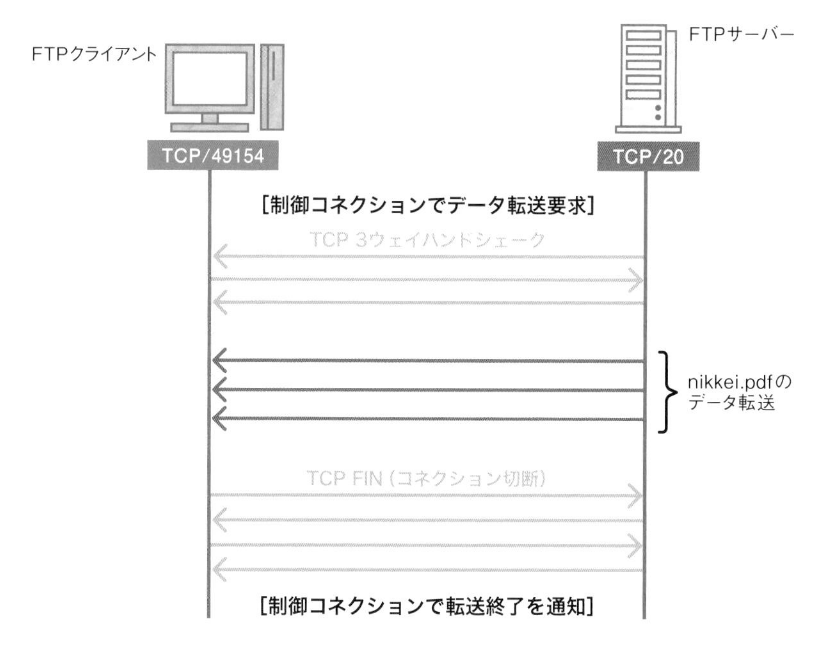

ファイルの転送をPIで指示するとデータコネクションが確立される。データコネクションはファイル転送が指示されるごとに確立されて終了すると切断されるのがポイントだ。一方、制御コネクションはすべてのファイル転送が終了するまで確立されている

ハンドシェークから始まる

次にFTPの基本的な流れを見ていこう。FTPは制御コネクションを確立することから始まる(前ページの**図5**)。FTPではまず、クライアントがサーバーのTCP 21番ポートにアクセスし、3ウェイハンドシェーク✐を行ってTCPコネクションを張る。

その後、USERおよびPASSコマンドを使ってクライアントを認証する。それからTYPEやPORTを使ってデータ転送に必要な情報を通知してから、ファイルやディレクトリーリストといったデータ転送を要求する。

するとDTPはデータ転送のためのデータコネクションを確立する(**図6**)。FTPサーバーはTCP 20番ポートから、PORTコマンドで指定されたFTPクライアントのポート(図6ではTCP 49154番ポート)にアクセス。TCPの3ウェイハンドシェークの後、要求されたファイルやリストを送信する。

送信後、データコネクションを切断し、データ転送の終了を通知するレスポンスコード226を制御コネクションで送信する。

以上のように、データコネクションはファイルやリストを1回送信するごとに接続して切断される。一方、制御コネクションはQUITコマンドが送られるまで接続され続ける。

ファイアウオールを越える工夫

FTPを利用する際の注意点は、データコネクションがサーバー側から張られるということだ。FTPクライアントがファイアウオールの内側にある場合、制御コネクションは問題なく張れるが、データコネクションは外部からの接続になるので遮断されてしまう(図7上)。このままではコマンドは送信できるがデータは転送できない。

ファイアウオールでパケットフィルタリングのルールを動的に変更すれば回避できるが、もっと簡単なのがFTPのパッシブモードを利用することだ。

FTPサーバーのTCP 20番ポートからデータコネクションを確立する通常のモードはアクティブモードと呼ばれる。それに対してパッシブモードではFTPクライアントからデータコネクションを確立する。この場合、制御コネクションと同様に内部から外部へコネクションを張ることになるので、ファイアウオールで遮断されない。

パッシブモードに移行するには、FTPクライアントからPASVコマンドを送信する(同下)。そのレスポンスとしてFTPサーバーはレスポンスコード「227」とともに、データコネクションを待ち受けるポート番号を通知する(図7ではTCP 2000番)。FTPクライアントは通知されたポートに対してデータコネクションを確立する。

図7 パッシブモードではクライアントからデータコネクションを張る

通常、データコネクションはFTPサーバーから張るので、ファイアウオールがあると確立できない。パッシブモードに切り替えるとFTPクライアントからデータコネクションを張るのでファイアウオールを越えられる。

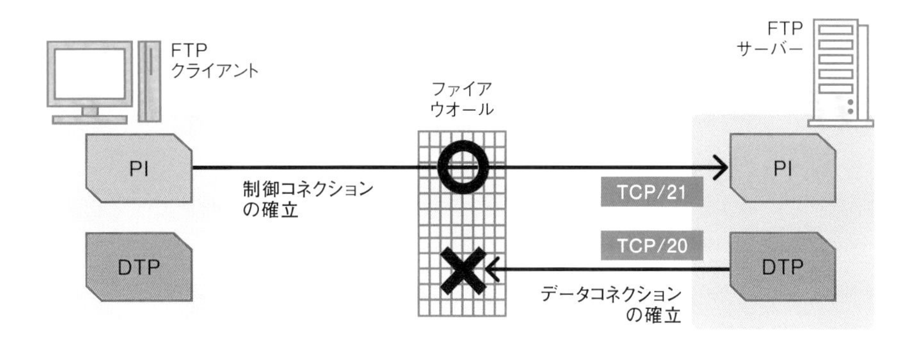

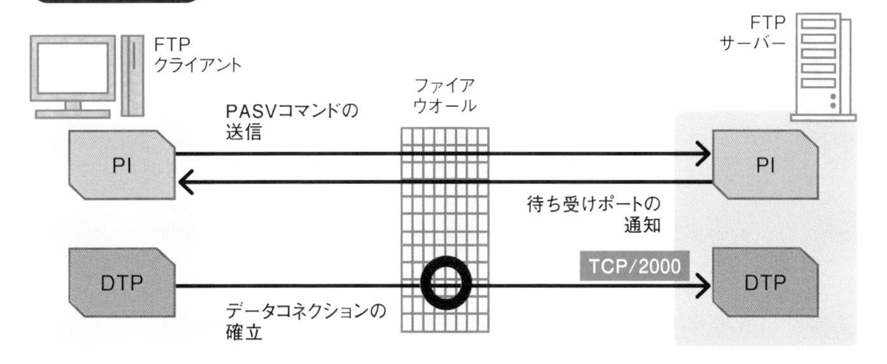

アクティブモードではサーバー側からデータコネクションを確立する。このためクライアントとサーバー間にファイアウオールがあると、通常は遮断されてデータを転送できない

PASVコマンドでパッシブモードへの移行を指示すると、サーバーはTCP 20番以外の待ち受けポート番号を通知するよ。そのポートへクライアントからデータコネクションを確立してファイアウオールを越えるわけ

制御専用のコネクションとデータ転送専用のコネクションですか。理にかなっている気がしますが、なんか大変ですね。

FTPは様々な機能を持つ優れたファイル転送プロトコルだ。その分、複雑だと理解するとよいだろう。

5章 FTPって面白い?

6章

ネット障害を防ぐ

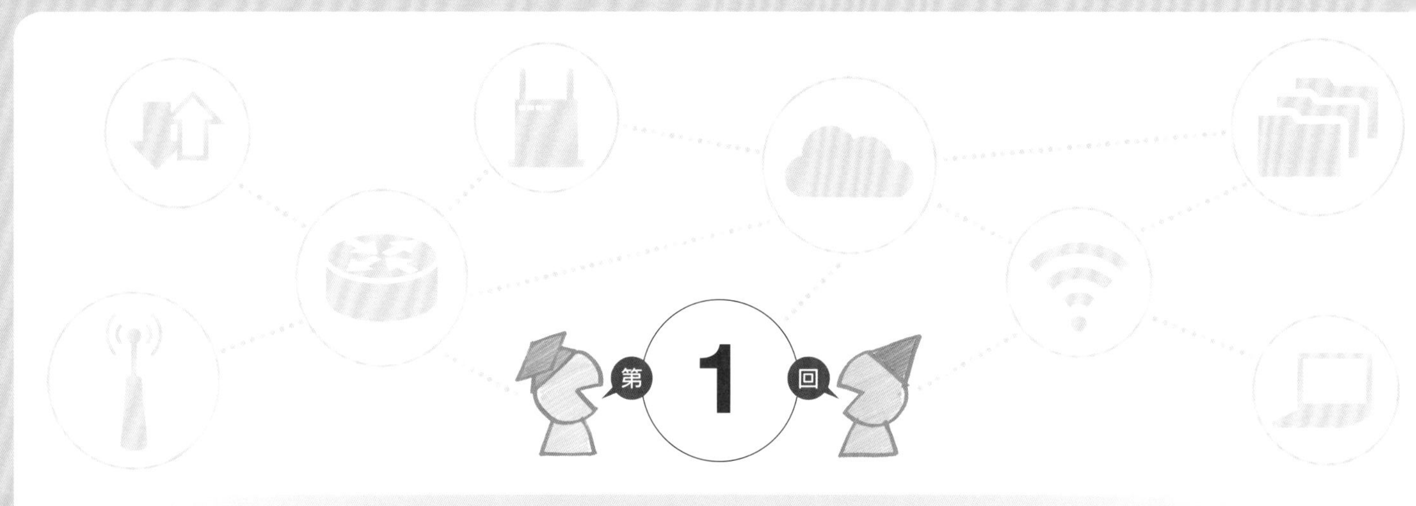

ネットにつながらないときはどうするの？

あれー？パソコンがネットワークにつながらない。博士、助けてー。

ん〜、ちょっと待て。

早く直してくださいよー。ネットの専門家でしょ。

あのな、どんな状態か確認もしてないのに直せるわけないだろ。エンジニアは魔法使いじゃないんだよ。

ネットワーク管理者やネットワーク技術者なら、「ネットがつながらない！」という悲鳴をたびたび聞かされるだろう。「今すぐに直せ」と無理を言われることも少なくないはずだ。

とはいえ、すぐに直すことは難しい。ネットにつながらないといった障害が発生した場合には、「状況確認」「復旧」「原因究明」「原因対応」——という一連の作業を、順番に実施することが重要である（**図1**）。

よくあるのは、「復旧」よりも「原因究明」や「原因対応」を優先させる間違いだ。根本的な原因を明らかにして、今後同様の障害が発生しないようにしたいという気持ちはよく分かる。だが、原因の究明に時間がかかる場合には、ネットワークがつながらない状態が続くことになり、業務に支障を来すことになる。

そのような事態を防ぐために、状況を確認したら、すぐに復旧させる必要がある。障害の根本的な

図1 ネットワーク障害が発生した場合の対応手順

ネットワークにつながらないといった障害が発生した場合には、「状況確認」「復旧」「原因究明」「原因対応」の一連の作業を順番に実施する。重要なのは、原因究明よりも復旧を優先させること。

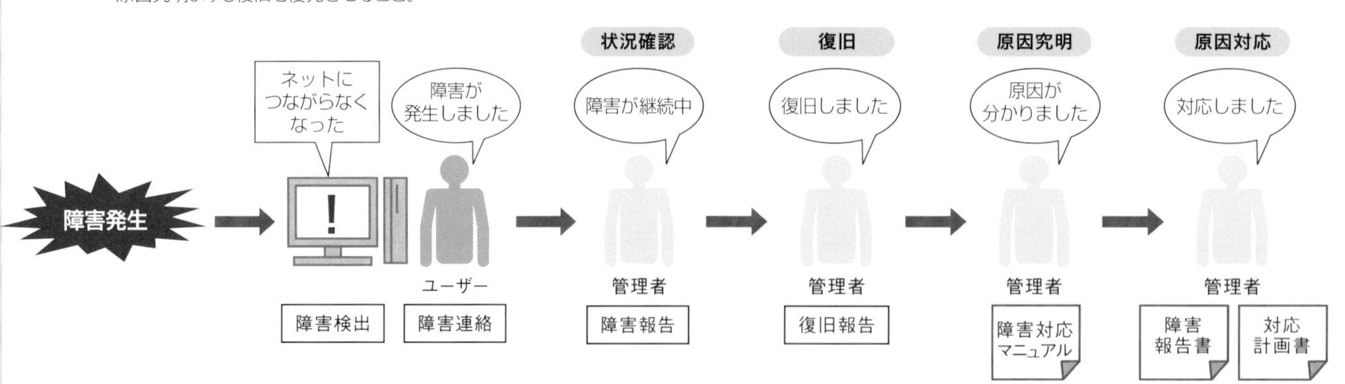

障害対応の一般的な手順はこんな感じかな。状況を確認し、原因箇所を特定して復旧、原因を究明して対応する。対応が終わったら報告書を書く

ポイントは、まず復旧すること。業務への影響を最小限に抑える。原因の究明と根本的な対策はその後だ

▼OSI参照モデル
OSIはOpen Systems Interconnectionの略。OSI参照モデルは7階層。第1層が物理層、第2層がデータリンク層、第3層がネットワーク層、第4層がトランスポート層、第5層がセッション層、第6層がプレゼンテーション層、第7層がアプリケーション層である。

原因の究明やその対応は、復旧後に実施する。

障害箇所を「切り分け」

一口に「ネットにつながらない」といっても、症状は様々だ。「特定の端末やアプリケーションだけがつながらない」「有線LANはつながるが無線LANはつながらない」「特定のサーバーにだけアクセスできない」といった具合だ。そこで状況確認では、障害の症状や影響範囲、障害箇所などを特定する。特に、復旧のためには障害箇所の特定が不可欠だ。そのために実施する作業を、「障害の切り分け」と呼ぶ。

例えば、あるパソコンがサーバーにつながらない障害が発生したとする（図2）。その場合、サーバー以外の機器につながるかどうかを調べて、つながる範囲とつながらない範囲の「境界」を求める。これにより、障害が発生している箇所の当たりを付ける。

水道管に例えると、どこかがつまっていて蛇口から水が出ないので、どこまで水が来ているのか調べて、つまっているところを探そうって話ですね。

それは割と良い例えだな。

経路とレイヤーがポイント

障害箇所を特定する際のポイントは、「経路」と「レイヤー」である。パケットが流れるべき経路と実際に流れている経路、パケットをやりとりしているレイヤーを確認することが重要だ。なおこの記事でのレイヤーは、7階層のOSI参照モデルで考える。

例えば図2におけるパソコンAからサーバーまでの物理的な経路は「パソコンA」→「L2スイッチ」→「L2スイッチ」→「L3スイッチ」→「L2スイッチ」→「サーバー」。これは電気信号を伝えるレイヤー1の経路だ。経路をレイヤーごとに考えると、イーサネットや無線LANに該当するレイヤー2、IP通信のレイヤー3、アプリケーショ

図2 「切り分け」で障害が発生している箇所を特定
例えば、あるパソコンがサーバーにつながらない場合には、ネットワーク上の別の機器への接続を調べる。そして、つながる機器とつながらない機器の境界を探す。障害の発生箇所は、その境界付近に存在する可能性が高い。

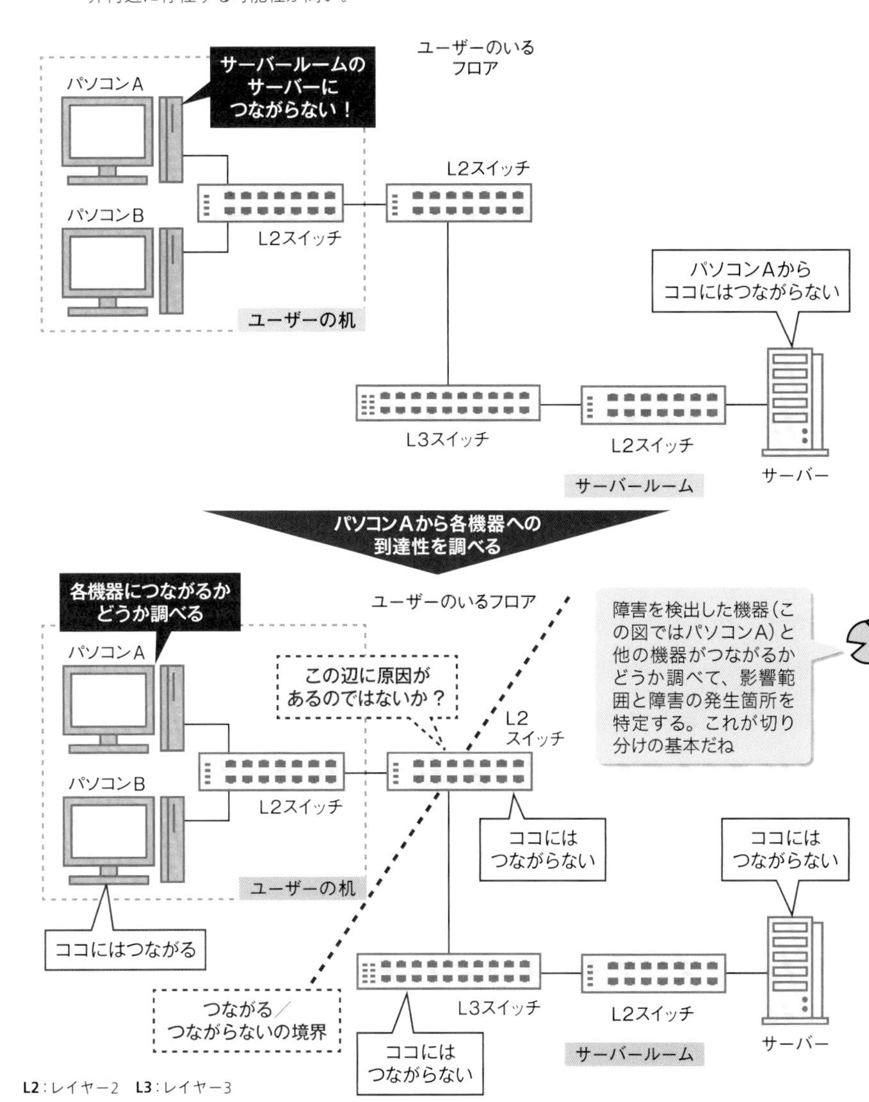

L2：レイヤー2　L3：レイヤー3

▼ping
通信相手を指定して実行するコマンド。相手との疎通ややりとりにかかった時間などを確認できる。
▼使うことが多い
SNMPなどのほかのプロトコルや、ファイアウオールやレイヤー3スイッチなどが相互に送るキープアライブパケットで障害が見つかることもある。

ンによる通信のレイヤー4～7の経路も存在することになる(**図3**)。

経路の確認には、ping(ピング)を使うことが多い。経路上の機器に対して順番にpingを実行し、応答の有無を確認していく。

順番に実行して境界を見つける

pingを実行する際のポイントは、障害を検出した機器(図2ではパソコンA)の「1番遠くにある機器から」あるいは「1番近くにある機器から」順番に実行することだ(**図4**)。これにより、図2で示したような「つながる／つながらないの境界」を見つけやすくなる。

例えばインターネット上のサーバーの応答がない場合、経路上の機器としてはインターネット側からルーター、ファイアウオール、レイヤー3スイッチ、フロアスイッチ、テーブルスイッチなどがある。遠くから調べる場合は、インターネット側のルーターからテーブルスイッチまで順番にpingを実行し、返信があるまで続ける。これにより、返信がある機器と返信がない機器の境界を探し出し、障害箇所を特定する。

一方、近くから調べる場合には、テーブルスイッチから順番にpingを実行し、初めて返信がなくなる機器を見つける。

なお、pingで調査する際には、レイヤー2スイッチなどpingに応答しない機器があることに注意する必要がある。この場合には、その機器につながっているパソコンなどにpingを実行して、接続性を調査する。

レイヤーによって問題が異なる

pingが不通だった場合、レイヤー1からレイヤー3までの接続性に問題があると考えられる。具

図3 レイヤーごとに経路を考える
経路を考える場合には、レイヤーの違いを考慮する必要がある。例えばレイヤー1の経路に問題がなくても、レイヤー3の経路に問題があれば、パケットをやりとりできない。

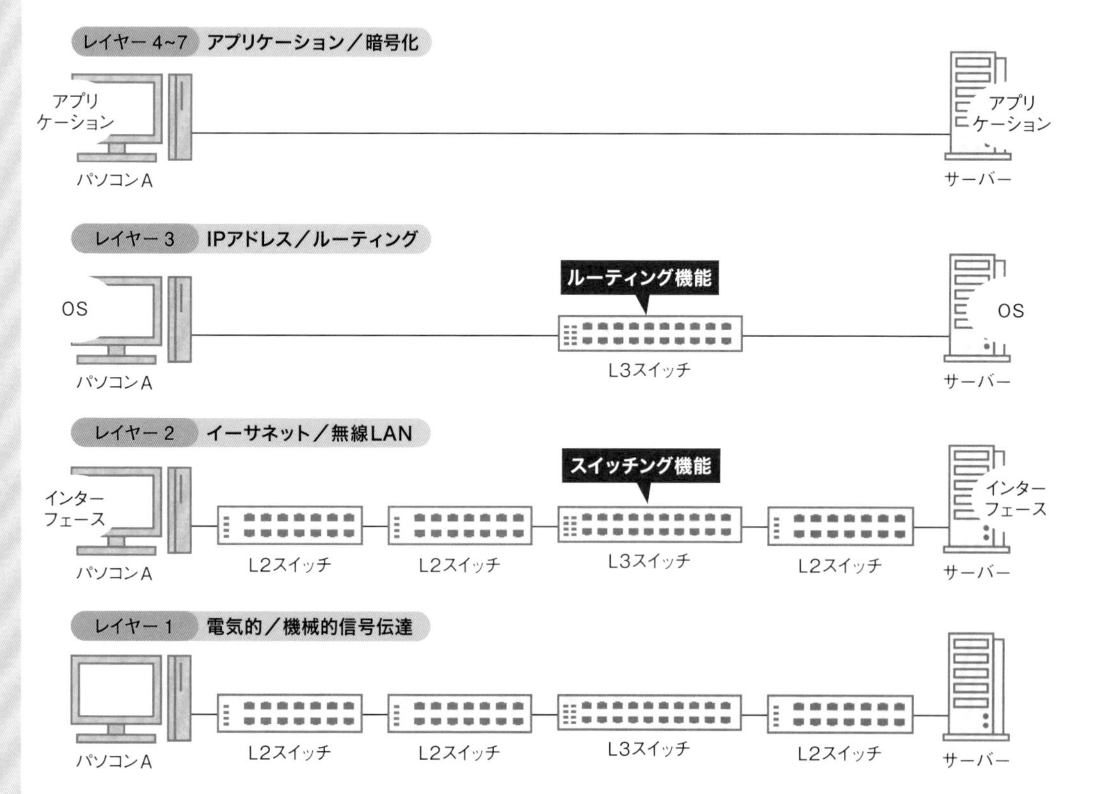

図2においてパソコンAからサーバーまでの経路を考えると、「パソコンA」→「L2スイッチ」→「L2スイッチ」→「L3スイッチ」→「L2スイッチ」→「サーバー」。この経路はあくまでレイヤー1の物理的な経路。障害を考えるときは、レイヤーごとの経路を考える必要がある

レイヤー1では電気的／機械的信号伝達の経路、レイヤー3ではIPルーティングを前提とした経路、レイヤー7ではアプリケーションの経路を頭に描く必要があるってことですね

▼VLAN
Virtual LAN（Local Area Network）の略。日本語では仮想LANなどと呼ばれる。

▼ICMP
Internet Control Message Protocolの略。pingはICMPを使用する。

▼ポート
ここではTCP／UDP通信に使うポート番号を指す。

▼TLS
Transport Layer Securityの略。

体的な問題としては、レイヤー1の場合には機器の電源オフ、インターフェースの故障、ケーブルの抜けや断線などが考えられる（**図5**）。レイヤー2では、VLANや半二重/全二重の設定ミスなどが挙げられるだろう。

レイヤー3が原因の場合には、IPアドレスやルーティングテーブルの設定ミスなどが考えられる。また、ファイアウオールやレイヤー3スイッチでパケットフィルターなどのアクセス制御を実施して、IPやICMPの通過を禁止している可能性もある。

pingが通っても通信できない

一方、pingの応答があるにもかかわらず、通信できないということはよくある。これは、pingがレイヤー1からレイヤー3までの接続性しか確認できないためだ。この場合、原因はレイヤー4以上のアプリケーションに存在する。

例えば、利用したいアプリケーションに対応するポートが待ち受け状態になっていない（ポートが閉じられている）といったケースが考えられる。経路上のファイアウオールが、該当のポートを遮断している可能性もある。

そのほか、「サーバーでアプリケーションソフトが起動していない」「クライアントソフトの不具合」「TLSの設定ミス」「名前解

図4 pingを使って接続性を確認
経路の確認には、pingを使うことが多い。障害を検出した機器（図2ではパソコンA）の「1番遠くにある機器から順番に」あるいは「1番近くにある機器から順番に」実行することで、「つながる／つながらないの境界」を見つけ出す。

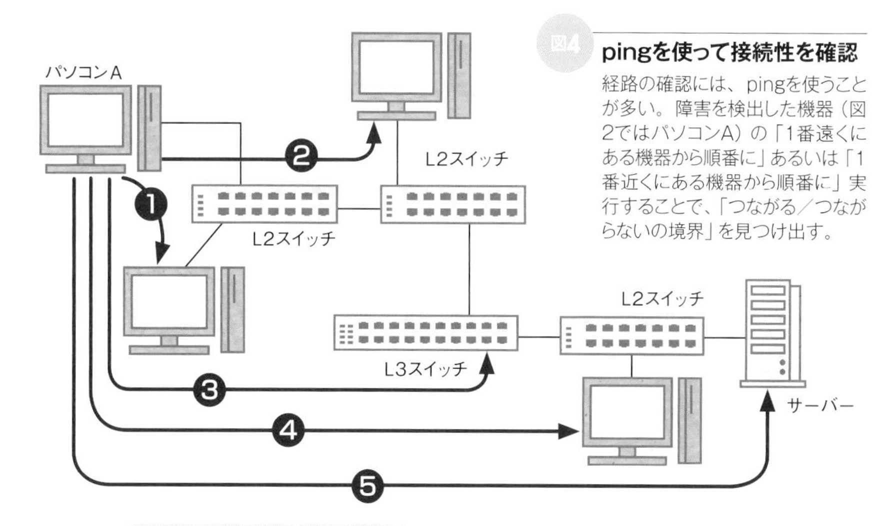

1番近くからpingを実行する場合、実行する順序は(1)～(5)になります。どこで返信がなくなったか調べることで、つながる／つながらないの境界を探ります

pingの応答を返さない（ICMP非対応の）レイヤー2スイッチなどは、そのスイッチに接続しているパソコンなどへpingを実行することで接続性を確認する。図の(1)(2)(4)が該当する

図5 pingの応答がなかった場合の問題点
pingはレイヤー1からレイヤー3までの接続性を確認する。不通だった場合の問題点は、レイヤーによって異なる。レイヤー1および2で不通だった場合、電気的／機械的な接続などに問題がある。レイヤー3で不通の場合には、IPに関連した問題が発生している。

レイヤー1あるいは2で不通の場合

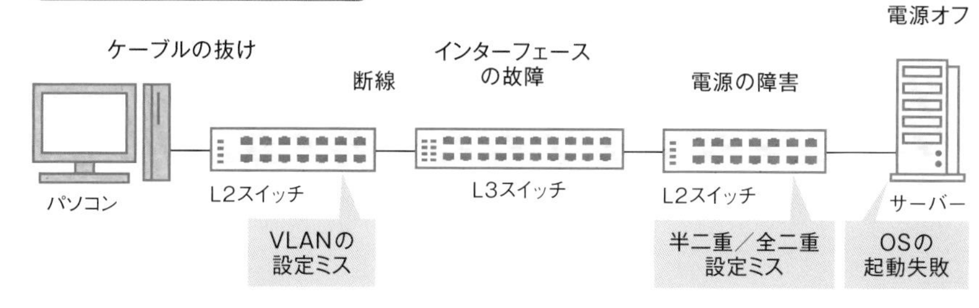

レイヤー3で不通の場合

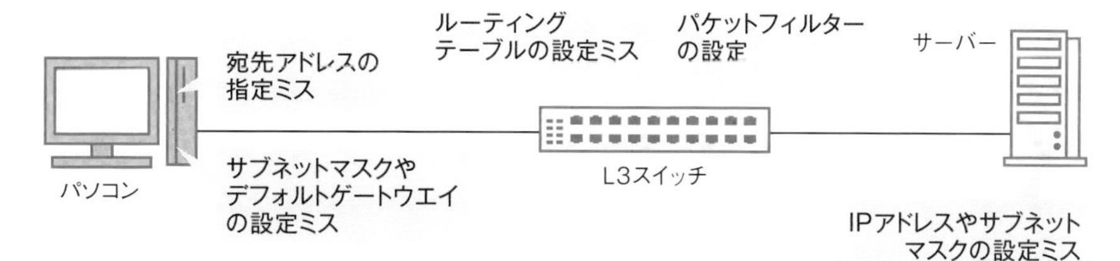

レイヤー1の障害は電気的／機械的な信号伝達に関するものだ。レイヤー2ではイーサネット関連が障害の要因になる。VLANや半二重／全二重、通信速度の設定などだな

レイヤー3では、IP関連が障害の原因となります。IPアドレス、サブネットマスク、デフォルトゲートウエイ、ルーティングテーブルの設定ミスなどです。レイヤー3スイッチなどのアクセス制御が原因になることもあります

6章 ネットにつながらないときはどうするの？

▼netstat
TCP通信の接続状態を調べて表示するコマンド。

▼ポートスキャン
どのサービス（アプリケーション）が稼働しているかを調べる行為。ターゲットに対して、宛先ポート番号を変えたパケットを送りつけ、応答があったポート番号を記録。通常、サービスごとにポート番号が割り当てられているので、そこから稼働中のサービスを推測する。

▼TELNET
仮想端末ソフトウエアまたはそのためのプロトコル。テキストベースのコマンドを使ってネットワーク経由で端末を操作できる。

▼nslookup
DNSサーバーに名前解決の問い合わせを行うネットワークコマンド。Windows系OSで使われる。

▼dig
DNSサーバーに名前解決の問い合わせを行うネットワークコマンド。Linuxを含むUNIX系OSで使われる。

決の失敗」「URLの入力ミス」なども当てはまる。

これらを確認する方法の1つが、アクセス対象の機器にログインして、netstat（ネットスタット）コマンドを実行すること（図6）。

外部からポートスキャンを実施して、該当のポートが待ち受け状態になっているかどうか確認する方法もある。TELNET（テルネット）でポートを指定してアクセスしても、そのポートが待ち受け状態になっているかどうか確認できる。

クライアントソフトの不具合かどうかを確認するには、同じ機能を備えた別のソフトを利用する手もある。ソフトが正常に起動しているかどうかは、機器のログが参考になる。

名前解決が失敗していないかどうかの確認には、nslookup（エヌエスルックアップ）やdig（ディグ）といったコマンドが有用だ。

以上が「障害の切り分け」？

そうだな。問題のない部分を切り捨てて、障害箇所を見つける作業だな。

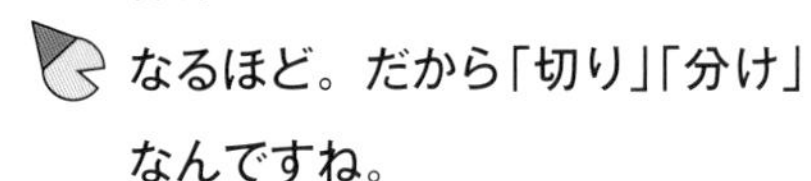
なるほど。だから「切り」「分け」なんですね。

「証拠」残しは忘れずに

障害箇所が判明したら、ネットワークを使えるようにするために、復旧作業に取りかかる。

このとき注意することは、原因究明に必要な証拠を残すことである。具体的には、設定ファイルやログなど、現時点の情報を退避させておく。

ネットワークを冗長化している場合には、冗長経路に切り替えることで復旧させる。冗長化していない場合には、障害の原因となった機器の再起動や入れ替え、設定変更などを実施する。

冗長化の有無にかかわらず、完全に復旧させるのに時間がかかりそうな場合には、業務の遂行に不

図6 pingの応答があった場合の確認方法

pingの応答があるにもかかわらず通信できない場合には、レイヤー4以上に問題がある。例えば、該当のサービス（アプリケーション）に対応したポートが待ち受け状態になっていない可能性がある。netstatコマンドやポートスキャン、TELNETソフトなどを使って確認する。

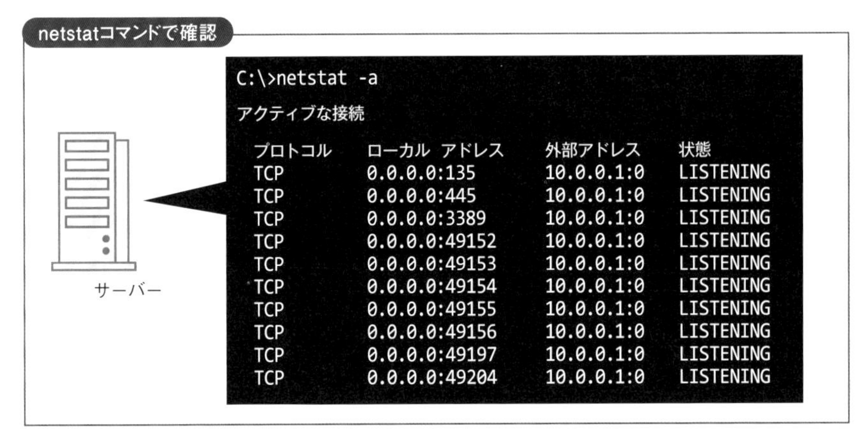

netstatコマンドで確認
C:\>netstat -a
アクティブな接続
プロトコル　ローカル アドレス　外部アドレス　状態
TCP 0.0.0.0:135 10.0.0.1:0 LISTENING
TCP 0.0.0.0:445 10.0.0.1:0 LISTENING
TCP 0.0.0.0:3389 10.0.0.1:0 LISTENING
TCP 0.0.0.0:49152 10.0.0.1:0 LISTENING
TCP 0.0.0.0:49153 10.0.0.1:0 LISTENING
TCP 0.0.0.0:49154 10.0.0.1:0 LISTENING
TCP 0.0.0.0:49155 10.0.0.1:0 LISTENING
TCP 0.0.0.0:49156 10.0.0.1:0 LISTENING
TCP 0.0.0.0:49197 10.0.0.1:0 LISTENING
TCP 0.0.0.0:49204 10.0.0.1:0 LISTENING
サーバー

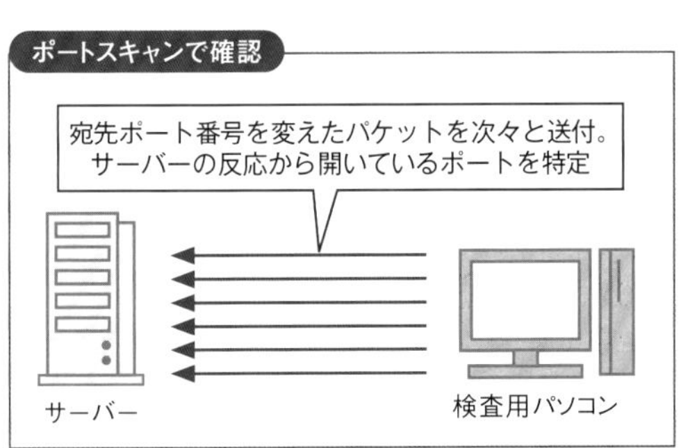

ポートスキャンで確認
宛先ポート番号を変えたパケットを次々と送付。サーバーの反応から開いているポートを特定
サーバー
検査用パソコン

アクセス対象のサーバーでnetstatコマンドを実行する。状態が「LISTENING」になっているポート（ローカルアドレス）は待ち受け状態になっている

ポートスキャンなどは外部から調べるので、ポートの状態だけではなく、パーソナルファイアウオールなどによるアクセス制御も確認できます

TELNETで確認
ポート番号
TELNETでポート番号を指定してアクセス
C:\>TELNET mail.nikkei.jp 25
Trying 10.1.1.3...
Connected to mail.nikkei.jp
Escape character is '^]'.
220 mail.nikkei.jp ESMTP
サーバー
検査用パソコン

TELNETでポートを指定して接続すると、そのポートのサービスが稼働しているかどうか確認できる。メール（SMTP）やWeb（HTTP）などの文字ベースのプロトコルなら、コマンドを送って動作を検証することもできる

可欠なミッションクリティカルな部分だけを復旧させることを考える。部分的に復旧させて稼働させることを、「縮退稼働」や「フォールバック」などと呼ぶ。

ドキュメントを必ず作成する

復旧が完了し、業務を継続できる状況になったら、障害の根本的な原因の究明とその対応を実施する（図7）。

原因には、サーバーダウンや断線、機器の故障など分かりやすいものから、アプリケーションの不良やセキュリティーアップデート（パッチ）による悪影響など分かりにくいものもある。そのため、復旧前に退避させたログや設定などを確認しながら原因を究明する。

原因対応には、再発防止も含まれる。例えばサーバールームの環境が悪い、ケーブルの配線に問題があるなどの場合は、ネットワーク構成そのものを大きく見直すことも考えられる。

障害対応においてはドキュメントの作成も重要だ。状況確認、復旧、原因究明、原因対応のいずれの作業においても、後から振り返ってドキュメントを作成する。ドキュメントは、今後の障害対応や、障害の兆候をつかむことに役立つ。大変な作業ではあるが、ドキュメントは必ず作成するようにしよう。

図7 障害の原因究明と対応の例

復旧が完了し、業務を継続できる状況になったら、障害の根本原因の究明とその対応を実施する。内容は、障害が発生したレイヤーによって異なる。再発防止のために、ネットワーク環境の障害も取り除いておく。

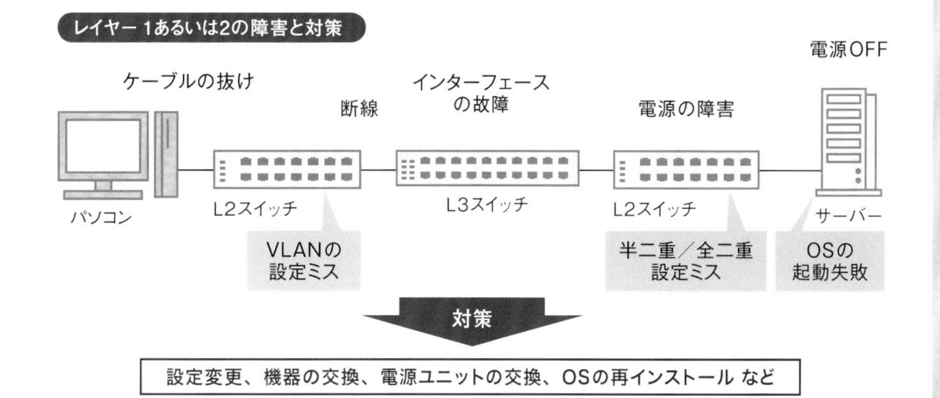

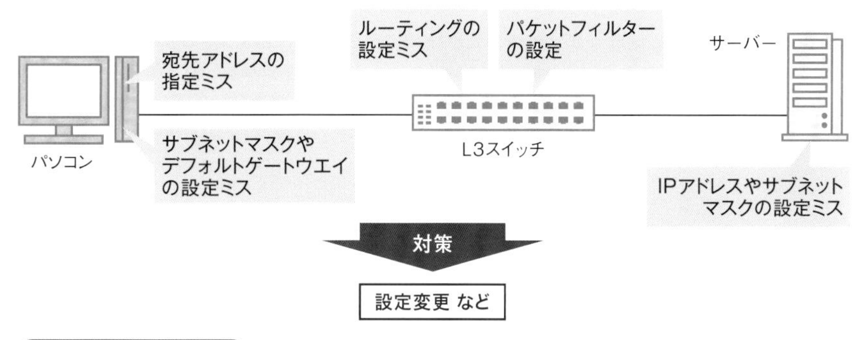

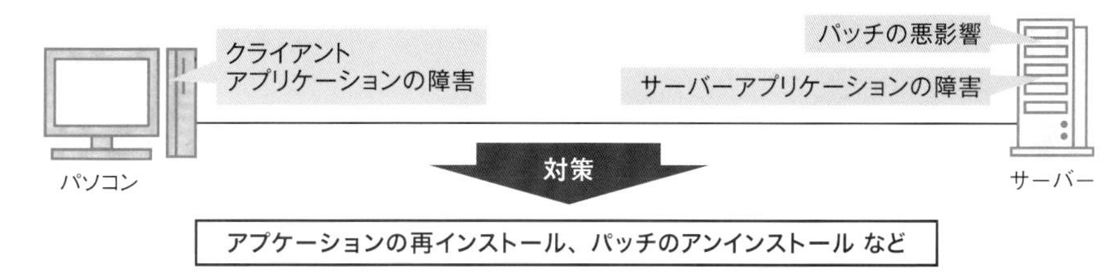

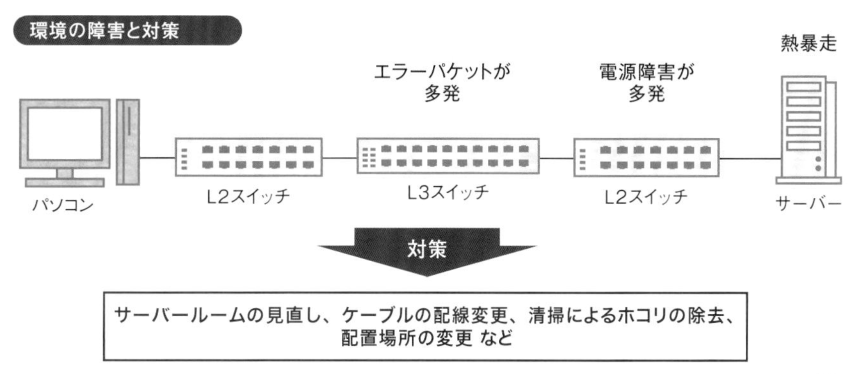

第
2
回

ネットワーク監視はなぜ必要？

あー、サーバーにアクセスしたのに反応がない！

ネットワークのどこかで障害が発生しているみたいだな。

障害が発生したら、すぐにわかればいいのに。

そのためには、ネットワークを監視する必要がある。

ほとんどの企業や組織にとって、ネットワークは重要なインフラになっている。ネットワークがつながらなくなると、業務に多大な支

図1 ネットワーク監視で迅速な障害対応や障害予測を実現

ネットワークの状況を監視していないと、障害が発生してもすぐにはわからない。ユーザーからの連絡で気付くことになるので対応が遅くなる。ネットワークを監視していれば、どこで障害が発生したのかリアルタイムで把握できるので迅速な対応が可能になる。障害の予兆もつかめるので、事前に対策することもできる。

ネットワークを監視していないと何が起きているかわからないから、障害が発生してもすぐには気付けないね。障害箇所の特定にも時間がかかるよ

ネットワークを監視すれば、障害にも迅速に対応できるようになる。障害の発生も予測できるので、予防措置を取れる

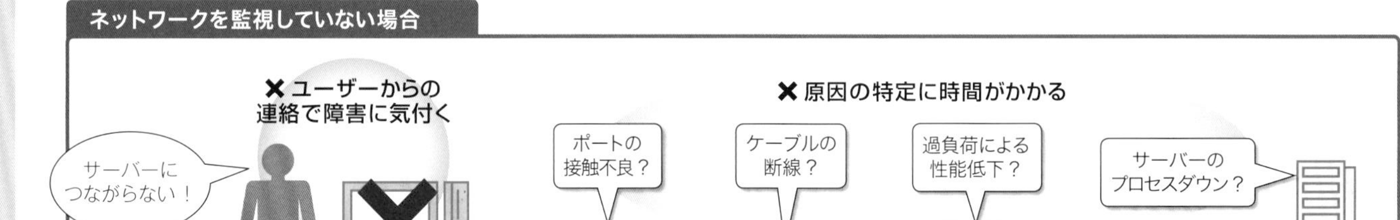
ネットワークを監視していない場合
✖ユーザーからの連絡で障害に気付く
✖原因の特定に時間がかかる
サーバーにつながらない！
ポートの接触不良？
ケーブルの断線？
過負荷による性能低下？
サーバーのプロセスダウン？
ユーザー
パソコン
レイヤー 2スイッチ
レイヤー 3スイッチ
サーバー
ネットワークを監視している場合
すぐに復旧した！
ユーザー
パソコン
レイヤー 2スイッチ
レイヤー 3スイッチ
サーバー
エラーパケットが多い
OK！
OK！
プロセスがダウンしている！
○迅速な復旧が可能になる
○障害の予兆をつかめる
○原因をすぐに特定できる
管理者

▼冗長化
冗長化については、本連載の第15回(2018年6月号掲載)で詳しく解説している。

障を来す。このため「24×365稼働」、つまり24時間365日、常に停止せずに稼働することが求められる。

そのために必要なのは、停止しないネットワークを構築することだが、これは容易ではない。ネットワークを構成する機器はいつかは故障する。機器の交換や点検といった保守も必要である。それらに備えるためには、ネットワークの冗長化が不可欠だ。

加えて重要なのが、ネットワークの状況を常に把握しておくことである(**図1**)。ここでの「ネットワークの状況」とは、ネットワークを流れるデータ(パケット)の状況だけではなく、ネットワーク機器やサーバー、端末(パソコンなど)といったネットワークを構成する要素の稼働状況を含む。

図2 ネットワーク監視は大きく分けて3種類

ネットワーク監視は、監視対象によって大きく3種類に分けられる。回線や機器の障害の有無を監視する「障害監視」、機器の状態を把握する「機器状態監視」、ネットワークを流れるパケットの状況を把握する「トラフィック監視」である。

ネットワーク監視といえば、障害の検出が注目されがちだ。もちろんそれも大事だが、機器の状態を把握することや、ネットワークの現状を把握することなども、ネットワーク監視の重要な役割だ

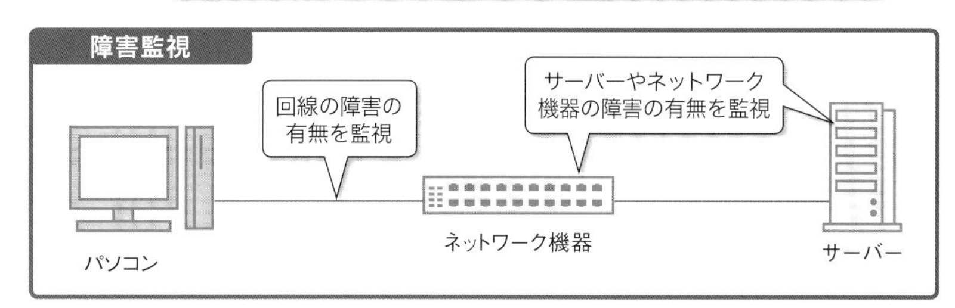

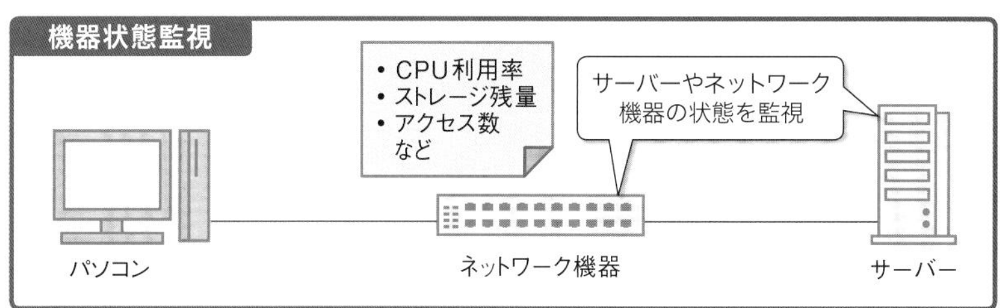

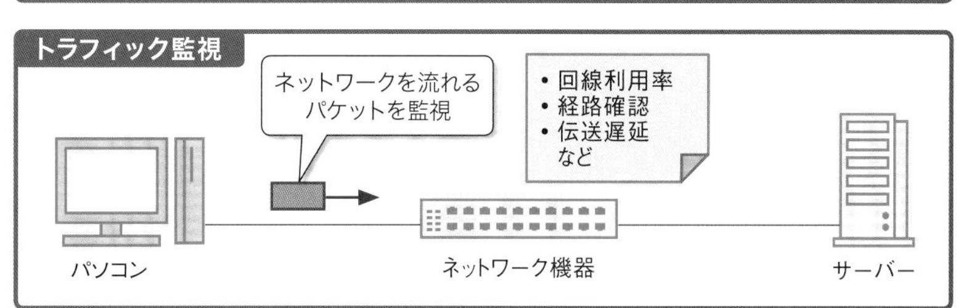

機器のリソースの利用率や残量、回線の利用率や遅延状態。さらには正しい経路かどうかチェックするなど、ネットワーク監視はやることがたくさんだね

障害の予兆も検知する

ネットワークの状況をリアルタイムで監視していれば、どこで障害が発生したのかがわかるので、すぐに復旧作業に取り掛かれる。

監視によって、障害を未然に防げる場合もある。障害の発生前には兆候が表れることが少なくないからだ。

例えば、負荷が異常に高くなっている機器は、放置すると性能不足による障害が発生する可能性がある。性能が高い機器に交換することで障害の発生を未然に防げる。

特定の機器からのエラーパケットが増えている場合には、その機器が間もなく故障する可能性が高いと判断できる。

冗長化している場合にもネットワーク監視は必要だ。冗長化して予備系統を用意していても、ネットワークの状況がわからなければ、通常系統から予備系統に切り替えるタイミングがわからない。

つまり、ネットワークを正常に稼働させ続けるためには、冗長化などによる備えと、現状を把握する監視の二つが重要なポイントになる。

監視…。ネットワークを見ていればいいんですね。

外から眺めていたってわからんだろう。ちゃんと見るべきところを見ないとな。

一口にネットワークの監視と

▼**ICMP**
Internet Control Protocolの略。
▼**IP**
Internet Protocolの略。

いっても、監視の対象は様々。監視対象によって、「障害監視」「機器状態監視」「トラフィック監視」の3種類に分けられる(前ページの**図2**)。

障害監視は、機器や回線に障害が発生していないか、正常に動作しているかを監視することである。死活監視、キープアライブなどとも呼ばれる。

図3 **pingで疎通を確認する**
障害監視の代表的なツールの一つがping。pingは、ICMPのエコー要求を利用する。ICMPはIPの通信状態を通知するためのレイヤー3のプロトコル。疎通確認に成功すると、ICMPエコー応答が監視対象の機器から返ってくる。

pingは、監視対象にICMPエコー要求を送って疎通確認するツールです。監視対象のOSにICMPが実装されていれば、ICMPエコー応答が返されます

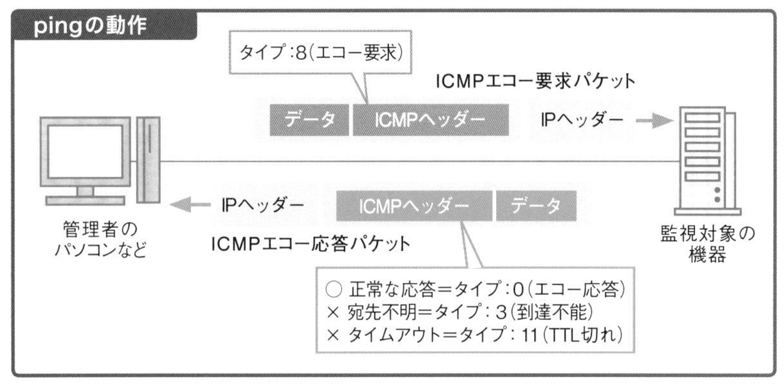

pingを実行した監視対象からICMPエコー応答が返ってくれば、監視対象のOSが正常に稼働していて、レイヤー1～3の接続に問題がないと判断できる

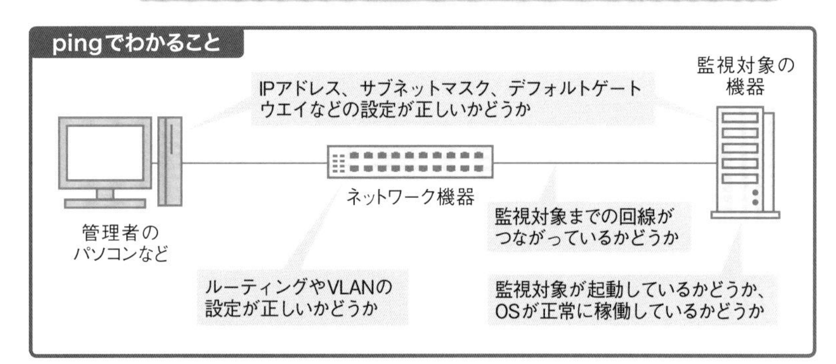

でも、わかるのはレイヤー3までの情報なので、特定のアプリケーションが正常に起動したかどうかや、正しいポートでアクセスを待ち受けているかなどはわからないんだ

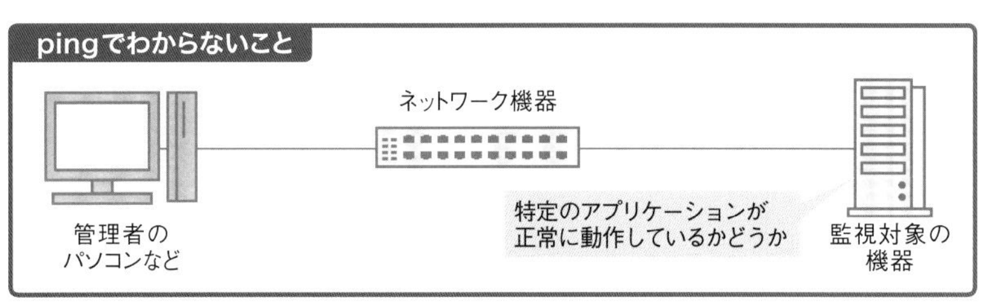

ICMP:Internet Control Message Protocol　**VLAN**:Virtual LAN

機器状態監視は、機器の現在の状態を監視することである。具体的には、CPUやメモリー、ストレージといったリソースの利用状況や残量などを監視する。

トラフィック監視では、ネットワークを流れているパケットの状況を把握する。例えば、回線の利用率やトラフィックの遅延状況、経路などを監視する。

ふむー、ネットワークを利用するうえで監視はとても大事、という結論でよいでしょうか。

そうだな、設計や構築について語られることの多いネットワークだが、監視も重要だということを忘れないように。

pingはICMPを使う

次に、ネットワーク監視の具体的なやり方について解説しよう。

手軽に実施できる監視の一つは、ping(ピング)を使った障害監視である。pingとは、監視対象機器との接続性を確認するためのツール(コマンド)だ。

pingは、ICMPのエコー要求と呼ばれる通信(パケット)を利用する(**図3**)。ICMPは、IPの通信状態を通知するためのプロトコル。IPを使って通信をするOS

▼TTL
Time To Liveの略。TTLの値はルーターを通過するたびに減っていく。

▼ARP
Address Resolution Protocolの略。パケットをやり取りするときに、IPアドレスからMACアドレスを調べるためのプロトコル。

や機器には必ず実装されている。

ICMPパケットはICMPヘッダーとICMPデータで構成される。ICMPでは、ICMPヘッダーに含まれる「タイプ」の値でパケットの種類を区別する。

疎通を確認するために送られるICMPエコー要求パケットのタイプは「8」。指定した宛先IPアドレスに正常に到達した場合、宛先の機器はタイプを「0」に設定したパケットを返す。これはICMPエコー応答と呼ばれる。

指定したIPアドレスへの経路が見つからない場合には「到達不能」を表すタイプ「3」のパケットを、パケットの生存時間(TTL)が途中でゼロになった場合にはタイプ「11」のパケットを、経路上のネットワーク機器などが返す。

ICMPはレイヤー3のプロトコルなので、pingを使えばレイヤー3までの接続性を確認できる。つまり、IPアドレス、ルーティング、ARP(アープ)、機器やケーブルの物理的な接続などに問題があると、ICMPエコー応答は返ってこない。

言い方を変えれば、サーバーやルーターなどの機器に対してpingを実行してICMPエコー応答が返ってくれば、その機器までの接続性や、監視対象機器の稼働を確認できたことになる。ICMPエコー応答が返ってくることを「pingが通る」などという。

図4 SNMPで機器の詳しい状況を監視

ネットワーク監視ツールはSNMPマネジャー、ネットワーク機器はSNMPエージェントの機能を備えていることが多い。基本的には、SNMPマネジャーからSNMPエージェントに情報を問い合わせると、SNMPエージェントが情報を返す。やり取りできる情報の種類は、MIBという管理情報のデータベースで定義されている。

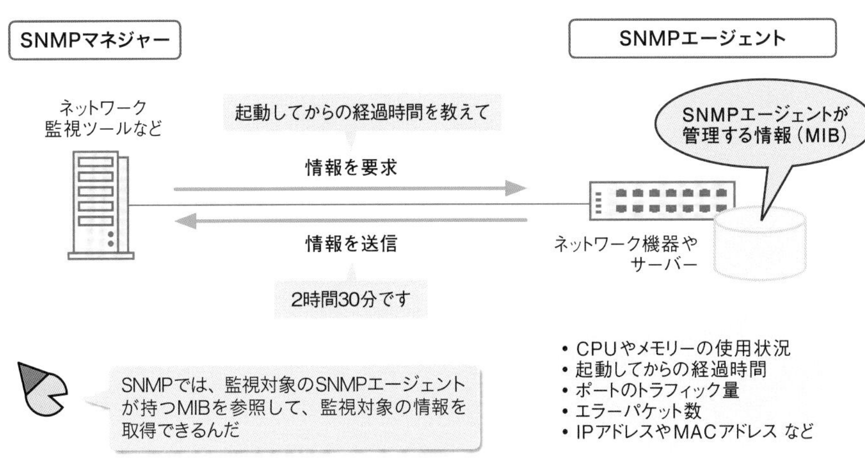

MIB：Management Information Base　SNMP：Simple Network Management Protocol

図5 MIBはツリー構造を持つ

MIBは、SNMPエージェントが管理する情報をツリー構造で管理しており、情報(オブジェクト)ごとに「オブジェクトID(OID)」という識別子を割り当てている。OIDは、ルートから該当オブジェクトまでの番号をピリオドで区切って並べたものになる。

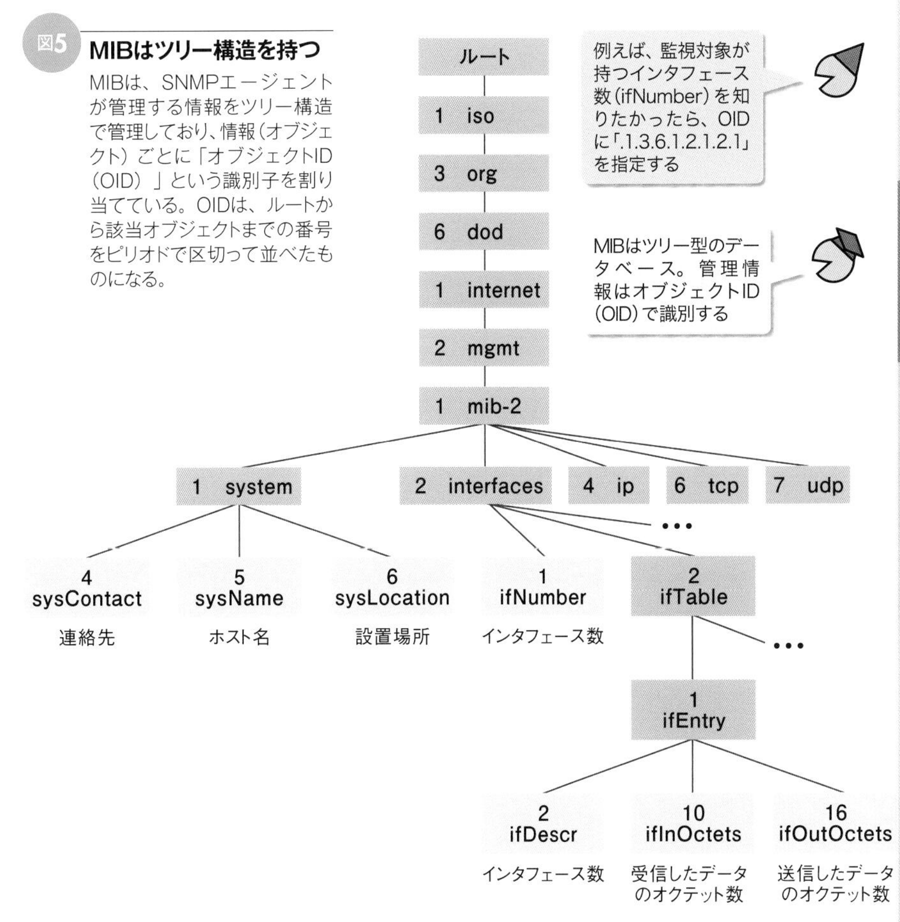

6章 ネットワーク監視はなぜ必要？

▼SNMPエージェントがその情報を送信する
SNMPエージェントからSNMPエージェントに自発的に情報を送信する場合もある。詳細は後述。

▼MIB
Management Information Baseの略。

ただし前述のように、pingが確認できるのはレイヤー3までの接続性だけ。監視対象機器で稼働するアプリケーション（サービス）の状況は調べられない。

例えば、監視対象のOSが起動しているかどうかは確認できるが、そのOS上で特定のアプリケーションが正常に動作しているかどうかはわからない。

また、IPを使用しているため、リピータハブのようにIPアドレスが割り当てられていない機器は監視できないという欠点もある。

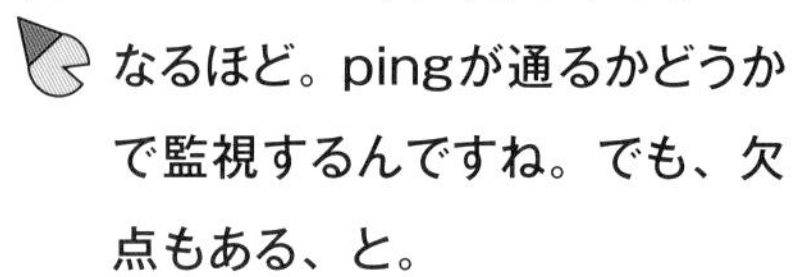

なるほど。pingが通るかどうかで監視するんですね。でも、欠点もある、と。

ネットワーク監視では、pingのほかにSNMPもよく使われる。

監視対象の管理情報を取得

SNMPはSimple Network Management Protocolの略。日本語では、簡易ネットワーク管理プロトコルと呼ばれることもある。文字通り、ネットワーク管理のためのプロトコルである。SNMPを使えば、障害監視だけではなく、機器の状態を詳しく調べられる。

SNMPにはバージョン1、2c、3がある。それぞれSNMPv1、SNMPv2c、SNMPv3と表記する。SNMPv1、SNMPv2cは機能がほぼ同じであり、互換性がある。SNMPv3はSNMPv1とSNMPv2cとは互換性がない。SNMPv3はセキュリティが強化されていて利用が推奨されているが、現状ではSNMPv1やSNMPv2cのほうが広く使われている。

SNMPv1とSNMPv2cでは、監視する側の機器をSNMPマネジャー、監視対象の機器をSNMPエージェントと呼ぶ。SNMPv3ではいずれもSNMPエンティティと総称する。ここでは、SNMPv1とSNMPv2cでの呼称（SNMPマネジャーとSNMPエージェント）を使う。一般に、ネットワーク機器はSNMPエージェントの機能を備えている。SNMPマネジャーとしては、ネットワーク監視ツールが使われることが多い。

通常は、SNMPマネジャーがSNMPエージェントに対して稼働状況に関する情報を要求。それに対してSNMPエージェントがその情報を送信する✎（前ページの**図4**）。SNMPマネジャーとSNMPエージェントが管理できる情報（管理情報）は、SNMPエージェントが持つMIB（ミブ）✎というデータベースで定義されている。MIBは管理情報ベースなどとも呼ばれる。

管理情報としては、機器の管理者の連絡先、機器の設置場所やIPアドレス、CPUやメモリーといったリソースの利用状況、起動してからの経過時間、インタフェース（ポート）の数、インタフェースごとのトラフィック量、エラーパケット数などが挙げられる。

これらの管理情報はオブジェクトと呼ばれ、MIBではツリー構造

図6 ネットワーク監視に利用する代表的な管理情報
ネットワーク監視に必要な管理情報の多くは、「system」と「interfaces」の階層の下にある。インタフェースに関する情報は、OIDの最後にインタフェースの番号（インデックス）を付ける。

階層（グループ）	管理情報（オブジェクト名）	内容	オブジェクトID（OID）*1
system	sysContact	管理者の連絡先	.1.3.6.1.2.1.1.4
	sysDescr	機器の説明	.1.3.6.1.2.1.1.1
	sysLocation	設置場所	.1.3.6.1.2.1.1.6
	sysName	ドメイン名（FQDN）	.1.3.6.1.2.1.1.5
	sysUpTime	起動からの経過時間（アップタイム）	.1.3.6.1.2.1.1.3
interfaces	ifAdminStatus	インタフェースの設定 *1	.1.3.6.1.2.1.2.2.1.7.#
	ifDescr	インタフェース名	.1.3.6.1.2.1.2.2.1.2.#
	ifInErrors	受信したエラーパケットの数	.1.3.6.1.2.1.2.2.1.14.#
	ifInOctets	受信トラフィックのオクテット数	.1.3.6.1.2.1.2.2.1.10.#
	ifNumber	インタフェース数	.1.3.6.1.2.1.2.1
	ifOperStatus	インタフェースの状態 *2	.1.3.6.1.2.1.2.2.1.8.#
	ifOutErrors	送信したエラーパケットの数	.1.3.6.1.2.1.2.2.1.20.#
	ifOutOctets	送信トラフィックのオクテット数	.1.3.6.1.2.1.2.2.1.16.#

*1 「#」にはインタフェースの番号（インデックス）が入る
*2 有効（Up）は「1」、無効（Down）は「2」、テスト中は「3」を返す

▼OID
Object IDの略。

で管理されている(p.53の**図5**)。オブジェクトには、オブジェクトID(OID)という識別子が割り当てられている。

MIBのツリー構造の頂点であるルートから、該当オブジェクトにたどり着くまでに通るオブジェクトの番号を並べたものがOIDになる。OIDを使えば、該当オブジェクトを一意に指定できる。例えば、監視対象機器のインタフェース数「ifNumber」のOIDは「.1.3.6.1.2.1.2.1」である(**図6**)。

エージェントからも通知する

SNMPマネジャーとSNMPエージェントのやり取りには、(1)リクエスト、(2)セット、(3)トラップの3種類がある(**図7**)。

(1)のリクエストは、SNMPマネジャーが管理情報を取得すること。SNMPマネジャーは取得したい情報のOIDをGET-REQUESTというコマンドで送信。SNMPエージェントはそのOIDの値をMIBから取得して、GET-RESPONSEというコマンドでSNMPマネジャーに送信する。

(2)のセットは、MIBの管理情報を設定すること。既に値が設定されている場合には、その値を変更する。SNMPマネジャーは、値を設定したいOIDとその値をSET-REQUESTコマンドで送信。SNMPエージェントは該当のOIDにその値を設定した後、それらをSNMPマネジャーに返す。

(3)のトラップは、SNMPエージェントから自発的に管理情報を送信すること。トラップを利用する場合には、特定のOIDに対してしきい値を設定しておく。そのOIDの値がしきい値を超えると、SNMPエージェントはその値をSNMPマネジャーに送信する。

図7 SNMPマネジャーとSNMPエージェントのやり取りは3種類
SNMPマネジャーとSNMPエージェントのやり取りには、(1)リクエスト、(2)セット、(3)トラップの3種類がある。トラップでは、SNMPエージェントが自発的に情報を送信する。

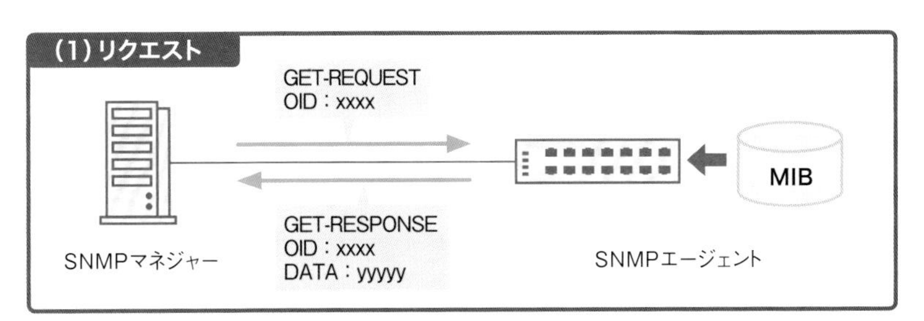

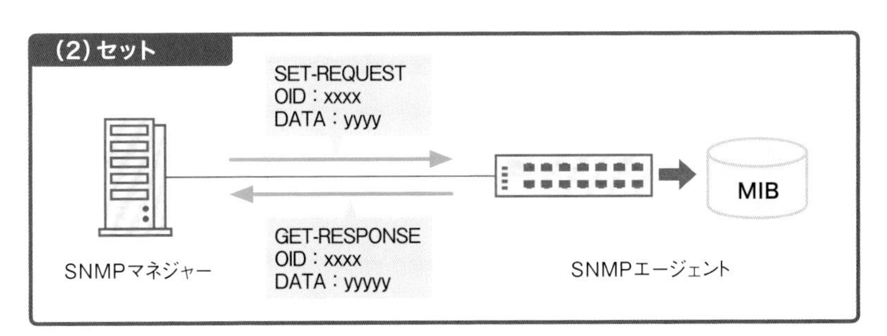

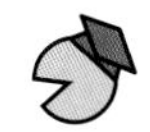

SNMPマネジャーは、SET-REQUESTコマンドで値を設定したいOIDとその値を送る。SNMPエージェントはその値をMIBに設定した後、GET-REPSONSEコマンドで返す

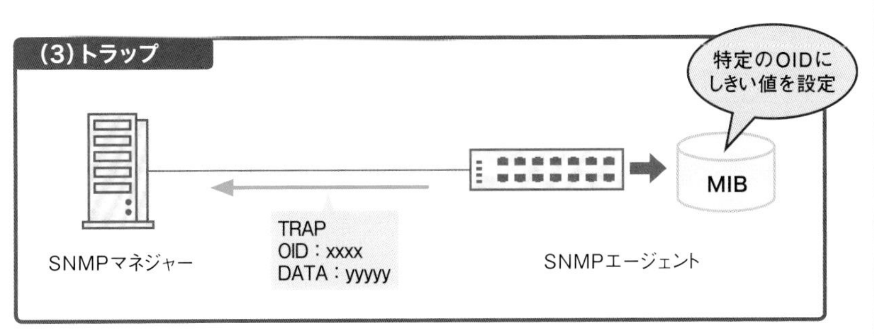

負荷分散って何だろう？

う～ん、Webページがなかなか表示されない。

アクセスが集中しているのだろう。人気のあるWebサイトではたまにそうなるな。

こうならないようにする対策ってあるんですかね？

コンピューターのCPUやメモリーといったリソースは限られている。リソースを超えるような処理を要求されると、処理速度は大幅に低下する。例えばWebサーバーなら、アクセスが集中するとレスポンスが低下する。

レスポンスの低下を防ぐ直接的な対策は、サーバーのCPUやメモリーを増強してリソースを増やすことである（**図1**）。これによりサーバーの処理能力を高める。

ただし1台のサーバーに搭載できるリソースの量には限りがある。そこで同じ処理が可能なサーバーを複数用意してアクセスを分散させる。

このように処理にかかる負荷を分散させることを負荷分散あるいはロードバランシングと呼ぶ。

なるほど。サーバーへのアクセスが通る道を分岐させてバランスを取るんですね。

うむ。road（道）とload（負荷）を間違っているから0点だ。

DNSサーバーで負荷を分散

負荷分散にはいくつかの方法がある。代表的な方法の1つがDNS

図1 アクセスを分散させてレスポンスの低下を防ぐ

アクセスの集中によるレスポンスの低下を防ぐ方法の1つはWebサーバーを増強すること。ただしそれには限界がある。そこで複数のWebサーバーを用意してアクセスを分散させることでWebサイト全体のレスポンス低下を防ぐ。

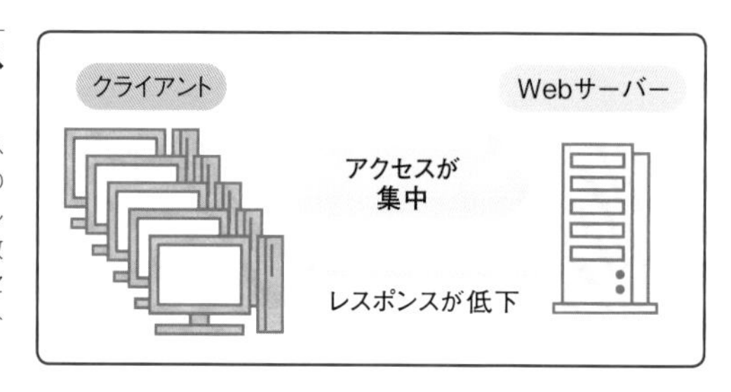

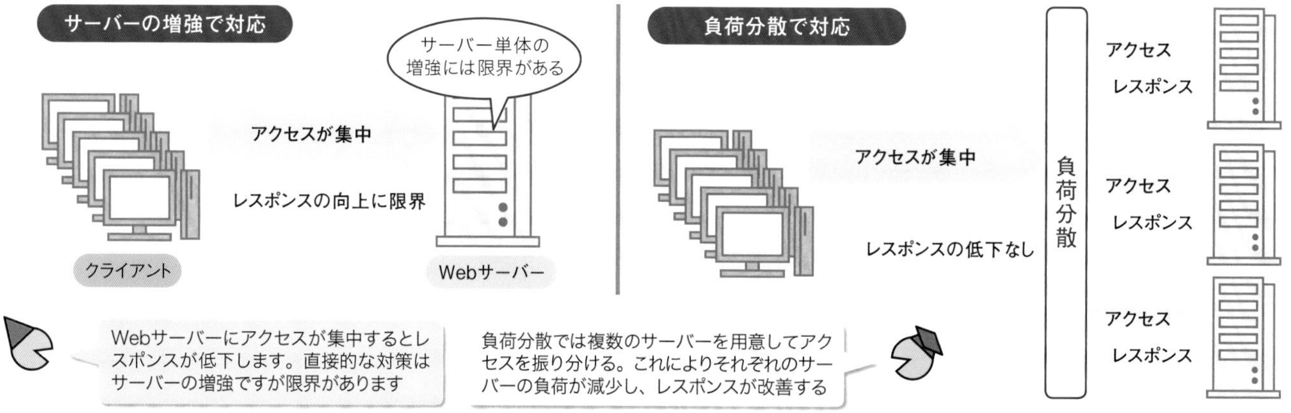

サーバーの増強で対応

アクセスが集中

レスポンスの向上に限界

サーバー単体の増強には限界がある

クライアント

Webサーバー

Webサーバーにアクセスが集中するとレスポンスが低下します。直接的な対策はサーバーの増強ですが限界があります

負荷分散で対応

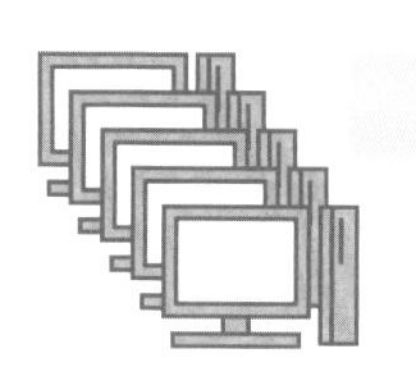

アクセスが集中

レスポンスの低下なし

負荷分散

アクセス
レスポンス

アクセス
レスポンス

アクセス
レスポンス

負荷分散では複数のサーバーを用意してアクセスを振り分ける。これによりそれぞれのサーバーの負荷が減少し、レスポンスが改善する

▼DNSラウンドロビン
DNSはDomain Name Systemの略。ラウンドロビンは複数の対象を順番（循環的）に指名することを指す。

▼名前解決
ドメイン名などからIPアドレスを調べること。

▼ゾーンファイル
ゾーンは特定のDNSサーバー（権威DNSサーバー）が管理する範囲を指す。そのゾーンの管理情報を記述したのがゾーンファイルである。

▼Aレコード
あるドメインに関する情報（レコード）の1つ。特定のドメイン（ホスト）名に対応するIPアドレスを定義する。

図2 名前解決のIPアドレスを順番に変えてアクセス先を分散

DNSラウンドロビンはDNSサーバーを使った負荷分散。あるドメイン名に対応するIPアドレス（Aレコード）をゾーンファイルに複数登録しておく。これにより名前解決の際に返すIPアドレスを順番に変えて、サーバーへのアクセスを分散させる。

DNSラウンドロビンは、クライアントに伝えるIPアドレスを変えることでアクセスを分散させるDNSの仕組みです

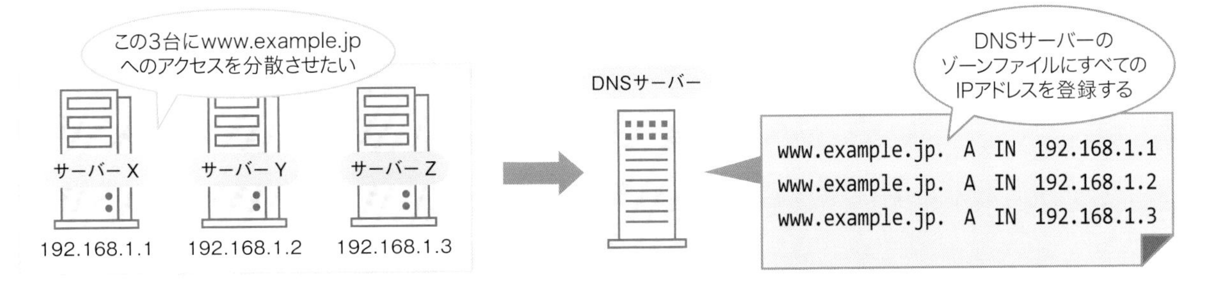

1 最初の問い合わせに対して1番目のIPアドレスを返す

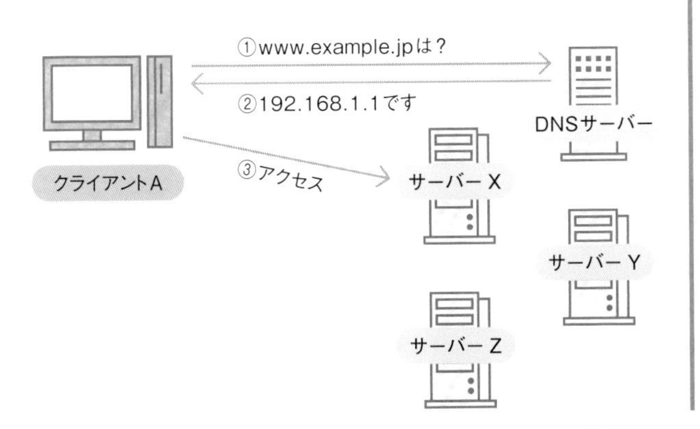

2 次の問い合わせには2番目のIPアドレスを返す

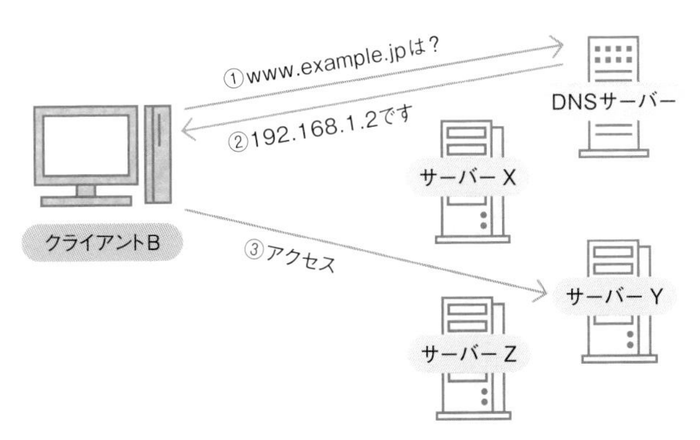

3 3番目以降も登録されたIPアドレスを順番に返す

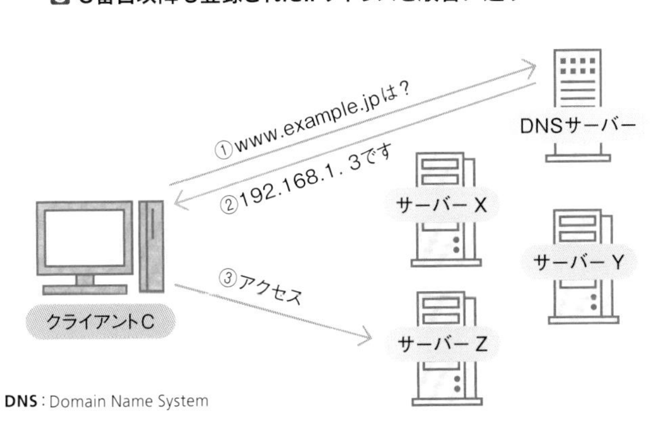

4 最後尾のIPアドレスを返した後は再び1番目に戻る

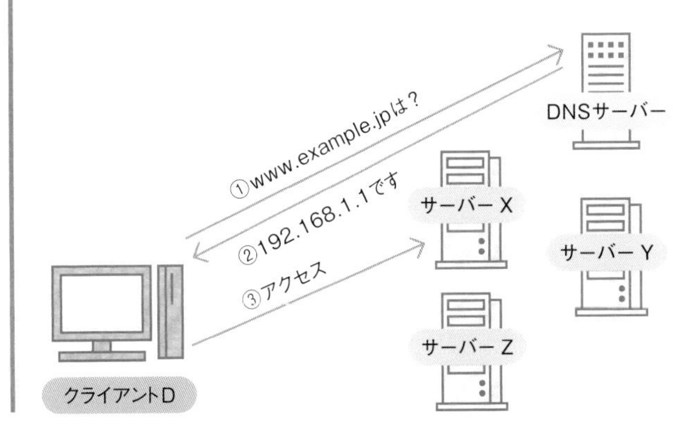

DNS : Domain Name System

ラウンドロビンである。これはDNSサーバーを使って、Webサーバーなどへのアクセスを分散させる方法だ。

DNSラウンドロビンでは、1つのドメイン名に複数のIPアドレス（Webサーバー）を割り当てる。そして名前解決で返すIPアドレスを変えることで、異なるサーバーに順番にアクセスさせる。

具体的には、DNSサーバーのゾーンファイル（ゾーン設定）において、1つのドメイン名に複数のAレコードを登録する（図2）。DNSサーバーはそのドメイン

▼**負荷分散装置**
ロードバランサーなどとも呼ばれる。

名の名前解決を要求されると、登録されているAレコードを順番に返す。

例えば「www.example.jp」に192.168.1.1、192.168.1.2、192.168.1.3という3つのAレコードを登録したとする。すると1回目の問い合わせには192.168.1.1、2回目は192.168.1.2、3回目は192.168.1.3といった具合に異なるIPアドレスを順番に返す。最後尾に登録されているIPアドレスを返したら最初に戻る。

メリットは実現が容易なこと

DNSラウンドロビンのメリットは、負荷分散を容易に実現できることだ。DNSサーバーのゾーンファイルにAレコードを追加するだけでよい。ソフトウエアや機器などを追加する必要がない。

ただしデメリットもある。DNSサーバーはサーバーのIPアドレスを機械的に返すだけでサーバーの状態は分からない。このため障害が発生しているサーバーにもアクセスを振り分けてしまう。

また、負荷を均等に分散できない可能性がある。例えば、ヘビーユーザーのアクセスが特定のサーバーに集中して、そのサーバーだけ負荷が異常に高まるようなことが起こり得る。

専用装置で負荷を分散

負荷分散装置を使うのも、負荷を分散させる代表的な方法である（**図3**）。負荷分散装置は専用のハードウエアにソフトウエアを組み込んだアプライアンス製品が一般的だが、汎用のサーバー機にインストールするソフトウエア製品もある。クラウドのサービスとして提供されている負荷分散装置も

図3 クライアントからのアクセスをサーバーに振り分ける
負荷分散装置のイメージ。クライアントからのアクセスを受け付けてサーバーに振り分ける。リバースプロキシーサーバーとして動作する。

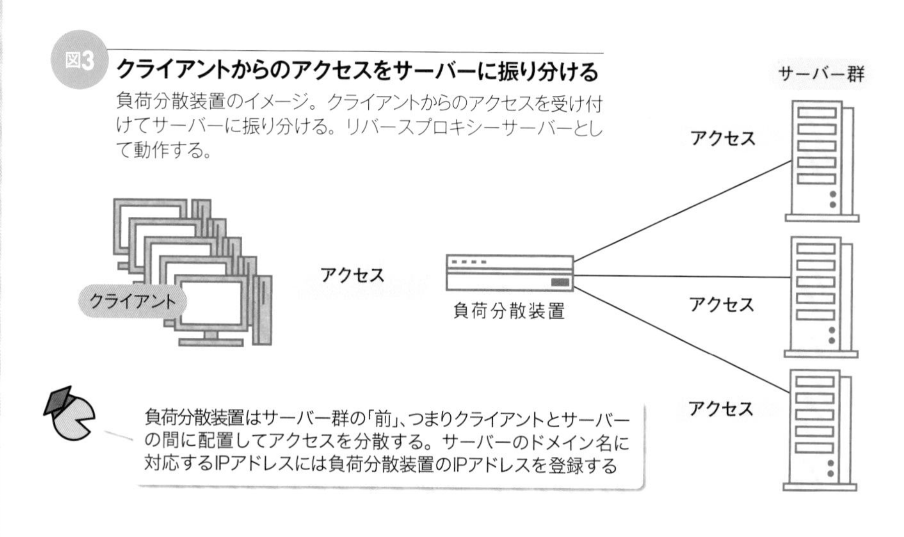

図4 事前に設定したルールでアクセスを振り分ける
静的な振り分け方式では、事前に設定したルールに従って振り分ける。その時々の状況は考慮しない。代表例としてはラウンドロビンと重み付けが挙げられる。

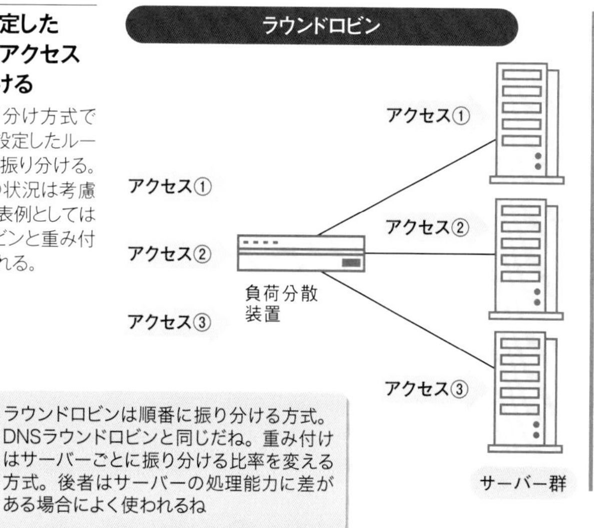

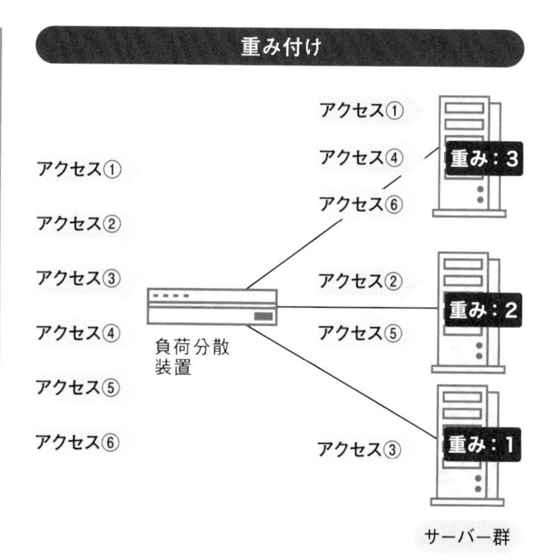

▼リバースプロキシーサーバー
通常のプロキシーサーバーとは逆に、特定のサーバーの代理として外部のクライアントやサーバーからのアクセスに応答するサーバー。

▼重み付け
比率やRatioなどとも呼ばれる。

▼SNMP
Simple Network Management Protocolの略。

▼最小コネクション数
最小接続やLeast Connectionsなどとも呼ばれる。

ある。

DNSサーバーのゾーンファイルには、サーバーのドメイン名に対応するIPアドレスとして、負荷分散装置のIPアドレスを登録しておく。リバースプロキシーサーバーとして動作するので、クライアントからは個々のサーバーは見えない。

振り分け方式は大きく2種類

前述のDNSラウンドロビンはアクセスを順番にしか振り分けられないのに対して、負荷分散装置には様々な振り分け方式がある。

振り分け方式は静的(スタティック)と動的(ダイナミック)の2種類に大別できる。静的な振り分け方式は、事前に設定したルールに従って振り分ける(図4)。代表例としては、ラウンドロビンと重み付けが挙げられる。

ラウンドロビンはDNSラウンドロビンと同様に順番に振り分ける方式。重み付けはサーバーごとに重みを定義して振り分ける比率を変える方式である。一般的には処理能力が高いサーバーの重みを大きくする。

一方の動的な振り分け方式は、サーバーの状態をSNMPなどを使ってリアルタイムで監視して振り分け方を変える(図5)。代表例が最小コネクション数である。この方式では処理中のコネクショ

図5 サーバーの状態でアクセスの振り分け方を変える

動的な振り分け方式では、サーバーの状態をSNMPなどで調べて振り分け方を変更する。例えば最小コネクション数では、処理中のコネクション数が最も少ないサーバーにアクセスを振り分ける。

これはサーバーのコネクション数による動的振り分け方式です。ほかにもリクエスト数やCPUなどの使用率による振り分け方法もあります

最小コネクション数

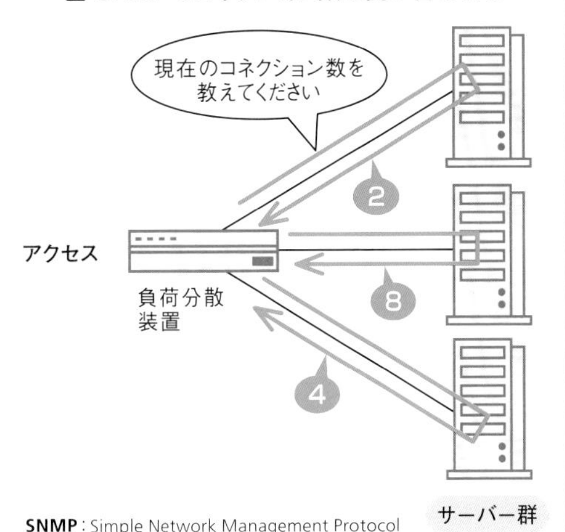

SNMP: Simple Network Management Protocol

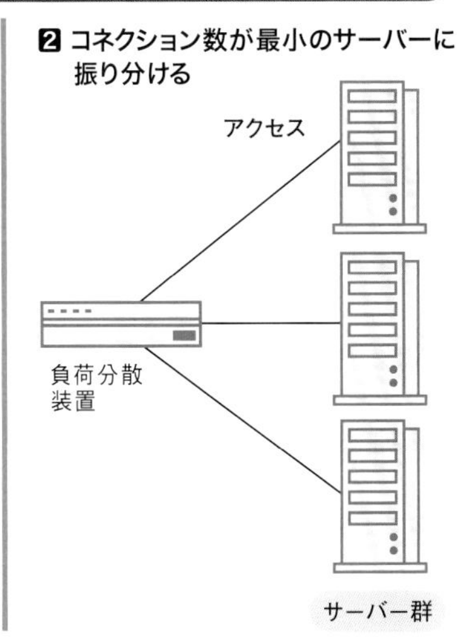

図6 アクセスの内容で振り分け先のサーバーを決める

アクセスの内容に応じて振り分け先のサーバーを決めることもできる。例えばHTMLファイルを要求された場合にはコンテンツサーバー、PHPファイルを要求された場合にはPHPサーバーに振り分けるといったことが可能だ。

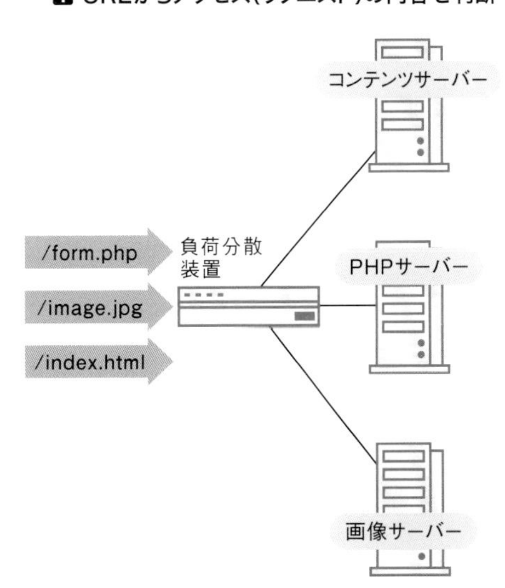

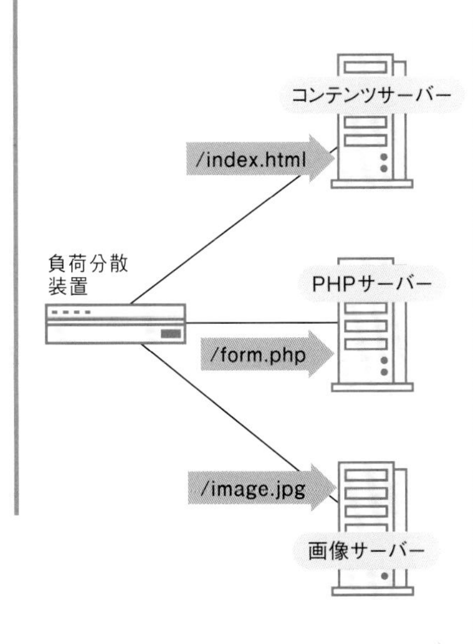

HTTPリクエストのURLからアクセスの内容を判断し、対応するサーバーに振り分けることもできる。負荷がかかるPHPやCGIの処理を専用サーバーに任せたいときなどに有用だ

▼**PHPファイル**
PHPはWebサーバー上で動的にページを作るプログラム言語の1つ。

▼**HTTPヘッダー**
HTTPはHyperText Transfer Protocolの略。Webの通信などに使用する。HTTPヘッダーには、リクエストやレスポンスに関する情報や、やりとりする情報を交渉(ネゴシエーション)するための情報などが含まれる。

図7 セッション管理が必要なアプリケーションでは問題

単純に負荷を分散すると、クライアントは常に同じサーバーにアクセスできるとは限らなくなる。このためショッピングサイトのようにセッション管理が必要なアプリケーションでは問題が発生する可能性がある。

セッションの情報はサーバーが管理することが多いので、アクセスのたびに別のサーバーに振り分けられると適切に処理できないね

❶ サーバー Xで購入したい商品を指定

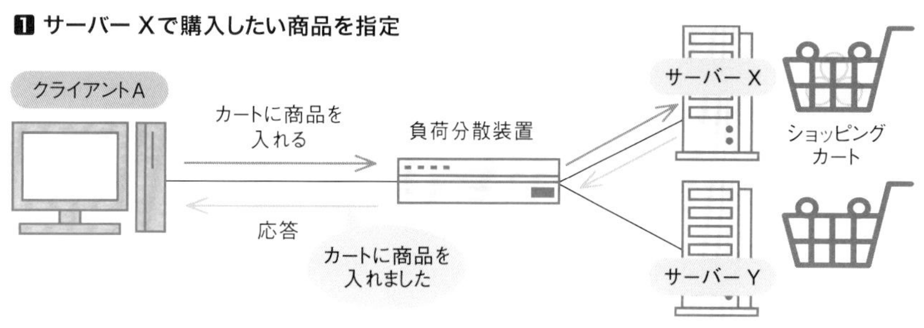

❷ サーバー Yで精算を要求

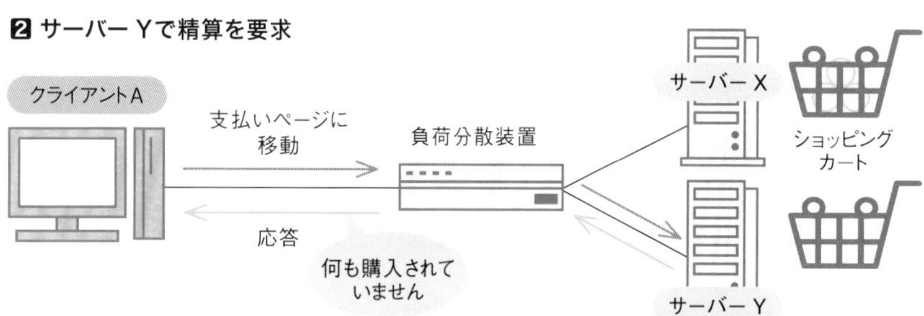

図8 同じサーバーに振り分けてセッションを維持

負荷分散装置はセッションを維持するパーシステンスという機能を備える。Cookieを使う方法が代表的だ。負荷分散装置はクライアントが送信するCookie中のIDでクライアントを識別し、同じサーバーにアクセスを振り分ける。

❶ 最初のアクセスに対する応答でCookieを設定

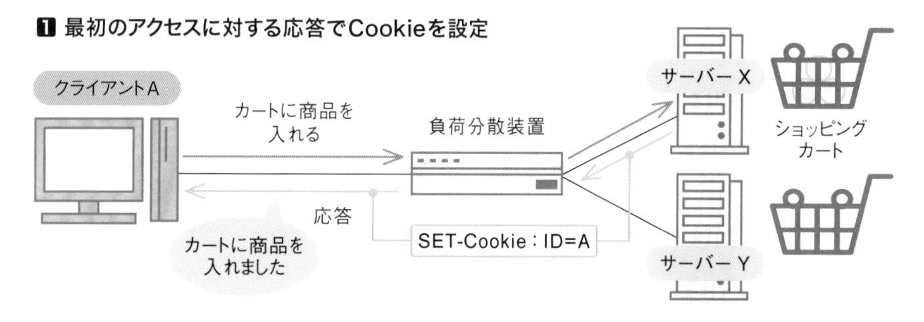

❷ 同じIDのアクセスは同じサーバーに振り分ける

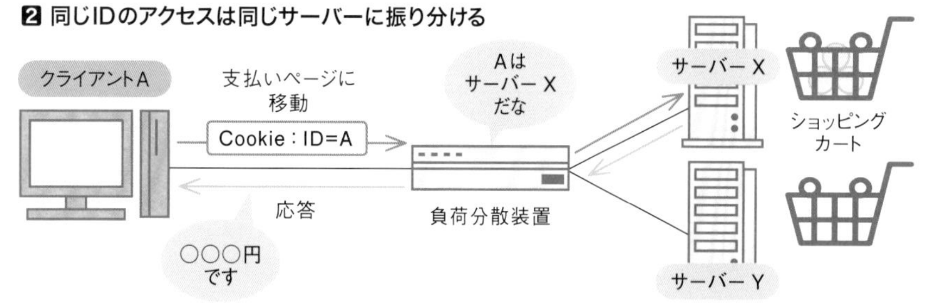

パーシステンスの実現方法は複数ある。これはCookieを使う方法だ。Cookieは多くのWebアプリケーションで使われている。その中に振り分け用の情報を付加しておく

ン数が最も少ないサーバーにアクセスを振り分ける。

そのほか、接続中のクライアント数が少ないサーバーにリクエストを振り分ける方式(最小クライアント数)、CPUやメモリーなどの使用率が最も低いサーバーに振り分ける方式(最小サーバー負荷)、応答時間が最も短いサーバーに振り分ける方式(最小応答時間)などがある。

アクセスの内容で判断

負荷分散装置を使えば、アクセスの内容に応じて振り分けるサーバーを決めることもできる。例えば要求されたURL(ファイル)に応じてアクセス先のサーバーを決められる(前ページの**図6**)。拡張子がhtmlのHTMLファイルを要求された場合にはコンテンツサーバー、サーバーでの処理が必要なPHPファイルを要求された場合にはPHPサーバー、JPGファイルなら画像サーバーに振り分けるといったことが可能だ。

HTTPヘッダーからクライアントの種類を判断し、パソコンとスマートフォンでアクセス先のサーバーを変えることもできる。

なるほど。サーバーの負荷を均等にするため以外にも負荷分散装置は使えるんですね。これは便利だ。

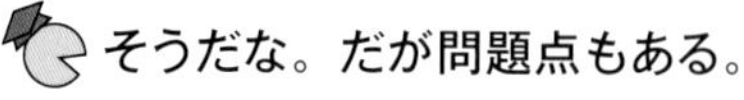
そうだな。だが問題点もある。

▼セッション
ここでは、クライアントがWebサイトにアクセスして実施する一連のやりとりを指す。
▼Cookie
クライアント(Webブラウザー)とサーバー(Webサーバー)との通信において、通信状態を管理するためにクライアント側に保存しておく情報、もしくはそれをやりとりするための仕組み。Cookieの情報はHTTPヘッダーに格納されてクライアントとサーバー間でやりとりされる。
▼HTTPS
HyperText Transfer Protocol Secureの略。HTTPをTLSで暗号化する通信プロトコル。
▼SSLアクセラレーター
HTTPSの暗号化と復号の処理を担う専用機器。SSLはSecure Sockets Layerの略。TLSの基となったプロトコル。

セッション管理に問題あり

単純に負荷を分散すると、あるクライアントからのアクセスが毎回同じサーバーに振り分けられるとは限らなくなる。このためセッション管理が必要なアプリケーションを実行している場合には問題が発生する。セッション管理とはクライアントとサーバーが通信する際に、通信相手を特定したり、通信相手の状態を把握したりすること。セッション管理が必要なアプリケーション(サイト)の代表例がショッピングサイトである。

セッション管理が必要なアプリケーションの多くは、クライアントの情報をサーバー側で管理する。もしセッションの途中で異なるサーバーに振り分けられると、実際の状況とサーバーが管理している情報に食い違いが発生してしまう。例えばショッピングサイトにおいて、購入する商品を指定したサーバーと料金の精算を要求したサーバーが異なると、希望の商品を購入できない(図7)。

対策としては、サーバー側でセッションの情報を共有することが考えられる。サーバー群にアクセスしている全クライアントのセッション情報をリアルタイムで同期する。

だが同期のタイミングが難しい。情報の不整合が発生する可能性がある。また、頻繁に同期するとサーバーやネットワークの負荷が高くなる。実施するのは困難だ。

図9 HTTPSはSSLアクセラレーターで復号してから振り分け

HTTPSの通信は暗号化されているため負荷分散装置はCookieを参照できない。このような場合にはSSLアクセラレーターを導入してHTTPSの通信を一度終端させる。SSLアクセラレーターからサーバーまではHTTPで通信する。

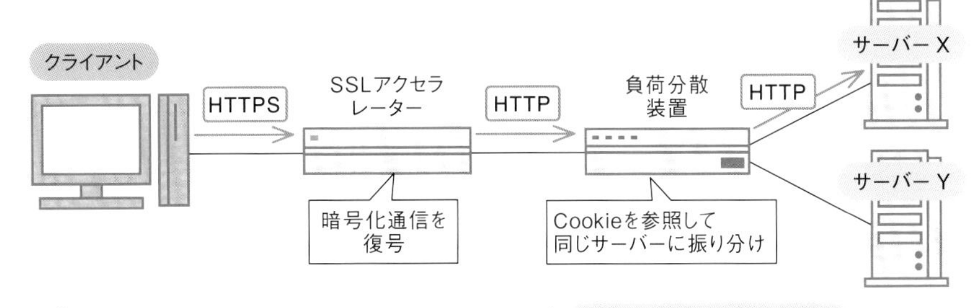

SSLアクセラレーターがHTTPSをHTTPに復号するので、負荷分散装置はCookieによるパーシステンスが可能になる

SSLアクセラレーター機能を備えた負荷分散装置もあります。それなら1台で済むね

HTTP：HyperText Transfer Protocol　HTTPS：HyperText Transfer Protocol Secure

CookieのIDを見て振り分ける

このため負荷分散装置で対策するのが現実的だ。特定のクライアントからのアクセスは同じサーバーに振り分けるようにする。この機能をパーシステンスと呼ぶ。クライアントとサーバーのセッションを維持するための機能なのでセッション維持とも呼ばれる。

パーシステンスの実現方法は複数ある。代表的なのがCookie(クッキー)を使う方法だ(図8)。クライアントが最初にアクセスした際に、サーバーや負荷分散装置がCookieを設定する。CookieにはクライアントトアントをSを識別するためのIDを格納する。クライアントはアクセスのたびにこのCookieを送信する。負荷分散装置はCookieのIDを見て同じサーバーに振り分ける。

Cookieを使うパーシステンスの問題点は通信を暗号化するとIDを参照できなくなることである。HTTPSではデータだけではなくCookieを格納するHTTPヘッダーも暗号化される。

対策の1つはSSLアクセラレーターを導入すること(図9)。本来はWebサーバーの負荷軽減が目的だが、HTTPSの通信を終端するためにも使える。負荷分散装置の前(クライアント側)に設置すれば、負荷分散装置はCookieを参照できる。SSLアクセラレーターの機能を備える負荷分散装置もある。

パーシステンスには送信元IPアドレスでクライアントを識別する方法もある。この方法なら暗号化の影響を受けない。しかしながらクライアントがプロキシーサーバーなどを使っている場合には、異なるクライアントを同一と判断する恐れがある。

網野 衛二（あみの えいじ）

ネットワークの勉強サイト「Roads to Node」の管理人。本職は、技術系専門学校の講師。著書に「今すぐ使えるかんたん　ネットワークのしくみ　超入門」（技術評論社）「ゼロから学ぶ 現場で身に付く ネットワーク基礎講座」（ソシム）「3分間ルーティング基礎講座」（技術評論社）「3分間ネットワーク基礎講座」（技術評論社）など。

初心者でもしっかりわかる

図解ネットワーク技術

2020年11月10日　第1版第1刷発行

著　者	網野 衛二
発行者	吉田 琢也
発　行	日経BP
発　売	日経BPマーケティング
	〒105-8308　東京都港区虎ノ門4-3-12
カバーデザイン	佐藤 和泉子
制作	皿谷 紀子（日経BPコンサルティング）
印刷・製本	大日本印刷

ISBN978-4-296-10768-1　Printed in Japan　
本書籍に関するお問い合わせ、ご連絡は下記にて承ります。
https://nkbp.jp/booksQA